U0249634

软件工程系列教材

软件工程与实践（第2版）

贾铁军 主编
俞小怡 沈学东 杨志和 覃海焕 副主编

清华大学出版社
北京

内容简介

教材特色：上海市高校优秀教材奖及精品课程负责人主编，突出"教、学、练、做、用一体化"，实用、新颖、操作性强。设有教学目标、新技术及应用案例、同步实验与课程设计指导、开发文档、实践与练习题及部分答案，并提供多媒体课件等。

主要内容：全书共分10章，包括软件工程基础概述、软件研发可行性分析、软件项目立项与计划、需求分析、软件设计、面向对象开发技术、软件实现技术、软件测试与维护、软件项目管理、软件工程新技术与现代软件工程新体系及方法、WebApp实用软件开发综合案例等。体现软件研发的新知识、新技术、新方法、新成果、新标准及新应用和同步实验及课程设计指导与实用文档模版等。

本书可作为高校计算机与信息类、工程与管理类等学科专业的相关课程的教材，也可作为培训教材及参考用书。可根据 * 进行选学。

图书在版编目(CIP)数据

软件工程与实践 / 贾铁军主编. --2版. --北京：清华大学出版社，2016（2018.8重印）
软件工程系列教材
ISBN 978-7-302-42950-0

Ⅰ. ①软… Ⅱ. ①贾… Ⅲ. ①软件工程－教材 Ⅳ. ①TP311.5

中国版本图书馆CIP数据核字(2016)第030554号

责任编辑：白立军
封面设计：何凤霞
责任校对：时翠兰
责任印制：刘祎淼

出版发行：清华大学出版社
网　址：http://www.tup.com.cn，http://www.wqbook.com
地　址：北京清华大学学研大厦A座　　邮　编：100084
社 总 机：010-62770175　　邮　购：010-62786544
投稿与读者服务：010-62776969，c-service@tup.tsinghua.edu.cn
质量反馈：010-62772015，zhiliang@tup.tsinghua.edu.cn
课件下载：http://www.tup.com.cn，010-62795954
印 装 者：三河市少明印务有限公司
经　销：全国新华书店
开　本：185mm×260mm　　**印　张**：24.75　　**字　数**：569千字
版　次：2012年6月第1版　2016年4月第2版　　**印　次**：2018年8月第6次印刷
定　价：49.00元

产品编号：065294-01

PREFACE

软件工程系列教材

前言

进入21世纪这个现代信息化社会，信息技术的快速发展和广泛应用对人类社会的进步、工作和生活带来深刻变革。一个国家信息化建设与发展和信息技术应用水平体现了该国的综合国力，决定了国际竞争地位。软件已经成为信息化的核心，是信息技术及其应用与发展的关键，备受世界瞩目的软件产业已经成为发展最快的朝阳产业，软件开发、管理、维护能力和先进的软件技术，直接影响国家信息化建设发展和信息技术的应用水平，软件工程技术和管理与应用水平已成为促进软件产业健康发展的关键。随着各行业信息化、数字化、电子与现代化建设及网络技术的快速发展和在各种业务方面的广泛应用，对软件需求、管理和维护技术的要求越来越高，尽快培养和提高软件的研发、管理及维护的相关知识、素质、能力极为重要。

在世界范围内，各国都极为重视并加快信息化的建设和软件产品的研发与应用，也极大地促进了软件工程的快速发展。为了不断提高软件开发的质量和软件管理、应用与维护的水平，必须学习、研究和应用软件工程的基本理论和技术，才能使我国的软件产业在国际竞争中占有一席之地，并带动整个信息化建设、发展和技术应用水平及综合国力的提高。

软件工程是计算机科学与技术学科中的一个重要分支，是一门指导计算机及手机等软件进行研发、运行、维护和管理的工程领域。主要利用工程化的思想、概念、原理、技术和方法，在可行性分析、计划、开发、运行、维护、管理和应用软件过程中，将最佳的技术与方法和科学管理紧密结合，以较经济的手段获得满足用户需求的安全可靠软件的一系列方法，即软件工程＝工程原理＋技术方法＋管理技术。软件工程不仅具有一般工程学科的共性，还具有智能性、抽象性、复杂性、更新性、系统性、工程化、综合性和学科交叉性等特点。

软件工程是一个综合利用计算机科学、工程科学、管理科学、数学等综合交叉多学科的领域,涉及的内容及研究的范围很广泛,不仅涵盖软件的开发方法和技术、管理与维护技术,还包括软件工具、环境及软件开发的标准和规范。现在,软件工程学科正处于发展完善过程中,一些有关概念、体系结构和内容等尚未统一,根据软件工程研究的对象和任务,软件工程学科主要包括软件工程原理、软件工程过程、软件工程方法、软件工程技术、软件工程模型、软件工程管理、软件工程度量、软件工程环境、软件工程应用等基本内容。30多年来,我们一直坚持"校企合作、产学研用结合",始终从事计算机及信息领域的教学、科研和学科专业建设与管理工作,多次主持过相关方面的项目研究,积累了丰富的实践经验,为满足高校对高等专业人才相关知识、素质和能力培养的需要,编写了这部教材,谨以此奉献给各位。

本书从实用的角度出发,根据教育部高教司审定的《中国计算机科学与技术学科教程2009》中对软件工程的要求,并参照美国计算机协会ACM(Association for Computing Machinery)和IEEE Computing Curricula教程关于软件工程方面的有关内容,吸取了国内外软件工程的实用技术、新方法、新成果、新应用和新标准规范,本书也是上海市高校教育高地暨特色专业建设项目成果之一。由于受欢迎,特此出版第2版。

全书主要内容共分10章,包括软件工程基础概述、软件研发可行性分析、软件项目立项与开发计划、软件需求分析、软件设计、面向对象开发技术、软件实现技术、软件测试与维护、软件项目管理、软件工程新技术与现代软件工程新体系及方法、Web实用软件开发综合应用,同步实验和课程设计指导等。书中增加了很多新典型实际应用案例,以及经过多年实践总结出来的研发案例分析、同步实验、课程设计指导及最新研究成果等,以便实际应用。书中带*部分为选学内容。

本书旨在重点介绍软件工程技术、方法和实际应用等方面的最新成果。本教材主要是专门针对高校相关高等专业人才培养要求编写的特色教材,其主要特点如下。

(1) 内容先进,结构新颖。吸收了国内外大量的新知识、新技术、新方法和国际通用准则。注重科学性、先进性、操作性。图文并茂、学以致用。

(2) 注重实用性和特色。坚持"实用、特色、规范、可操作性"原则,突出"教、学、练、做、用一体化"和实用性强及素质能力培养,增加大量典型案例,在内容安排上将理论知识与实际应用有机结合,配有典型及综合应用案例与同步实验指导。

(3) 资源配套,便于教学。为了方便师生教学,配有电子教案,附有"同步实验指导"和"课程设计指导"及练习与实践习题,并附有部分习题答案及常用文档指南。

本书由上海市高校优秀教材奖获得者及多次获得上海市高校精品课程负责人贾铁军教授任主编,统稿并编写第1章、第3章、第4章、第7章和第10章及目录、附录等,俞小怡副教授(大连理工大学)任副主编并编写第2章,沈学东副教授(上海)任副主编并编写第5章,杨志和博士任副主编并编写第6章和第8章,覃海焕博士任副主编并编写第9章,一些专业教师和研究生参加了审校和修改等工作,对全书的文字、图表进行了校对编排及查阅资料等,并完成了部分课件制作。

非常感谢清华大学出版社广大员工的辛勤工作,他们为本书的编写提供了许多重要帮助、指导意见和参考资料。同时,感谢对本书编写给予大力支持与帮助的各位同仁、院校和相关企业单位。对编写过程中参阅大量的重要文献资料难以完全准确注明，在此深表诚挚谢意！

由于水平有限，书中难免存在不妥之处，敬请见谅！欢迎提出宝贵意见和建议。

非常欢迎联系交流与合作，主编邮箱是 jiatj@163.com。

编　者

2015 年 10 月于上海

CONTENTS

软件工程系列教材

目录

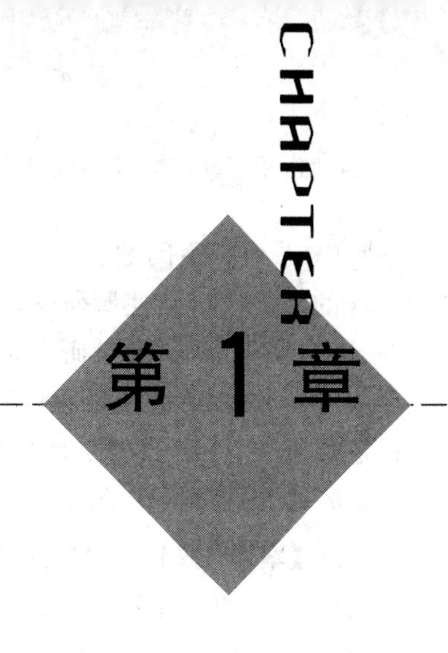

软件工程基础概述

进入21世纪这个现代信息化社会，信息技术的快速发展和广泛应用为人类社会带来深刻的变革，促进了经济社会的发展和工作生活方式的改变。软件是信息化的核心，软件产业体现了一个国家的综合实力，也决定国际竞争地位，关系到国家信息化和经济发展、文化与系统安全。软件工程(Software Engineering)是指导软件开发、管理和维护的一门工程学科，提高软件的研发、管理与维护能力和先进的技术方法，对国家信息化发展和信息技术应用水平及综合国力的提高至关重要。

教学目标

- 了解软件工程的发展和软件危机。
- 掌握软件工程的概念、内容和原理。
- 熟悉软件生存周期及阶段任务。
- 掌握常用的软件开发模型(模式)。
- 掌握软件开发准备及Visio应用实验。

1.1 软件工程的发展

【案例1-1】 美国研发的阿波罗登月飞行计划的软件，称为20世纪世界上最精心设计的大型软件，花费了巨额投资和人力，最后仍然没有避免出错的问题。如阿波罗8号由于太空飞船的一个计算机软件错误，造成存储器的一部分信息丢失；阿波罗14号在10天的飞行中，出现了18个软件错误。

软件工程概念的提出至今已经50多年，是为了解决当时出现的"软件危机"过程中逐渐形成发展的，之后随着国内外信息化建设发展及信息技术的快速发展和广泛应用，使软件工程的理论、技术和应用都取得了重大进展和完善。

1.1.1 软件危机概述

1. 软件危机问题及表现

软件危机(Software crisis)泛指在计算机软件的研发、运行、维护和管理过程中，所遇到的一系列严重问题。20世纪60年代出现的软件危机直接导致软件工程的产生。当时出现的软件危机致使所研发软件的功能、性能和可靠性等细节难以保障、研发进度无法把握、成本增长难以控制、研发人员不断增加、软件运行维护和管理方面的工作量不断增大等问题。软件危机的教训主要包含两方面的问题：一是研发的软件必须满足用户对软件日益增长的各种需求，二是强化管理和维护不断快速增长的现有软件。

【案例1-2】 IBM公司研发初期的OS/360系统，共约100万条指令，花费了5000个人年；经费达数亿美元，而结果却令人沮丧，错误多达2000个以上，系统根本无法正常运行。OS/360系统的负责人Brooks这样描述开发过程的困难和混乱："像巨兽在泥潭中垂死挣扎，挣扎得越猛，泥浆沾得越多陷入更深，最后没有一个野兽能够逃脱淹没在泥潭中的命运"。

软件危机的主要表现，体现在7个方面。

(1) 软件系统运行过程中，时常出现功能、性能等问题或故障。

(2) 软件产品的可靠性和质量与安全等方面时常不能达到标准要求。软件产品质量难以保证，甚至在开发过程中就被迫中断。

(3) 软件开发管理差，对成本和进度的估计时常不准确。

(4) 系统时常出现无法维护、升级或更新现象。

(5) 软件开发没有标准、完整、统一规范的文档资料。计算机软件不仅只是程序，还应当有一整套规范的文档资料和售后服务。

(6) 开发效率低，无法满足计算机应用快速发展与更新升级的实际需要。

(7) 研发成本难以控制，在计算机系统总成本中所占的比例不断大幅上升。

2. 软件危机产生的原因

软件开发过程涉及很多方面，是一项高度集成的脑力劳动。软件开发初期的"生产作坊式"模式和技术已根本无法适应软件快速发展的实际需要，致使大量质量低劣的软件产品投入运行且维护管理不当故障频发，一些开发过程中的大型软件系统遇到了许多不标准规范等问题，有些软件研发比原计划推迟了多年，或费用大大超出预算，有的系统不能符合用户预期，有的无法进行修改更新和维护，有些研发甚至半途而废无法继续。

产生软件危机的主要原因包括如下。

(1) 软件开发规模逐渐变大、复杂度和软件的需求量不断增加。

(2) 没有按照工程化方式运作，开发过程没有统一的标准和准则、规范的指导方法。

(3) 对于软件需求分析与设计考虑不周，软件开发、维护和管理不到位。

(4) 开发人员与用户或开发人员之间互相的交流沟通不够，文档资料不完备。

(5) 软件测试调试不规范不细致，提交的软件质量不达标。

(6) 在软件运行过程中，忽视了正常的维护和管理。

3. 解决软件危机的措施

随着信息技术的开始发展和广泛应用，软件在现代信息化社会主要用于信息处理和管理等方面。而计算机硬件本身的基本功能只适用于数值和逻辑运算，只好依靠各种计算机软件满足各种需求，同时致使软件变得更加复杂庞大，因此，必须采取有力措施。

解决软件危机的**主要措施**有 3 个方面。

(1) 技术方法。运用软件工程的技术、方法和标准规范。

(2) 开发工具。选用先进高效的软件工具，同时采取切实可行的实施策略。

(3) 组织管理。研发机构需要组织高效、管理制度和标准严格规范、职责明确、质量保证、团结互助、齐心协力，注重文档及服务。

【案例 1-3】 某企业销售软件开发失败案例。某企业投资 32 万元用于网络销售软件的开发和建设，软件开发者为某高校的计算机学院的项目研发小组，在软件开发前的需求调研分析阶段，该系的教师组织有关师生在企业计算机室负责人陪同下对各业务部门进行了调研，并根据各业务部门的需要编制了按业务部门划分的系统功能模块需求说明书。后来，将师生编成若干个软件开发小组，分别负责各个功能模块研发。两年后，大部分的功能模块开发完毕，但发现各模块之间的数据不能很好地共享和传输，与系统有关的各类单证的录入、校对和传输比原来的手工处理过程还复杂，并随着企业经营规模的扩大和经营方式及业务的变化，原有的业务部门也做了一些调整，所开发的功能模块只有 55%能勉强使用。由于大部分学生毕业离校，各模块的开发文档资料保存不够，最后，项目无法继续进行而终止，并因为没有按期达到合同规定要求而引发赔偿纠纷。

注意：为了避免和解决软件开发中再出现软件危机，不仅需要标准规范的技术措施，更要有强有力的组织管理保障。只有各方面密切配合、齐抓共管，切实以软件工程方式方法和规程进行运作，才能确保软件质量和信息化的健康发展。

1.1.2 软件工程的发展过程

软件工程的发展与软件的发展过程紧密相关。从 1946 年电子计算机诞生以来，计算机软件随着信息技术的快速发展得到广泛应用。最初只有程序的概念，逐渐出现软件的概念，后来由于软件需求量及市场化规模的快速增加，使用户将软件视为产品，并确定了软件开发各阶段的编程技术和称为“文档”的图文资料及服务。

计算机软件从数值计算到广泛应用于各行各业，软件技术的发展经历了程序设计阶段、程序系统阶段、软件工程阶段和创新完善软件工程 4 个阶段，其典型技术如表 1-1 所示。

在软件技术发展过程中，由于受到软件危机的重要影响，逐步形成了研究如何避免和解决软件危机的技术和方法，产生了科学合理地开发和维护软件的学科——软件工程学，在此过程中，“软件工程”的**发展经历**了 4 个重要阶段。

表 1-1　软件技术各发展阶段的典型技术

阶段	程序设计阶段	程序系统阶段	软件工程阶段	创新完善软件工程阶段
软件典型技术	面向批处理 有限的分布 自定义软件	多用户 实时处理 数据库 软件产品	分布式系统 嵌入“智能” 低成本硬件 消费者的影响	强大桌面系统、面向对象技术、专家系统、神经网络、并行计算、网格计算等高新技术

1. 传统软件工程

传统软件工程是指软件工程产生的初期，也称为第一代软件工程。20 世纪 60 年代末到 20 世纪 70 年代，软件主要采用“生产作坊”开发方式，随着软件需求量、规模及复杂度的快速增大，不断出现各种难以解决的软件问题，生产作坊的开发方式已无法适应软件开发的需要，导致出现了“软件危机”，使软件开发效率低、成本高、进度及质量失控，很多技术问题难以及时解决，大量无标准开发的低劣软件涌入市场，“软件危机”不断扩大。

知识拓展：1968 年北大西洋公约组织(NATO)在联邦德国召开的一次会议上首次提出的“软件工程”术语，并专门讨论了软件危机问题。从此将软件开发纳入了工程化的轨道，基本形成了软件工程的概念、框架、技术和方法。

2. 对象工程

对象工程也称为第二代软件工程。**20 世纪** 80 年代中到 20 世纪 90 年代，以 Smalltalk 为代表的面向对象的程序设计语言相继推出，使面向对象的方法与技术得到快速发展，从 20 世纪 90 年代起，研究的重点从程序设计语言逐渐发展到面向对象的分析与设计技术，形成了一种完整的软件开发方法和系统的技术体系，之后出现了许多面向对象的开发方法，使面向对象的开发技术和方法逐渐得到完善和广泛流行。

3. 过程工程

过程工程也称为第三代软件工程。随着计算机网络等高新技术的出现及信息技术的广泛应用，软件规模和复杂度不断增大，开发时间相应持续增长，开发人员的增加，致使软件工程开发和管理的难度不断增强。在软件开发的实践过程中使软件企业和开发者逐渐认识到：提高软件生产效率并保证软件质量的关键在于对“软件过程”的有效控制和管理，从而提出了对软件项目管理的计划、组织、成本估算、质量保证、软件配置管理等技术与策略，逐步形成了软件过程工程。

4. 构件工程

构件工程也称为第四代软件工程。20 世纪 90 年代起，基于**构件**(Component)的开发方法取得重要进展，软件系统的开发可利用已有的可复用构件组装完成，而无须从头开始构建，从而达到提高效率和质量、降低成本的目的。

面对复杂的操作系统控制的桌面系统，连接各种网络、数字通信与先进的应用软件综合需求。计算机体系结构从主机环境转变为分布式的客户机/服务器等环境。**计算机辅助软件工程**简称 CASE(Computer Aided Software Engineering)将工具和代码生成器进行集成，为很多软件系统提供了可靠的解决方案；专家系统和人工智能软件的应用更加广泛；人工神经网络软件开阔了信息处理的新途径；并行计算、网络技术、虚拟技术、多媒体技术和现代通信技术等新技术新方法改变了人们原有的工作方式。

知识拓展： 智能计算机、量子计算机、光计算机、生物计算机和化学计算机等新一代计算机硬件的开发，也极大地促进了软件工程技术的变革和发展。21 世纪将极大促进软件开发工业化大规模的发展，以满足产品化质量要求的工业标准，实现软件开发自动化、智能化等需求。突出特征是：计算机真正成为人们的一种工具，用户即分析员、软件过程即软件、模型驱动及面向服务开发等新方法将成为软件工程的最新发展趋势。

讨论思考

(1) 什么是软件危机？软件危机主要表现在哪几个方面？

(2) 导致软件危机的主要原因有哪些？应采取哪些主要措施？

(3) “软件工程”的发展经历哪几个重要阶段？

1.2 软件及软件工程概述

为了更好地学习有关软件工程的技术方法，先介绍一下有关软件及软件工程的概念、软件工程学相关内容和软件工程的基本原理等。

1.2.1 软件的概念特点和分类

1. 软件的概念

程序是事先按照预定功能、性能等要求设计和编写的指令序列。**软件**(Software)是计算机系统运行的指令、数据和资料的集合，包括指令程序、数据、相关文档和完善的售后服务的完整集合，即：

软件 = 程序 + 数据 + 文档 + 服务

其中，**数据**是信息的表达方式和载体，是使程序正常进行处理信息的结构及表示；**文档**(Document)是与程序开发、维护和使用有关的技术数据和图文资料。**服务**主要指对各种软件用户的服务，包括提供软件产品使用说明书、推销服务及售后技术支持等。现在，软件即服务 SaaS(Software as a Service)已经兴起，这是一种通过网络提供软件的模式，用户不用再购买软件，而改用向提供商租用基于 Web 的软件，服务提供商全权管理和维护软件，对于很多小型企业等，SaaS 是采用先进技术的最好途径，对传统研发机构带来新挑战。

软件分为系统软件、支撑软件(开发环境)和应用软件。其中，应用软件业称为信息系统(Information System)，是指由一系列相互联系的部件(程序模块)组成的，为实现某个业务处理目标对数据进行输入、处理、存储、输出、反馈和控制的集合。

注意： 程序与软件不同，程序只是软件的组成部分。“软件就是程序”的观点为误解，也严重影响了软件工程的正常进行和发展。文档必不可少，只有程序不能称为软件。

知识拓展:国内外还有一些专家认为:软件是程序以及开发、使用和维护程序所需的所有文档。它是由应用程序、系统程序、面向用户的文档及面向开发者的文档构成,即:软件=程序+文档,其实这种观点有些落后或不准确。

在现代信息化社会,软件应用于工业、农业、银行、航空、政府部门、电子商务等各行各业和各个层面。这些应用促进了经济和社会的发展,提高人们的工作效率和生活质量。典型的应用软件,如办公软件、网络浏览器、电子邮件、操作系统、人机界面、数据库、游戏、杀毒软件、嵌入式系统、编译工具等。

软件工程师是软件研发人员的统称,按照所处的领域不同可以分为系统分析员、软件设计师、系统架构师、程序员、测试员等。

2. 软件的特点

在软件的实际研发、运行、维护、管理和使用过程中,需要掌握其**特点**。

(1) 智能性。软件是人类智能劳动的产物、代替和延伸。其中的程序、流程、算法、数据结构等需要通过人的思维进行设计、编排和组织的。

(2) 抽象性。软件属于逻辑实体,而非物理实体,无形性和智能性致使软件难以认识和理解。在研发过程中,需要进行逻辑设计和组织,运用抽象思维和方法。软件只能通过用户界面来与软件交互,其丰富内涵被蕴涵在计算机内部,使软件具有高度的抽象性。

(3) 人工方式。软件的开发、维护及管理设置等方面目前尚未完全脱离手工方式。

(4) 复杂性和系统性。软件开发和运行经常受到计算机系统的限制,软件的开发和运行必须依赖于软件环境。软件是由多种要素组成的有机整体,具有显著的系统特性。软件具有确定的目标、功能、性能、结构和要素。

(5) 泛域性。软件应用很广泛,在信息化中可服务于各种领域、行业和层面。

(6) 复制性。软件成本相对比较昂贵,计算机软件是人类创造性的特殊产品。而复制和推广的费用一般较低,并可以借助复用技术进行软件开发再利用。

(7) 非损及更新性。软件不存在物理性磨损和老化问题,但可以退化需要更新升级。

知识拓展:计算机软硬件的失效率不同。硬件的失效率曲线是一个U形"浴盆"曲线,如图1-1所示,表明硬件随着使用时间的增加失效率急剧上升。因为软件不存在磨损和老化问题,然而存在退化问题,所以,没有U形曲线的右半翼,如图1-2所示的软件失效率曲线表明随着使用时间的增加计算机软件失效率降低。

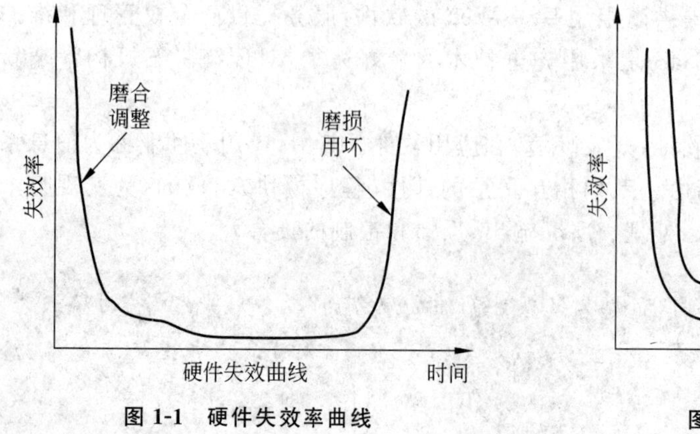

图1-1 硬件失效率曲线

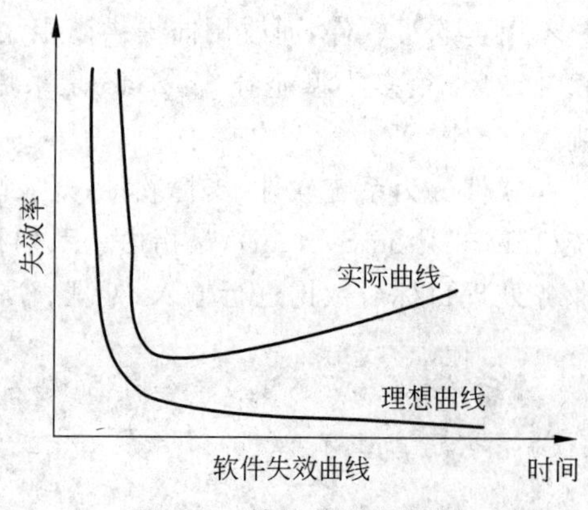

图1-2 软件失效率曲线

3. 软件的分类

1）按照软件功能划分

按照软件功能划分，软件可以分为 3 种。

(1) 系统软件。如操作系统、设备驱动程序等。

(2) 支撑软件。协助用户开发的工具软件，如编译程序、程序库、图形软件包等。

(3) 应用软件。如企业业务管理软件、CAD/CAM 软件、CAI 软件、图书管理信息系统、学生成绩管理信息系统等。

2）按照软件规模划分

按照软件规模的大小(源代码行)、参与研发人数、研制时间，可以将软件分为微型、小型、中型、大型、超大型 5 种，如表 1-2 所示。但是，随着软件产品规模的不断扩大，类别指标也会发生变化。

表 1-2 软件规模分类

类　别	研发人数	研制期限	代码规模行
微型	1～2 人	1～4 周	小于 500 行
小型	3～5 人	1～8 月	500～10000 行
中型	6～10 人	1～2 年	10001～50000 行
大型	11～20 人	2～3 年	50001～100000 行
超大型	20 人以上	3 年以上	10 万行以上

3）按照软件工作方式划分

按照软件工作方式划分，通常可以分为 4 种：实时处理软件、分时软件、交互式软件、批处理软件。

4）按照软件服务对象的范围划分

按照软件服务对象的范围划分，可以分为如下类型。

(1) 项目软件——由客户委托开发的软件。

(2) 产品软件——由软件开发机构开发，并提供给市场的。

此外，还可以按照软件使用的频度或按照软件失效的影响等方面进行划分。

1.2.2 软件工程的概念及特点

1. 软件工程的定义

随着软件技术的快速发展，软件工程定义也在不断发展和完善，但是其基本思想都是强调在软件开发过程中利用工程化准则、技术和方法的重要性。

1968 年 Fritz Bauer 在 NATO 会议上的定义：建立并使用完善的工程化原则，以较经济的手段获得能在实际机器上有效运行的可靠软件的一系列方法。

1983 年，IEEE 在《IEEE 软件工程标准术语》上的**定义**是：软件工程是开发、运行、维护和修复软件的系统方法。其中“**软件**”的定义为：计算机程序、方法、规则、相关的文档资料以及在计事机上运行时所必需的数据。1993年,IEEE又对定义进一步改进综合为:将系统化的、规范的、可度量的方法应用于软件的开发、运行和维护的过程,即将工程化应用于软件中。

按照中国国家标准GB/T 11457—1995《软件工程术语》的**定义**:**软件工程**(Software Engineering)是软件开发、运行、维护和引退的系统方法,目的就是为软件生存周期活动提供工程化的手段,从而提高软件的质量、降低成本和缩短开发周期等。

《计算机科学技术百科全书》中对**软件工程**的**定义**是:应用计算机科学、数学及管理科学等原理,开发软件的过程。软件工程借鉴传统工程的原则、方法,以提高质量、降低成本。其中,计算机科学、数学用于构建模型与算法,工程科学用于制定规范、设计范型(paradigm)、评估成本及确定权衡,管理科学用于计划、资源、质量、成本等管理。

知识拓展:实际上,对软件工程可以理解为:采用工程的概念、原理、技术和方法,在计划、开发、运行、维护与管理软件过程中,将科学的管理和最佳的技术方法紧密结合,以较经济的手段获得满足用户需求的可靠软件的一系列方法,即:

软件工程 = 工程原理 + 技术方法 + 管理技术

2. 软件工程的特点

软件工程学是软件工程化的思想、规范、过程、技术、环境和工具的集成,是将具体的技术和方法结合形成的一个完整体系。软件工程是在软件开发中采用工程化的原理和方法,采用一系列科学的、现代化的方法技术来开发软件。这种工程化的思想贯穿到软件开发和维护的全过程。

软件工程是计算机科学与技术学科中的一个重要分支,是一门指导计算机软件系统开发、运行、维护和管理技术的工程学科。不仅具有一般工程学科的共性,还具有智能性、抽象性、复杂性和更新性等特性。还具有软件工程学科的系统性、工程化、综合性和学科交叉性的基本特点。**软件工程学科**的**主要特点**是实践性和发展性,软件工程的问题来源于实践并应用于实践,**最终目的**是有效地生产软件产品。其**特点**体现为"3多":一是多学科,不仅包含有关选题还涉及计算机科学、工程科学、管理科学、数学等多个学科;二是多目标,不仅关心项目产品及其功能,还有注重质量、成本、进度、性能、可靠性、安全性、通用性、可维护性、有效性和界面等;三是多阶段,软件开发不只是编程,而是由可行性研究、计划立项、需求分析、总体设计、详细设计、编程、测试、运行、维护等阶段构成完整过程。软件工程的**目的**是在规定的时间和开发经费内,开发出满足用户需求的、高质量的软件产品。其**目标**是实现软件研发与维护的优质高效和自动化。

1.2.3 软件工程学及其主要内容

1. 软件工程学概述

软件工程学是一门研究用工程化方法,构建和维护有效的、实用的和高质量的软件的学科,涉及程序设计语言、数据库、软件开发工具、系统平台、标准、设计模式等方面。

软件工程学的**主要内容**包括软件开发技术和软件工程管理两个方面。软件开发技术包括软件工程方法、软件工具和软件开发环境;软件工程管理学包含软件工程经济学和软件管理学。后面将陆续进行简单介绍。

软件工程的**研究范围**很广,不仅涵盖软件系统的开发方法和技术、维护与管理技术,还包括软件工具、环境及软件开发的规范。目前,对软件工程学科的构成和内容尚未统一,根据软件工程研究的对象和任务,软件工程学科主要包括软件工程原理、软件工程过程、软件工程方法、软件工程技术、软件工程模型、软件工程管理、软件工程度量、软件工程环境、软件工程应用等基本内容。软件工程学科的主要内容如表1-3所示。

表1-3 软件工程学科的主要内容

名 称	内 容
软件工程原理	软件目标、原则、学科基础
软件工程过程	开发过程、运作过程、维护过程,如获取、供应、管理、开发、运作、维护、支持、裁剪
软件工程技术	开发技术、管理技术、度量技术、维护技术、应用技术
软件工程方法	开发方法、管理方法、度量方法、维护方法、应用方法、环境方法
软件工程模型	领域模型、需求模型、设计模型、实现模型、测试模型
软件工程管理	项目管理、质量管理、文档管理
软件工程度量	规模、复杂度、进度、费用、工作量
软件工程环境	硬件、网络、支撑软件
软件工程应用	应用软件工程基本原理、方法、技术解决特定领域问题

2. 软件工程方法

通常将在软件研发计划、开发、运行和维护过程中,所使用的一整套技术方法称为方法学(Methodology)或范型(Paradigm)。**软件工程方法学**是研发软件的系统方法,确定软件开发阶段,规定每一阶段的目标、任务、技术、方法、产品、验收等步骤和完成准则。具有方法、工具和过程3个要素,也称为**软件工程三要素**。

(1) 软件工程方法:包括软件开发“如何做”的技术和管理准则及文档等技术方法。

(2) 软件工具:为方法的运用提供自动或半自动的软件支撑工具的集成环境。

(3) 软件工程过程:主要完成任务的工作阶段、工作内容、产品、验收的步骤和完成准则。也有将这一要素确定为“组织管理”,实际上改为“过程与管理”更合适。

目前,**常用的软件工程方法**主要分为以下7种类型。

1) 面向功能方法

面向功能的软件开发方法也称为**结构化方法**,主要采用结构化技术,包括结构化分析、结构化设计和结构化实现,按照软件的开发过程、结构和顺序完成开发任务。此方法是1978年由E. Yourdon和L. L. Constantine提出的,即结构化分析与设计(Structured Analysis and Structured Design,SASD)方法。

结构化方法是20世纪80年代使用最广泛的软件开发方法。先用结构化分析(SA)对软件进行需求分析,再用结构化设计(SD)方法进行软件设计,最后是结构化编程(SP)。此方法不仅开发步骤明确,SA、SD、SP任务连贯、相辅相成,而且给出规范和变换型及事务型两类典型的软件结构,便于参照,使软件开发效率得到极大提高,从而深受开发人员的欢迎,现在仍然用于自动化及过程控制等方面。

2) 面向数据方法

1975年,M. A. Jackson提出了**面向数据(结构)的软件开发方法**,也称为Jackson方法。从目标系统输入、输出数据的结构,导出程序框架结构,再补充其他细节,得到完整的企事业机构实际业务数据处理程序的结构图。此方法也可与其他方法结合,用于模块的详细设计和数据处理等。对输入输出数据结构明确的中小型系统很有效,如商用文件表格处理等。

3) 面向对象方法

面向对象方法(Object-Oriented Method,OOM)是一种将面向对象的思想应用于软件开发过程中,指导开发活动的系统方法。将对象作为数据和对数据的操作相结合的软件构件,用对象分解取代了传统方法的功能分解。该方法将所有对象都划分为类,将若干个相关的类组织成具有层次结构的系统,下层的子类继承上层的父类所具有的数据和操作,而对象之间通过发送消息相互联系。

OOM是20世纪80年代推出的一种全新的软件开发方法。非常直观、实用、高效,被誉为20世纪90年代软件的核心技术之一。其**基本思想**是:对问题领域进行自然的分割,以更接近人类通常思维的方式建立问题领域的模型,以便对客观的信息实体进行结构和行为的模拟,从而使设计的软件更直接地表现问题的求解过程。面向对象的开发方法以对象作为最基本的元素,是分析和解决问题的核心。OOM的**要素**是对象、类、继承以及消息通信。可概括为

面向对象 = 对象 + 类 + 继承 + 消息通信

实际上,所有按照这样4个概念设计和实现的软件系统,都可以认为是面向对象的。OOM由OOA(面向对象的分析)、OOD(面向对象的设计)和OOP(面向对象的程序设计)三部分**组成**。OOM是多次反复、迭代开发的过程。面向对象方法在分析和设计时使用相同的概念和表示方法,两者之间没有明显的界限。最终产品是由许多基本独立的对象组成的,这些对象具有简单、易于理解、易于开发、易于维护的特点,并且具有可重用性。

4) 面向问题方法

面向问题方法也称为**问题分析法**(Problem Analysis Method,PAM),是20世纪80年代末由日立公司提出的,是在Yourdon方法、Jackson方法和自底向上的软件开发方法基础上扬长避短改进的。其**基本思想**是:以输入输出数据结构指导系统的问题分解,经过系统分析逐步综合。其**步骤**是:从输入输出数据结构导出基本处理框;分析这些处理框之间的先后关系;按先后关系逐步综合处理框,直到画出整个系统的问题分析图。此方法成功率较高,曾在日本较为流行,在输入输出数据结构与整个系统之间仍然存在着难以解决的问题,因此只适用于中小型系统问题。

5) 面向方面的开发方法

面向方面的程序设计(Aspect-Oriented Programming,AOP)是继面向对象技术之后新的软件开发的研究方向。随着软件规模和复杂性的不断增加,各组件之间的相互影响越来越复杂,限制了软件的重用性和适应性,并使验证系统的逻辑正确性更困难。软件开发的传统方法,已无法从根本上解决由于提高系统复杂度带来的代码混乱及纠缠问题。

面向方面的系统是面向对象系统的扩展，在现有的 AOP 实现技术中，可通过创建 Aspect 库或专用 Aspect 语言实现面向方面的编程。

6）基于构件的开发方法

基于构件的开发（Component-Based Development，CBD）或基于构件的软件工程（Component-Based Software Engineering，CBSE）方法是软件开发新范型。在一定构件模型支持下，利用复用技术又好又快地构造应用软件的过程。由于以分布式对象为基础的构件实现技术日趋成熟，CBD 已成为现今软件复用实践的研究热点，被认为是最具潜力的软件工程发展方向之一。

软件复用（Software Reuse）或**软件重用**是指将已有的软件构件用于构造新的软件系统的过程。可有效提高软件生产率和质量并降低成本。采用的复用方式包括 4 种。

（1）复用分析。利用原有的需求分析结果，进一步深入分析比对查找异同及特性等。

（2）复用结构。主要复用系统模块的功能结构或数据结构等，并进行改进提高。

（3）复用设计。由于复用受环境影响小，设计结果比源程序的抽象级别高，因此可通过从现有系统中提取全部或不同粒度的设计构件，或独立于具体应用开发设计构件。

（4）复用程序。包括目标代码和源代码的复用，可通过链接（Link）、绑定（Binding）、包含（include）等功能，支持对象链接及嵌入（OLE）技术实现。

7）可视化方法

在 20 世纪 90 年代，随着图形用户界面的兴起，使用户界面在软件系统中所占的比例逐渐扩大，为此 Windows 提供了应用程序设计接口 API（Application Programming Interface），包含 600 多个函数，极大地方便了图形用户界面的开发。但是，大量的函数参数和使用数量更多的有关常量，使基于 Windows API 的开发变得很难，因此，Borland C++ 推出了 Object Windows 编程，将 API 的各部分用对象类进行封装，提供了大量预定义的类，并为这些定义了许多成员函数。利用子类对父类的继承性，以及实例对类的函数的引用，应用程序的开发可省略大量类的定义、大量成员函数的定义或只需做少量修改即可定义子类。Object Windows 还提供了许多标准的默认处理，极大地减少了应用程序开发工作量。由于非专业人员较难掌握，所以利用 Windows API 或 Borland C++ 的 Object Windows 开发了一批可视开发工具。使**可视化开发**在可视开发工具提供的图形用户界面上，通过操作界面元素，如菜单、按钮、对话框、编辑框、单选按钮、复选框、列表框和滚动条等，由可视开发工具即可自动生成应用软件，这类应用软件工作方式是事件驱动。对每一事件，由系统产生相应的消息，再传递给相应的消息响应函数。这些消息响应函数是由可视开发工具在生成软件时自动装入的。

注意：由于软件与程序是不同的概念，软件开发方法与程序设计方法也是两个不同的概念。软件开发方法可以是针对局部的，也可以是针对全局的。软件工程方法，更加强调和重点研究的是需求分析与软件设计的开发方法。

知识拓展：本书既介绍软件研发常用的传统方法，以便掌握软件开发的基本步骤、方法和文档书写规范，也介绍面向对象等流行方法。在实际工作中，各种软件工程方法各有其特点,应当根据具体情况进行选择,也可将不同方法结合起来,取长补短合理利用,在提高软件开发效率的同时,提高软件的质量。

3. 软件工具

"工欲善其事,必先利其器"。软件工具和软件开发方法密切相关,是软件开发的两大支柱。**软件工具**(Software tools)是指支持软件的开发、维护、管理而专门研发的计算机程序系统。目的是提高软件开发的质量和效率,降低软件开发、维护和管理的成本,支持特定的软件工程方法,减少手工方式管理的负担。软件工具通常由工具、工具接口和工具用户接口三部分**构成**。工具通过工具接口与其他工具、操作系统以及通信接口、环境信息库接口等进行相连交互。

软件工具种类繁多、涉及面广,可组成"工具箱"或"集成工具",如编辑、编译、正文格式处理,静态分析、动态跟踪、需求分析、设计分析、测试、模拟和图形交互等。按照应用阶段**分为**计划工具、分析工具、设计工具、测试工具等,按照功能分为分析设计、Web开发、界面开发、项目管理、软件配置、质量保证、软件维护等。

在1.1.2节中提到的计算机辅助软件工程CASE,实际是为软件开发提供的一组优化集成高效的软件开发工具。目前,软件开发环境进入了第三代——ICASE(Integrated Computer-Aided Software Engineering)。系统集成方式从数据交换,到公共用户界面,再到信息中心库方式。不仅提供数据集成和控制集成,还提供了一组用户界面管理设施和一大批工具,如垂直工具集(支持软件生存期各阶段,保证生成信息的完备性和一致性)、水平工具集(用于不同的软件开发方法)以及开放工具槽。ICASE的进一步发展则是与其他软件开发方法的结合,如与面向对象技术、软件重用技术结合,以及智能化的I-CASE。近几年已出现了能实现全自动软件开发的ICASE。最终目标是实现应用软件的全自动开发,即开发人员只要写好软件的需求规格说明书,软件开发环境就自动完成从需求分析开始的所有的软件开发工作,自动生成供用户直接使用的软件及有关文档。

知识拓展:在应用成熟的数据库领域,目前已有可以实现基本全部自动生成的应用软件,如MSE公司的Magic系统。只要求软件开发人员填写一系列表格(涉及软件实现的各种功能),系统就会自动生成应用软件。可节省90%以上的软件开发和维护的工作量,还能将应用软件的开发工作转交给熟练的用户。

软件开发人员在软件开发的各个阶段还可根据不同的需要,选择不同合适的工具。目前,软件工具发展迅速,目标是实现软件研发各阶段的自动化、智能化和集成化。

4. 软件开发环境

在1985年的第八届国际软件工程会议上给**软件开发环境**(Software Development Environment)下的定义为:"软件开发环境是相关的一组软件工具集合,它支持一定的软件开发方法或按照一定的软件开发模型(模式)组织而成"。软件开发环境也称为**软件工程环境**(Software Engineering Environment),是包括方法、工具和管理等多种技术的综合系统。其设计目标是简化软件开发过程,提高软件开发质量和效率。

软件开发环境应具备以下**特点**。

(1) 适应性。适应用户要求,环境中的工具可修改、增加、减少和更新。

(2) 坚定性。环境可自我保护，不受用户和系统影响，可进行非预见性的环境恢复。

(3) 紧密性。各种软件工具可以密切配合工作，提高效率。

(4) 可移植性。指软件工具可以根据需要进行移植。

常用的软件工程环境具有**三级结构**，如图 1-3 所示。

(1) 核心级。主要包括核心工具组、数据库、通信工具、运行支持、功能和与硬件无关的移植接口等。

(2) 基本级。一般包括环境的用户工具、编译、编辑程序和作业控制语言的解释程序等。

(3) 应用级。通常指应用软件的开发工具。

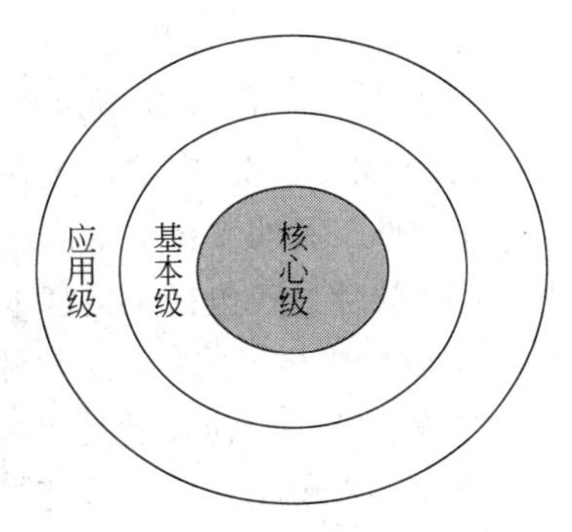

图 1-3 典型的软件工程环境

知识拓展：CASE 是一组工具和方法的集成，是多年来在软件工程管理、开发方法、开发环境和软件工具等方面研究和发展的成果，吸取了 CAD(计算机辅助设计)、软件工程、操作系统、数据库、网络和其他计算机领域的原理和技术，是对软件方法的辅助平台。

5. 软件工程管理概述

软件工程管理学包括软件管理学、软件经济学和软件度量学。其**目的**是低成本、高效、高质量地研发出用户满意的软件产品。主要**任务**是有效地组织人员，采用有效的技术、方法和工具"又好又快"地完成预定的软件项目。在此只做一些概述，详见第 8 章。美国软件项目管理学会，从 8 个知识方面描述了项目管理知识体系的应用，分别是范围管理、时间管理、成本管理、质量管理、人力资源管理、交流管理、风险管理、采购与分包管理。

软件工程管理的**主要内容**包括软件人员组织、计划管理、费用管理、软件配置管理等。

(1) 组织人员。软件开发需要团队合作，应有良好的组织、周密的管理，各类人员优化组合、协同配合、共同完成工程任务，这是软件开发项目成功的重要保证。

(2) 计划管理。在软件开发前进行可行性研究立项后，还需要确定软件工程计划并进行落实。在计划实施过程中，必要时可根据需要对工程进度适当调整。开发结束后以软件开发总结报告进行总结经验并备用，为以后制订出更合适的软件开发计划。

(3) 费用管理。开发软件项目是一种投资，经常期望获得较大的经济、社会和应用效益，并降低成本。应从软件开发成本、运行费用、经济效益等多方面预算整个软件开发的投资和效益预测情况。

(4) 软件配置管理。软件配置管理指在系统整个开发、运行和维护时控制配置的状态和变动，验证配置项的完整性和正确性等。在软件工程各阶段所产生的文档和软件本身构成软件配置，每完成一个工程步骤应及时进行对应的软件工程配置，使其始终能够保持其精确性。

1.2.4 软件过程及开发过程

ISO 9000 将**软件过程**(software process)**定义**为："将输入转化为输出的一组彼此相关的资源和活动"。软件过程是软件完整开发过程的简称，是为了获得高质高效软件所需要完成的一系列任务的框架,规定了完成各项任务的具体步骤。定义了运用方法的顺序、交付的文档、开发软件的管理措施和各阶段任务完成的标志。软件过程是软件工程方法学的3个要素中方法和工具的重要基础,必须科学合理才能获得高质量的软件产品。而软件工程过程则包括软件的开发过程、运作过程、维护过程。

从合同、管理、工程和支持这4种观点,可将软件过程分为获取过程、供应过程、管理过程、开发过程、运作过程、维护过程和支持过程。为了具体实现软件过程,需要根据软件项目需求等实际情况,在软件生存周期内,通过确定软件开发模型(模式),将方法和技术结合,在软件工具的支持下依次进行开发进程并循序渐进。

通常,**软件过程**包括4类**基本过程**。

(1) 软件规格说明:规定软件的功能、性能、可靠性及其运行环境等。

(2) 软件开发:研发满足规格说明的具体软件。

(3) 软件确认:确认软件能够完成客户提出的需求。

(4) 软件演进:为满足用户的变更要求,软件必须在使用过程中引进新技术新方法并根据新业务及时升级更新。

软件过程具有可理解性、可见性(过程的进展和结果可见)、可靠性、可支持性(易使用CASE工具支持)、可维护性、可接受性(为软件工程师接受)、开发效率和健壮性(抵御外部意外错误的能力)等特性。

为了有效运用软件工程技术,软件过程定义了一个关键区域(阶段)的划分,如分析、设计、编程、测试等阶段,软件过程的阶段构成了软件项目开发控制和管理的基础,确立了整个过程各阶段之间的关系,包括技术方法的应用、工程产品(模型、数据、文档等)的形成、质量保障和开发进程管理。

软件工程最注重软件过程中的**开发过程**,主要包括项目启动、需求调研分析、设计(概要设计和详细设计)、编码(实现)、测试、程序部署、验收评审和项目结束等过程,如图1-4所示。

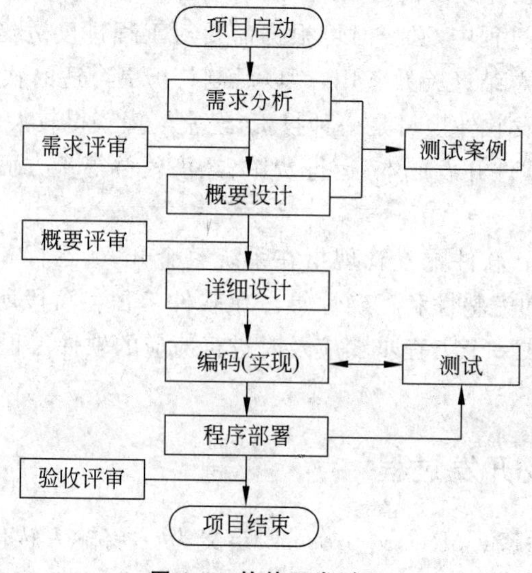

图1-4 软件开发过程

【案例 1-4】 “企业人事管理信息系统”总体功能需求和目标要求。主要功能是用于支持企业单位完成劳动人事管理工作,实现的主要目标包括如下。

(1) 支持企业高效率完成劳动人事管理的日常业务,包括新职员调入时人事的管理,职员调出、辞职、退休等。

(2) 支持企业进行劳动人事管理及其相关方面的科学决策,如企业单位领导根据现有的岗位员工需求情况决定招聘的岗位及人数等。

根据新系统总体功能需求等要求,通过调研、分析、论证可以基本确定系统开发过程的总体框架。

软件开发过程的具体工作任务、参与人员及生成文档或程序,如表 1-4 所示。

表 1-4 软件开发工作任务、人员及输出

步 骤	任务及说明	参 与 者	生成文档或程序
可行性分析	对项目的技术、功能需求和市场进行调研和初步分析,确定是否需要启动项目	部门主管 核心技术人员	可行性分析报告 技术调研报告
启动项目	正式启动项目,由部门主管指定项目经理,项目经理制订初步计划,初步计划包括设计和开发时间的初步估计	部门主管 核心技术人员	项目计划书 项目合同
需求分析	对项目详细需求分析,编写需求文档,对 B/S 结构的系统应制作静态演示页面。需求分析文档和静态演示页面需要通过部门主管审批才能进行下一步骤	项目经理 项目小组核心成员	需求分析说明书 静态演示页面 项目计划修订版本
概要设计	根据需求分析进行概要设计。编写目的是说明对系统的设计考虑,包括程序系统流程、组织结构、模块划分、功能分配、接口设计。运行设计、数据结构设计和出错处理设计等,为详细设计提供基础。概要设计经过评审后,项目经理通过部门主管一起指定项目小组成员	项目经理 项目小组核心成员	概要设计说明书
详细设计	详细设计编制目的是说明一个软件各个层次中的每一个程序(每个模块或子程序)的设计考虑,如果一个软件系统比较简单,层次很少,可以不单独编写,有关内容合并入概要设计说明书	项目经理 项目小组成员	详细设计文档 项目计划确定版本
编码实现	根据设计开发项目,同时由美工对操作界面进行美化	项目经理 程序设计员 美工	项目计划修订版本
调试	项目经理提交测试申请,由测试部门对项目进行测试,项目小组配合测试部门修改软件中的错误	项目经理 程序开发人员 测试部门	测试申请 测试计划 测试报告
项目验收	项目验收归档	部门主管 项目经理	项目所有文档和程序

1.2.5 软件工程基本原理及原则

1. 软件工程的基本原理

著名软件工程专家B. Boehm综合有关专家和学者的意见并总结了多年来开发软件的经验，于1983年提出了互相独立、缺一不可的软件工程7条**基本原理**。

(1) 开发小组的人员在研发团队构成中，应该优化组合且少而精。

(2) 利用分阶段的生存周期计划进行严格管理。在软件项目研发过程中，太多不成功的历史教训，有大约一多半都是由于项目计划不周造成的。

(3) 坚持进行阶段评审。软件的质量保证工作不能等到编码阶段结束之后再进行。

(4) 实行严格的产品控制。在软件开发过程中不应随意改变需求，以免带来其他变更和为此付出较高的代价。

(5) 采用现代程序设计技术。采用先进的软件研发技术，既可提高软件开发的效率和管理，又可提高软件维护的效率和质量。

(6) 软件工程结果应能清楚地审查。根据软件开发项目的总目标及完成期限，规定开发组织的责任和产品标准，从而使得所得到的结果能够清楚地审查。

(7) 承认不断改进软件工程实践的必要性。不仅要积极主动地采纳新的软件技术，而且要注意不断总结经验。

知识拓展：B. Boehm指出，遵循前六条基本原理，能够实现软件的工程化生产；按照第七条原理，不仅要积极主动地采纳新的软件技术，而且要注意不断总结经验。

2. 软件工程的基本原则

根据软件工程的基本原理并总结软件研发实际经验，围绕工程设计、工程支持和工程管理，需要注重以下4条**基本原则**。

(1) 选取适宜的开发模型。软件设计应权衡软硬件需求及其他因素间相互制约和影响，必须认识需求定义的易变性，采用适当的开发模型，保证软件产品满足用户需求。

(2) 采用合适的设计方法。软件设计中应考虑软件的模块化、抽象与信息隐蔽、局部化、一致性和适应性等特征。优选设计方法有助于实现这些特征，并达到软件工程的目标。

(3) 提供高质量的工程支撑。在软件工程中，软件工具与环境对软件过程的支持颇为重要。软件工程项目的质量与开销直接取决于对软件工程所提供的支撑质量和效用。

(4) 重视软件工程的管理。软件工程管理直接影响可用资源的有效利用，当对软件过程进行有效管理时，才能研发出满足目标的软件产品并提高软件生产效能。

近年来，印度的软件产业迅速发展，其成功关键是严格按照国际规范进行科学管理。一般教材主要讨论软件开发技术，较少讨论软件管理技术，但软件管理仍然是软件开发成功的关键因素之一。在实际开发过程中，同时还应兼顾具体开发原则：抽象(abstraction)、信息隐藏(information hiding)、模块化(modularity)、局部化(localization)、一致性(consistency)、完整性(completeness)和可预测性(verifiability)。

讨论思考

(1) 软件和软件工程的概念是什么？二者主要区别有哪些？什么是软件工程方法学？软件工程三要素是什么？

(2) 软件工程开发的方法主要有哪些？

(3) 结合"人事管理信息系统"案例讨论软件工程。

1.3 软件生存周期

1.3.1 软件生存周期的有关概念

软件生存周期(Software life cycle)是从软件开始研发到软件停止使用的整个过程。软件生存周期是指软件产品从用户提出开发需求开始，经过开发、使用和维护，直到最后淘汰的整个周期，因此，软件生存周期也称为**软件生命周期**或**软件生存期**，是软件工程的一个重要概念。

软件工程中的过程对应软件生存周期中的**阶段**(Phase)，也是实现软件生产工程化的重要步骤，并赋予各阶段相对独立的任务。可以将一个软件的生存周期划分为市场调研、立项、需求分析、规划、概要设计、详细设计、编程、单元测试、集成测试、运行、维护这几个过程，前一过程的终点就是后一过程的起点。完成阶段性工作的标志称为**里程碑**(Milestone)，某些重要的里程碑又称为**基线**(Baseline)。

软件开发过程中每一阶段的工作都应以前一阶段的结果为依据，并作为下一阶段的前提。每个阶段结束时都要有技术审查和管理复审，从技术和管理两方面对这个阶段的开发成果进行检查，及时决定工作是否继续，停工或返工，主要检查是否有高质量的文档资料，前一个阶段复审通过了，后一个阶段才能开始。应防止到开发最后，才发现前期工作存在的严重问题，造成难以挽回的损失或失败的结面。

1.3.2 软件生存周期的阶段划分

软件生存周期划分阶段的方法有多种，可按软件规模、种类、开发方式、开发环境等来划分。划分阶段的原则是相同的，目的主要是便于确立系统开发计划，明确各类开发人员的分工与职责范围，以便选用不同的开发模型、技术方法，加强管理、分工协作、保证质量、提高效率。开发单位的技术人员可根据所开发软件的性质、用途及规模等因素决定在软件生存周期中增加或减少相应的阶段。

软件生存周期阶段划分的主要原则如下。

(1) 各阶段的任务相对独立。便于分阶段计划、逐步完成。

(2) 同一阶段的工作任务性质尽量相同。有利于软件开发和组织管理，明确开发人员的分工与职责，以便协同工作、保证质量。

1.3.3 软件生存周期各阶段的任务

软件生存周期一般由软件策划、软件开发和运行维护 3 个时期**组成**。软件策划时期分为问题定义、可行性分析和立项计划 3 个阶段。软件开发时期可分为需求分析、软件设计、编程实现和综合测试阶段。其中,软件设计阶段可分为软件总体(概要)设计和详细设计阶段,软件实现阶段进行程序设计和软件单元测试,最后进行综合测试等。软件交付使用后在运行过程中需要不断地进行维护,才能使软件持久地满足用户的需要。

下面简要介绍软件生存周期各阶段的**主要任务**。

在 GB 8567—2006 中将软件生存周期分为 7 个阶段,如图 1-5 所示。

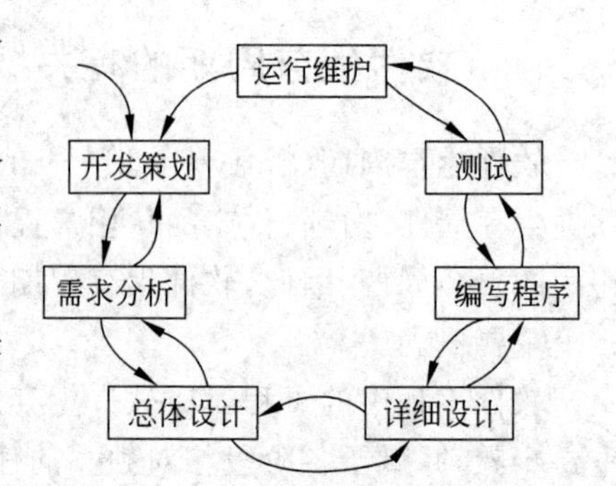

图 1-5 软件生存周期各阶段关系

(1) 开发策划。主要完成问题定义、可行性分析、项目申报立项和制订开发计划与准备,明确“要解决的问题是什么”。

(2) 需求分析。需求分析和定义阶段任务不是具体地解决问题,而是确定软件须具备的具体功能、性能等,即“必须做什么”及其他指标要求。

(3) 总体设计。总体设计也称为概要设计,主要设计软件系统的总体结构,结构的组成模块,模块的层次结构、调用关系及功能。并设计总体数据结构等。

(4) 详细设计。对模块功能、性能、可靠性、接口、界面、网络和数据库等进行具体设计的技术描述,并转化为过程描述。

(5) 编写程序。编写程序又称为编码实现,将模块的控制结构转换成程序代码。

(6) 测试。为了保证软件系统需求和质量标准,在设计测试用例基础上对软件进行检测、调试、修改和完善等。

(7) 运行维护。对交付并投入使用的软件进行各种维护,并记录保存文档。

【案例 1-5】 “网上商品销售管理信息系统”由项目问题定义(调研论证计划申报)、软件开发和软件运行维护 3 个时期组成,每个时期又可进一步划分成几个阶段。

(1) 软件定义时期。

① 问题定义阶段是对软件研发主要问题的初步调研与确认,主要任务是弄清用户要计算机解决的问题。

② 可行性研究。任务是对前一阶段提出的问题,寻找技术上可行且在经济上有较高效益的解决方案。

(2) 软件开发时期主要包括 5 个阶段。

① 需求分析。通过调研搞清用户对软件系统的具体需求,主要是确定目标系

统必须具备哪些具体的功能、性能、可靠性、接口等。

② 总体设计。设计软件结构，即确定程序由哪些模块组成以及模块间的关系。

③ 详细设计。针对单个模块的设计，如查询、统计等。

④ 编码。按照选定的语言，把模块的过程性描述翻译为源程序。

⑤ 测试。通过各种类型的测试(及相应的调试)使软件达到预定的要求。

(3) 软件运行时期。在此阶段主要工作是做好软件系统的运行维护与管理。使软件在整个生存周期内正常使用和延长使用寿命。

讨论思考

(1) 什么叫软件生存周期？软件生存周期各阶段如何划分？

(2) 软件生存周期各阶段的主要任务有哪些？

(3) 结合“人事管理信息系统”案例划分阶段，指出各阶段的主要任务。

1.4 软件开发模型

根据软件开发工程化及实际需要，软件生存周期的划分有所不同，形成了不同的**软件开发模型(模式)**，或称为**软件生存周期模型**(Software life cycle model)或**软件开发范型**(Paradigm)。模型通常是对现实系统本质特征的一种抽象、模拟、简化和描述，用于表示事物的重要方面和主要特征，**包括**描述模型、图表模型、数学模型和实物模型。软件开发模型**可分为**瀑布模型、快速原型模型、增量模型、喷泉模型、螺旋模型、变换模型、基于知识的模型和统一过程等。

1.4.1 瀑布模型概述

瀑布模型(waterfall model)是 1970 年由 W. Royce 最早提出的软件开发模型。将软件开发过程划分为几个互相区别且彼此相联的阶段，各阶段的工作都以上一个阶段工作的结果为依据，并作为下一阶段的工作基础，形如瀑布流水承前启后。

瀑布模型将生存期的计划时期、开发时期和运行时期，又细分为若干个阶段：计划时期可分为问题定义、可行性研究、需求分析 3 个阶段，开发时期分为概要设计、详细设计、软件实现、软件测试等阶段，运行时期则需要不断进行运行维护，需要不断修改错误、排除故障，或以用户需求、运行环境改变进行改更调整。图 1-6 中的实线箭头表示开发流程，每个阶段顺序进行，有时会返工；虚线箭头表示维护工作的流程，根据不同情况返回到不同的阶段进行维护。

利用瀑布模型开发软件有 3 个特点。

(1) 开发过程的顺序性。此模型的特点是文档驱动。只有当前一阶段任务完成后，下一阶段的工作才能开始；前一阶段的输出文档，作为后一阶段的输入文档。前面的正确输出决定后面结果的正确性，若在某一阶段出现错误，要向前追溯返工。

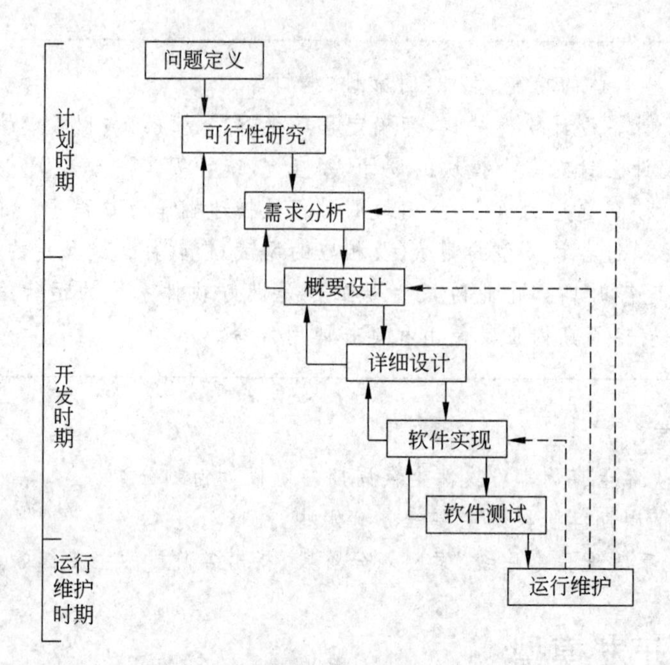

图 1-6 瀑布模型

瀑布模型开发适用于软件需求明确,开发技术成熟,工程管理较严格的场合下使用。

(2) 严格要求保证质量。为确保质量,应坚持做到以下两点。

① 各阶段必须都按照要求认真完成规定的文档。

② 各阶段须对完成文档复审,及时发现隐患并排除。

(3) 统筹兼顾不过早编程。在编程前安排的需求分析、概要设计、详细设计等阶段,将逻辑设计和编码清楚地划分开来,以便协同工作效果更好。实践表明,大、中型软件编程开始得越早,完成所需的时间反而越长。

瀑布模型的缺陷是将充满回溯且相互重叠的软件开发过程硬性地分为多个阶段,随着开发软件规模的增加,造成的危害大增。如图 1-7 的循环模型,是为了描述软件开发过程中可能的回溯,对瀑布模型进行了改进,开发各阶段可能循环重复。

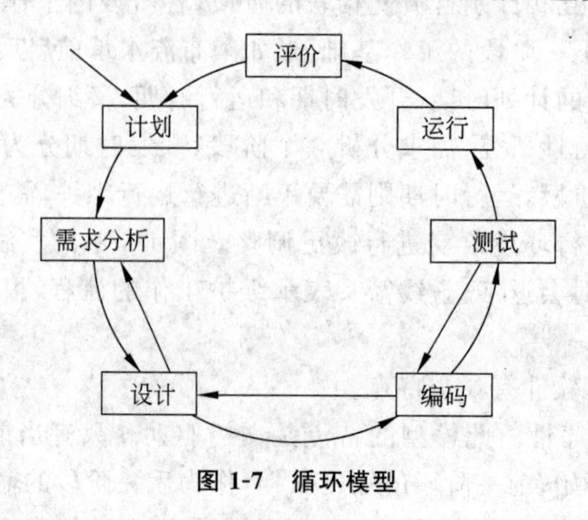

图 1-7 循环模型

1.4.2 快速原型模型概述

快速原型模型需要先建造一个快速原型，如操作窗口及界面等，进行客户或潜在用户与系统间的交流，用户/客户可以通过对原型的评价及改进意见，进一步细化待开发软件的需求，通过逐步调整原型达到客户要求，从中确定客户的具体需求；然后按照需求开发软件。如图1-8所示。此模型最适合于可以先尽快构建成一个原型的应用系统。

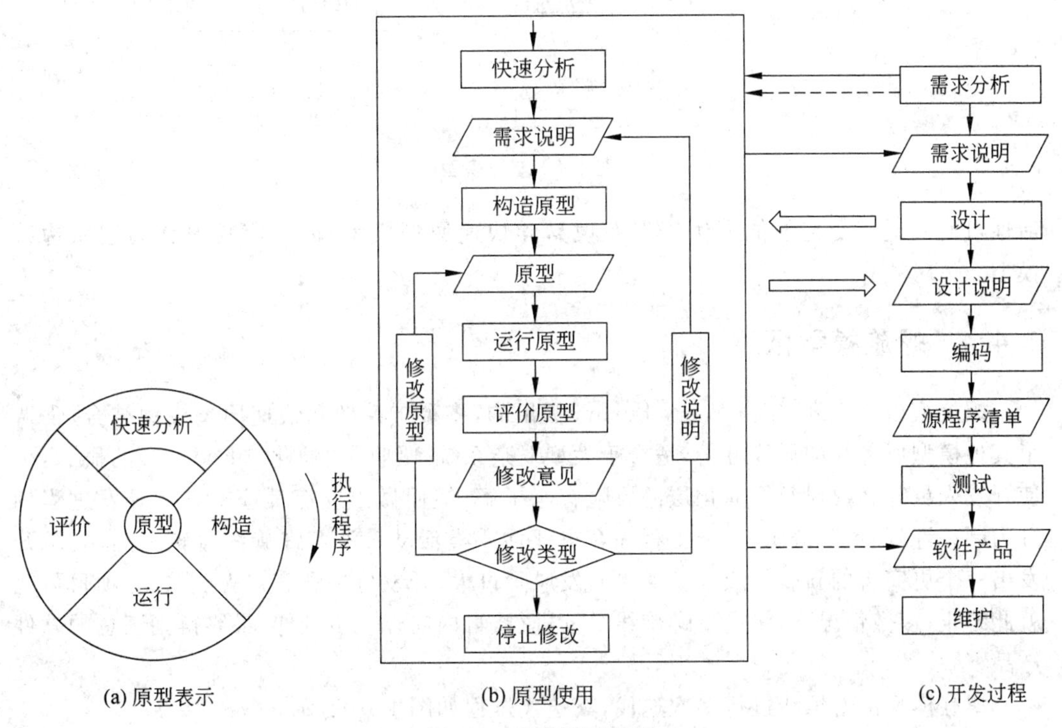

图1-8 快速原型模型

1.4.3 增量模型概述

利用**增量模型**开发的软件被作为一系列的增量构件来进行设计、实现、集成和测试，每个构件具有一定功能，并最终能组合成一个具有完整功能软件的模块，如图1-9所示。

增量模型灵活性很强，适用于软件需求不明确、设计方案有一定风险的软件项目。与瀑布模型之间的本质区别是：瀑布模型属于整体开发模型，规定在开始下一个阶段的工作之前，必须完成前一阶段的所有细节。而增量模型属于非整体开发模型，可推迟某些阶段或所有阶段中的细节，从而较早地研发出软件。

增量模型的**缺陷**有两个方面。

(1) 需要软件具备开放式的体系结构。主要因为各构件是逐渐并入已有的软件体系结构中的，所以加入构件不能破坏已构造好的系统部分。

(2) 软件过程的控制易失去整体性。软件在开发中难免需求的变化，增量模型的灵

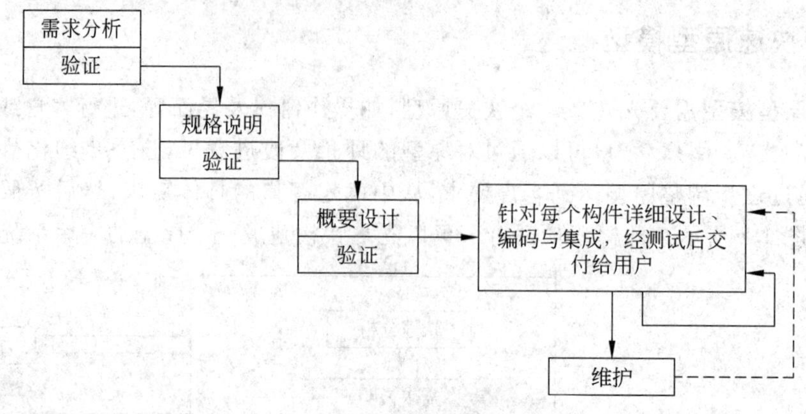

图 1-9　增量模型

活性可使其适应变化的能力优于瀑布模型和快速原型模型,但也容易退化为边做边改模型。

1.4.4　螺旋模型概述

螺旋模型是 1988 年由 Barry Boehm 提出的,将瀑布模型和快速原型模型结合,强调了其他模型所忽视的风险分析,适合于大型复杂系统,吸收了"演化"(Evolve)的概念,可使开发人员和客户对每个演化层的风险有所了解,继而做出应有反应。它将开发过程划分为制订计划、风险分析、实施工程和客户评估 4 类活动。沿着螺旋线每转一圈,表示开发出一个更完善的新软件版本。如果开发风险过大,开发机构和客户无法接受,项目可能就此终止;多数情况下,将沿着螺旋线继续进行,自内向外逐步延伸,最终得到满意的软件产品。

螺旋模型沿着螺线进行多次迭代,其迭代过程如图 1-10 所示。

(1) 制订计划: 确定软件目标,选定实施方案,弄清项目开发的限制条件。

(2) 风险分析: 分析评估所选方案,考虑如何识别和消除风险。

(3) 实施工程: 实施软件开发和验证。

(4) 客户评估: 评价开发工作,提出修正建议,制订下一步计划。

1.4.5　喷泉模型概述

喷泉模型是 1990 年由 B. H. Sollers 和 J. M. Edwards 提出的,主要适合于利用面向对象技术的软件开发项目。喷泉模型主要克服了瀑布模型不支持软件重用和多项开发活动集成的局限性。可使开发过程具有迭代性和无间隙性。

软件的某个部分经常要重复工作多次,相关对象在每次迭代中随之加入渐进的成分,即迭代特性;而软件分析和设计等各项连贯活动之间并无明显边界,即无间隙的特性。

喷泉模型是以面向对象开发方法为基础,以用户需求为源泉。从如图 1-11 喷泉模型中可以看出 7 个特点。

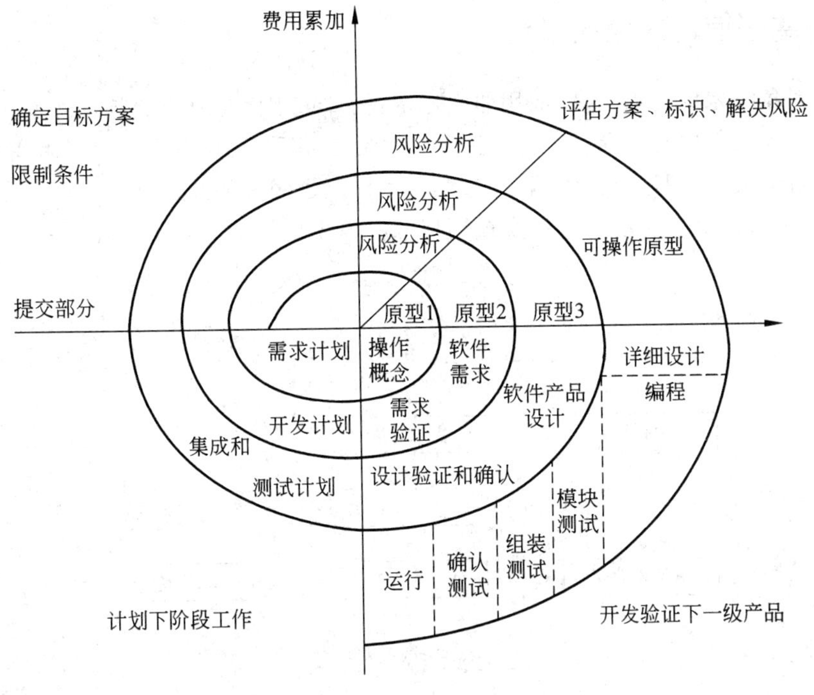

图 1-10 螺旋模型

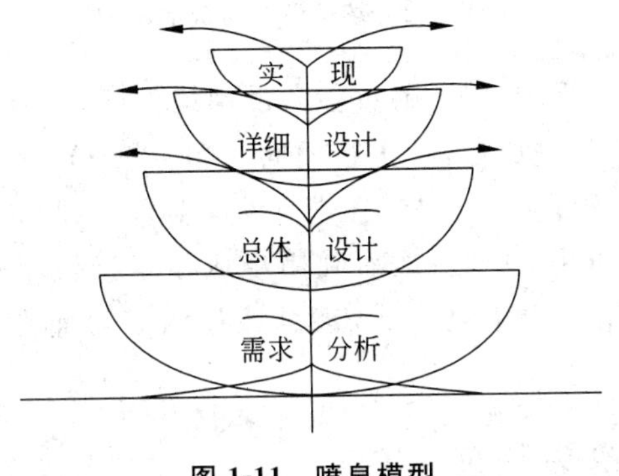

图 1-11 喷泉模型

(1) 通常,大体上规定软件开发过程具有 4 个阶段:需求分析、总体设计、详细设计和实现,还可分成多个开发步骤。

(2) 各阶段相互重叠,反映了软件过程并行性的特点。

(3) 以分析为基础,资源消耗成塔形,在分析阶段消耗的资源最多。

(4) 反映了软件过程迭代性的自然特性,从高层返回低层无资源消耗。

(5) 强调增量开发,依据分析一点设计一点的原则,并不要求一个阶段的彻底完成,整个过程是一个迭代的逐步提炼的过程。

(6) 是对象驱动过程,对象是活动作用的实体,也是项目管理的基本内容。

(7) 实现中由于活动不同,可分为系统实现和对象实现,这既反映了全系统的开发过程,也反映了对象族的开发和重用过程。

1.4.6 基于面向对象的模型

面向对象技术的优点很多,应用非常广泛,构件重用就是其重要技术之一。面向对象技术强调了类的创建与封装,一个类创建与封装成功后,便可在不同的应用系统中被重用。面向对象技术为基于构件的软件过程模型提供了强大的技术框架。基于面向对象的模型,综合了面向对象和原型方法及重用技术。该模型如图 1-12 所示。

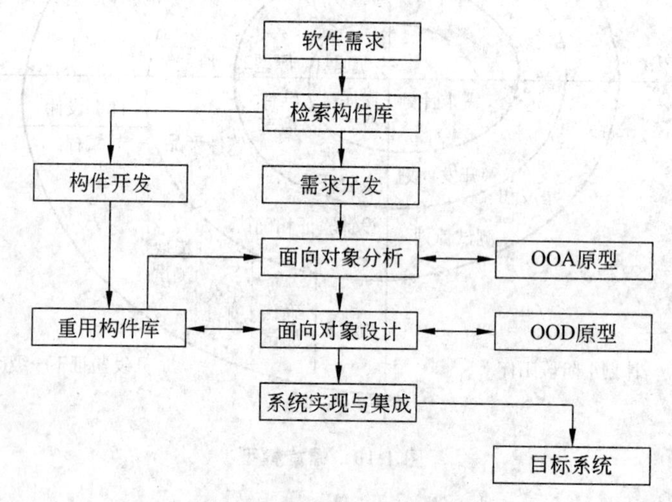

图 1-12　基于面向对象的模型

该模型描述了软件从需求开始,通过检索重用构件库,一方面进行构件开发,另一方面进行需求开发,需求开发完成后,在进行面向对象分析 OOA 中,可在重用构件库中读取构件,并快速建立 OOA 原型。同样,在进行面向对象设计 OOD 时,可在重用构件库中读取构件,并快速建立 OOD 原型。最后利用生成技术,建造一个目标系统。在此模型中,一个系统可以由重用构件组装而成,甚至通过组装可重用的子系统而创建更大的系统。

*1.4.7 其他软件开发模型

1. 智能模型

智能模型也称为基于知识的软件开发模型,是知识工程与软件工程在开发模型上的结合,以瀑布模型与专家系统的综合应用为基础。该模型通过应用系统的知识和规则帮助设计者认识一个特定软件的需求和设计,这些专家系统已成为开发过程的伙伴,并指导开发过程。智能模型如图 1-13 所示,从中可见与其他模型不同,其维护并不在程序一级上进行,可将问题的复杂性极大降低。

智能模型的主要优点如下。

(1) 利用领域专家系统,可使需求说明更完整、准确和无二义性。

(2) 借助软件工程专家系统,提供一个设计库支持,在开发过程中成为设计者的助手。

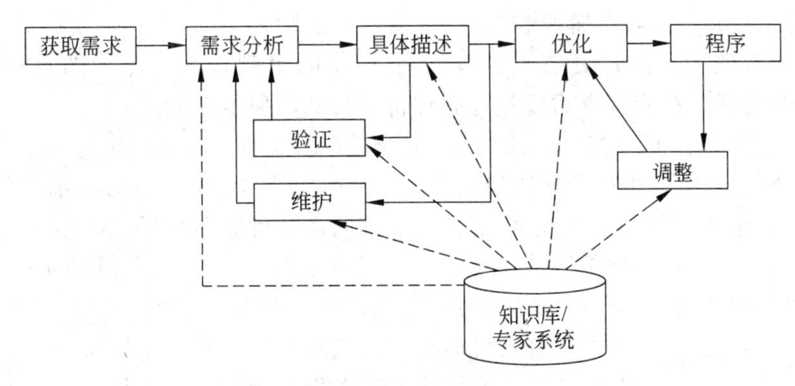

图 1-13　智能模型

(3) 通过软件工程知识和特定应用领域的知识及规则的应用，对开发提供帮助。

其实，构建适合于软件设计的专家系统和一个既适合软件工程又适合应用领域的知识库是很困难的。目前，在软件开发中正应用人工智能技术，在 CASE 工具中使用专家系统，利用专家系统实现测试自动化，在软件开发的局部阶段收效很大。

2. 统一过程模型

统一开发过程 RUP(Rational Unified Process)模型提高了团队开发效率，在迭代的开发过程、需求管理、基于组件的体系结构、可视化软件建模、验证软件质量及控制软件变更等方面，针对所有关键的开发活动为开发成员提供了必要的准则、模板和工具指导，并确保共享相同的知识基础。建立了简洁和清晰的过程结构，为开发过程提供较多的通用性。

(1) RUP 的二维开发模型及其核心工作流(Core Workflows)。其主要包括商业建模、需求、分析与设计、实现、测试、核心支持工作流、部署、配置和变更管理、项目管理和环境，如图 1-14 所示。

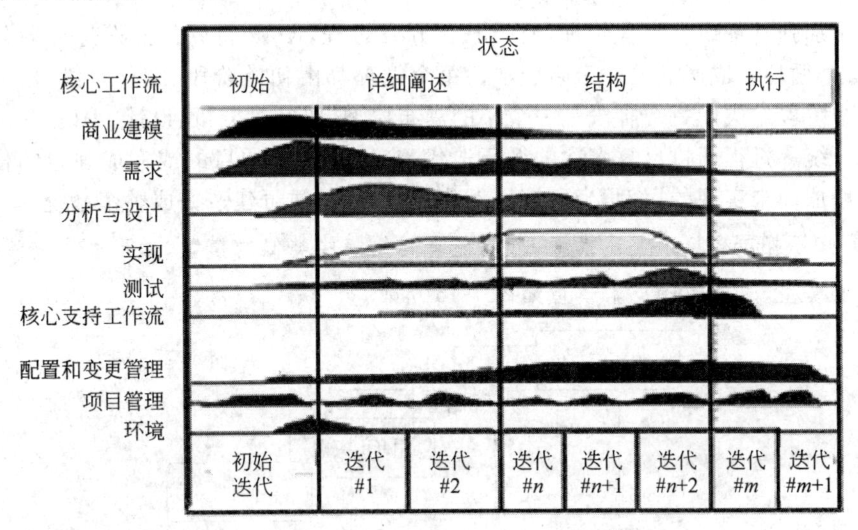

图 1-14　RUP 的二维开发模型及其核心工作流

(2) 开发过程中的各个阶段和里程碑,主要包括如下。

① 初始阶段。此阶段结束时是第一个重要的里程碑:生存周期目标(Lifecycle Objective)里程碑。生存周期目标里程碑评价项目基本的生存能力。

② 细化阶段。结束时是第二个重要的里程碑:生存周期结构(Lifecycle Architecture)里程碑。生存周期结构里程碑为系统的结构建立了管理基准并使项目小组能够在构建阶段中进行衡量。此刻,要检验详细的系统目标和范围、结构的选择。

③ 构造阶段。结束时是第三个重要的里程碑:初始功能(Initial Operational)里程碑。初始功能里程碑决定了产品是否可以在测试环境中进行部署。此刻,要确定软件、环境、用户是否可以开始系统的运作。此时的产品版本也常被称为β(beta)版。

④ 交付阶段。其终点是第四个里程碑:产品发布(Product Release)里程碑。此时,要确定目标是否实现,是否应该开始另一个开发周期。在一些情况下这个里程碑可能与下一个周期的初始阶段的结束重合。

(3) RUP 的迭代开发模式。具体开发模型如图 1-15 所示。

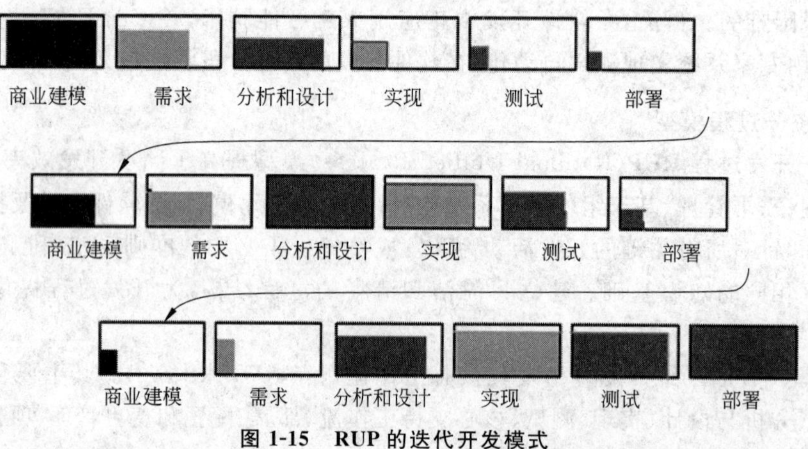

图 1-15 RUP 的迭代开发模式

为了加强软件研发过程管理,监控软件开发过程,RUP 将软件开发过程划分为多个循环,每个循环生成产品的一个新版本。每个循环都由初始阶段、细化阶段、构造阶段和提交 4 个阶段组成。每个阶段是一个小的瀑布模型,要经过分析、设计、编码、集成和测试等阶段。统一过程通过反复多次的循环迭代,来达到预定的目的或完成确定的任务。每次迭代增加尚未实现的用例,当所有用例建造完成后,便可建造完成整个系统。

知识拓展: 除了上述模型以外,还有其他一些类似的模型,如形式化方法模型等。新型技术模型,即第四代技术模型如图 1-16 所示。

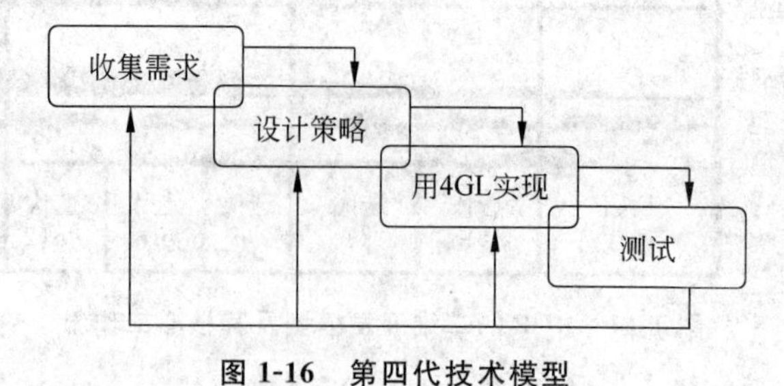

图 1-16 第四代技术模型

1.4.8 软件开发模型的选定

在企事业各种应用软件的实际开发过程中，选定具体的开发模型至关重要。不仅需要理解开发模型与开发方法和开发工具的关系，而且，还有根据具体实际情况选取、裁剪、修改和确定具体的开发模型。

1. 开发模型与开发方法及工具的关系

一般应用软件的开发过程，主要包括生存周期的系统规划、需求分析、软件设计、实现4个阶段。软件的开发方法多种多样，结构化方法和面向对象的方法是常用的最基本的开发方法。当采用不同的开发方法时，软件的生存周期过程将表现为不同的过程模型。为解决开发工程中大量复杂的手工劳动，提高软件的开发效率，还要采用计算机辅助软件工程CASE开发工具来支持整个开发过程。软件的开发模型(生存周期过程模型)与开发方法、开发工具之间的关系如图1-17所示。

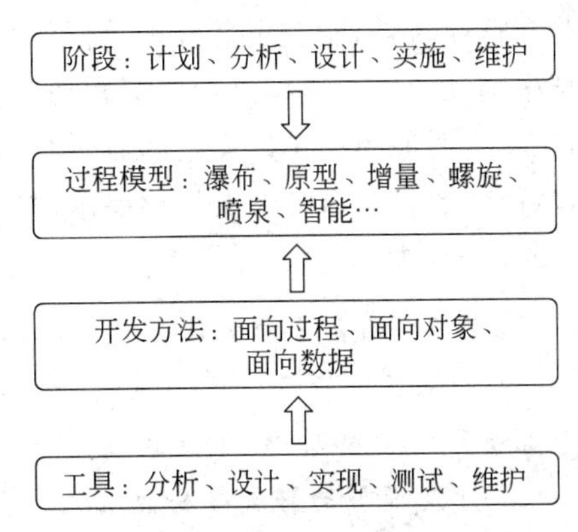

图1-17 开发模型、方法和工具之间的关系

2. 软件开发模型选取

各种过程模型反映了软件生存周期表现形式的多样性。在瀑布模型中，软件的更新换代是整体一次性的；而在喷泉模型中，软件更新将表现为各个组成部分的独立迭代更新。需要注意，在生存周期的不同阶段也可采用不同的过程模型。在具体的软件项目开发过程中，可以选用某种生存周期模型，按照某种开发方法，使用相应的开发工具进行系统开发。

最常用的是瀑布模型和原型模型，其次是增量模型，由于迭代模型比较难以掌握使用较少。各种模型各有其特点和优缺点。在具体选择模型时需要综合考虑以下6点。

(1) 符合软件本身的性质，包括规模、复杂性等。

(2) 满足软件应用系统整体开发进度要求。

(3) 尽可能控制并消除软件开发风险。

(4) 具有计算机辅助工具快速的支持，如快速原型工具。

(5) 与用户和软件开发人员的知识和技能匹配。

(6) 有利于软件开发的管理与控制。

> **注意：** 通常情况下，面向过程方法可使用瀑布模型、增量模型和螺旋模型进行开发；面向对象方法可采用快速原型、增量模型、喷泉模型和统一过程进行开发；面向数据方法一般采用瀑布模型和增量模型进行开发。

3. 软件开发模型的修定

在实际软件开发过程中,开发模型的选定并非直接照抄照搬、一成不变,有时还需要根据实际开发目标要求进行裁剪、修改、确定和综合运用。

针对具体开发的实际应用软件系统,一个成熟的 IT 企业和研发人员,都要根据各种实际应用软件开发的需求、性质、规模和特点,以及开发模型本身的特性,结合企业的开发经验和行业特点,制定出适合本单位的“开发模型选定指南”,有针对地对选定的软件开发模型中定义的生存周期进行适当裁剪和修改,使它完全适合开发的实际需求。其中的裁剪,主要是对原模型中定义的内容进行增、改、删,去掉不适用的内容,同时进一步具体细化,从而构成完全适合开发目标要求的“开发模型选定指南”。

讨论思考

(1) 以“学籍管理信息系统”为例,说明在开发过程各阶段应做好哪些具体工作?

(2) 如果在全校进行统一联网与管理,应做哪些修改或更新?试从未来的发展趋势来分析软件开发模型。

(3) 开发模型的种类和特点有哪些?各适合哪种业务环境要求?

1.5 实验一 软件开发准备及 Visio 应用

可以根据不同专业特点及要求和基础等实际情况,选做安排实验任务。

1.5.1 任务一 软件开发前准备工作

1. 实验目的与任务

(1) 目的:确定选题,组织组员,合理分工,熟悉软件开发环境,培养团队精神。

(2) 任务:学习软件开发小组的组织和管理,合理分工,将项目开发各阶段的任务明确,并熟悉相应的软件开发环境。

实验学时:2 学时。

实验类型:验证性。

2. 实验内容、要求及安排

(1) 实验内容与要求:根据各组选择的选题,实行项目组长(经理)负责制,各组推荐一名组长,统一管理整个项目的实施过程,并合理调整资源和负责项目全局;根据项目的难易合理分配组员的任务,对问题达成一直的看法;针对项目的实施,熟悉相应的软件开发工具的使用环境。

考核要求:学习本章有关软件开发的有关知识,组成研发小组、发挥特长进行选题、合理分工,明确项目开发各阶段的主要任务,并熟悉相应的软件开发环境,编写出初步的“软件项目开发计划”。

(2) 实验安排方式:本实验为开放实验,各组可同时进行实验,每组 2~3 人。

(3) 准备参考资料,阅读相关的国家有关软件开发的标准文档。

课程实践项目

根据“课程实践”和“课程设计”的要求成立项目小组，每小组 2～3 人，推选 1 名组长。每个小组选择一个项目主题，完成课程实践训练或社会调查。项目完成后，请填写如下表格并递交全部文档资料。

项目名称						
起始时间			小组编号			
小组成员						
		小组成员分工与贡献				
序号	姓名	班级	学号	E-mail	电 话	贡献
1						
	任务分工					
2						
	任务分工					
3						
	任务分工					
备注						
	主要贡献					

3. **思考题**

(1) 软件项目开发之前，需要做哪些具体工作？

(2) 选题应用软件应具备的最重要特性和要求是什么？

(3) 准备研发选题应用软件，人员怎样分工最合理？

1.5.2 任务二 Microsoft Visio 2013 应用

微软 Microsoft Visio 是一种功能强大的绘图工具，提供了丰富的绘图模板集，可用于帮助快速、简便地绘制各种流程图、关系图、实体联系图与(进度)甘特图等，并能够结合数据库，将图像与各类数据相结合，让数据、分析统计或流程等信息，不再是抽象的数字。因此可以更直觉、动态与简易明了的方式来解读各类数据，使用与其他 Office 2010 相同风格的操作界面，工具栏上所陈列的项目可更灵活配置。

Visio 的文件主要有 3 种类型：绘图文件(. vsd)、模具文件(. vss)和模板文件(. vst)。绘图文件用于存储绘制的各种图形；模具文件与特定的模板相关联的形状集合用于存放绘图过程中产生的各种图形的“母体”；模板文件同时存放绘图文件和模具文件，并定义相应的工作环境。3 种类型文件之间的关系如图 1-18 所示。

通常，模具文件位于绘图窗口左侧，包含大量绘图文件。可以通过拖动方式将绘图文

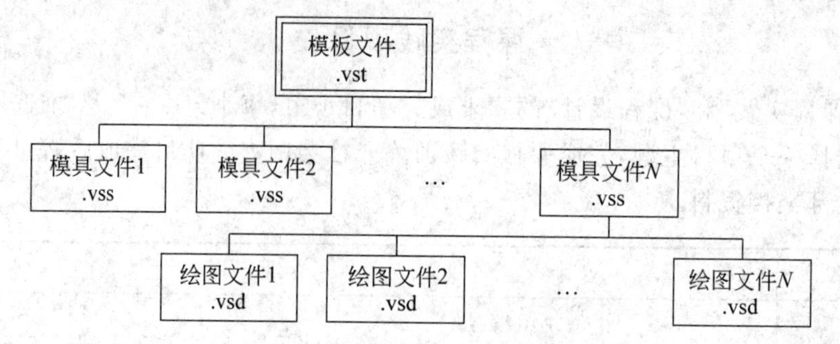

图 1-18 Visio 三种文件之间的关系

件移到绘图窗口,并可反复创建图形元素,如图 1-19 所示。

1. 实验目的

本实验主要通过实际操作,掌握相关的常用绘图功能。

(1) 熟悉 Visio 的工作环境及组成。

(2) 掌握用 Visio 软件绘制图表的基本操作。

(3) 能熟练用 Visio 软件绘制各种较复杂的专业图表。

(4) 掌握各种图表文档创建方法。

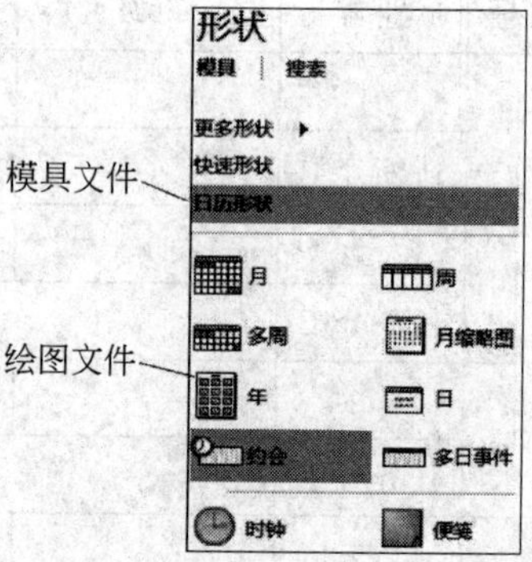

图 1-19 模具文件与绘图文件

2. 实验要求

要求能够熟练运用 Visio 2013 软件所提供的菜单、工具、模型等制作图形或图表;能用 Visio 软件所提供专业图形模板,来自行绘制出专业化、高质量的图形或图表。

3. 实验内容及步骤

应用 Microsoft Visio 2013(可用各种功能试画简单图表)设计一个基本流程图模型。为了便于快速掌握利用 Microsoft Visio 2013 绘制流程图的有关用法,先介绍主界面及相关功能,如图 1-20 所示。需要逐一熟悉常用菜单栏和工具栏等各项功能和操作方法。

(1) Visio 附带许多模板,使人们能够快速开始几乎所有类型的绘图,包括组织结构图、网络图、平面布置图、接线图以及流程图等。通过打开模板并向图表添加形状来开始"创建"新图表,如图 1-21 所示。

(2) 在新建的图表(流程图)中移动形状并调整形状的大小。在界面中选择"形状",出现如图 1-22 所示的形状界面。

(3) 向图表(流程图)添加文本。

(4) 连接图表(流程图)中的形状。

(5) 设置图表(流程图)中形状的格式。

(6) 保存图表(流程图)以示完成,并演示图表。

4. 实验学时

实验学时:2 学时。

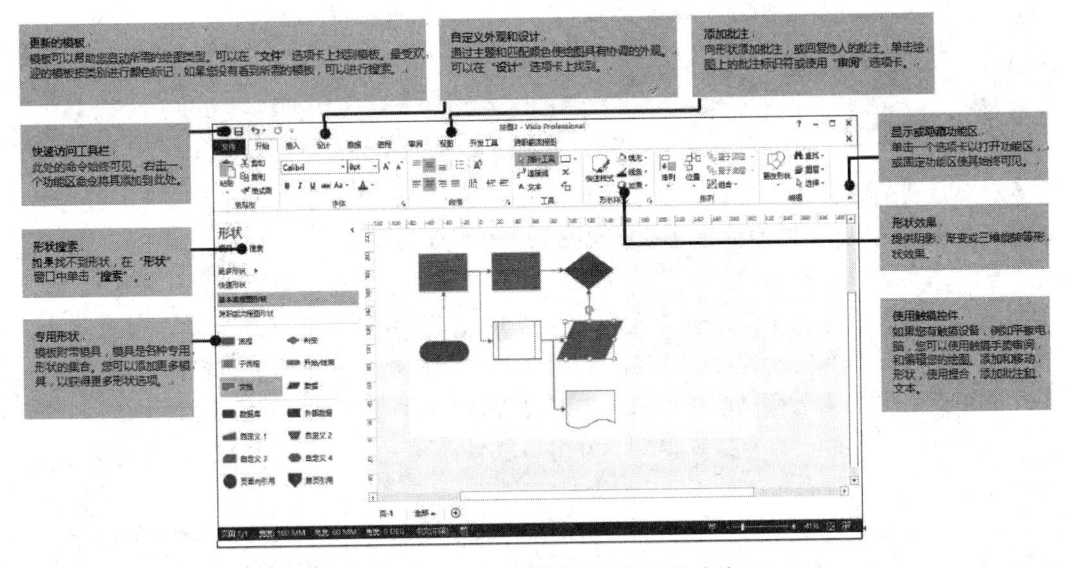

图 1-20　Visio 2013 主界面及有关功能

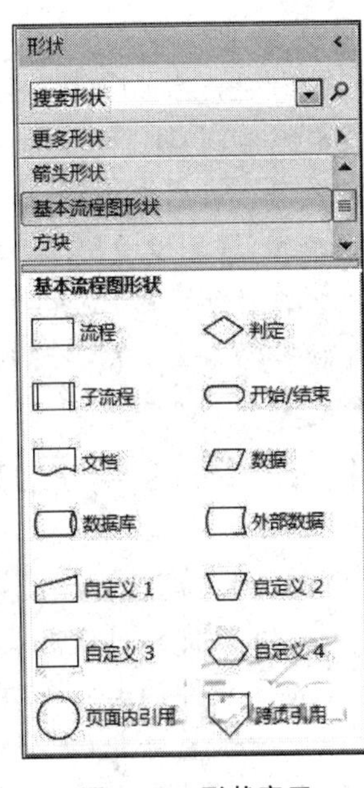

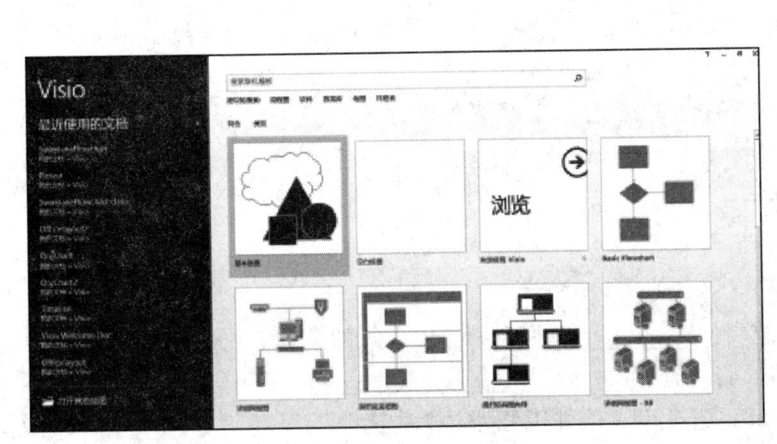

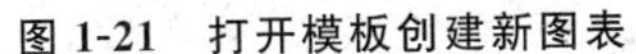

图 1-21　打开模板创建新图表

图 1-22　形状窗口

5. **实验结果**

提交所制作的画有具体流程图的实验报告。

6. **实验小结**

对整个实验过程进行具体的认真总结和反馈。

【**提示**】对照上述"实验目的"、"实验要求"、"实验内容"、"实验步骤"等方面的完成情况，实际体会和具体收获等进行认真总结。

1.6 本章小结

软件是计算机程序及其有关的数据和文档的结合。软件危机是指在计算机软件开发和维护时所遇到的一系列问题。软件危机主要问题：一是如何开发软件以满足对软件日益增长的需求；二是如何维护数量不断增长的已有软件。

软件工程是软件开发、运行、维护和引退的系统方法。软件工程是指导计算机软件开发和维护的工程学科。软件工程采用工程的概念、原理、技术和方法来开发与维护软件。软件工程的目标是实现软件的优质高产。其主要内容是软件开发技术和软件工程管理。

软件开发方法学是编制软件的系统方法，它确定软件开发的各个阶段，规定每一阶段的活动、产品、验收的步骤和完成准则。常用的软件开发方法有结构化方法、面向数据结构方法和面向对象方法等。

软件过程是为了获得高质量软件所需要完成的一系列任务的框架，它规定了完成各项 任务的工作步骤。ISO 9000把软件过程定义为："把输入转化为输出的一组彼此相关的资源和活动"。软件过程定义了运用方法的顺序、应该交付的文档、开发软件的管理措施、各阶段任务完成的标志。软件过程必须科学、合理，才能获得高质量的软件产品。

软件产品从问题定义开始，经过开发、使用和维护，直到最后被淘汰的整个过程称为软件生存周期。根据软件开发工程化的需要，生存周期的划分有所不同，从而形成了不同的软件生存周期模型，或称为软件开发模型(模式)。软件开发模型包括瀑布模型、快速原型模型、增量模型、喷泉模型、螺旋模型、智能模型、构件组装模型、统一过程模型等。

软件开发时可把各种模型的特点结合起来，充分利用优点、减少缺点。软件开发的各个阶段必须完成的各种规格书、说明书、用户手册等文档。

1.7 练习与实践一

1. 填空题

(1) 软件是计算机系统中的________、数据及其________的总称。

(2) 软件的类型按功能可以分为________、________、________ 3种类型。

(3) 国家标准GB/T 11457—1995《软件工程术语》对软件工程定义是软件开发、运行、维护和引退的________。

(4) 软件工程是指导计算机________的工程学科。

(5) 软件工程采用________来开发与维护软件。

(6) 软件工程的目标是________。

(7) 软件工程学的主要内容是________。

2. 选择题

(1) 下面(　　)不是软件的特征。

A. 系统性与复制性　　B. 有形性与可控性

C. 抽象性与智能性　　D. 依附性与泛域性

(2) 下面(　　)不是系统软件。

A. BIOS　　B. Windows

C. 设备驱动程序　　D. 办公软件

(3) 软件危机的主要原因是(　　)。

A. 软件本身特点及开发方法　　B. 对软件的认识不够

C. 软件生产能力不足　　D. 软件工具落后

(4) 下面(　　)不属于软件工程学科所要研究的基本内容。

A. 软件工程原理　　B. 软件工程目标

C. 软件工程材料　　D. 软件工程过程

(5) 下面(　　)是正确的说法。

A. 20世纪50年代提出了软件工程的概念

B. 20世纪60年代提出了软件工程概念

C. 20世纪70年代出现了客户机/服务器技术

D. 20世纪80年代软件工程学科达到成熟

3. 简答题

(1) 什么是软件？软件和程序的区别是什么？

(2) 什么是软件危机？软件危机的主要表现是什么？怎样消除软件危机？

(3) 什么是软件工程？什么是软件过程？软件过程与软件工程方法学有何关系？

(4) 软件工程学的主要内容是什么？

(5) 软件工程学的基本原理是什么？

(6) 什么是软件生存周期？软件生存周期为什么要划分阶段？划分阶段的原则是什么？

(7) 什么是软件开发方法？有哪些主要方法？

(8) 比较各种软件开发模型(模式)的特点。

4. 实践题

(1) 调查1号店等大型网购系统成功的原因，说明信息化方面的关键要素。

(2) 调查并分析一个企事业单位存在的软件问题，写出解决的主要措施。

(3) 上机操作：熟悉 Microsoft Visio 2013 操作界面或常用软件开发环境、开发工具软件和文档等准备工作。

CHAPTER

第2章 可行性分析及开发计划

凡事预则立、不预则废。任何项目启动前都需要进行可行性分析和开发计划，对于软件项目先要进行研发的可行性和必要性分析。对可行且必要的软件项目还要进行立项审批和计划准备，这有利于软件项目研发的成功，避免研发的盲目性并节省大量的人力、物力和资金等，简化软件需求分析与设计过程，减少软件研发失败风险，意义非常重大。

教学目标

- 了解软件开发初步需求、调研与问题定义内容。
- 理解可行性分析的概念、任务、步骤与立项。
- 掌握可行性研究的图形工具系统流程图画法。
- 理解软件开发计划的内容和制订过程。
- 掌握编写软件可行性分析报告的方法。

2.1 软件问题的提出和定义

【案例 2-1】 广东移动通信集团公司基于云计算策略，结合实际应用，通过统一的 x86 云化硬件资源池，分别以 citrix 和微软应用发布模式承载地市公司管理办公用户需求，支撑公司信息安全需求，构建适合于办公应用的“桌面云”运营和管理模式，为最终实现终端统一管控、安全可靠、灵活便捷、购置及运维低成本化等目标奠定基础。项目包括应用发布产品及配套软硬件架构设计、安装部署和基于移动个性化需求的定制开发等，需要先进行问题定义、可行性分析、立项和开发计划。

2.1.1 软件问题的提出

软件问题定义是指在对拟研发软件项目进行可行性分析和立项之前，对有关的主要实际情况进行初步调研、确认和描述的过程。主要包括提出问题、初步调研、定义问题、形成“问题定义报告”等。对于拟研发的新软件，输入是经过初步调研形成的一系列软件问题要求和软件的框架描述，以及预期软件支持业务过程的说明，最后输出“问题定义报告”。

通常对企事业机构等用户提出的新软件研发意向，需要先搞清软件的实际要求相关的具体问题。通常由企事业用户根据业务的实际需求提出，或由软件策划等人员在深入实际调研时提出。开始，用户通常根据实际需要粗略地描述其基本意向，而对软件的具体目标、问题范围、功能及性能、规模和环境等方面表述不一定很准确，因此，对用户提出的开发问题，还需要从专业技术方面进行更深层次的细致调研、确认和描述。

知识拓展： 企事业用户可用书面或口头的形式描述所提出的问题，由 IT 专业人员进行记载。若企事业用户配有专业技术人员，则可由用户进行问题定义，也可聘请或委托软件开发机构承担软件开发问题定义的具体工作，对于大中型软件项目，基本都采用后者。

2.1.2 软件问题初步调研

起初用户提出的软件开发问题(需求)比较模糊笼统，需要先对其提出的问题进一步细化确认。在通过后续可行性研究并确定项目开发立项，还应在进一步的需求分析中，进行深入细致调研。**初步调研**需要**确定和澄清的问题**包括软件开发提出的原因、背景、问题、目标、行业属性、社会环境、应用基础、技术条件、时限要求、投资能力等问题。

1. 调研的对象及范围

在进行新软件(系统)调研之前，需要先确定调研的对象和范围。**调研的主要对象**是现行系统及相关业务部门，需要深入业务处理现场进行实地观察、收集与阅读相关资料，并以发放问卷调研表、开座谈会与用户面对面交流等调研方法，对现行系统的信息处理过程进行分析、归纳、整理、描述，以获取应用系统涉及的各种管理人员对信息的需求。

由于数据流是通过物流、资金流和时间等业务数据产生的，物流和数据流是在组织中流动的，因此调研的范围就不仅局限于和数据流有关的部门，应该扩大到企业的生产、经营和管理等各相关部门，即应用系统组织机构的各个层面。

通常，**调研的范围划分**为 7 类，在实际中可视具体情况调整。

(1) 应用软件系统所属企事业用户的组织机构和业务功能。

(2) 现行软件系统及业务流程与工作形式。

(3) 机构的管理方式和具体业务的管理方法。

(4) 数据与数据流程，包括各种计划、单据和报表的调研。

(5) 管理人员决策的方式和决策过程。

(6) 各种可用资源和要求(限制)条件。

(7) 目前业务处理过程中需要改进的环节及具体问题。

2. 调研策略及原则

(1) 自顶向下逐步展开的策略。系统调研工作应按照“自顶向下”的系统化思路，逐步全面展开。先从组织管理工作的最顶层开始，然后再调研为确保上述管理的下一层相关工作，再深入调研为确保第二层管理工作的下一层(第三层)工作，逐层深入直至搞清全部业务。

(2) 遵从实事的原则。机构内部的管理部门和各项工作,应根据具体实际情况和需要安排。调研工作的目的是搞清这些管理工作存在的因由、环境条件和详细过程,再通过系统分析讨论其在新软件支持下优化的可行性,应实事求是进行系统调研,切不要主观臆造。

(3) 工程化的工作方式。对于内部管理机构庞大复杂的大中型企业,通常分由几个系统分析人员共同完成,按照工程化的方法组织调研可避免调研工作中可能出现的一些容易疏忽和不一致等问题。工程化的方法是将工作中的每步工作预先计划好,对多人员的工作方法和调研所用的表格、图例统一规范化处理,以便于相互沟通、协调工作。

(4) 全面与重点结合的方法。对于开发整个企事业机构的应用软件,先要进行全面调研。若近期内只开发机构内某一部分的应用软件,则需要采用全面铺开与重点调研相结合的方法,即自顶向下全面展开,但每次都只侧重于与局部相关的问题。常用的调研方法包括问卷调研法、召开调研会、业务实践、专家访谈、收集信息等。

(5) 主动沟通与友好交流。系统调研涉及组织内部管理的很多方面和各种不同类型的人群,调研者主动与被调研者在业务上良好沟通十分重要。建立一种积极、主动、友好交流的环境和人际关系是调研顺利进行的重要基础和前提,并可促进调研和系统开发效率。

3. 调研报告的内容

系统调研结束后应编写**"系统调研报告"**,其主要内容如下。

(1) 企事业用户的发展目标及规划(总体目标及具体目标、规划及计划)。

(2) 组织机构层次(组织结构图)和业务功能。

(3) 主要系统流程(系统流程图)及对信息的需求,包括各种计划、单据和报表样品。

(4) 现有系统的管理方式、具体业务环节、管理方法、管理人员决策的方式和决策过程。

(5) 现有系统软硬件的配置、使用效率和存在问题。

(6) 现有系统存在的主要具体问题和薄弱环节。

2.1.3 软件问题定义的内容

问题定义是指在初步调研的基础上,逐步搞清拟研发软件开发的具体实际问题,并以书面形式对所有问题进行确定性描述的过程。不同的软件具有不同的问题定义内容。

问题定义实际上也是通过对拟研发项目的主要问题(拟研发立项问题)的实际调研,确定(明确具体研发目标、内容、条件和要求等)的过程。因此,可行性分析的过程也是进一步明确定义实际具体研发问题的过程,便于进行可行性分析和立项。

1. 确定软件或项目名称

软件名称用于准确描述软件问题的内涵、主要用途及规模的项目名称,应与所开发的项目内容相一致,如高校图书管理信息系统、企业库存管理信息系统、××自动控制系统、××图像信息处理系统、高校学生成绩管理信息系统、人力资源信息管理系统、企业安全监控管理系统、企业客户关系管理系统等。

2. 项目提出的背景

软件项目提出的背景和具体现状及发展趋势包括软件所服务的行业属性、主要业务及特征、目前存在的主要问题、需要改进的具体方面及要求、本项目开发所能够带来的经济/社会效益和前景等。

3. 软件目标及任务

软件目标和任务是指软件项目所要达到的最终目的指标和具体结果,具有可度量性和预测性。从不同角度,主要有以下几种分法。

(1) 按时间划分,可分为长期目标、中期目标和短期目标。在进行信息化建设过程中,大中型软件系统都需要分阶段制定软件开发总体规划,确定长期、中期和短期目标,而小型软件一般只需要考虑短期计划及目标。

(2) 按目标的综合度,可分为总体目标和分项目标。总体目标是从宏观和整体上需要达到的目的或结果,分项目标是对总体目标的分解指标。大型复杂软件系统,目标呈树状结构,总目标分解成为多级子目标,每级子目标还可以进行再分解。

(3) 按性质划分,可分为效能及可靠性目标、功能目标和性能目标。效能及可靠性目标是软件所要达到的总体效果,功能目标是软件应具有的能力和作用,性能目标则是软件的特性和能力的具体要求。

新软件的**开发目标**是建立一个应用广泛、功能齐全的业务处理过程和通用信息平台,为企业的战略、业务流程优化和获取竞争优势提供有力支持。

4. 软件类型及性质

对于**软件的类型**:从软件的规模上,分为大中小和微型软件;从软件的用途上,分为系统软件、支撑软件和应用软件;从软件的应用类型上,分为工程计算软件、事务处理软件、工业控制软件和嵌入处理软件等。不同类型的软件,采用的开发方法、技术和管理手段不同。

项目性质主要用于描述软件的主要特性,为此还要确定软件的应用特性,如通用软件或专用软件。最后,需要确定软件的角色性质,是面向全程的综合软件,还是处于配套位置的具有单一辅助功能的插件。

软件工程业务应用的4个层次及具体特征如表2-1所示。对于软件工程的应用,各层次对系统目的和任务的要求不尽相同。某一层次有时可能不会对所有企业都达到最佳,只在某一阶段对某些企业可能是最佳的层次,各层次显示和组织开发能力相关的潜在收益。合适的层次取决于多个因素,包括内部自身的因素和外部竞争者的因素。

表2-1 软件工程应用的层次

应用层次	主要特征	主要优势	潜在弱点	面临的挑战
局部开发	运用IT优化重点,增值的企业运作	相对简单的IT开发;帮助理论证明;组织变化的阻力最小	类似组织复制;缺乏组织学习;与过去情况相比较好与一流有差距	明确高价值领域;用一流表现衡量以实现差异化;选择新业绩衡量标准

续表

应用层次	主要特征	主要优势	潜在弱点	面临的挑战
内部集成	运用IT能力创造无缝企业过程;反映技术集成性和组织相关性	支持全面质量管理;优化组织过程以提高效率和改善提供客户服务的能力	对采用新规则的组织,采用历史组织规则进行的自动化可能只发挥有限的作用	关注过程整合和技术集成;确保业绩衡量标准按内部整合度制定;与第一流能力比较
过程重组	对关键过程重组以实现将来的竞争力,而不只对现有过程的修补;运用IT及组织能力	以往过程影响为客户提供高价值服务能力;从旧方式转变到新模式;有先行优势	只看作对过去或目前过程修改可获得的收益是有限的;过程重组可能受到内外阻力	明确过程重组原则;认识到比选择能支持过程重组的技术平台更重要的是组织问题
网络信息化	通过企业网络提供产品和服务;与合作伙伴联系;开发IT学习能力及合作和控制能力	提高竞争能力;优化组织关系,保持灵活快速反应能力,满足个性化用户需求	不良合作方式可能难提供差异化竞争力;若内部系统不完善将阻碍外部学习能力	明确信息化重构原则;将信息化重构重要性提到战略地位;合理调整绩效衡量标准

软件开发是一项庞大的系统工程,其**成功四要素**为:科学合理确定系统目标,优化组织开发队伍,采用合适的技术和开发过程,以及科学严格的质量管理。

5. 软件的服务范围

软件的服务范围主要用于确定软件所服务行业及领域的界限,本软件服务的领域用户对象及应用范畴,主要从总体上确定软件的具体应用领域和服务范畴。

6. 软件的基本需求

软件的基本需求用于明确软件问题定义的主要内容,包括整体需求、功能需求、性能需求和时限要求等。整体需求反映了软件系统的总体要求。着重从软件所在业务领域应用的作用和效果上,提出对软件的总体具体要求,是对效能目标的具体细化。功能是软件实际作用的集中体现,功能需求描述软件的具体能力和作用,是软件需求的核心内容。性能需求主要包括软件的效率、可靠性、安全性、可扩展性和兼容适应性等方面的具体要求。时限要求描述软件开发所需的时间等方面的实际限制条件等。

7. 主要技术

开发软件项目所需要的**主要技术**和关键技术路线主要包括描述、规划、分析、建模、设计、编程、测试、集成、切换等相关的软件开发技术,以及软件管理与维护技术、软件度量技术、软件支撑技术等。

8. 软件环境

软件环境包括服务领域、运行环境和外部系统等方面。服务领域包括软件所服务领域中的各种业务活动和业务过程。软件的运行环境包括硬件环境、网络环境和支撑软件环境。外部系统是与本软件相关联的外部软硬件系统。

9. **基础条件**

软件开发的基础条件包括软件的业务基础、技术基础和支撑基础等。业务基础是指软件所服务的业务领域对软件的应用及发展程度。具体为哪些业务适合计算机处理，业务数据处理的成熟程度，同领域或行业现有软件所达到的程度等。技术基础是指开发软件所需具备的技术条件和队伍条件，掌握软件所需要的关键技术和方法情况。支撑基础包括管理条件、资金条件、开发场地、设备要求和人员等条件。

对问题定义的结果应该形成“问题定义报告”，主要由软件策划小组起草，需要经过用户认可，反映软件策划小组和用户对问题的一致认识。目前并没有规范统一的问题定义报告格式，**“问题定义报告”**主要包括软件(项目)名称、项目提出的背景、软件目标、项目性质、软件服务范围、基本需求、软件环境、主要技术、基础条件等。

讨论思考

(1) 什么是软件问题定义? 问题定义内容包括哪些?

(2) 初步调研需要确定和澄清的问题主要有哪些?

(3) 软件工程应用对系统目的和任务有哪几个层次?

(4) 软件问题定义的内容有哪些?

2.2 可行性分析及立项

2.2.1 可行性分析的概念及目的

1. **可行性分析的概念**

可行性分析也称为**可行性研究**，是对拟研发软件项目(或称为申报的“拟研发立项问题”)分析论证可行性和必要性的过程。对于拟研发项目进行软件业务处理需求的调研分析、专家评审论证，确定正式立项研发的可行性和必要性，并预测可能取得的经济效益和社会效益。主要从技术、经济、社会等方面分析其可行性，并根据软件运行环境、软硬件及数据资源与处理要求、研发能力和效益等情况，确定立项开发的必要性，并在确定可行必要后提出初步方案，形成“可行性分析报告”，之后还需要进行立项并制订研发计划，以便于进行有效研发。可行性分析具有预见性、公正性、可靠性、科学性等特点。

2. **可行性分析的意义**

可行性分析工作是软件项目开发前非常重要的一个关键环节，对于整个软件项目的研发成败，极大地避免研发的盲目性并节省大量的人力、物力和资金等，简化软件需求分析与设计过程，减少软件研发失败风险都具有非常重要的经济意义和现实意义。国内外众多“软件危机”的事实证明，可行性分析不仅可以避免重大经济损失和人财物及时间等方面的浪费，还可以极大地促进软件工程项目的顺利启动进行科学决策，有利于保证软件项目“又好又快又省”地顺利进行，也有利于促进提高开发效率、保证经济效益、掌握关键技术点、提出主要解决办法、降低投资和开发风险等。

3. 可行性分析的目的

可行性分析的**目的**是围绕影响软件项目研发的各种因素的可行性进行全面、系统的分析论证。主要是以尽可能小的成本在较短时间和特定条件下确定软件项目是否值得研发?是否可行?分析在当前条件下,开发新软件项目具备必要的资源和其他条件情况,关键问题和技术难点,以及问题能否得到解决,技术路线和方法等。

可行性分析的**结论**,概括起来有3种情况。

(1) 可行。"可行"结论表明可以按初步方案和计划进行立项并开发。

(2) 基本可行。对软件项目内容或方案进行必要修改后,可以进行开发。

(3) 不可行。软件项目不能进行立项或确定项目终止。

知识拓展:通常,软件项目有两类来源,一是"非订单软件"项目,是指通过市场需求专项调研,以预测其经济和社会效益为目标确立的软件项目;二是"订单软件"合同项目,是指以满足用户或合作单位(机构)签订软件开发(或合作)合同规定的事项为目标所确立的项目。无论哪种项目,在软件确定开发前,都要进行可行性分析。

2.2.2 可行性分析的任务及内容

可行性分析工作主要由系统分析员或软件分析员负责,最好邀请有关专家评审论证,其**主要任务**包括:决定软件项目"做还是不做"及可行项目的"初步方案"。由于可行性分析不是解决问题,所以不宜过多花费时间和精力,所需要的时间长短取决于工程的规模,一般可行性分析的成本只占预期工程成本的5%~8%。

可行性分析的**主要内容**是对问题的定义,主要经过调研与初步概要分析,初步确定软件项目的规模和目标,明确项目的约束和限制,并导出软件系统的逻辑模型。然后从此模型出发,确定若干可供选择的主要系统方案。

对每个拟研发项目需要从5个方面进行分析:技术可行性分析、经济可行性分析、社会可行性分析、开发方案可行性分析和运行可行性分析等。可行性分析**最主要的工作**是前3项,其主要过程如图2-1所示。

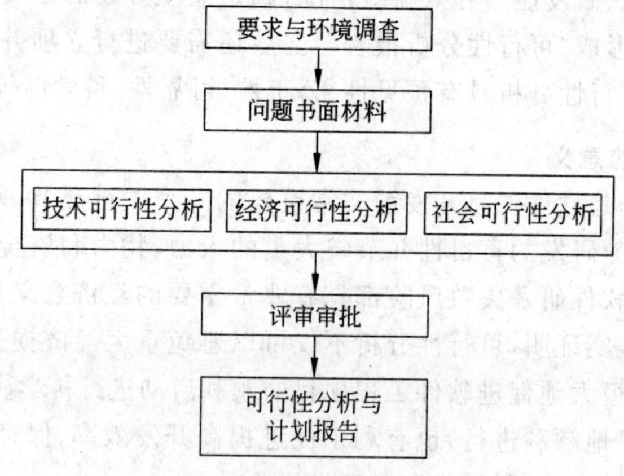

图2-1 可行性分析的主要过程

1. 技术可行性分析

技术可行性(Technical Feasibility)是可行性分析中最关键和最难决断的问题。主要分析在特定条件下,技术资源、能力、方法等的可用性及其用于解决软件问题的可能性和现实性。根据用户提出的软件功能、性能及各项需求与约束条件,从技术方面分析软件实现的可行性,是软件开发过程中最重要的、难度最大的一项工作。由于初步的系统需求分析和问题定义过程与系统技术可行性评估过程时常同时进行,因此,软件系统目标、功能和性能的不确定性给技术可行性分析与论证增加很多困难。

主要从项目实施的技术角度,合理设计技术方案,并进行分析比较和评价。确定使用现有技术开发实现新软件项目可行性,需要对拟开发软件项目的功能、性能、可靠性和限制条件进行技术方面的分析。技术可行性分析的内容包括:对新软件功能的具体指标、运行环境及条件、响应时间、存储速度及容量、安全性和可靠性等要求;对网络通信功能的要求等;确定在现有资源条件下,技术风险及项目能否实现等。其中的资源包括已有的或可以取得的硬件、软件和其他资源,现有技术人员的技术水平和已有的工作基础。在进行技术可行性分析时应当注意:①全面考虑技术及业务更新等问题;②尽可能采用成熟技术;③着眼于具体的开发环境和开发人员。

2. 经济可行性分析

经济可行性(Economic Feasibility)**分析**也称为**成本-效益分析**或投资-效益分析,主要从资源配置的角度衡量软件项目的实际价值,分析研发软件项目所需成本费用和项目开发成功后所带来的经济效益。分析软件的经济可行性,实际就是分析软件项目的有效价值。

经济可行性分析包括**两方面任务**:一方面是经济及竞争实力分析;另一方面是经济效益分析。经济可行性分析的内容是要进行开发成本的估算,了解项目成功取得效益的评估,确定要开发的项目是否值得投资开发。

经济可行性分析**主要工作**包括:进行软件研发成本-效益分析,需要估算出新开发软件系统的总成本和总收益,然后对成本和效益进行具体比较,当项目的效益即收益大于成本一定值时才值得开发。软件的总成本包括开发总费用和运行管理维护等费用,软件的效益包括直接效益和间接效益。

经济可行性分析需要估计软件项目的开发成本,估算开发成本是否会高于项目预期的全部利润,分析软件系统开发对其他产品或利润所带来的影响。

通常,研发软件的**成本费用**包括以下 4 个组成部分。

(1) 购置并安装软硬件及有关网络等设备的费用。时常易考虑计算机的费用,而低估了外围设备的费用。关注硬件的费用,低估了软件及隐性和潜在的费用。

(2) 软件系统开发费用。容易考虑研发软件所需要的一次性投资,而忘记或低估了日常研发及文档等方面的其他费用(如耗材备件、人工、调研、测试、调试和鉴定等费用)。

(3) 软件的安装、管理、配置、运行和维护等费用。

(4) 推广及用户使用与人员培训等费用。

其中,软件项目开发费用,可以用任务分解方法进行估算。首先把软件开发过程分解为若干个相对独立的任务，再分别估计每个单独的开发任务的成本，最后相加得出软件开发工程的总成本。估计每个任务的成本时，通常先估计完成该项任务需要用的人力费用，以"人月"为单位，再乘以每人每月的平均工资得出每项任务的成本，如表2-2所示。

表2-2 开发阶段在生存周期中所占比重

任　　务	所占比重
可行性分析	5%～8%
需求分析	10%～15%
软件设计	20%～25%
编码及单元测试	20%～30%
综合测试	25%～35%
总　　计	100%

估算软件开发成本和预期的经济效益，确定项目是否值得开发，即进行成本-效益分析。对具有重大社会效益的项目，除经济效益外，还需考虑社会效益，把由社会效益带来的间接经济利益也应计算在内。

成本-效益分析，首先是估算将要开发的软件项目的开发成本，然后与可能取得的效益进行比较和权衡。其中的效益分为有形效益和无形效益。有形效益可以用投入产出比、投资回收期和纯收入等指标进行度量；无形效益主要从性质上、社会效益及影响力等方面进行衡量，很难直接进行量的比较，但是在一定的条件下，无形效益也可能转化为有形效益。

进行投入产出分析时，未来的收益和现在已经耗费的成本不宜进行比较，必须在考虑货币的时间价值后，才能进行准确的投入产出分析。

(1) 投入产出比。投入产出比是指软件项目全部投资与产出增加值总和之比。适用于软件研发等项目的经济效益静态评价。用公式表示为$R=K/\mathrm{IN}$，其中，K为投资总额，IN为软件项目生存期内各年增加值的总和，R的值越小，软件项目效益越好。

在软件投资项目的立项评价指标应用中，"投入产出比"可以理解为"项目投入资金与产出资金之比，即项目投入1个单位资金能产出多少单位收益"。其数量常用$1:N(N=1/R)$的形式表达，N的值越大，经济效果越好。对于这个静态指标，当项目建设期和运行寿命期确定之后，投入产出比与内部收益率之间就确立了一一对应关系，可根据基准内部收益评估基准投入产出比。通常基准投入产出比为1∶3，小型项目可略低些，大型项目可略高些。

(2) 货币的时间价值。由于利率的变化等因素，货币的时间价值能较准确地估算。假设年利率为i，若项目开发所需经费即投资为P元，则n年后可得资金数为F元：

$$F = P \cdot (1+i)^n$$

反之，若n年后可得效益为F元，则这些资金现在的价值为

$$P = F/(1+i)^n$$

【案例 2-2】 假设开发一套企业进销存应用系统需要投资 20 万元,5 年内每年可产生直接经济效益 9.6 万元,设年利率为 5 %,试计算投入产出比。如果考虑货币的时间价值,5 年的总体收入应当逐年按照上式估算,企业每年的收入折算到当前的数据如表 2-3 所示。

表 2-3 货币的时间价值

时间/年	将来收益/万	$(1+i)^n$	当前收益/万	累计当前收益/万
1	9.6	1.05	9.1429	9.1429
2	9.6	1.1025	8.7075	17.8513
3	9.6	1.1576	8.2928	26.1432
4	9.6	1.2155	7.8979	34.0411
5	9.6	1.2763	7.5219	41.5630

所以,新软件项目的投入产出比(效益成本比)为 41.5630/20=2.0782。

(3) 投资回收期。投资回收期是指使累计的经济效益等于最初的投资费用所需的时间。投资回收期越短,利润获得越大越快,项目就越值得开发。

两年后的收入为 17.8513 万元,尚缺 2.15 万元没有收回成本,还需要时间为 2.15/8.2928=0.259(年),即投资回收期(时间)为 2.259 年。

(4) 纯利润。纯利润是在整个生存周期内的累计经济效益(折合成现在值)与投资之差。5 年的纯利润收入为 41.5630－20=21.5630(万元)。

3. 社会可行性分析

开发新软件项目前,还需要兼顾到对法律、经济及发展变化等各种社会因素的约束要求和可能的影响。由于新软件系统是在社会环境中运行并进行应用,除了上述技术因素与经济因素之外,还有较多的社会因素对软件项目的研发及应用起着很大的制约作用。

社会可行性所涉及的**范围**较广,包括法律及道德的可行性、安全因素、对经济政策和市场发展趋势的分析、用户组织的管理模式、业务规范、应用操作可行性及产生的后果与隐患等。在软件开发过程中可能涉及各种合同、侵权、责任以及与法律法规相抵触的各种问题、双方有关规章制度责任等问题,软件的应用操作方式是否可行,是否违背现有的管理制度,对研发人员素质要求等。以免在研发过程中,出现不必要的纠纷和其他限制问题。

4. 运行可行性分析

软件运行可行性主要分析和测定软件在确定环境中可有效从事业务处理并被用户方便使用的程度和能力。主要分析为新软件项目规定的运行方式可行性,若新软件项目是建立在原承担主要业务处理的计算机系统上,则不应要求其在其他特殊环境下运行,以免与原有的业务处理出现冲突。新软件**运行可行性分析**包括 5 个方面。

(1) 原业务与新软件功能及流程的相近程度和差异。

(2) 业务处理的专业化程度,功能、性能、安全性、可靠性及接口等。

(3) 对各种用户操作方式及具体使用的要求。

(4) 新软件界面的友好程度以及操作的便捷程度。

(5) 用户的具体实际应用能力及存在的问题等。

5. 开发方案可行性分析

对提出的新软件研发的各种初步方案进行进一步分析、比较和论证后,从中选择出一项最佳方案。经过可行性分析,其结果可以作为整个软件工程文档的一项内容。

开发方案可行性分析,包括资源和时间等可行性分析,主要有4个方面。

(1) 以正常的运作方式,开发软件项目并投入市场的可行性。

(2) 需要人力资源、财力资源的预算情况。

(3) 软件硬件及研发设备等物品资源的预算情况。

(4) 组织保障及时间进度保障分析等。

注意:可行性分析最根本的任务是对以后的研发技术路线提出建议,对于不可行的开发方案,应建议重审或暂停;对可行的方案,提出修改完善建议并制订初步计划。

2.2.3 可行性分析的过程

实际上,可行性分析的主要过程有以下6个方面。

1. 明确系统规模和目标

通过调研或访问企事业用户的主要人员,仔细阅读并分析"软件项目任务书"等资料,以便对项目的规模和目标进行定义并复查确认,搞准模糊不清的描述。准确了解用户对项目的想法和实际需求,对系统目标的具体限制和约束,确保准确有效地解决需求问题。

2. 认真研究现行系统

认真分析研究企事业现有业务系统的基本功能、业务及处理流程、文档资料等情况,是掌握一个新应用领域、创建新软件的最佳途径,同时可通过现有系统情况进一步了解用户对新软件项目的确切想法和具体要求,以保证研发的新软件切实满足用户需求。

3. 确定系统逻辑模型

对于较复杂的系统,主要采用先进行问题"分解"再分别解决的方法。以"抽象"方式先将问题进行概括再分解,设计复杂系统常用抽象和概括方式建立一个概念意义上的逻辑模型。一般简单概要描述可用"系统流程图"(见2.4节中的介绍),详细描述可用软件需求分析中的"数据流图"并配合"数据字典"和"处理逻辑描述"。高层逻辑模型对应上层数据流图,更具概括性,不涉及细节部分。经过反复研究,最后根据新软件目标,得到系统说明和逻辑模型,为构建系统物理模型奠定重要基础。

知识拓展:逻辑模型只表达了分析员对新软件的观点,还应与用户一起对新软件的逻辑模型进行讨论,确定与用户的想法和要求是否一致,复查问题定义、确定工程规模、目标和约束条件等,并修改完善遗漏和不足。可行性分析可构成一个循环过程:定义问题、分析问题、导出一个新软件的初步模型,在此基础上再修改完善定义问题,再分析,再修改……持续这个过程,直到逻辑模型完全符合系统目标为止。

4. 制定并推荐技术方案

从系统的逻辑模型出发,可以提出几个较抽象的物理模型,然后根据技术可行性、经济可行性、社会可行性等方面的分析,对可行的几个方案进行分析比较和优化筛选,并提出推荐的初步方案和修改完善等建议。在推荐的方案中应明确指出 3 方面意见:本项目的开发价值、推荐方案的主要依据和理由、初步的开发计划,包括实现新软件的具体时间及进度安排,以及估计软件生存周期各阶段的工作量。还应较详细地分析开发此项目的成本效益情况及其他可行性分析,以便用户负责人根据经济实力等决定是否投资此项目。

5. 编写可行性分析报告

通过对可行性分析过程的结果进行分析汇总,可以编写一份描述计划任务的"可行性分析报告"。实际上也是项目初期策划的结果,主要分析了项目的要求、目标和环境,提出了几种可供选择的方案,并从技术、经济和法律各方面进行了可行性分析,可作为项目决策的依据,也可以作为项目建议书、投标书等文件的基础,其**主要内容**如下。

(1) 系统概述。对当前系统及其存在问题的简单描述、新软件的特点及开发要点、新软件及其各个子系统的功能与特性、新软件与当前系统的比较等。新软件可以用系统流程图来描述,并附上重要的数据流图和数据字典以及加工说明作为补充。

(2) 可行性分析。可行性分析是报告的主体。论述新软件在经济上、技术上、运行上、管理及法律上的可行性,以及对新软件的主客观条件的分析。

(3) 初步开发方案及开发计划。在可行性分析的基础上,提出初步开发建议方案和计划,包括拟解决的主要问题,采用的关键技术、方法、路线和措施等,以及工程进度表、人员配备及资源配备情况,估计出每个阶段的成本和约束条件等。

(4) 结论意见。综合上述分析,说明新软件是否可行,给出具体结论。

6. 审查论证

审议"可行性分析报告"是关键环节,当对项目目标和可行性问题的认识与用户、领导和管理人员取得完全一致情况下,才能进行评审论证。

通常采用论证会方式进行评审。邀请用户技术主管、使用部门负责人及有关方面专家。最好邀请一些外单位参加过类似研发的专家一起评审,以利于对项目和可行性做出准确的表达、判断与论证。对"可行性分析报告"及方案的评审最后由评审专家签署意见,决定其是否通过。"可行性分析报告"通过后,项目就可立项并进入实质性的研发阶段。

2.3 软件立项及合同签订

软件研发项目的立项、投标、合同和任务书是软件研发前的四项重要工作,IT 企业的各层管理和技术人员在软件立项中起着重要作用。高层经理以立项为决策;中层人员负责组织立项、投标、合同和任务书的具体工作;基层人员主要负责具体的立项、合同、任务书中的起草修改和实施,并联系实际落实到以后的"需求获取、设计、编码、测试"工作中。

2.3.1 软件立项方法及文档

1. 立项方法概述

通常,立项与合同是确定软件项目来源的两个基本途径。立项需要在调研和可行性分析的基础上,确定研发项目的必要性和可能性,填写立项申报书,并完成立项及审批手续。

软件项目特别是重大项目对研发机构关系到存亡与发展,其立项至关重要,也是对软件开发项目的重大决策,应按照科学和民主决策的程序进行。填写立项申报表(建议书)的目的,不仅是履行立项审批手续,而且还在某种程度上可以形成开发合同或"用户需求报告",指导软件项目研发、经费使用和验收的重要依据,也是软件策划的基础。一般软件公司的市场销售人员可以及时掌握市场行情及客户的实际需求,可以由市场销售人员独立或辅助软件开发人员共同完成"立项申报表(建议书)",都需要进行论证评审才可以立项。

注意: 软件项目或产品都是为了实现用户需求中的"功能、性能、可靠性和接口"等主要目标。从软件的立项及研发开始,就要围绕此目标进行,并在研发过程中及用户需求报告、需求规格说明书、概要设计说明书、详细设计说明书、编码实现、测试用例与测试报告、评审与审计、验收与交付中,认真地进行贯彻执行。

【案例2-3】 2013年初,某市一软件公司负责人外出期间偶然得知,很多煤矿企业和院校想用地下煤矿操作模拟系统提高实践训练。于是与山西煤院的领导进行洽谈,决定开发"煤矿操作模拟系统"。历经一年,系统开发完毕后,除当初洽谈的院校外,该系统在全国销售很少。主要原因是所开发的系统只是针对山西煤矿的矿下模拟,却未考虑南北地质、矿下环境、煤矿规模等重要因素。

2. 立项文档

软件项目的立项文档是"立项申报表(建议书)",其"编写格式"不尽一致,可以查阅相关文献及网络资料。在立项文档编写参考指南中,基本都以国内外大型IT企业的正规编写参考指南为参考背景或模板,按照软件工程规范经过整理得来,非常实用,需要认真阅读研究其格式、具体条款和内容等。

2.3.2 签订合同的方法与文档

正规的软件开发企业,都具有本企业规定的规范"项目合同"文本格式。一般合同的文档有两份:一份是主文件,即合同正文;另一份是合同附件,即技术性的文件,其格式和内容与“立项申报表(建议书)”的主体部分基本相同,且具有同等效力。

合同正文的主要内容包括合同名称、甲方单位名称、乙方单位名称、合同内容条款、甲乙双方责任、交付产品方式、交付产品日期、用户培训办法、产品维护办法、付款方式、联系人和联系方式、违约规定、合同份数、双方代表签字、签字日期。附件内容应包括系统的具体功能点列表、性能点列表、接口列表、资源需求列表、开发进度列表等主要事项。

对于大中型软件项目,在签订合同之前,一般由软件项目用户责成的发标单位进行公开招标,软件企业获取招标信息后,立即反馈给企业销售服务中心和软件研发中心人员,迅速进行调研和可行性分析。若项目可行,市场销售服务人员抓紧准备并开展公关活动,技术支持人员马上组织有关的售前工程师,按照投标书的要求,参照招标书的内容,制定并提交投标书,参加竞标活动。对于小型软件项目的开发或产品实施,一般可由项目主管或项目负责人或责成其他代表直接签订“项目合同”。

“软件项目投标书”编写参考格式如表 2-4 所示。

表 2-4 “软件项目投标书”编写参考格式

序号	章 节 名 称	章 节 内 容
1	项目概况	按照招标书的内容,陈述项目概况
2	总体解决方案	按照招标书的要求,提出项目的总体解决方案: 网络结构总体方案 系统软件配置方案 应用软件设计方案 系统实施方案
3	项目功能、性能、可靠性和接口描述	应用软件的具体功能点列表 应用软件的具体性能及可靠性点列表 应用软件的具体接口列表
4	项目工期、进度和经费估算	项目工期(单位:人月)估算 项目进度估算:需求、设计、编程、测试、验收时间表 项目经费(单位:元)估算
5	项目质量管理控制	质量标准 质量管理控制方法 项目开发和管理的组织结构及人员配备
6	附录	附录 A:本软件公司的特点与强项简介 附录 B:本软件公司的成功案例 附录 C:本软件公司的资质证明材料

知识拓展:一般投标书的篇幅较长,由几十页到数百页。讲标的内容应简练突出重点,抓住关键,力求赢得用户和专家评委。在竞标中,讲标技巧非常重要,讲标效果直接影响中标结果。由于投标企业多,通常讲标时间常限制在 20min 以内,讲标的内容只能是投标书的精华部分,并且要用 PPT 制作成规范的图文演示幻灯片。讲标人最好是本行业领域气质高雅、精通业务的业务专家,且表达能力强,时间与节奏掌握好。中标后,经过技术谈判和商务交流,才能正式签订合同。

注意："项目合同"与"立项申报表(建议书)"同样是该项目的第一份管理文档。在项目管理中，两者作用相同，都需要由专职人员负责保管，以便随时查阅取用。

2.3.3 任务下达的方式及文档

在实际工作中，**软件开发任务的下达**，需要至少满足下列条件之一。

(1) 软件企业已签订了"项目合同"。

(2) "立项申报表(建议书)"已通过项目评审和审批。

(3) 经过审批的指令性软件研发项目计划或合作性项目。

【案例 2-4】 对于针对跨组织、跨部门企业的一些大型软件系统项目，如大型电子商务平台的研发，可以根据情况由系统总体设计机构分配项目的具体软件需求。"任务书"与"合同"或"立项申报表(建议书)"同样重要，是该项目的第二份管理文档。

通常下达任务的方式及文档如下。

(1) "任务书"正文。主要包括任务下达的对象、内容、要求、完成日期、决定投入的资源、任命项目经理(技术经理和产品经理)、其他保障及奖惩措施等。"任务书"的长短可视"合同"或"立项申报表(建议书)"具体情况而定，"合同"或"立项申报表(建议书)"很详细，则正文可短。若"合同"或"立项申报表(建议书)"很简短，则正文应详细些。

(2) "任务书"附件。常为软件"合同"或"立项申报表(建议书)"，对于指令性计划，其格式和内容，应与"合同"或"立项申报表(建议书)"基本相同，即附件内容应覆盖系统的功能点列表、性能点列表、接口列表、资源需求列表、开发进度列表、阶段评审列表等。

讨论思考

(1) 进行软件可行性分析的目的和意义是什么？

(2) 可行性分析的任务及内容是什么？可行性分析的步骤是什么？

(3) 可行性分析与立项的关系是什么？合同正文的主要内容有哪些？

2.4 系统流程图

系统流程图是可行性分析阶段的传统图形描述工具和表示方法，可以借助系统流程图对软件系统可行性进行简略地概要性描述和构建。

2.4.1 系统流程图基本符号

系统流程图是描述软件相关的实际物理系统的传统工具和表示方法，主要用于同用户交流与确认软件项目的概要流程、业务范围和处理功能等。其**基本思想**是用图形符号描绘系统中的各部件(程序、文件、数据库、表格、人工过程等)的数据流向,而并非是对信息处理的控制过程及细节,**系统流程图的基本符号**如表 2-5 所示。

表 2-5 系统流程图的基本符号

符 号	名 称	说 明
	处理	改变数据值或数据位置的加工或部件
	输入输出	表示输入或输出(含既输入又输出),为一个广义符号
	连接	由同页中转移到图的另一部分或从另一部分转来
	数据流	表示数据流动方向
	换页连接	指出转到另一页图上或从另一图上转来
	文档	表示打印输出或用打印终端输入数据
	联机存储	表示各种联机存储
	磁盘	磁盘输入输出或表示存储在磁盘上的文件/数据库
	显示	显示终端或部件,用于输入输出
	人工输入	人工输入数据的脱机处理,如填写表格
	人工操作	人工完成的处理,如支票签名
	辅助操作	使用设备进行的脱机处理
	通信链路	通过远程通信线路或链路传送数据

2.4.2 系统流程图主要用途

系统流程图的**主要用途**如下。

(1) 全面了解系统业务处理过程和进一步分析系统结构的依据。

(2) 系统分析员、管理人员、业务操作人员相互交流确认的工具。

(3) 系统分析员可直接在系统流程图上,拟出可实现计算机处理的主要部分。

(4) 可利用系统流程图分析业务流程的合理性。

【案例 2-5】 某装配厂有一存放零件的仓库,库中现有零件数量和每种零件的库存量临界值等数据记录在库存清单文件中。当仓库中零件数量变化时,修改库存清单文件，当某种零件库存量少于库存量临界值，则报告给采购部门订货，每天向采购部门送一次订货报告。零件库存量的每次变化称为一个事务，由放在仓库中的终端输入到计算机中；系统中的库存清单程序对事务进行处理，更新存储的库存清单文件，并存入必要的订货信息。每天生成并打印出订货报告。系统流程图如图2-2所示。

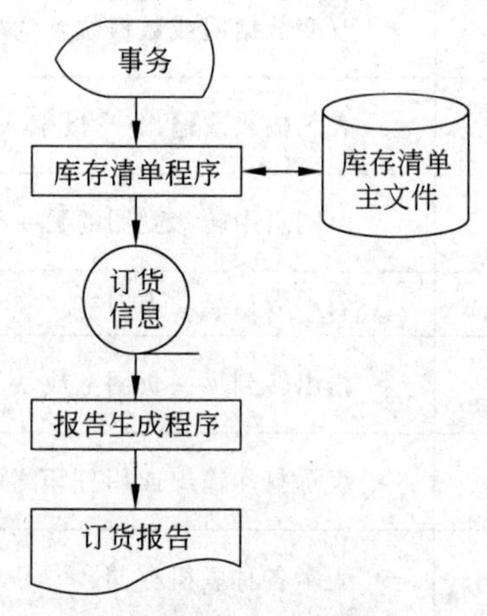

图 2-2　库存清单模块的系统流程图

【案例 2-6】　某院校学生众多，准备研发一种计算机教材采购及销售分发系统，进行各种教材的预订、审查、统计、采购、查询、开具发票及领书单、发放等数据处理，还需要具有输入、插入、编辑修改、删除、存储等功能。进行调研分析，确定的教材购销系统流程图如图2-3所示。

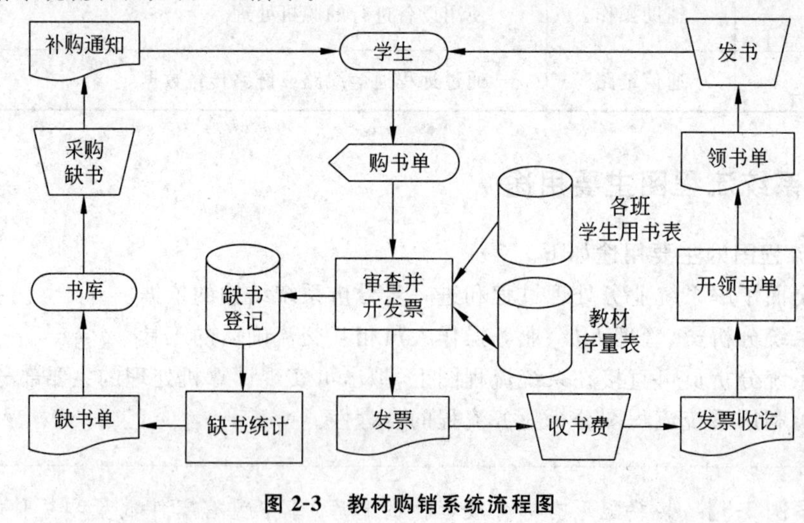

图 2-3　教材购销系统流程图

讨论思考

(1) 系统流程图基本符号有哪些?

(2) 系统流程图主要用途是什么?

2.5 软件开发计划

制订"软件开发计划"的作用是以文件的形式,将开发过程中各项工作的负责人员、开发进度、所需经费预算、所需软硬件条件等事项进行安排,以便实施和检查项目的开发工作。对于大中型软件规划或小型软件项目,应制订出相应较详尽的项目年度开发计划。

2.5.1 软件开发计划的目的及分类

软件开发计划也称为**软件项目计划**(Software Project Planning),是指在正式进行软件开发之前,制订的具体指导软件开发的实施计划,是指导软件开发工作的纲领。在软件开发计划中需要确定软件开发阶段划分、各阶段的工作任务、软件开发涉及的要素,以及软件开发的进度安排等。软件开发计划**制订的依据**是"问题定义报告"。在问题定义中,需要确定软件目标、性质、范围、基本需求、环境、主要技术和基础条件和开发的时限要求等。

制订"软件开发计划" 的**主要目的**是指导组织、实施、协调和控制软件研发与建设的重要文件,也是软件工程中的一种管理性文档,主要使项目成员有明确的分工及工作目标,并对拟开发项目的费用、时间、进度、人员组织、硬件设备的配置、软件开发环境和运行环境的配置等进行说明和计划,是对项目进行运作和管理及解决客户与研发团队间冲突的依据,据此对项目的费用、进度和资源进行管理控制,有助于项目成员之间的交流沟通,也可作为对项目过程控制和工作考核的基准。

软件项目计划**分类**包括进度计划、质量保证计划、费用计划、风险管理计划、人力计划等。对于大型项目分别制订以上计划,小型项目可将以上内容合并为一个计划。

2.5.2 软件开发计划的内容及制订

"软件开发计划"的具体内容和文档格式,可参考国家标准 GB/T 8567—2006《计算机软件文档编制规范》中的"软件开发计划(SDP)",其目录参见 2.5.3 节。

1. 软件开发计划主要内容

"软件开发计划"是一个重要文档,**主要内容**包括如下。

(1) 项目概述。项目概述主要包括引言部分的标识(软件项目的标识号、标题、缩略词语、版本号和发行号)、系统概述(描述系统和软件的一般特性;概述系统开发、运行和维护的历史;标识项目的投资方、需方、用户、开发方和支持机构;标识当前和计划的运行现场;列出其他有关的文档)、文档概述(本文档的用途和内容,并描述与其使用有关的保密性和私密性的要求)、与其他计划之间的关系(描述本计划和其他项目管理计划的关系)、基线(项目开发计划的输入基线,如软件需求规格说明)。

(2) 实施计划。主要是实施详细软件开发活动的计划,包括项目计划和监督、建立软件开发环境、系统需求分析、系统设计、软件需求分析、软件设计、软件实现和配置项测试、配置项集成和测试、CSCI合格性测试、CSCI/HWCI集成和测试、系统合格性测试、软件使用准备、软件移交准备、软件配置管理、软件产品评估、软件质量保证、问题解决过程(更正活动)、联合评审(联合技术评审和联合管理评审)、文档编制、其他软件开发活动。

(3) 人员组织及分工。包括开发该项目所需人员的类型、组成结构和数量等。

(4) 交付产品。主要指软件项目最后完工交付的具体产品和期限。包括程序、文档、服务、非移交产品、验收标准、最后交付期限。

(5) 其他内容。主要包括引用文件、所需工作概述(包括:对所要开发系统、软件的需求和约束;对项目文档编制的需求和约束;该项目在系统生命周期中所处的地位;所选用的计划/采购策略或对有关的需求和约束;项目进度安排及资源的需求和约束;其他的需求和约束,如项目的安全性、保密性、私密性、方法、标准、硬件开发和软件开发的相互依赖关系等)、实施整个软件开发活动的计划、进度表和活动网络图、项目组织和资源、培训等。

2. 选择方案的依据

软件可行性分析完成后,系统分析员需要对制定的几个软件研发初步方案中选取的最佳方案进行计划。**选择最佳方案**的**主要依据**包括技术、工作量、时间、进度、人员组织、费用、软硬件开发及运行环境等方面综合达到最佳。由于系统开发成本又可划分为研究成本、设计成本、设备成本、程序编码成本、测试和评审成本、系统运行和维护成本、系统退役成本等,因此,在开发系统所用总成本不变的情况下,由于系统开发各阶段所选择不同的成本分配方案,将会对系统的功能和性能产生较大影响。

3. 项目开发计划的制订

项目开发计划的**科学制订应着重考虑**项目规模、类型、特定、复杂度、熟悉程度等。特别是在时间计划上,需要注意人数与工作日不可简单互换,即3个人工作5个月,不能用5个人工作3个月来替换,因为人员的增加与流动必然要增加培训时间,交流沟通所占用的时间和资源,自然会影响项目的进度,所以计划时应当考虑在内。一般在安排进度时,由于对即将要做的事情了解不够,应留有缓冲时间用于不确定的工作。

【案例2-7】 Microsoft公司的一些开发小组甚至制定了“50%缓冲规则”。另外,制定软件开发可用一些工具,如Microsoft Project,对项目的资源分配、任务分配等进行较为直观和简单地描述,并提高工作效率。

通常,在软件项目开发计划中,**着重考虑**的基本内容如下。

1) 软件项目主要问题

指进一步明确在问题定义中已经确定的主要问题,包括软件项目的名称、项目提出的背景、软件目标、软件性质、范围、基本需求、基本环境、基础条件和时限要求等。

2）软件开发的主要问题

软件开发的主要问题主要包括项目的总体时间要求、开发方式和开发方法等。项目总时间要求是制订软件开发进度计划的主要时间依据，主要由用户根据需要提出，另外还要考虑软件的规模、复杂度、软件开发的条件等因素。开发方式是指开发软件的组织方式，一般可以分为由用户独立开发、用户委托开发商开发和用户与开发商合作开发等方式。软件开发方法对软件计划也有影响，其开发方法的选取主要由软件的规模、类型和开发者经验确定。

3）工作阶段及任务

确定软件开发的工作阶段及各阶段的任务很重要。不同的软件开发方法对工作阶段的划分和各阶段的工作任务不一致，所以需要明确开发的工作阶段及其各阶段的工作任务。可以将软件开发划分为软件策划、细化、构建和移交 4 个阶段。软件策划阶段的工作任务有问题定义、软件规划、可行性分析和制订软件开发计划，软件细化和软件构建两个阶段的任务为领域分析、需求分析、系统设计、编程和调试等工作。软件移交阶段的任务为：用户培训、数据转换、试运行和验收与评价等工作。

4）主要资源需求

主要资源需求主要包括软件开发所需要的人力和设备环境等方面的资源需求情况。

（1）人力资源。在制订软件开发计划时，需要根据软件目标、范围、规模、功能、开发方式等因素，确定软件开发应该参与的各类人员数目、参与的时间区段以及所承担的工作任务。软件开发涉及各方面不同技能层次的人员，对参与软件开发的人员进行有效的组织是软件开发计划的主要内容。软件开发需要项目经理、技术人员和工作人员。技术人员分为系统分析员、高级程序员和程序员，根据与开发工作的相关程度又可将开发人员分为主要开发和辅助开发人员，主要开发人员包括系统分析员、高级程序员和程序员，辅助开发人员包括计算机系统人员、网络专家、数据库专家、策划人员等。管理人员主要是项目经理，系统分析员可兼任软件开发的管理工作。工作人员包括操作员、数据员、资料员等。

（2）环境资源。主要指软件研发所需的开发和运行的系统（环境）平台。开发环境可能优于或低于运行环境，但是大部分系统开发环境和运行环境采用同一个系统平台。环境平台主要包括计算机系统硬件及相关设备、计算机网络以及系统和支撑软件。在软件开发计划中，应指出软件所需要的环境资源和各种资源购置、安装的大致时间表。

5）进度计划的制订

制订科学详尽的软件开发进度计划非常重要，是具体实施开发工作的主要依据。通常利用工具以二维表形式的“甘特图”描述进度计划。其行表示软件开发的具体工作，列表示软件开发的时间区段，在图中用直线标出每项工作所要经历的时间段。详见 8.3 节。

“软件项目计划”是一个软件项目进入系统实施的启动阶段，**主要进行的工作**包括：确定详细的项目实施范围、定义递交的工作成果、评估实施过程中主要的风险、制订项目实施的时间计划、成本和预算计划、人力资源计划等，其过程如图 2-4 所示。

制订项目计划是软件项目管理过程中一个**关键活动**，是软件开发工作的第一步。项目计划的**目标**是为项目负责人提供一个框架，使之能合理地估算软件项目开发所需的资

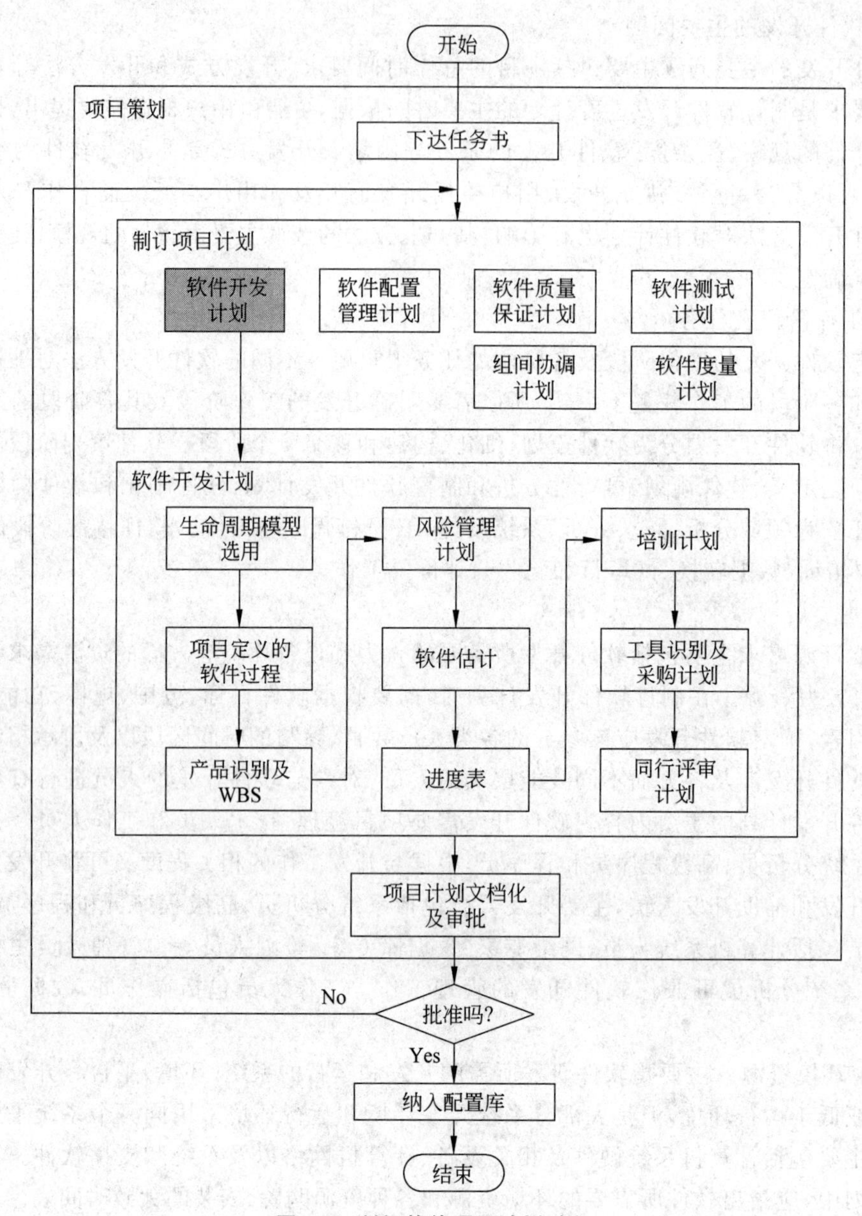

图 2-4　制订软件项目计划过程

源、经费和开发进度,并控制软件项目开发过程按此计划进行。

"软件项目计划"包括**两个方面**:研究和估算,即通过研究确定该软件项目的主要功能、性能和系统界面。

在项目的不同知识领域有不同的计划,应根据实际项目情况,编制不同的计划,其中项目计划、范围说明书、工作分解结构、活动清单、网络图、进度计划、资源计划、成本估计、质量计划、风险计划、沟通计划、采购计划等,是项目计划过程常见的输出,应重点把握与运用。

注意："软件项目计划"的制订应当遵循的基本原则：全过程计划(总体计划)，应保持大体上稳定，并尽可能留有一定余地和扩展弹性，阶段性计划或子系统计划，按近期计划尽量精细、远期计划尽量概略的方法展开。

2.5.3 软件开发计划书

"软件开发计划"的具体内容和文档格式，可参考国家标准 GB/T 8567—2006《计算机软件文档编制规范》中的"软件开发计划(SDP)"，结合具体软件项目的规模、类型、条件等特点情况进行适当调整。其中的 SDP 是向需求方提供了解和监督软件开发过程、所使用的方法、每项活动的途径、项目的安排、组织及资源的一种手段。计划的某些部分可视实际需要单独编制成册，例如，软件配置管理计划、软件质量保证计划和文档编制计划等。

限于篇幅，在此只介绍一下"软件开发计划"有关的目录。

讨论思考

(1) 什么是软件开发计划？软件开发计划制订的依据是什么？

(2) 软件开发计划的内容包括哪几个方面？其主要内容有哪些？

(3) 软件开发计划通常着重考虑的基本内容有哪些？

2.6 实验二 软件可行性分析报告

2.6.1 实验目的

(1) 熟悉业务应用系统的分析方法,加深对软件工程概念的理解。

(2) 掌握"软件可行性分析报告"的内容、书写格式和注意事项,明确可行性分析的任务和具体过程。

(3) 掌握软件项目可行性分析中成本-效益分析的常用方法。

2.6.2 实验任务及要求

(1) 针对"学籍管理系统"(或分组自选专题)具体实际业务应用的调查研究,进行具体的可行性分析。

(2) 掌握可行性分析报告编写的方法和步骤,明确可行性分析报告的内容和具体格式。从技术、经济、运行等方面进行可行性论证,撰写出"可行性分析报告"。

2.6.3 实验内容及步骤

结合"学籍管理系统"(或分组自选专题)的实际业务应用,进行调研分析,并编写"出软件可行性分析(研究)报告(FAR)",其**具体内容和格式**如下。

1. 引言

1.1 标识

本条应包含本文档适用的系统和软件的完整标识,(若适用)包括标识号、标题、缩略词语、版本号和发行号。

1.2 背景

说明项目在什么条件下提出,提出者的要求、目标、实现环境和限制条件。

1.3 项目概述

本条应简述本文档适用的项目和软件的用途,它应描述项目和软件的一般特性;概述项目开发、运行和维护的历史;标识项目的投资方、需方、用户、开发方和支持机构;标识当前和计划的运行现场;列出其他有关的文档。

1.4 文档概述

本条应概述本文档的用途和内容,并描述与其使用有关的保密性和私密性的要求。

2. 引用文件

本部分应列出本文档引用的所有文档的编号、标题、修订版本和日期,本部分也应标识不能通过正常的供货渠道获得的所有文档的来源。

3. 可行性分析的前提

3.1 项目的要求

3.2 项目的目标

3.3 项目的环境、条件、假定和限制

3.4 进行可行性分析的方法

4. 可选的方案

4.1 原有方案的优缺点、局限性及存在的问题

4.2 可重用的系统,与要求之间的差距

4.3 可选择的系统方案1

4.4 可选择的系统方案2

4.5 选择最终方案的准则

5. 所建议的系统

5.1 对所建议的系统的说明

5.2 数据流程和处理流程

5.3 与原系统的比较(若有原系统)

5.4 影响(或要求)

5.4.1 设备

5.4.2 软件

5.4.3 运行

5.4.4 开发

5.4.5 环境

5.4.6 经费

5.5 局限性

6. 经济可行性(成本-效益分析)

6.1 投资

包括基本建设投资(如开发环境、设备、软件和资料等),其他一次性和非一次性投资(如技术管理费、培训费、管理费、人员工资、奖金和差旅费等)。

6.2 预期的经济效益

6.2.1 一次性收益

6.2.2 非一次性收益

6.2.3 不可定量的收益

6.2.4 收益-投资比

6.2.5 投资回收周期

6.3 市场预测

7. 技术可行性(技术风险评价)

本公司现有资源(如人员、环境、设备和技术条件等)能否满足此工程和项目实施要求,若不满足,应考虑补救措施(如需要分承包方参与、增加人员、投资和设备等),涉及经济问题应进行投资、成本和效益可行性分析,最后确定此工程和项目是否具备技术可行性。

8. 法律可行性

系统开发可能导致的侵权、违法和责任。

9. 用户使用可行性

用户单位的行政管理和工作制度;使用人员的素质和培训要求。

10. 其他与项目有关的问题

未来可能的变化。

11. 注解

本部分应包含有助于理解本文档的一般信息(例如原理)。本部分应包含为理解本文档需要的术语和定义,所有缩略语和它们在文档中的含义的字母序列表。

附录

附录可用来提供那些为便于文档维护而单独出版的信息(例如图表、分类数据)。为便于处理附录可单独装订成册。附录应按字母顺序(A、B等)编排。

2.7 本章小结

在软件项目开发之前,需要进行的前期准备工作,主要包括初步调研、定义问题、可行性分析、项目立项和准备计划等,不仅可以减少技术风险和投资风险,而且有助于确立开发目标和方向。只有通过调研、问题定义和可行性分析,才能更有效地进行软件立项、签订合同、制订项目开发计划、组织实施,确保软件工程项目开发的质量和实效。

本章首先概述了对软件问题的定义,包括软件开发问题的提出、初步调研和问题定义内容;然后对软件项目进行可行性分析,主要介绍了可行性分析的目的和意义、任务及内容、步骤、软件立项及合同等;进行可行性分析目的是确定拟研发项目是否值得开发,通过可行性分析可以避免人力、物力和财力上的浪费。可行性分析所需的成本约占总工程成本的5%~8%。可行性分析的目的是用最小的代价在尽可能短的时间内确定问题是否能够解决。并概述了可行性研究的图形工具一系统流程图基本画法,以及"可行性分析报告"编写。

在可行性分析的基础上对软件工程进行计划,重点包括软件计划的概念、软件计划的内容、软件计划的方法;阐述了软件开发计划,涵盖了软件开发计划概述、软件开发计划的内容、软件开发计划书的编写和综合应用案例分析。

2.8 练习与实践二

1. 填空题

(1) ________的目的就是用最小的代价在尽可能短的时间内确定该软件项目是否能够开发,是否值得去开发。

(2) 可行性分析的目的不是去开发一个软件项目,而是研究这个软件项目是否________、________。

(3) 可行性分析实质上是要进行一次简化、压缩了的________和________过程,要在较高层次上以较抽象的方式进行需求分析和设计过程。

(4) 可行性分析需要从________可行性、________可行性、________可行性3个方面分析研究每种解决方法的可行性。

(5) 技术可行性是对要开发项目的________、________、________进行分析,确定在现有的资源条件下,技术风险有多大,项目是否能实现。

(6) 技术可行性一般要考虑的情况包括________、________和________。

(7) 技术可行性的研究包括________、________、________和________。

(8) 社会可行性所涉及的范围包括________、________、________、用户组织的管理模式、规范及其他一些技术人员常常不了解的陷阱等。

(9) 典型的可行性分析有下列步骤:确定项目规模和目标、________、________、导出和评价各种方案、推荐可行的方案和编写可行性分析报告。

(10) 一个可行性分析报告的主要内容如下:引言、可行性分析的前提、对现有系统的分析、________、________、________、其他可供选择方案、结论意见。

(11) 成本-效益分析首先是估算将要开发的系统的________,然后与可能取得的效益进行________。

(12) 效益分析分为有形效益和无形效益两种。有形效益可以用________、________、________等指标进行度量;无形效益主要从性质上、心理上进行衡量,很难直接进行量的比较。

(13) ________就是使累计的经济效益等于最初的投资费用所需要的时间。项目的________是指在整个生存周期之内的累计经济效益(折合成现在值)与投资之差。

(14) 项目开发计划的主要内容有项目概述、________、________和交付期限。

(15) 纯收入是软件生存周期内两项值之差,这两项是________与________。

(16) 软件工程有两种效益,它们是________和________。

(17) 可行性分析具体步骤的最后一步是________。

(18) 系统的经济效益等于________加上________。

(19) 成本-效益分析的目的是从________评价开发一个新的软件项目是否可行。

(20) 可行性分析中描述系统高层物理模型的工具是________。

(21) 可行性分析实质上是进行一次简化、压缩了的________。

(22) 可行性分析的第一个具体步骤是________。

2. 选择题

(1) 研究开发资源的有效性是进行(　　)可行性分析的一方面。

A. 技术　　B. 经济　　C. 社会　　D. 操作

(2) 在软件的可行性分析中,可以从不同的角度对软件进行研究,其中是从软件的功能可行性角度考虑的是(　　)。

A. 经济可行性　　B. 技术可行性　　C. 操作可行性　　D. 法律可行性

(3) 在遵循软件工程原则开发软件过程中,计划阶段应该依次完成(　　)。

A. 软件计划、需求分析、系统定义

B. 系统定义、软件计划、需求分析

C. 需求分析、概要设计、软件计划

D. 软件计划、需求分析、概要设计

(4) 技术可行性要解决(　　)。

A. 是否存在侵权　　　　B. 成本-效益问题
C. 运行方式可行　　　　D. 技术风险问题

(5) 在软件工程项目中，不随研发参与人数的增加而使软件的生产率增加的主要问题是(　　)。

A. 工作阶段间的等待时间　　　　B. 生产原型的复杂性
C. 参与人员所需的工作站数　　　　D. 参与人员之间的通信困难

(6) 制订软件计划的目的在于尽早对拟开发的软件进行科学合理估价，软件计划的任务是(　　)。

A. 组织与管理　　B. 分析与估算　　C. 设计与测试　　D. 管理与调度

(7) 研究软硬件资源的有效性是进行(　　)研究的一方面。

A. 技术可行性　　B. 经济可行性　　C. 社会可行性　　D. 操作可行性

(8) 可行性分析要进行的需求分析和设计应是(　　)。

A. 详细的　　　　B. 全面的
C. 简化、压缩的　　　　D. 彻底的

(9) 系统流程图用于可行性分析中的(　　)的描述。

A. 当前运行系统　　　　B. 当前逻辑模型
C. 目标系统　　　　D. 新软件

(10) 系统流程图是描述(　　)的工具。

A. 逻辑系统　　B. 程序系统　　C. 体系结构　　D. 物理系统

3. 简答题

(1) 为什么要进行可行性分析？应该从哪些方面研究目标系统的可行性？
(2) 可行性分析的任务有哪些？
(3) 研究项目的技术可行性一般要考虑的情况有哪些？
(4) 可行性分析包括哪些步骤？
(5) 可行性分析报告有哪些主要内容？
(6) 成本-效益分析的目的是什么？可用哪些指标进行度量？
(7) 概述软件工程计划任务，结合实例写出软件工程计划。
(8) 项目开发计划有哪些具体内容？

4. 实践题

(1) 针对所选的软件项目，深入企事业单位进行初步调研，并进行问题定义。
(2) 根据所选的软件项目，对该系统进行可行性分析，写出“可行性分析报告”。
(3) 根据所选的软件项目，对该系统进行软件工程计划。
(4) 针对所选的软件项目，制订出初步的软件开发计划，写出“软件开发计划书”。

软件需求分析

应用软件系统分析包括领域分析和软件需求分析两个方面。软件的应用和服务领域具有广泛性和多样性，不同软件的应用领域差异很大，在此只介绍软件需求分析（简称需求分析）。需求分析是整个软件研发工作的首要任务和重要基础，是软件设计和整体目标实现与验收等后续工作的重要依据。有效的需求分析可以发现并避免出现错误，提高软件质量和开发效率、降低成本，起到事半功倍的作用，而任何疏忽都会在后续阶段产生严重错误和后果。

教学目标

- 理解软件需求分析的概念和特点、目的及原则。
- 熟悉软件系统需求分析的具体任务及步骤。
- 掌握需求分析描述工具、方法和编写文档。

3.1 软件需求分析概述

【案例 3-1】 汽车零部件供销存软件的需求分析质量决定产品研发与推广的成败。某软件研发机构在进行软件的需求分析时，由于软件需求分析师调研不够深入细致，而且忽略了与用户沟通确认细节及需求变更，导致软件开发出来后，一些功能和性能不能很好地满足用户需要，导致赔款和软件返工，对研发机构产生不良影响且造成极大浪费。

软件需求分析阶段，主要是搞清企事业等软件应用用户的实际具体需求，包括功能需求、性能需求、数据需求、安全及可靠性要求、运行环境和将来可能的业务变化及拓展要求等，并建立系统的逻辑模型，写出"软件需求规格说明(SRS)"等文档。

3.1.1 软件需求分析的概念及特点

1. 软件需求分析的重要作用

软件需求分析是软件项目立项决定开发后的首要工作，**是整个软件研发过程中的重**

要基础和依据，也是“万事开头难”的首要环节，由于需求分析的特点和难度，对整个项目的开发成败和质量影响极大。国内外很多软件项目开发失败的原因，绝大部分都是需求分析问题所致。软件开发人员在大量的开发教训中，深刻认识到需求分析在软件开发中极为重要。

软件需求分析具有决策性、方向性、策略性等重要作用。软件需求分析是确定用户实际需求及最终验收指标的关键，主要由经验丰富的软件需求分析师或系统分析师承担，分析人员在项目开发中的地位很重要。需求分析工作量虽仅占整个研发总量的约25%～30%，但需求分析的质量对整个项目的成败或顺利进行至关重要，将为后续设计、实现、测试和验收及维护等工作提供重要依据，并可提高软件质量及开发效率、降低开发成本和风险，起到事半功倍的重要作用。如在需求分析阶段发现一个错误，当时解决需要用1小时的时间，若到设计、编程、测试和维护阶段解决，则需要花费约几倍、几十倍甚至上百倍时间。

2. 软件需求分析的概念

软件需求分析(Requirement Analysis)也称为需求分析、软件需求、系统需求分析或需求分析工程等。通常是软件需求分析师或分析人员经过深入细致的调研和分析，准确理解用户需求和项目的功能、性能、可靠性等具体要求，将用户非形式的需求表述转化为完整的具体需求认定，从而确定系统“必须做什么”的过程。Boehm 对软件需求的定义：研究一种无二义性的表达工具，能为用户和软件人员双方都接受并将“需求”严格地、形式地表达出来。

在此前可行性分析的基础上，对系统目标和具体要求等做进一步的详细描述及确认，包括需要输入的数据及最后的输出，确定新系统“必须完成哪些具体工作”，同时提出完整、准确的具体要求，而不是确定系统“怎样完成”工作。在需求分析阶段最后，需要提交较为详细的数据流图、数据字典和“需求分析报告”。

知识拓展：实际上，应用系统分析包括领域分析，是对软件所服务的应用领域进行的深入分析，软件的服务领域具有广阔性和多样性，不同软件的应用领域差异很大。因此，在进行需求分析时，需要认真掌握领域知识、需求分析技术和方法。

3. 软件需求分析的特点

需求分析的**特点及难点**，主要体现在以下5个方面。

(1) 指标确定难。主要原因包括：一是应用领域的复杂性及业务变化，难以具体确定；二是用户需求的因素多且很难准确描述，如软件的功能、性能、可靠性和接口及运行环境等。

(2) 需求动态性。软件的用户需求和实际业务与数据等要更新发展变化，有的企事业可能正处在体制改革与重组或转型的变动期和成长期，其需求不成熟、不稳定和不规范。

(3) 交流共识难。需求分析涉及的人事物及相关因素多，与用户、业务专家、需求分析人员和项目管理员等进行交流时，不同的背景知识、角色和角度等，交流形成共识较难。

(4) 完备一致难。不同人员对系统的要求及认识不尽相同，对问题的表述方式方法有差异,各方面的需求描述容易产生难以消除的不一致或矛盾。

(5) 深入完善难。需求理解对不全面准确的分析,客户环境和业务流程的改变,市场趋势的变化等,也会随着分析、设计和实现而不断深入完善,可能在最后重新修订软件需求。分析人员应认识到需求变化的必然性,并采取措施减少需求变更对软件的影响。

注意:为了克服需求分析的困难,应围绕着需求分析的方法、计算机辅助开发工具及形式化需求分析等方面展开研究,同时,需要运用丰富的实际经验。

3.1.2 软件需求分析的目的和原则

1. 软件需求分析的目的及重点

软件需求分析的主要目的是获取用户及项目的具体需求,通过对实际需求的获取、分析、文档化和验证等**需求分析过程**,为软件的进一步设计和实现提供依据。

(1) 需求划分。将软件功能、性能、可靠性等相关需求进行分类、逐一细化。

(2) 面向用户及项目获取分析需求。软件研发其他阶段都是面向技术的,只有需求分析阶段是面向用户的,深入调研获取并分析软件的功能、性能、可靠性等,也可从系统和用户需求中推导出软件具体需求,并检查需求定义准确性,是否存在二义性。

(3) 检查和解决不同需求之间存在的矛盾或不一致问题,尽量达到均衡和优化。

(4) 确定软件的边界及范围,以及软件与环境的相互作用方式等,如业务实际应用及运行边界、范围和具体环境,以及网络运行及存储环境和数据库应用等。

(5) 对需求文档化并进行最后验证与确认。

① 需求分析的**重点**:通过分析业务流程和数据流程等技术手段,同客户共同确定业务模型、功能模型、性能模型、接口模型等主要图表及要素。

② 需求分析的**关键**:在系统的流程、功能、性能和接口等方面,与客户达成完全一致,并且要求客户签字确认。这些也是需求分析在商务等方面的主要目的。

③ 需求分析的**变更**:当需求出现变化时,双方必须履行"需求变更管理规程",对此规程在签订合同时要做出规定,注意合同的法律效用。

注意:对必要的软件需求变更应当经过认真申报、评审、跟踪和比较分析后才能实施。

2. 软件需求分析的原则

为了促进软件研发工作的规范化、科学化,一些专家和专业人士提出了许多软件开发与描述表示的方法,如结构化方法、原型化法、面向对象方法等,后者将在第5章单独介绍,赵池龙的5个面向理论:"面向流程分析、面向数据设计、面向对象实现、面向功能测试、面向过程管理"也是一种经验总结。在实际需求分析工作中,各种需求分析方法都有其独特的思路和表示方法,基本都适用以下**需求分析基本原则**。

(1) 侧重表达理解问题的数据域和功能域。对新系统程序处理的数据,其数据域包括数据流、数据内容和数据结构，而功能域则反映这三方面的控制信息。

(2) 需求问题应分解细化，建立问题层次结构。可将复杂问题按具体功能、性能等方面分解并逐层细化、逐一分析。

(3) 建立模型。模型包括各种图表，是对研究对象特征的一种重要表达形式，通过逻辑视图可给出目标功能和信息处理间关系，而非实现细节。通过物理视图确定处理功能和数据结构的实际表现形式，常由系统运行及处理环境确定。

讨论思考

(1) 什么是需求分析？主要确定新系统的什么工作？

(2) 需求分析的特点主要有哪些？

(3) 需求分析的目的和重点是什么？

(4) 需求分析的原则有哪些？

3.2 软件需求分析的任务及过程

3.2.1 软件需求分析的任务

需求分析的基本任务是准确地分析理解原系统，定义新系统的目标及具体要求，在可行性分析的基础上，进一步获取新系统的综合需求，确定系统要完成的工作，为软件设计与实现奠定基础，即确定软件完整、准确、清晰、具体的指标要求。**主要有 9 项任务**。

1. 确定总体目标及组织结构

通过调研与分析，确定用户机构的总体目标、组织结构、业务管理方法、处理方式及过程，确定相应的模型，如整个系统是否可选择 MRPII(物料资源计划)、JIT(及时制造计划)和 ERP(企业资源计划)等，各子系统也可以有相应的库存管理、成本管理等模型，使得新系统建立的逻辑模型能体现出新的运作与处理方式，并画出新系统的组织结构图(也称为层次方框图)并列出各部门的岗位角色表。

【案例 3-2】 在对网上图书馆信息系统进行调研和分析的基础上，可以画出新系统的组织结构图，并列出各部门的岗位职能表，如图 3-1 和表 3-1 所示。

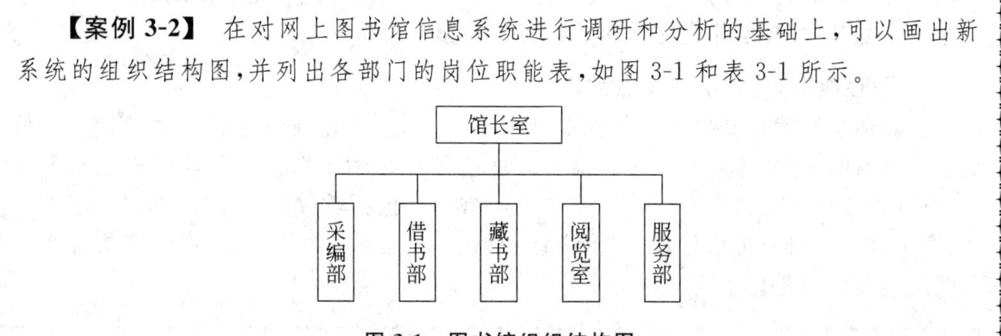

图 3-1 图书馆组织结构图

表 3-1 图书馆的岗位职能

岗位编号	岗位名称	所在部门	岗位职责	相关业务
1011	采购员	采编部	采购、合同签订、选择出版社	进货及合同管理
1012	分编员	采编部	图书分编	协助入库
…	…	…	…	…

2. 深入领域分析,画出业务流程图

由于应用软件服务于特定的行业、企业及确定的具体业务。软件的特征决定了软件要与所服务的应用领域中的知识、业务、方法、技术、数据等紧密地渗透和融合。因此,必须深入了解软件的应用领域,并进行细致分析。一般业务处理应用软件领域分析包括:组织业务调查、目标分析、机构分析、职能分析、业务流程分析和组织实体分析。业务模型表示了与系统有关的人、设备、其他子系统之间的业务关系和费用关系,因此,需要在分析的基础上,画出新系统的业务操作流程图,包括物流、资金流、信息流,即业务操作模型,重点是业务操作的流程步骤。

3. 分析数据流程,画出数据流图

需要分析企事业机构各种业务处理的具体数据内容、结构和流向等属性,并画出研发新软件(目标系统)的数据流图,即单据和报表的流程图,掌握业务规则及处理顺序,获得初步数据模型。实际上,真正的数据模型是 E-R 图加上相应的数据字典。具体描述工具及用法,将在 3.3 节中进行介绍。

4. 确定功能需求,完成功能结构图及点列表

(1) 确定功能需求。功能需求是软件向用户提供的功能及服务,是用户最主要的需求,包括新系统必须具备的具体功能。其功能可细化和分解,可通过软件界面展现。

(2) 画出功能结构图。主要是以"树状"及层次关系结构图或控制结构图,描述新系统及其功能模块的具体功能及关系。

(3) 完成新系统的功能点列表,即功能模型。有时将性能模型、界面模型和接口模型的内容都合并其中,功能模型也可用 Use Case 矩阵/图表示。

5. 获取性能需求,列出性能点列表

根据具体系统确定开发软件的性能技术指标,如上网传输及运行速度、可靠性、联机系统的响应时间、存储容量和安全性能等。性能需求是为了保证软件功能的实现和正确运行,对软件所规定的效率、可靠性、安全性等规约。包括软件的效率(运行处理速度)、可靠性、安全性、适用性、可移植性、可维护性和可扩充性等方面的需求,还应考虑业务发展的扩展及更新维护等。

【案例 3-3】 网上图书馆信息系统的主要部分性能点列表(性能模型),如表 3-2 所示。

表 3-2 网上图书馆信息系统的性能点列表

编号	性能名称	使用部门	使用岗位	性能描述	输 入	系统响应	输 出
1	读者网上查询图书信息响应时间	网上读者	网上读者	网上查某本书时间小于2.5s	图书名称/作者姓名	按照输入的组合条件,进行模糊查询	显示"图书名称、作者姓名、是否借出、内容简介"
2	后台查询读者信息响应时间	图书馆借阅部	借阅操作员	后台查某读者信息小于1.5s	读者姓名、编号	按照输入的组合条件,进行查询	显示"读者姓名、编号、身份证号、电话、借书信息、罚款次数"
3	后台查询图书信息响应时间	图书馆借阅部	借阅操作员	后台查某部书小于1.5s	图书名称/作者姓名	按照输入的组合条件,进行模糊查询	显示"图书名称、作者姓名、借阅情况、内容简介"

6. 明确处理关系,列出接口列表

应用软件可能还与机构内部的其他应用软件集成,因此,需要明确与外部应用软件数据交换的内容、格式与接口,以实现数据及功能的有机结合。

【案例 3-4】 网上图书馆信息系统的部分接口列表,如表 3-3 所示。

表 3-3 网上图书馆信息系统的接口列表(接口模型)

编号	接口名称	接口规范	接口标准	入口参数	出口参数	传输速率
1	与财务系统接口	财务系统规定的接口规范	记账凭证与分录的具体格式	(1) 凭证记录参数:凭证编号、日期、单据张数、借方合计、贷方合计。(2) 分录记录参数:凭证编号、日期、借方、贷方、数量、单价、摘要	(1) 凭证记录格式:编号、状态、会计期间、凭证字号、日期、单据张数、审核、过账、制单、过账状态、借方合计、贷方合计。(2) 分录记录格式:分录编号、凭证编号、摘要、科目代码、结算号、结算日期、结算方式、借方、贷方、数量、单价	一张凭证一次处理传送

7. 确定系统运行环境及界面

分析实现新系统的运行环境、软硬件产品发展现状和主流技术,比较各种开发平台,提出系统配置的原则,确定规模及配置,以满足新系统功能和性能需求。环境需求包括:

软件运行时所需要的硬件的机型、外设;软件的操作系统、开发与维护工具和数据库管理系统等要求。运行环境包括:服务器及核心计算机与网络资源(系统软件、硬件和初始化数据)的配置计划、采购计划、安装调试进度、人员培训计划等内容。界面设计的原则:方便、简洁、美观、一致等。整个系统的界面风格定义要统一,某些功能模块的特殊界面要说明。

8. 完善开发计划和新系统方案

主要通过开发工期、费用、进度、风险等方面的分析与评估,以便于进一步修改开发计划和新系统方案,促进对软件的开发设计和实施。还应当分析经济、人才与时间的要求,对关键技术问题提出解决方案、用户培训建议等。

9. 验证确认需求,编写需求文档

通过分析确定了新软件系统必须具有的功能和性能等具体需求指标,定义了系统中的业务等数据,描述了数据处理的主要算法。应该将分析的结果用正式的文件记录下来,作为最终软件的部分文档材料"系统(子系统)需求规格说明(SSS)"或"软件需求规格说明(SRS)"(具体根据软件规模和用户的实际需要确定)等。同时,对各项具体需求在逐一验证后由用户确认签字。需求分析文档具体编写步骤和格式等在 3.5 节中介绍。

注意:上述任务要具体分析,灵活运用。如果需求分析之后,对将要实现的新系统,仍然感到不够明确时,不应签字确认,还需进行进一步深入分析。

3.2.2 软件需求分析的过程

软件需求分析的过程也称为**需求开发**,可分为需求获取、综合与描述、需求验证和编写文档等步骤,是一个不断深入与完善的迭代过程,如图 3-2 所示。通常从用户获取的初步需求存在不够精确、模糊、片面等问题。通过进一步调研、修改、补充、完善、细化、删减、整合和优化,最后得出全面且可行的软件需求。需求分析应有用户参加,随时进行沟通交流,并最终征得用户认可。

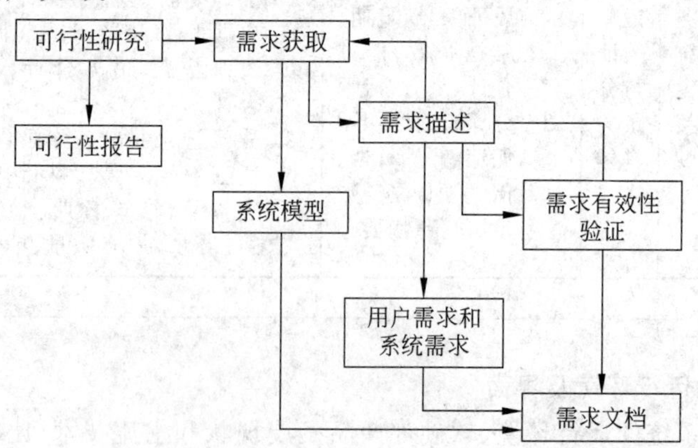

图 3-2 软件需求分析的过程

根据实际项目的规模和特点，确定合适的**需求分析常规过程**。

1. **需求获取**

需求获取也称为**需求调查**，主要是对新系统进行需求获得、导出和分析的过程，是由分析人员通过调研、座谈、走访、问卷、召开座谈会等形式，深入了解用户对新系统的需求。

2. **需求综合与描述**

从系统角度来理解软件，确定对所开发软件的综合要求，并提出这些需求的实现条件，以及需求应该达到的标准。这些需求具体包括功能需求（做什么）、性能需求（要达到什么指标）、可靠性需求（不发生故障的概率）、环境需求（如机型、操作系统等）、安全保密需求、用户界面需求、资源使用需求（网络传输带宽、软件运行所需的内存、CPU 等），以及软件成本消耗与开发进度需求，预测以后系统可能达到的目标等。同时，以各种图表和方法进行详细描述。

3. **需求验证**

需求验证也称为需求检验或评审，是对初步确定的需求进行验证或评审，明确正确且可行的具体需求。实际上大部分需求事先难以验证或无须验证。由分析员、用户或专家对所确定的需求，从软件的一致性、完整性、现实性和有效性等方面进行审核和验证，以确定正确和可行的需求，排除不可行的。验证内容为：审查需求文档、依据需求编写测试用例、编写用户手册、确定合格的标准。验证方法为自查法、用户审查法、专家审查法和原型法等。

4. **完成需求文档**

在上述需求分析的基础上，需要建立软件的需求说明文档，将需求分析的结果采用规范的形式描述出来，根据软件规模和用户实际需要形成“系统（子系统）需求规格说明（SSS）”或“软件需求规格说明（SRS）”和接口需求规格说明（IRS）、数据需求说明（DRD）、初步的“用户使用手册”，并修改完善项目开发计划，作为以后开发工作的依据。

讨论思考

（1）需求分析具体任务有哪些？

（2）需求分析常规步骤是什么？

3.3 软件需求分析描述工具

3.3.1 软件需求描述工具概述

在需求分析中，一项重要工作是建立问题域的概念模型。**概念模型**是从用户角度，利用软件工具表述对软件的功能、性能、接口和界面等需求，有助于更好地理解问题域。

常用**软件需求描述工具**包括业务流程图、功能结构图、数据流图、用况图、状态模型图、用户交互图、对象模型图、数据模型图和功能需求列表、性能需求列表、接口需求列表、界面需求列表等。主要根据实际需要选择工具，取决于问题域的业务数据处理过程要素特性、不同的软件对分析要求的严格程度等。如实时系统对数据流图和状态模型图要求较高，而管理信息系统MIS对数据模型图要求较高。

需求描述工具的选择和使用，通常与具体需求分析方法和阶段有关。面向过程和面向数据的分析方法，**常用的描述工具**为组织机构图、业务流程图、功能结构图、数据流图、数据字典、实体联系图和U/C矩阵等，如表3-4所示。而面向对象的分析方法，则主要采用UML语言和用例图、活动图等，将在第5章单独进行介绍。

表3-4 传统分析阶段使用的描述工具

分析活动	采用的描述工具
业务调查及业务流程分析	业务流程图
组织结构及功能分析	组织结构图、功能结构图
数据及数据流分析	数据流图、数据字典、E-R图
功能/数据分析	U/C矩阵

3.3.2 业务流程图

业务流程图(Transaction Flow Diagram，TFD)就是用一些规定的符号及连线表示某个具体业务处理过程的描述方法。主要用于帮助分析找出业务处理流程，易于阅读和理解。是一种描述系统内各单位、人员之间业务关系、作业顺序和处理流向的图表，可以描述分析某项完整业务的具体处理过程，发现和处理软件系统调查工作中的错误和疏漏，修改和删除原系统的不合理部分，在新系统基础上优化业务处理流程。

其中，一种常用的**TFD基本符号**如图3-3所示。

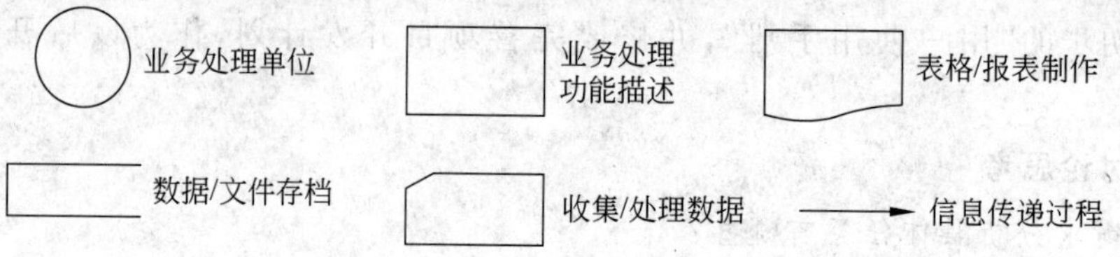

业务处理单位

业务处理功能描述

表格/报表制作

数据/文件存档

收集/处理数据

信息传递过程

图3-3 业务流程图的基本符号

【案例3-5】 企业投资项目审批业务流程图如图3-4所示。

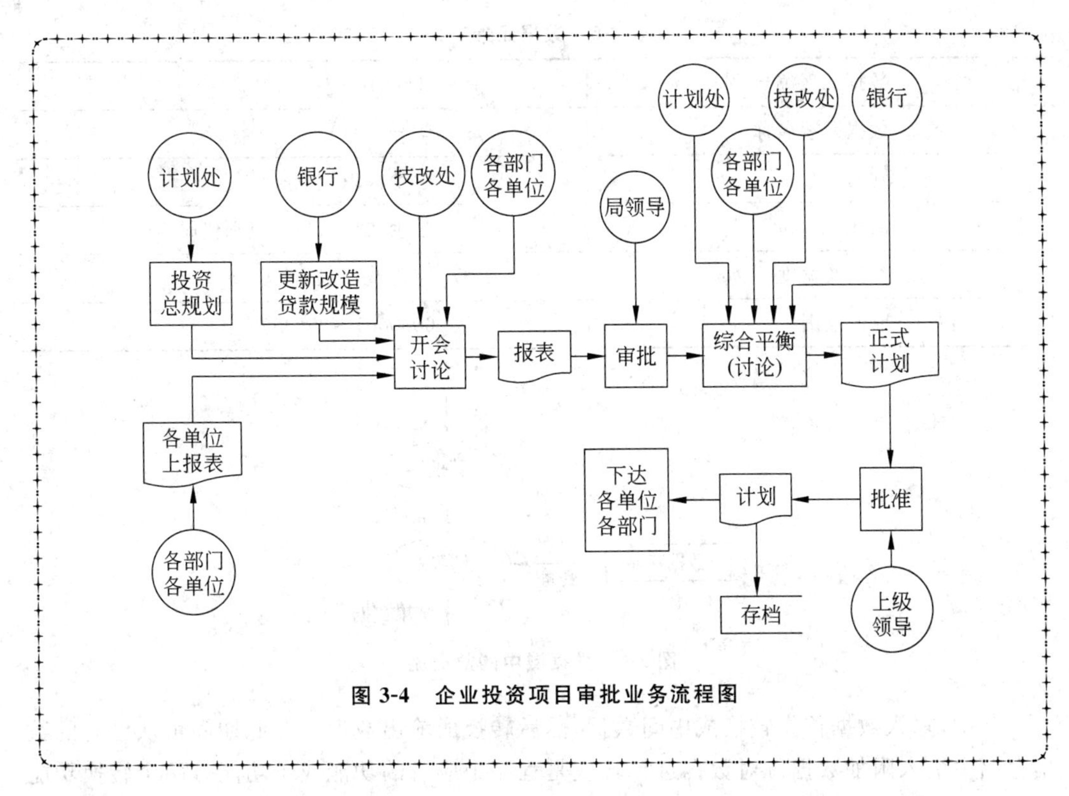

图 3-4 企业投资项目审批业务流程图

知识拓展: TFD 的画法有多种,可以根据国家或行业规定制定出统一绘图规则。TFD 的制作工具,可以是桌面办公工具 Office 等。一种直式 TFD 的绘制图标如图 3-5 所示。

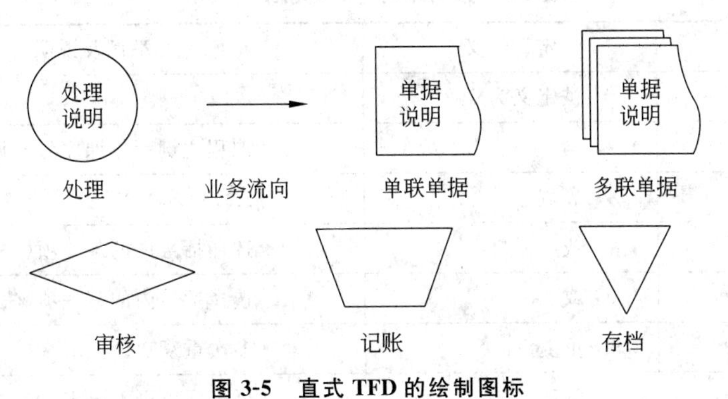

图 3-5 直式 TFD 的绘制图标

3.3.3 数据流图及数据字典

1. 数据流

数据流是指数据通过一个系统式的流向及变化方式,由数据元素**构成**,其定义可列出所有描述的数据元素。**数据元素**又称为**数据项**,是数据的最小单位。**数据元素定义**主要包括名称、编号、别名、简述、长度及取值范围等,如表 3-5 所示。数据流如图 3-6 所示。

表 3-5 数据元素定义

数据元素编号	ID 001
数据元素名称	学号
别名	学生标识
简述	学生在校的唯一识别代码
类型及宽度	字符型,7位
取值范围	0000001～9999999

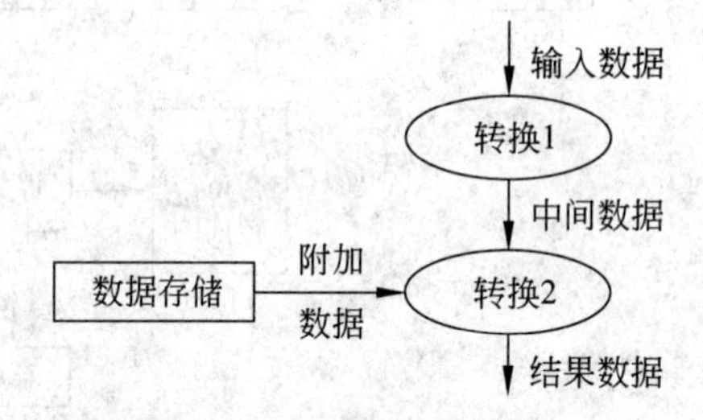

图 3-6 数据域中的数据流

其中,输入数据首先转换成中间数据,然后转换成输出数据。在此期间可从已有的数据存储中引入附加数据。对数据进行转换是程序中应有的功能或子功能。两个转换功能之间的数据传递就确定了功能间的接口。

一些数据流包含复杂的数据结构,可采用如表3-6所示的表示法定义。

表 3-6 数据流包含的数据结构表示法

符号	定义	举例及说明
=	被定义为	
+	与	课程主键=排课序号+课程号
m..n	界域	1..100
[…,…]	或	选择括号内的某一项(法1)
[…|…]	或	选择括号内的某一项(法2)
{…}	重复	多次重复
(…)	可选	可出现也可不出现
"…"	基本数据元素	""内无须进一步定义

【案例 3-6】 高校学生选课数据结构表示法示例。

选课申请单=学号+(课程号+选课学期)

选课学期="0001".."9999"+["春季"|"秋季"]

定义数据流时，不仅要说明数据流的名称、组成等，还应表明其来源、去向和数据流量等。表3-7给出了完整的数据流定义。

表3-7 数据流定义

数据流编号	D01- 01
数据结构名称	选课申请单
简述	学生提交选课申请单
数据流来源	学生
数据流去向	课程注册处理
数据流组成	学号 +(课程号+选课学期)
数据流量	平均100份/小时(仅每学期初)
高峰流量	500份/小时(上午9:00—11:00)

2. 数据流图

1) 数据流图的概念和作用

数据流图(Data Flow Diagram,DFD)是一种图形化的系统模型，在一张图中将新软件系统建模为输入、处理、输出和数据存储。运用图形方式描述系统内部的数据流程，形象、准确地表达了系统的各处理环节以及各环节之间的数据联系，是结构化系统分析方法的主要表达工具。DFD运用加工、文件、数据流线等图形来反映系统的逻辑功能及其内部的数据联系。它也是一种功能处理模型，且简单易理解、应用广泛。

DFD是结构化分析的最基本工具。由一系列表示系统中元素的图形符号**组成**，这些符号在不同的文献中也不尽相同。表达了系统中各元素之间的数据具体流动和处理的过程，如输入和输出、人工处理、数据处理、数据库、文件和设备等。

2) 基本图形符号

DFD的描述符号主要只有4种：起点(或终点)、数据流连线、数据加工/处理、输入输出文件，如表3-8所示。

表3-8 DFD描述符号

名　称	图　例	说　明
起点(或终点)	▭	数据流的起点或终点，表示数据源或数据潭
加工或处理	⬭	表示对流到此处的数据进行加工或处理，即对数据的算法分析与科学计算
输入输出文件	═	表示输入输出文件，说明加工/处理前的输入文件，记录加工/处理后的输出文件，也可单线
数据流连线	→	表示数据流的流动方向

【案例3-7】 网上图书预订系统的DFD图如图3-7所示。对于网上图书预订系统，需要接收来自顾客的订单，并对订单验证，验证过程主要根据图书目录检查订

单的正确性,并由顾客档案确定新老顾客及信誉情况。验证正确的订单,暂存放在待处理的订单文件中。集中后对订单进行成批处理,根据出版社档案,将订单按照出版社分类汇总,并保存订单存根,汇总后订单发往各出版社。

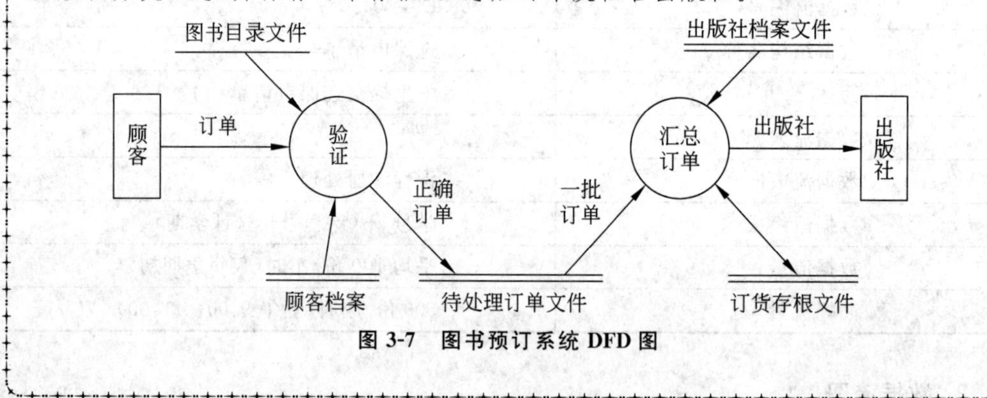

图 3-7 图书预订系统 DFD 图

知识拓展:有时 DFD 符号表示不尽相同。另一种较为常见的 DFD 的 4 种基本符号元素:外部实体、数据处理、数据流和数据存储。其基本符号如图 3-8 所示。

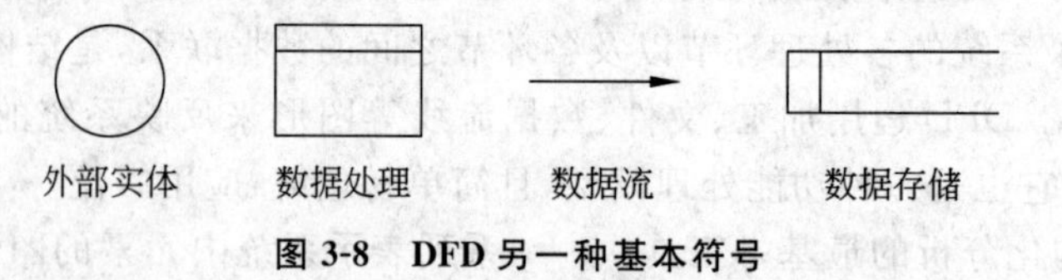

图 3-8 DFD 另一种基本符号

3) DFD 绘制方法

实际上,可用 DFD 表示软件中多个层面的数据处理过程。对于复杂问题的数据处理过程,可用多个 DFD 表示,按照问题的层次结构进行逐步分解,并自顶向下分层绘制其结构关系。DFD 的制作工具包括 Office 及 Power Designer 中的绘图工具。

(1) 画顶层 DFD(系统的输入输出)。将系统视为一个整体,查看整体与外界的联系。分析通过外界获取的数据,即系统输入;向外界提供服务的数据,即系统输出。

(2) 画系统内部。DFD 主要是用于描述系统内部的处理过程,即画下层 DFD。

(3) DFD 绘制规则。

① 自顶向下、由外向内绘制。注意绘制层次和顺序,用父子图描述不同的层次。

② 命名编号。从 0 开始编层号,对数据流命名(含义明显时可略),如图 3-9 所示。

③ 调整位置尽量避免数据流的交叉。

④ 对需要在两个设备上进行的业务数据处理,应避免直接相连。可在设备之间加一个数据存储。

⑤ 如果一个外部实体提供给某一处理的数据流过多,可将其合并成一个综合数据流。

⑥ 下层图中的数据流应与上层图中的数据流等价。

⑦ 对于大而复杂的系统,其图中的各元素应加以编号。通常在编号前冠以字母,表

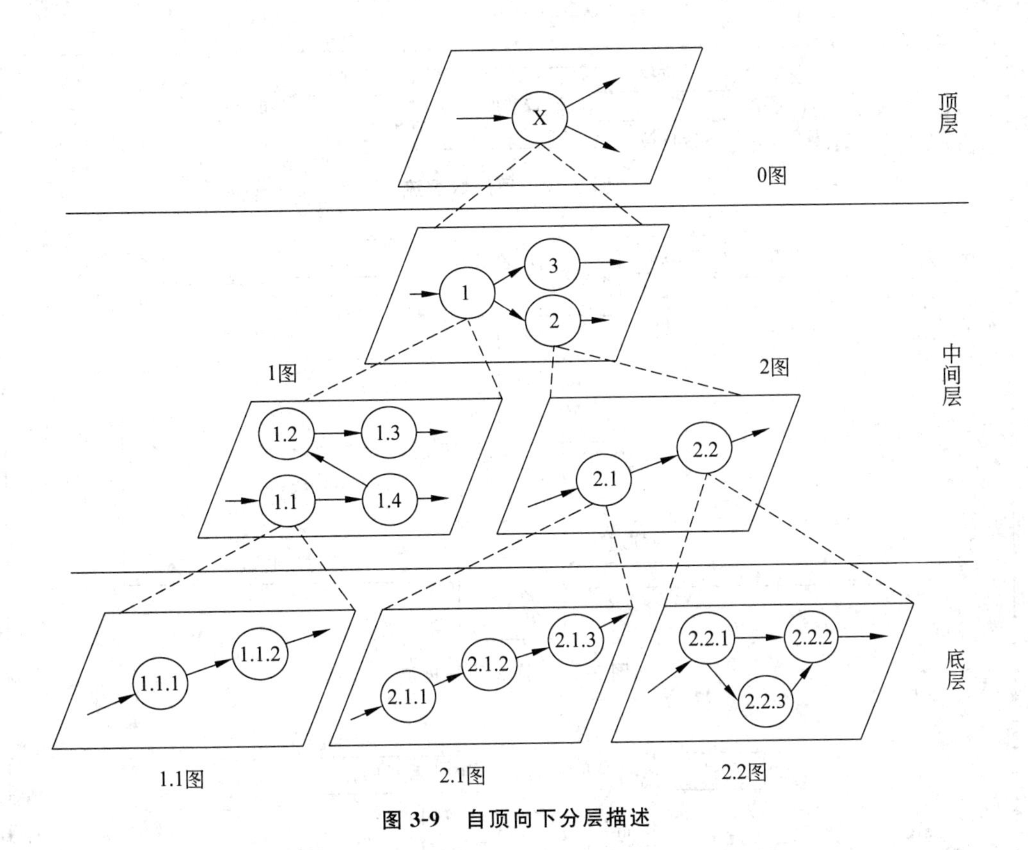

图 3-9　自顶向下分层描述

示不同的元素,用 P 表示处理、D 表示数据流、F 表示数据存储、S 表示外部实体。

4) 注意事项

在需求分析前,需要制定一个 DFD 的规范标准。画 DFD 要注意以下几点。

(1) 统一编号及命名。统一编号,并对数据流、数据存储或加工的命名应容易理解。

(2) 不用画出控制关系。在画 DFD 时注意不画控制流。

(3) 输入输出流。各加工至少有一个输入流和一个输出流,表明数据的来源与去向。

(4) 加工点的编号。如果一张 DFD 中的某个加工点要分解成另一张 DFD 时,则上层图为父图,直接下层图为子图,父图和子图上的所有加工都应编号。

(5) 需求分析中要区别物流和数据流。

(6) 局部数据存储。指在分层处理过程中,当某层 DFD 中的数据存储不是父图中相应加工的外部接口,而只是本图中某些加工之间数据接口的数据存储。

(7) DFD 作为以后设计和与用户交流的基础,其易理解性极为重要。

5) DFD 实际应用示例

【案例 3-8】 某公司"电气装备配件经营处理系统"的 DFD,采用了"自顶向下,由外向内"的绘制原则,其 3 层部分 DFD 如图 3-10～图 3-12 所示。

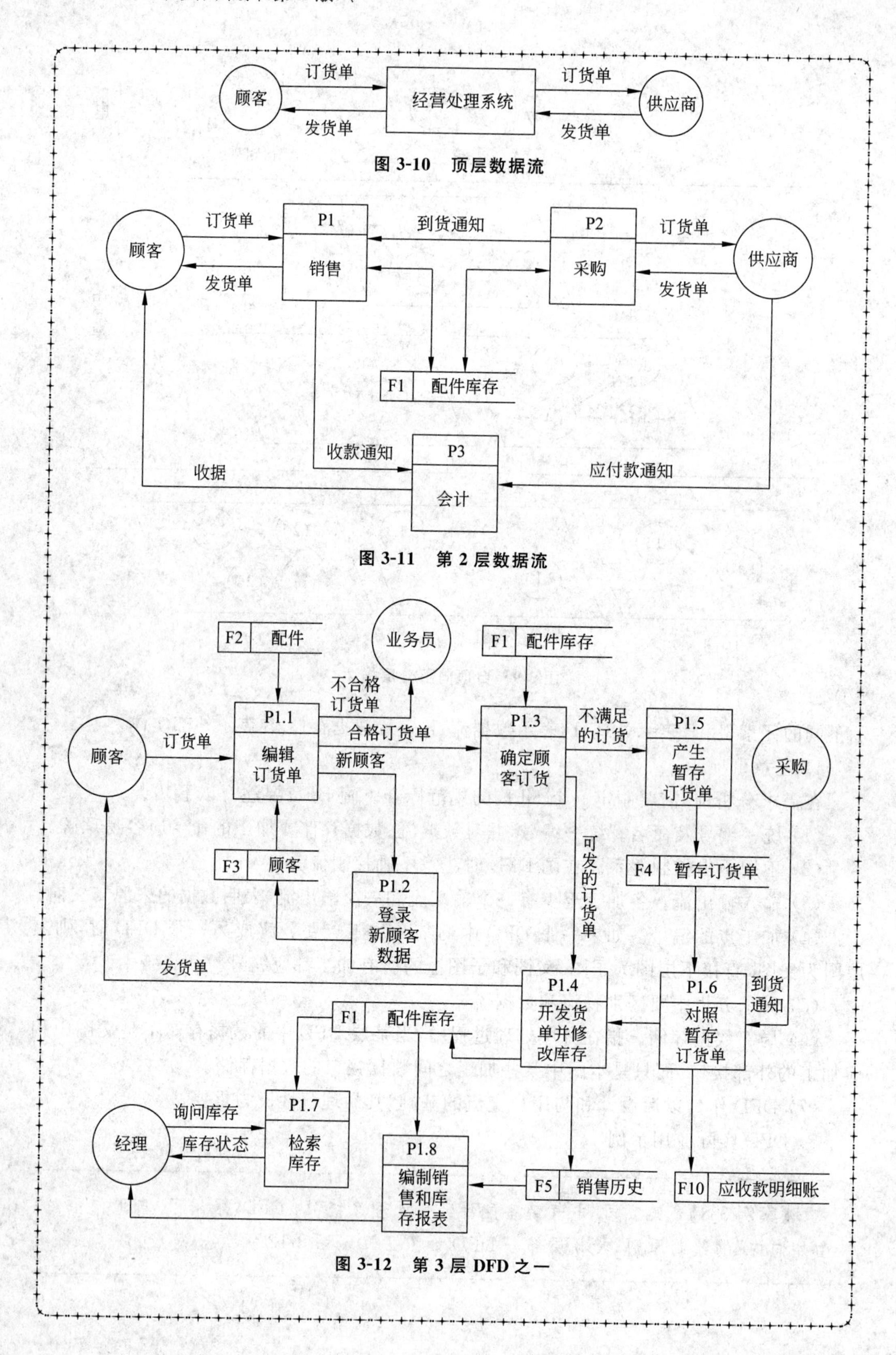

图 3-10 顶层数据流

图 3-11 第 2 层数据流

图 3-12 第 3 层 DFD 之一

知识拓展：业务流程图TFD与数据流程图DFD的区别如下。

(1) 描述对象不同。TFD的描述对象是某一具体的业务；DFD的描述对象是数据流。在调研时，通过了解组织结构和业务功能，对系统的主要业务有了一个大概认识。但由此得到的对业务的认识是静态的，是由组织部门映射到业务的。而实际的业务是流动的，称为业务流程。一项完整的业务流程要涉及多个部门和多项数据。例如，生产业务要涉及从采购到财务、生产车间、库存等多个部门；会产生从原料采购单、应收付账款、入库单等多项数据表单。因此，在考察一项业务时应将该业务一系列的活动即整个过程为考察对象，而不仅仅是某项单一的活动，这样才能实现对业务的全面认识。将一项业务处理过程中的每一个步骤用图形表示，并把所有处理过程按一定的顺序都串起来就形成了TFD。

DFD是对业务流程的进一步抽象与概括。抽象性表现在完全舍去具体的物质，只剩下数据的流动、加工处理和存储；概括性表现在可以把各种不同业务处理过程联系起来，形成一个整体。TFD的描述对象包括企业中的信息流、资金流和物流，DFD则主要是对信息流的描述。此外，DFD还要配合数据字典的说明，对系统的逻辑模型进行完整和详细的描述。

(2) 功能作用不同。TFD是一用图形方式反映实际业务处理过程的"流水账"。目的是分析业务流程，在此基础上进行业务流程重组，产生新的更为合理的业务流程。通过除去不必要的、多余的业务环节；合并重复的环节；增补缺少的必需的环节；确定计算机系统要处理的环节等重要步骤，在绘制流程图的过程中可以发现问题，分析不足，改进业务处理过程。

数据流程分析主要包括对信息的流动、传递、处理、存储等的分析。目的是发现和解决数据流通中的问题，这些问题有：数据流程不畅，前后数据不匹配，数据处理过程不合理等。通过对这些问题的解决形成一个通畅的数据流程作为今后新系统的数据流程。DFD比起TFD更为抽象，舍弃了TFD中的一些物理实体，更接近于信息系统的逻辑模型。对于较简单的业务，可以省略其TFD直接绘制DFD。

(3) 基本符号和表示的含义不同。

(4) 绘制过程不同。

业务流程图和数据流程图的联系，主要包括如下。

(1) 都是从业务处理流程的角度动态地去考察分析对象，都是用图形符号抽象地表示调查结果。

(2) 数据流是伴随着业务过程而产生的，是业务过程的衍生物；数据资料基本上也是按组织结构或业务过程收集的；在数据汇总时，我们也是以业务流程为单位，将同一业务的不同处理步骤中的数据加以集中；DFD的绘制遵照业务处理的全过程。

(3) 二者存在一定对应关系。由TFD可以导出相应的DFD。有两种思路：一种是先按TFD理出的业务流程顺序，然后将相应调查过程中所掌握的数据、表单分离出来，接下来考查数据的流向，加工处理过程和存储，把它们串起来就绘制成一完整的DFD；另一种是从业务流程中分离出处理过程，再考查每一个处理过程的输入数据与输出数据，将业务过程中所有的处理过程的输入、输出数据流进行有机的集成就形成了一个完整的DFD。

3. 数据字典

数据词典(Data Dictionary,DD)是指存储数据源定义和属性(描述说明)的文档,是数据描述的重要组成部分。为了完整地描述系统,只用表达系统"分解"的分层DFD还不够,需借助数据词典和"小说明"对图中的数据和加工给出解释。对DFD中包含的所有元素的定义的集合构成了数据词典。有4类条目:数据流、数据项、文件及基本加工。在定义数据流或文件时,使用表3-9给出的符号。将这些条目按照一定的规则组织,构成数据词典。

表3-9 在数据字典定义中使用的符号

符　号	定　义	举例及说明
=	被定义为	
+	与	x=a+b,表示 x 由a和b组成
[… | …]	或	x=[a | b],表示 x 由a或b组成
{…}	重复	x={a},表示 x 由0个或多个a组成
$m\{\cdots\}n$ 或 $\{\cdots\}_m^n$	重复	x=2{a}5或 $x=\{a\}_2^5$,表示 x 中最少出现2次a,最多出现5次a,5、2为重复次数的上下限
(…)	可选	x=(a),表示a可在 x 中出现,也可不出现
"…"	基本数据元素	x="a",表示 x 是取值为字符a的数据元素
..	连接符	x=1..9,表示 x 可取1到9中任意一个值

DD以一种准确无二义性的说明方式为软件分析、设计及维护提供了有关数据元素一致的定义和详细描述。数据字典要求:完整性、一致性和可用性。

(1) 数据流条目。给出了DFD中数据流的定义,通常对数据流的简单描述为列出该数据流的各组成数据项。主要包括数据流名称、别名及简述、数据流来源和去处、数据流组成、流通量。

【案例3-9】 旅客订购机票的数据流条目示例,数据流量指单位时间内的传输次数。

机票 = 姓名 + 日期 + 航班号 + 始发地 + 目的地 + 费用

姓名 = $\{字母\}_2^{18}$

航班号 = "CZ9938".."CZ9948"

目的地 = [上海 | 北京 | 广州]

数据流条目主要内容及举例如下:

数据流名称:订单。

别名:无。

简述:旅客订票时填写的项目。

来源:旅客。

去向：加工 1“检验订单”。

数据流量：2000 份/每周。

组成：编号＋订票日期＋旅客编号＋地址＋电话＋银行账号＋预订日期＋目的地＋数量。

(2) 文件条目。给出某个文件的定义，文件的定义通常是列出文件记录的组成数据流，还可指出文件的组织方式。

例如，某销售系统的订单文件：

订单文件 ＝ 订单编号＋顾客名称＋产品名称＋订货数量＋交货日期

(3) 数据项条目。给出某个数据单项的定义，通常是该数据项的值类型、允许值等。

例如，账号＝ 00000－99999；　存款期＝[1|3|5]（单位：年）

(4) 加工条目。加工条目是对 DFD 的补充，实际是“加工小说明”。由于“加工”是 DFD 的重要组成部分，一般应单独进行说明。因此，数据字典是对 DFD 中所包含各种元素定义的集合。对 4 类条目描述：数据流、数据项、文件及基本加工。

3.3.4 处理过程描述

可利用 DFD 对软件需求进行框架式描述，而一些更详尽信息在 DFD 中却难以表示，如处理过程内容的业务逻辑及详细流程、数据流和数据存储的数据项及其数据结构等。描述处理过程的方法又称为“加工（逻辑）小说明”，有结构化语言、判定树和判定表。

1. 结构化语言

结构化语言是一种介于自然语言（英语或汉语）和形式语言之间的半形式化语言，专门用于描述一个功能单元逻辑要求。自然语言容易理解，但容易产生二义性，而形式化语言精确、无二义性，却难理解不易掌握。结构化语言则综合二者的优点，在自然语言的基础上加上一些约束；一般分为两层结构：外层语法较具体，为控制结构（顺序、选择、循环），内层较灵活，表达“做什么”。特点：简单、易学、少二义性，但不好处理组合条件。**外层结构**主要有 3 种结构形式。

(1) 顺序结构。以一组祈使语句、选择语句、重复语句的顺序排列的语句结构。

(2) 选择结构。常用 IF-THEN(-ELASE)-ENDIF 或 CASE-OF-ENDCASE 等关键词构成的语句结构。

(3) 循环结构。常用 DO-WHILE-ENDDO 或 REPEAT-UNTIL 等关键词的语句结构。

结构化语言借助于程序设计的基本思想，并利用其中少数几个关键词来完成对模块处理过程的描述。这几个关键词是 IF、THEN、ELSE、AND、OR、NOT。

【案例 3-10】 用结构化英语描述某公司产品销售业务过程中的折扣政策(可改用汉语)。

IF customer does more than S50,000 business
THEN IF the customer wasn't in debt to us the last three months
THEN discount is 15%
ELSE(was in debt to us)
ENDIF customer has been with us for more 20 years
THEN discount is 10%
ELSE(5 year or less)SO discount is 5%
ENDIF(customer does S 50,000 OR less)SO discount is nil.

2. 判定树

判定树(Decision Tree)也称为**判断树**或**决策树**,用判定树来描述一个功能模块逻辑处理过程,其基本思路与结构化语言完全类似,是结构化语言的另一种更为直观方便的逻辑表现形式。判定树的**特点**:描述一般组合条件较清晰。不易输入计算机。

用判定树方法描述上述公司销售产品的折扣政策,如图 3-13 所示。

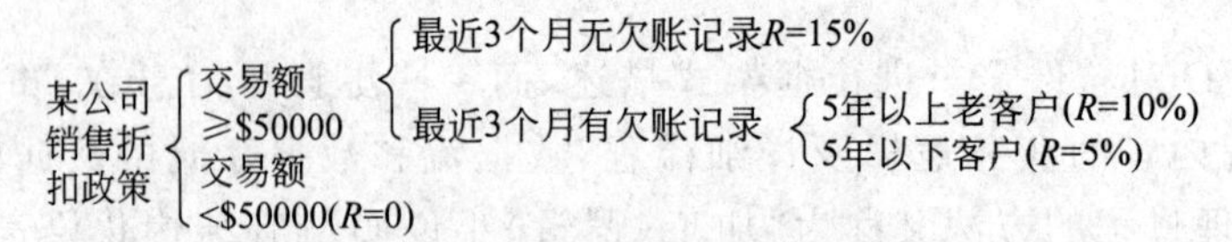

图 3-13 计算折扣判定树

3. 判定表

判定表也称为**决策表**,与结构化英语和判定树方法相比,其**优点**是能够将所有的条件组合充分地表达出来。缺点是判定表的建立过程较为繁杂,且表达方式不如前两者简便。判定表由 4 个部分**组成**,如表 3-10 所示。

表 3-10 判定表

条件定义	条件取值及组合
结果(操作定义)	取值组合结果(操作)

【案例 3-11】 在产品销售业务中,折扣条件有 3 个:业务发生额、业务往来的时间和欠账情况。根据 4 种最终折扣的可能性,可设计出如表 3-11 所示的判定表。

表 3-11 计算折扣判定表

条件名称	取值	含义
金额	M	<$50 000
	L(折扣)	≥$50 000

续表

条件名称	取　值	含　义
欠账情况	N Y	无欠账记录 有欠账记录
时间	D N	5 年以上老客户 5 年以下老客户

在表 3-12 条件栏中填入各种可能发生的情况，在结果栏中填入对应上面情况可能产生的结果，而且，判定表在用于处理逻辑表达中，还有许多其他方式所达不到的作用。

表 3-12　判定表

	可能方案	1	2	3	4
条件	C1（金额）	*M*	*M*	*M*	L
	C2（欠款）	N	Y	Y	/
	C3（时间）	/	D	N	/
结果	$R=15\%$	*			
	$R=10\%$		*		
	$R=5\%$			*	
	$R=0$				*

讨论思考

(1) 业务流程图、数据流图及数据字典主要用于什么地方？

(2) 系统流程图主要用于什么地方？其基本思想是什么？

(3) 如何利用结构化语言、判定表和判定树描述处理逻辑过程？

(4) 如何进行子系统划分？新系统逻辑方案主要内容有哪几个方面？

3.4　软件需求分析方法

对于软件项目的不同开发方法，所采用的需求分析方法各具特点、各有所不同，应掌握其具体种类和有关主要实际分析方法及特点。

3.4.1　软件需求分析方法的种类

目前，软件需求的分析与设计方法较多，一些大同小异，而有的则基本思路相差很大。从开发过程及特点出发，可分为生存周期法和原型法两大类。生存周期法在软件分析与设计时，自上而下由全局出发全面规划分析，然后逐步设计实现。原型法则一开始不进行全局分析,而是先建立一个系统雏形,经过设计实现后,再不断改进扩充,最终成为全局系统。

从系统分析出发,可将**需求分析方法分为 4 种**:功能分解方法、结构化分析方法、信息建模方法和面向对象的分析方法。

(1) 功能分解方法。将新系统作为多功能模块的组合,各功能又可分解为若干子功能及接口,子功能还可继续分解,便可得到系统的雏形,即功能分解=功能+子功能+功能接口。

(2) 结构化分析方法。结构化分析方法是一种从业务应用问题空间到某种处理表示的映射方法,是结构化方法中重要且被普遍接受的表示方法,由 DFD 和数据词典构成并表示。此分析法又称为数据流法。其基本策略是跟踪数据流,即研究问题域中数据流动方式及在各个环节上所进行的处理,从而发现数据流和加工(Bubble)。

结构化分析 = 数据流 + 数据处理(加工) + 数据存储 + 端点 + 处理说明 + 数据字典

(3) 信息建模方法。信息建模方法主要是从数据角度对现实世界建立模型。大型软件较复杂,很难直接对其分析与设计,常借助模型。模型是开发中的常用工具,系统包括数据处理、事务管理和决策支持。实质上,也可看成由一系列有序模型构成,其有序模型通常为功能模型、信息模型、数据模型、控制模型和决策模型,有序是指这些模型是分别在系统的不同开发阶段及开发层次上建立的。建立系统常用的基本工具是 E-R 图。经过改进后称为信息建模法,后来又发展为语义数据建模方法并引入了许多面向对象的特点。信息建模=实体(对象)+属性+关系+父类型/子类型+关联对象。此方法的核心概念是实体和关系,基本工具是 E-R 图,其基本要素由实体、属性和联系构成。方法的基本策略是从现实中找出实体,再用属性描述。

(4) 面向对象的分析方法。面向对象的分析方法(OOA)的关键是识别问题域内的对象,分析其之间的关系,并建立三类模型:对象模型、动态模型和功能模型。OOA 还可表示为:面向对象=对象/类+结构与连接+继承+封装+消息通信。只表示 OOA 中几项最重要特征。OOA 的对象是对问题域中事物的完整映射,包括事物的数据特征(属性)和行为特征(服务)。

3.4.2 结构化分析方法

结构化分析与设计方法(Structured Analysis and Design,SSA&D)简称**结构化开发方法**,是在结构化程序设计思想的基础上发展起来的一种开发方法。

结构化分析(Structured Analysis,SA)方法是面向数据流的需求分析方法,是 20 世纪 70 年代末由 Yourdon、Constaintine 及 DeMarco 等人提出并发展。需要根据软件内部的数据传递、变换关系,自顶向下、逐层分解,绘出满足功能要求的模型等。

1. 基本思想及特点

结构化方法总的**指导思想**是自顶向下、逐步求精,其基本原则是抽象与分解。结构化方法是分析、设计到实现都使用结构化思想的软件开发方法,实际上由三部分**组成**:结构化分析、结构化设计和结构化程序设计。任何程序都由顺序结构、选择结构和循环结构

3种基本结构构成。结构化方法具有以下**特点**：

(1) 开发方法使用最早，使用时间最长。

(2) 应用最广泛，特别适合于自动控制及过程控制等数据处理方面。

(3) 相应的支持工具多，发展较为成熟，快速、自然和方便。

2. 自顶向下逐层分解

对复杂的问题，常分解为几个相对易于解决的小问题，然后再分别解决。分解的方法可分层进行，原理是忽略细节先考虑问题最本质的方面，形成问题的高层概念；然后再逐层添加细节，即在分层过程中采用不同程度的"抽象"级别，最高层问题最抽象，低层较具体。

对某层较复杂子系统划分，针对不同系统可不同处理。划分原则可根据业务工作的范围、功能性质、被处理数据对象的特点进行。通常对上层的划分按业务类型划分，下层按功能划分。

3. 结构化分析步骤

对软件进行**结构化分析**的**具体步骤**如下。

(1) 构建原系统物理模型。对原系统进行详细调研并收集资料，通过认识原系统的工作过程，将看到、听到和收集到的实际情况用图表或文字进行描述。用模型表示对原系统的理解，如业务流程图等。

(2) 抽象原系统逻辑模型。逻辑模型反映了原系统"做什么"的功能，需要去除物理模型中非本质的物理因素等，抽象并提取其本质的因素。

(3) 建立新系统逻辑模型。在原系统的逻辑模型基础上，可将新系统与原系统逻辑进行比较分析，查看决定变化的范围，找出要改变的部分，并抽象为一加工，以确定加工的外部环境及输入输出。

(4) 进一步补充和优化。新系统的逻辑模型只是一主体，为了完整地进行描述，还应进行补充。补充的内容包括：应用环境及与外界环境的相互联系，说明目标系统的人机界面，尚未详细考虑的环节，如出错处理、输入输出格式、存储容量和响应时间等性能要求与限制。

4. 优缺点及流程

结构化方法发展历史悠久且应用广泛，主要优点：简单、实用、成熟；适合于瀑布模型，易为开发者掌握；成功率较高，曾据美国1000家公司统计，该方法的成功率高达90.2%，仅次于面向对象的方法；特别适合于数据处理领域中的应用，对其他领域的应用也基本适用。其缺点：不太适应规模大的复杂项目，难以解决软件重用问题，较难适应需求变化，难以彻底解决维护问题。整个结构化开发方法流程如图3-14所示。

3.4.3 面向流程分析方法

1. 面向流程分析

面向流程分析是指整个需求分析的内容和过程都是面向流程进行的。流程是动态的、实时的，系统的功能、性能、接口、界面都是在流程中动态实时地反映出来。主要是数

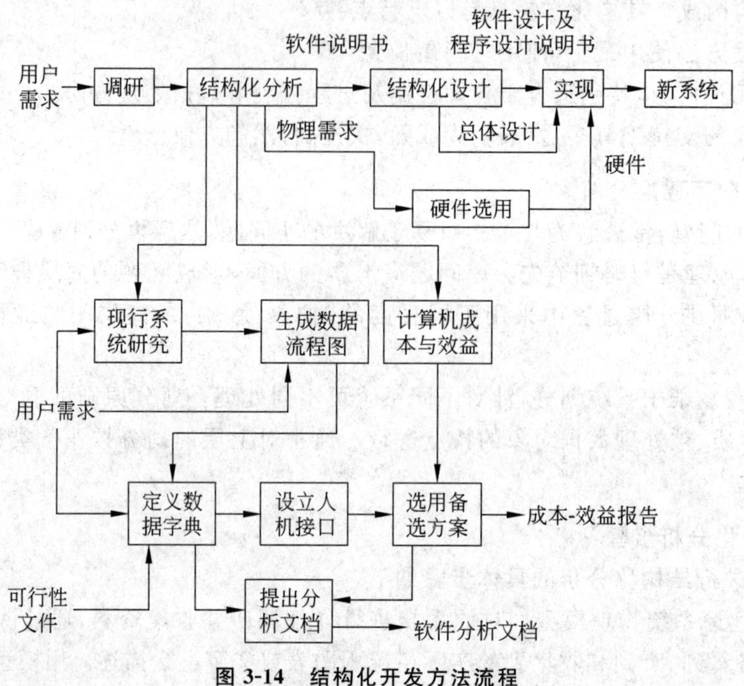

图 3-14　结构化开发方法流程

据流程，业务处理流程最终也要转化为对业务数据的处理，即转换为数据流程。

2. 确定元数据、中间数据及其关系

（1）明确元数据及其与基础数据的区别。元数据是组织数据的数据，分析中需要区别于具体实例的基础数据。实际应用软件中的实体名及其属性名的集合都是元数据。

【案例 3-12】 在企业人力资源信息系统中，“员工的基本情况”是一个实体名（数据表），而员工的“编号、姓名、性别、年龄、学历、住址、电话、电子信箱、专业特长”等则是属性（列）名，这些名词统称为系统的元数据（数据表结构）。而某一员工的具体信息，则不是元数据，如“110238，张伟，男，32 岁，大学本科，上海市银城中路 8 号，35268866，zhangw@sina.com，软件开发”，则是被上述元数据所组织好的一条记录（实例），称为该系统中的基础数据（记录）。

（2）确定中间数据。中间数据蕴藏在应用软件的输出报表中，报表名称及其内部的数据项名称，一般就是中间数据。

（3）找出元数据与中间数据间的关系。元数据对应原始单据，中间数据对应查询、统计、报表。元数据将原始单据中录入的数据组织起来变成基表中的记录，这些记录称为基础数据。中间数据将统计报表中输出的数据组织起来变成中间表中的记录，这些记录称为统计数据。“中间数据是由元数据派生出来的”，这种派生过程及方法就是算法分析，也称为数据处理。

3. 搞清单据中的流程

单据中的流程包括：该单据的上游；同一个单据内部的数据项之间，也存在一个先后次序问题；再确定单据的下游。

【案例 3-13】 在企业人力资源系统中，“个人简历”和“员工基本情况”都是单据（实体），“个人简历”上游是“员工基本情况”，只有先录入“员工基本情况”，才能录入“个人简历”。一般都要先录入父表（主表）中的记录，然后再录入子表（又称为明细表）中的记录。

4. 需求分析方法对比

面向功能分析、面向对象分析、面向数据分析都是面向流程分析的，功能、对象和数据都是在流程中产生且为流程服务，各适用不同的新系统。

最早的面向功能分析将软件需求看作倒置的“功能树”，树根是总功能，每个节点都是一个具体功能，以“自顶向下、逐步求精”的思想，适合于结构化软件工程。而面向数据分析是指面向元数据和中间数据分析，只有将这两类数据及其关系分析透彻即可达到目的。

3 种需求分析方法的优缺点和适用范围对比如表 3-13 所示。

表 3-13 3 种需求分析方法对比

分析方法名称	目的	优缺点	适用范围
面向功能分析	获取功能模型	简单明了	系统软件和应用软件
面向对象分析	获取对象模型	复杂抽象	系统软件和应用软件
面向数据分析	获取数据模型	抓住本质	关系数据库信息系统

5. 分析与初步设计应同时考虑

由于一些具体实际业务应用问题，在分析“新软件系统是什么和具体做什么”时，通常对一些需求的分析描述过程中遇到的各种实际问题难以准确认定或及时发现并解决，可能到设计时才会出现，因此在需求分析的同时最好考虑后续设计与实现即“怎么做”可能更有实效，也符合迭代模型的思想。

6. 需求分析技巧

在实际应用中，进行需求分析需要一些技巧，主要包括如下。

（1）需求分析是分析师与用户双方进行配合的项目，需要密切交流合作。

（2）在微观上/宏观上都应以流程为主。

（3）注重事实坚持客观调研及主见，不应偏听偏信。

（4）构建需求金字塔。决策层提出宏观上的统计、查询、决策需求，管理层提出业务管理和作业控制需求，操作层提出录入、修改、提交、处理、打印、界面、传输、通信、时间与速度等方面的操作需求。

（5）注重主动征求各层的意见和建议，一般需求分析过程需要集中汇报征求意见 2～

3次。

7. 获取需求技术

在具体获取需求过程中,采用的技术主要包括如下。

(1) 实地观察。需求分析师到实际的用户现场去,体验和观察用户的实际工作,了解用户如何利用软件和其他人协作完成某项任务。

(2) 调研和访谈。调研和访谈是最常见的方式。对于集中会议式访谈交流,为保证会议的效率和效果,应事先做好准备并做好会议记录。

(3) 场景描述。需求分析师为每个用户任务设计一个场景,以提问的方式提取需求。场景通常以用例图来表示。

(4) 原型示例。在原型系统中更容易表达用户的需求。原型技术有很多,从界面示意图到快速搭建的原型系统。

(5) 获取对象、属性和方法。在面向对象的需求分析中,需要获取对象(对象集或类)方法,查找对象、属性和方法。

【应用技巧】由于"对象"是"名词",可在分析的重要名词集合中去寻找"对象";而"属性"是"形容词或名词",可到分析的主要形容词集合或次要名词集合中去发现对象的"属性";"方法"是"动词",可以到需求分析的主要动词中去发现"方法"。

讨论思考

(1) 从系统的角度出发可以将需求分析方法分为哪几种?

(2) 结构化分析具体步骤是什么?

(3) 面向流程分析方法包括哪些方面?

3.5 软件需求分析文档

需求分析文档对于不同软件规模和复杂情况等要求有所不同,规模大且较复杂的软件项目主要需要较完整的文档:系统(子系统)需求规格说明(SSS)、软件需求规格说明(SRS)、接口需求规格说明(IRS)、数据需求说明(DRD)。

3.5.1 软件需求文档概述

在需求分析阶段内,由系统分析人员对被设计的软件系统进行需求分析,确定对该软件的各项功能、性能需求和设计约束,确定对文档编制的要求,作为本阶段工作的结果,需要编写出软件需求分析文档,可以根据软件规模和复杂情况进行确定。

软件需求分析文档主要包括系统(子系统)需求规格说明(SSS)(对整个系统或子系统需求分析的说明性文档)、软件需求规格说明(SRS)、接口需求规格说明(IRS)、数据需求说明(DRD),以及软件需求相关说明书的评审记录表、需求变更管理表等。常用的"软件需求规格说明(SRS)"评审记录表要点:突出不符合项(有问题的项)的跟踪记录,主要指在系统功能、性能、接口等方面存在的遗漏或缺陷的记载。只有当无不符合项时,评审才能通过。评审可能进行多次,其结论只有通过或不通过,评审意见可指出文档中的强项和弱项。

需求管理文档记录了需求分析过程中,软件企业对需求的管理过程。大量过程管理记录的积累,为软件企业的软件过程数据库累积了财富。

知识拓展:常用的《计算机软件文档编制规范 GB/T 8567—2006》(测试用 2008)标准规定了在软件开发过程中文档编制的要求,这些文档从使用角度可分为两大类:一是用户文档,主要包括软件产品规格说明(SPS)、软件版本说明(SVD)、软件用户手册(SUM)、计算机操作手册(COM);二是开发及管理文档,主要包括可行性分析(研究)报告(FAR)、软件开发计划(SDP)、系统(子系统)需求规格说明(SSS)、软件需求规格说明、接口需求规格说明、数据需求说明、软件(结构)设计说明、接口设计说明(IDD)、数据库(顶层)设计说明、计算机编程手册、软件测试计划、软件测试报告、软件配置管理计划、软件质量保证计划、开发进度月报、项目开发总结报告,以及维护文档等。其中,用户文档需要交给用户,用户应该得到的文档的种类和规模由供应者与用户之间签订的合同规定。

《计算机软件文档编制规范 GB/T 8567—2006》**主要内容**请见如下目录:

目　　录

3.5.2 软件需求文档编写

1. 系统/子系统需求规格说明(SSS)

“系统/子系统需求规格说明(SSS)”是对整个软件系统/子系统的需求分析的说明性文档,主要介绍整个软件项目必须提供的系统总体功能和业务结构、软硬件系统的功能、性能、接口、适应性、安全性、操作需求和系统环境及资源需求等,以及所要考虑的限制条件,不仅是系统测试和用户文档的基础,也是所有子系列项目规划、设计和编码的基础。应尽可能完整地描述系统预期的外部行为和用户可视化行为。主要用于系统软件或规模大且很复杂的软件项目的需求分析文档,通常由系统工程师编写“系统/子系统需求规格说明(SSS)”。限于篇幅,仅列出文档说明和主要内容目录。

系统/子系统需求规格说明(SSS)

说明:

(1)“系统/子系统需求规格说明(SSS)”为一个系统或子系统指定需求和指定保证每个需求得到满足所使用的方法。与系统或子系统外部接口相关的需求可在SSS中或在该SSS引用到的一个或多个《接口需求规格说明》(IRS)中给出。

(2)这个SSS,可能还要用“接口需求规格说明(IRS)”加以补充,是构成系统或子系统设计与合格性测试的基础。贯穿本文的术语“系统”,如果适用的话,也可解释为“子系统”。所形成的文档应冠名为“系统需求规格说明”或“子系统需求规格说明”。

目　录

2. 软件需求规格说明(SRS)

"软件需求规格说明(SRS)"主要用于中小规模且不太复杂的应用软件的需求分析。对于需求分析,除了说明需求内容外,还需要一些相关的辅助信息,如需求来源、类别、基本原理、验证方法、验收测试和变更历史等。还应分配一个唯一标识的文档ID,方便版本管理、设计实现和测试控制。在开发商与客户间建立了一个协议,具体说明软件产品要"做什么,不要做什么"。"软件需求规格说明(SRS)"完成后应进行严格的评估,以减少后期的重新设计。也是成本预算、风险评估以及确定开发时间表的基础。

目　录

3. 软件需求规格说明(SRS)的格式

“软件需求规格说明(SRS)”编写格式,可以参考书后的附录B部分。按照规定的内容和格式,就可以制作出具体的软件需求文档。其文档的主要说明如下。

软件需求规格说明(SRS)

说明:

(1)“软件需求规格说明(SRS)”描述对计算机软件配置项CSCI的需求及确保每个要求得以满足的所使用的方法。涉及该CSCI外部接口的需求可在本SRS中给出:或在本SRS引用的一个或多个“接口需求规格说明(IRS)”中给出。

(2)这个SRS,可能还要用IRS加以补充,是CSCI设计与合格性测试的基础。

【案例3-14】《计算机软件文档编制规范GB/T 8567—2006》为软件需求分析文档提供了规范化的编制方法。由于篇幅有限,请见“附录B软件需求规格说明(SRS)”。此外,《IEEE推荐的软件需求规格说明书(IEEE标准)》的编写方法,可以参考作为一个涉外应用软件的“软件需求规格说明(书)”模板格式及应用案例。

注意: 通常,在软件开发的总工作量中,需求分析的工作量约占30%,软件设计的工作量占30%,编码和单元测试的工作量一般占30%,其他测试的工作量占5%,返工修改的工作量通常占5%。切忌“需求分析不重要、设计可不做、急于编程序”的想法和做法,很多软件项目出现失败或严重质量问题的深刻教训根本原因在于需求分析的疏忽。

讨论思考

(1)“系统/子系统需求规格说明(SSS)”和“软件需求规格说明(SRS)”的主要区别是什么?

(2)“系统/子系统需求规格说明(SSS)”主要内容有哪些?

(3)“软件需求规格说明(SRS)”主要内容有哪些?

3.6 实验三 需求分析文档与PowerDesigner建模

3.6.1 实验目的

(1)根据所选定应用软件的题目,完成整个需求分析工作。

(2)通过实例掌握结构化数据流分析技术。

(3)进行软件需求分析、用户需求、功能需求、性能需求分析。

(4) 写出“软件需求规格说明(SRS)”(含利用工具画出数据流图)。

3.6.2 实验要求

要求做到使用结构化数据流分析技术分析应用软件选题的具体需求,完成详细的数据流图和数据字典,数据流图的基本处理的个数不得少于5个。

3.6.3 实验内容和步骤

用结构化数据流分析技术进行软件系统需求分析,完成数据流图和数据字典。

(1) 深入相关企事业单位进行调研和需求分析。

(2) 综合利用 Internet 和相关书籍整理并完善需求分析。

(3) 画出系统数据流图(分清系统是事务型还是加工型)。

(4) 得出软件系统具体的数据字典。

实验学时:2~4 学时(建议课外进行 2 学时)。

3.6.4 实验报告要求

除了实验项目名称、实验目的、实验内容、实验步骤外,还应该有以下内容。

(1) 软件需求描述(从功能、性能、接口进行描述)。

(2) 数据流图(PowerDesigner 建模工具画出数据流图,由加工、数据流、文件、源点/终点 4 种元素组成)。

① 顶层数据流图。

② 1 层数据流图。

③ 2 层数据流图。

(3) 软件系统数据字典。

① 数据流条目。

② 加工条目。

③ 文件条目。

(4) 实验小结。

【提示】 参考附录 B 软件需求规格说明(SRS)编写主要内容和具体格式,对照上述实验目的、实验要求、实验内容、实验步骤等方面的完成情况,最后进行认真具体总结,并按时提交实验报告。

附:用 PowerDesigner 画数据流图的方法

Power Designer 工具软件不仅可以设计数据库,也可以画数据流图 DFD,DFD 是软件处理模型的主要组成部分,其中心问题是将功能逐层分解为多个子功能。

(1) 建立根处理模型。

S1:在 Windows 桌面上双击 Process Analyst 程序图标,打开其应用程序。

S2:建立一个处理过程 P1。单击工具栏中的 Process 工具,在模型工作区内单击会出现一个处理过程的符号，它是建立的第一个处理过程。右击释放 Process 工具，再双击新建立的处理过程符号，出现特性对话框，对该过程命名，单击 OK 按钮完成。

S3：建立并定义外部实体。单击工具栏的 External Entity 工具，在模型工作区内单击，出现一个外部实体符号。右击释放工具同上，双击建立该外部实体名。单击 OK 按钮。

重复 S3 建立其他外部实体。

S4：在对象间建立数据流。单击工具栏中的 Flow 工具，单击实体，并一直按住鼠标左键不放，拖到处理过程 P1 上，再释放鼠标左键，在两个对象之间出现了一个数据流。右击释放工具，双击该数据流符号对其命名。

重复 S4 建立其他相关的数据流。

S5：建立数据存储。单击工具栏的 Date Store 工具，在模型工作区中单击，出现一个数据存储符号。右击释放。双击对其命名，单击 OK 按钮完成。如果要对处理过程的有关数据进行存储，可按照 S4 在处理过程和数据存储间建立数据流。

(2) 分解根处理模型。根处理模型是处理层次中的最顶层。顶层的处理过程需要进行再分解。下面介绍分解一个处理过程的步骤。

S1：建立子处理窗口。单击工具栏的 Decomposition 工具，单击模型中的待分解的处理过程，出现该处理过程的子处理窗口 Subprocess。在子处理窗口中，外部实体和数据流以一种特殊形式出现，标识的名字两边有方括号，表明各项是从上一层引入的数据流。

S2：建立和连接处理过程。在该子处理窗口新建立一个过程，双击该过程出现特性对话框，如果该层是最后一层，不需要对该过程分解了就选中 Lowest level 检查框。

S3：在子处理窗口建立其他需要的外部实体、处理过程、数据流及数据存储，并把上一层引入的对象连接起来。

如果还有需要分解的处理过程，重复 S2 步即可。

3.7 本章小结

应用系统分析实际包括领域分析和软件需求分析两方面工作。领域分析是对软件所服务的应用领域进行的分析工作。软件的服务领域具有广阔性和多样性，不同软件的应用领域差异很大。软件需求分析简称需求分析，本章只介绍这部分内容。

本章主要介绍需求分析的概念和特点、需求分析的目的和原则、需求分析的任务及步骤，在需求分析描述工具中主要概述了 ERD、DFD 及数据字典、系统流程图及功能结构图、处理过程描述、子系统划分及新系统逻辑方案等。在需求分析方法中介绍了需求分析方法分类、结构化分析、面向流程分析方法、需求获取技术等；需求分析的文档包括系统(子系统)需求规格说明(SSS)、软件需求规格说明(SRS)、接口需求规格说明(IRS)、数据需求说明(DRD)。

在需求分析阶段，是对经过可行性分析所确定的系统目标和功能作进一步的详细论述，确定系统“做什么”问题。需求分析主要是确定系统“必须完成哪些”工作，同时对新的目标系统提出完整、准确的具体要求，而不是确定系统“怎样完成”工作。

需求分析具有多种分类方法，通常包括行业领域分析和需求分析。利用图表技术进行领域组织结构分析、业务流程分析、功能分析、数据流程分析、性能和软件的相关特性分析等。

软件需求是为了解决现实中的特定问题的需求属性。其中的问题可能是用户的任务自动化、业务处理或设备控制等。需求获取可以采用面谈、走访、问卷调查和召开座谈会等方法，并可以辅助采取启发法、观摩法和原型法。需求分析需要从总体需求、系统功能和技术性能等方面进行分析。需求分析完成后需要编写“软件需求规格说明(SRS)”，并对需求进行审查、验证和总结。

3.8 练习与实践三

1. 填空题

(1) 用于描述基本加工说明的3种描述工具是________。

(2) 数据字典中有四类条目，分别是________。

(3) 需求分析阶段产生的最重要的文档是________。

(4) DFD利用图形符号表示系统中的各个元素，表达了系统中各种元素之间的________。

(5) DFD是描绘物理系统的传统工具，它用________来表示系统中的各个元素。

2. 选择题

(1) 软件质量必须从需求分析开始，在(　　)加以保证。

A. 开发之前　　B. 开发之后

C. 可行性研究过程中　　D. 整个开发过程

(2) SA方法的基本思想是(　　)。

A. 自底向上逐步抽象　　B. 自底向上逐步分解

C. 自顶向下逐步分解　　D. 自顶向下逐步抽象

(3) DFD是常用的进行软件需求分析的图形工具，其基本符号是(　　)。

A. 输入、输出、外部实体和加工

B. 变换、加工、数据流和存储

C. 加工、数据流、数据存储和外部实体

D. 变换、数据存储、加工和数据流

(4) 判定表和判定树是DFD中用以描述加工的工具，它通常描述的对象是(　　)。

A. 逻辑判断　　B. 层次分解　　C. 操作条目　　D. 组合组件

(5) 系统流程图用于可行性分析中的(　　)的描述。

A. 当前运行系统　　B. 当前逻辑模型

C. 目标系统　　D. 新系统

(6) 系统流程图是描述(　　)的工具。

A. 逻辑系统　　B. 程序系统　　C. 体系结构　　D. 物理系统

(7) 在程序的描述和分析中，用于指明数据来源、流向和处理的辅助图形是(　　)。

A. 数据结构图　　B. DFD

C. 业务结构图　　D. 其他图

(8) U/C矩阵是用来进行(　　)的方法。

A. 系统开发　　B. 系统分析　　C. 子系统划分　　D. 系统规划

(9) 需求规格说明书的作用不应该包括(　　)。

A. 软件设计的依据

B. 用户与开发人员对软件要做什么的共同理解

C. 软件验收的依据

D. 软件可行性研究的依据

3. 简答题

(1) 什么是需求分析？需求分析的特点是什么？

(2) 简述需求分析的目的和原则。

(3) 需求分析的任务和步骤是什么？

(4) 需求分析方法类型有哪些？

(5) ERD主要用于什么地方？其作用有哪些？

(6) 为何要进行面向流程分析？

(7) 需求获取技术方法有哪些？

4. 实践题

(1) 调研自选题目的需求分析，并写出一份软件需求分析报告。

(2) 用TFD描述一个熟悉的业务流程。

(3) 根据TFD，抽象出数据流程图。

(4) 假设某航空公司规定，乘客可以免费托运行李的质量不超过30kg。当行李的质量超出30kg时，对一般舱的国内乘客超重部分每千克收费4元，对头等舱的国内乘客超重部分每千克收费6元。对国外乘客超重部分每千克收费比国内乘客多一倍，对残疾乘客超重部分每千克收费比正常乘客少一半。试画出相应判断表。

CHAPTER

第4章 软件设计

软件设计是软件系统整个研发过程的核心和关键，直接影响软件工程的成败和质量。对于软件系统在需求分析阶段已经确定的各种需求，解决了新软件系统具体“做什么”的问题，还要通过软件设计转化为具体解决“怎么做(实现)”问题的过程性表示与描述，以便于为后续具体软件系统的实现编程奠定重要基础。

教学目标

- 掌握软件设计的概念、目标、阶段和过程。
- 熟悉软件总体设计及详细设计的任务和原则。
- 掌握数据库设计、网络设计和界面设计要点。
- 掌握软件设计工具使用及设计文档编写方法。

4.1 软件设计概述

【案例 4-1】 Web电机零部件库存信息系统研发项目中，软件设计在整个研发过程极为关键。某网络信息有限公司的软件研发部在进行需求分析的基础上，进行软件总体设计和详细设计，由于在设计网络查询与统计等细节方面出现疏忽，导致研发的软件部分功能及性能出现问题，不能很好地满足企业用户的需求而返工修改延误交付时间，对研发公司的信誉造成不良影响和重大资金浪费。

4.1.1 软件设计的概念和目标

软件设计也称为**系统设计**，是应用各种软件研发技术、工具和方法，定义新软件系统的具体物理实现的过程。其**总体目标**是在设计阶段应达到的具体指标要求为：将需求分析阶段得到的新软件系统各种功能对应的逻辑模型，转换为具体的物理模型(描述新软件系统“如何做”，即“实现方案”的物理过程)，确定一个合理的软件系统的体系结构，包括划分组成系统的模块，模块间的调用关系及接口关系，软件系统所用的数据结构等，最后完成"软件设计说明书",提高软件性能及可靠性、可维护性、可理解性和质量与效率。

实际上,在软件需求分析阶段,主要明确了"软件系统必须做什么"的具体实际"开发目标(指标)"问题。而软件设计则是在需求分析的基础上,针对给定的软件结构、功能、性能、安全可靠性等问题,给出软件实现的解决方案,即确定"软件怎么做"的问题,即主要是根据需求分析获取的具体需求,采用合适的设计方法进行软件设计。

软件设计分为两个阶段: 总体设计和详细设计。其中,总体设计又称为概要设计,即确定软件系统的具体实现方案、给出软件的模块结构、编写总体设计文档。详细设计也称为过程设计,是对总体设计(概要设计)的一个具体细化,确定组成模块及联系、处理过程、数据库及网络、界面设计、软件设计文档和实现方案等,为后续软件实现编程奠定基础。

4.1.2 软件设计的过程

软件工程与其他建筑工程项目等很类似,在施工前总需要先进行认真的设计。软件设计先要进行总体设计,即概要设计,从总体上进行宏观概要架构设计,将软件需求转化为软件的系统结构和数据结构。对经过"复审"可接受的总体设计方案,进入"详细设计",进一步进行"模块描述",最后还要经过"复审",完成"设计说明书"。**软件设计的工作过程**如图 4-1 所示。

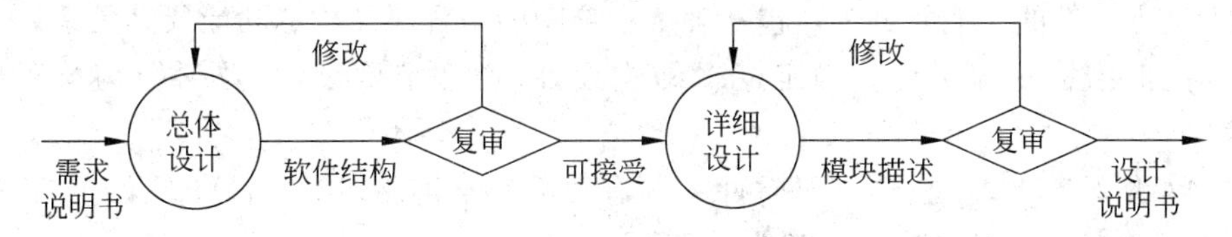

图 4-1 软件设计的工作过程

软件设计建立在软件需求分析的基础上,结构化分析的结果为其设计提供了最基本的输入信息。分析模型的每个元素都提供了创建设计模型时所需的信息。图 4-2 描绘了软件设计过程中的信息流。由数据模型、功能模型和行为模型清楚地表示的软件需求被传送给软件设计者,以适当的设计方法完成体系结构设计、过程设计、数据(库)设计和接口设计。

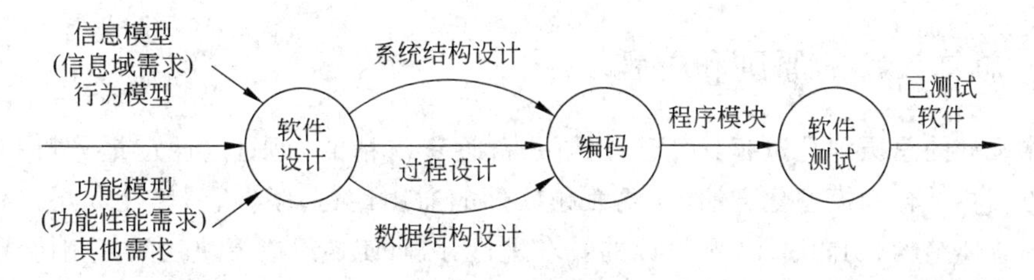

图 4-2 软件设计过程中的信息流

讨论思考

(1) 什么是软件设计? 软件设计的总体目标是什么?

(2) 软件设计主要分为哪两个阶段? 各阶段具体做什么?

(3) 软件设计的工作过程具体是什么?

(4) 画出软件设计过程中的信息流。

4.2 软件总体设计

4.2.1 软件总体设计的任务

在总体设计阶段,通过认真分析"软件需求规格说明",采用恰当的设计方法和工具,将一个复杂的软件系统按功能划分成模块,确定每个模块的功能、性能和接口等结构,以及模块之间的调用关系和数据结构与处理流程,最后还应完成文档并评审通过。

软件总体设计的任务主要包括如下。

(1) 软件系统总体结构和模块结构设计。包括软件系统的层次结构及选定B/S等结构,并将系统划分为模块及子模块,确定模块及子模块结构和联系,并画出相应软件总体结构图。

(2) 软件处理流程设计。确定模块之间、子模块之间传送数据与处理流向及调用顺序。

(3) 确定软件的功能并分配。包括确定各项功能与程序结构的功能及其关系。

(4) 数据结构总体设计。确定逻辑结构设计、物理结构设计、数据结构与程序的关系。

(5) 网络及接口概要设计。对软件系统有关的交互网络、用户界面、软件接口、硬件接口和模块之间的内部接口进行概要性设计。

(6) 确定软件系统的具体实现方案。主要指对上述各项概要设计,总结出软件系统总体的具体实现方案,还应考虑软件运行模块的组合、运行控制及时间等设计。

(7) 出错处理概要设计。包括出错输出信息、出错处理对策等概要设计。

(8) 性能可靠性及安全保密概要设计。特别是对一些特殊行业及特殊需求的业务应用方面,如网银、电子商务等。

(9) 文档及维护概要设计。总体设计文档并进行阶段评审,以及后续维护概要设计。

4.2.2 总体设计的原则和过程

总体设计的总原则及过程:由宏观到微观、逐步求精的原则,定性定量分析相结合、分解与协调相结合和模型化方法,并要兼顾软件的通用性、关联性、整体性和层次性。根据软件的总体结构、功能、任务和目标的要求进行分解,使各组成模块之间互相协调配合,实现软件的整体优化。主要体现软件工程的模块化、抽象、信息隐蔽、内聚和耦合、子系统及模块划分等基本原则。

1. 软件工程模块化

模块是构成软件系统的基本构件,通常软件系统都由其模块和子模块(可能多层)构成。

模块化(Modular)是将复杂软件划分为功能相对独立且易于处理的模块的过程,软件的层次结构正是模块化的具体体现。模块化是软件的一个重要属性,其特性提供了处理复杂问题的一种方法,同时也有利于软件的有效实现和管理。

采用模块化原理可使软件逻辑结构清晰,易于设计、实现、阅读和理解。模块化有助于将软件化整为零分别由多个程序员分工编写不同的模块,并有助于工程项目“分而治之”进行有效的组织与管理。另外,由于程序错误常局限于有关模块及其之间接口,也有助于提高软件测试与调试的效率并提高其可靠性、可修改性和可维护性。

2. 抽象和逐步求精

抽象是指提取事物的本质特性而暂时不考虑其细节的方法。在现实中,一些事物、状态或过程之间总存在着某些相似的共性,将其集中和概括,暂时忽略其他较小差异有利于认识事物的本质特征。抽象是人类认识复杂问题的过程中使用的最强有力的思维分析及解决问题的工具,在软件开发中,从系统定义到实现,每步进展都可看作是对软件解决方案抽象化过程的一次细化,将其相似方面集中和概括,暂时忽略其他差异,有助理解和设计。

逐步求精是指集中精力解决主要问题而尽量推迟并逐步考虑细节问题的方法,是人类解决复杂问题时采用的一种基本策略,也是软件工程技术的基础,如规格说明技术、设计和实现技术、测试和集成技术等。求精是个细化过程,在高抽象级别定义的功能(或数据)描述开始,仅概念性地描述了功能或数据,而没有提供功能的内部工作情况或数据的内部结构。求精要求细化原始描述,并随后续求精(细化)步骤的完成提供越来越多的细节。

注意:抽象与求精有助于互补。抽象使得设计者注重过程和数据,却忽略了低层细节。可将抽象看作是一种通过忽略多余的细节突出主要环节,实现逐步求精的方法。求精有助于设计时揭示出低层细节。两者结合有助于在设计演化过程中创造出完整的设计模型。

3. 信息隐藏

信息隐蔽原理主要是模块所包含的“过程及数据”信息对于其他模块应当隐蔽,即模块规定和设计应遵从:使包含在模块中的“过程或数据”信息对于其他不需要这些信息的模块,不能访问或“不可见”。其原理有助于软件的设计、实现、测试和维护,由于对于软件的其他部分,绝大多数数据和过程都是隐蔽的,可使编程或修改期间因疏忽所造成的影响只可局限在一个或几个模块内,不至扩大到软件的其他部分。

知识拓展:利用接口设计即可实现模块的信息隐藏。一个模块仅提供有限的接口(Interface),执行模块的功能或与模块交流信息必须且只须通过调用公有接口来实现。

4. 模块的内聚和耦合

在设计模块时不仅要考虑“模块的具体功能”,还要考虑“应怎样与其他模块交流信息”。兼顾模块的内聚性和耦合性并保持相对的“功能独立性”很重要,以便提高效能并降低开发、测试、维护成本。但并非要求模块之间绝对孤立,软件系统要完成某项任务需要多个模块相互配合,以及模块之间的信息交流。

(1) 内聚。内聚表示单个模块所执行的诸任务在功能上的相互关联程度,是信息隐蔽和局部化概念的自然扩展。设计时应该力求做到高内聚,理想内聚的模块只做一件事情。内聚按强度从低到高有7种类型:偶然内聚、逻辑内聚、时间内聚、过程内聚、通信内聚、顺序内聚和功能内聚等,设计时应该力求做到功能高内聚,并将功能相近的子模块集成在一个模块中。

(2) 耦合。耦合是在软件模块之间(外部)互连依赖的方式和程度,是影响软件复杂程度及性能的一个重要因素。模块间的耦合程度将影响系统的可理解性、可测试性、可靠性和可维护性。其强弱取决于模块间接口的复杂程度、进入或访问一个模块的点以及通过接口的数据。其强度依赖的因素有模块间的调用、传递的数据量、施加的控制、接口的复杂程度。耦合按从强到弱的顺序可分为以下5种类型:环境耦合、内容耦合、控制耦合、数据耦合、混合耦合和相依耦合等,限于篇幅不再赘述。

在软件设计中应尽可能松散耦合性,便于研究、测试或维护模块,而无须对其他模块干涉太多。此外,由于模块间联系简单,发生错误而传播到整个系统的可能性很小。设计原则是:尽量使用数据耦合,少用控制耦合,限制公共环境耦合范围,弃用内容耦合。

注意: 内聚和耦合密切相关,与其他模块存在强耦合的模块通常可能弱内聚,而强内聚的模块也可能与其他模块之间存在弱耦合。在实际研发中,很难做到理想模块内部都是功能内聚,而模块之间都是数据耦合,但模块的设计应最大程度追求高内聚、低耦合。

5. 子系统及模块的划分

软件体系结构设计的**三要素**是程序构件(模块)的层次结构、构件之间交互的方式和数据的结构。子系统及模块划分除了上述要求模块化高内聚低耦合外,还应重点考虑以下因素。

(1) 模块大小适当。实际上,当模块大小块数增加时,模块间的联系也增加,把这些模块进行连接的工作量也随之增加。

(2) 模块的层次结构。对需求中每一个功能,用哪一层、哪个模块、类和对象来实现;反之,应说明将要创建的系统每一层、模块、对象、类"做什么"和具体实现的功能。

结构图(Structure Chart,SC)是准确描述表达软件结构的图形表示方法,可反映模块之间的层次调用关系和联系。**常用特定符号**表示模块、模块间调用关系及其信息传递。模块间用单向箭头连接,箭头从调用模块指向被调用模块,如图4-3(a)所示。数据又分为数据信息和控制信息两类,通常区分这两类信息,可用尾端带有空心圆的短箭头○→表示"数据信息",用尾端带有实心圆的短箭头●→表示"控制信息",如图4-3(b)所示。当一个模块调用另一模块时,调用模块将数据或控制信息(指令)传送给被调用模块使其运行。而被调用模块在执行中又将它产生的数据或控制信息回传给调用模块。在图4-3(c)中,在模块A的箭头尾部标以一菱形符号,表示模块A可以"有条件地调用模块B"。当一个在调用箭头尾部标以一个弧形符号，表示模块 A 可以“反复调用模块 C 和模块 D”。

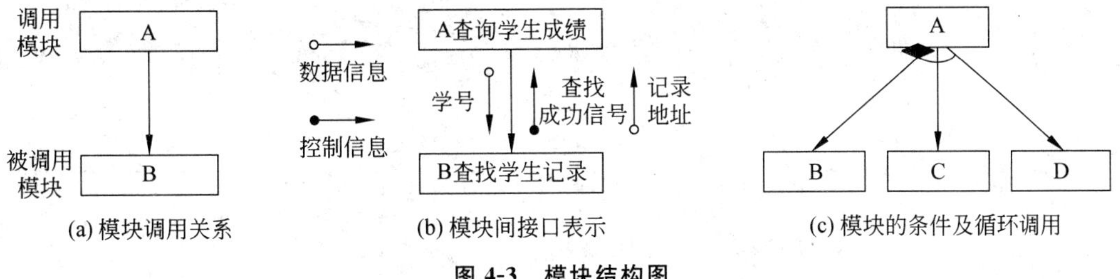

图 4-3　模块结构图

有的结构图对这两种信息不加以区别，一律用标注有信息名的短箭头→来表示调用关系。

【案例 4-2】 打印报告的软件模块结构图。其调用次序为上层调用下层，同层按照数据传递关系确定，一般从左到右执行。执行过程即按照数据流向进行，如图 4-4 所示。

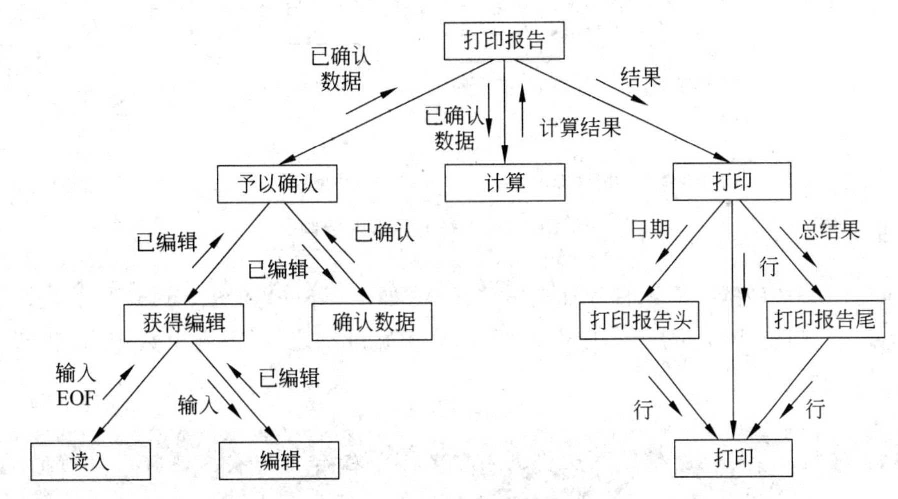

图 4-4　打印报告结构图

层次结构可表达为：对较复杂事务无法一次完成时，应分解为多层，逐层完成。

(3) 软件层次结构。软件结构图表示软件的系统结构，是软件模块间关系的表示，软件之间的各种关系，均可表示为层次结构。层次结构图如图 4-5 所示。有关指标如下。

① 深度。表示模块间控制的层数，表明软件的复杂程度，深度越深，软件越复杂。

② 宽度。表示同一层次上模块的总数，宽度越宽，表示软件越复杂。

③ 扇出。表示模块直接控制其他模块的数量。扇出太大，表明此模块需要协调的下级模块过多，控制过于复杂，可适当增加中间层次的控制模块，如图 4-6(a)和图 4-6(b)所示。模块划分时，一般扇出平均 3～4，其上限为 5～8。

④ 扇入。表示模块直接受多少其他模块控制，扇入越大表明共享该模块的上级模块

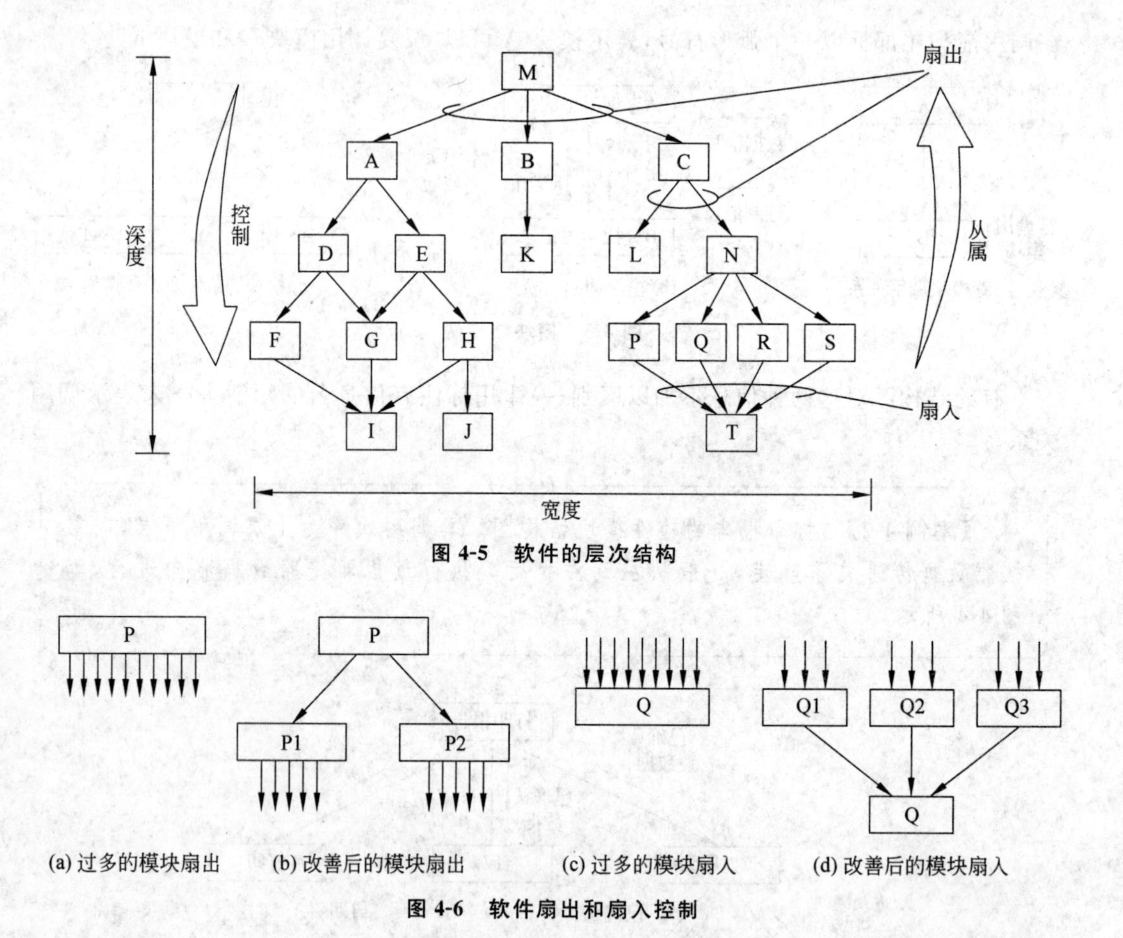

图 4-5　软件的层次结构

(a) 过多的模块扇出　(b) 改善后的模块扇出　(c) 过多的模块扇入　(d) 改善后的模块扇入

图 4-6　软件扇出和扇入控制

数越多,虽有一定好处,但不宜片面追求高扇入,如图 4-6(c)和图 4-6(d)所示。好的软件结构形态准则是: 顶部宽度小,中部宽度大,底部宽度次之;顶部扇出数较高,底部扇入数较高。

注意:分解一个软件系统得到最佳的模块组合很重要。通常设计好的模块结构,顶层扇出较高,中层扇出较少,底层模块高扇入。

4.2.3　软件总体设计的方法

从系统设计的角度出发,**软件设计方法**可以分为三大类:一是面向数据流的设计,也称为结构化设计方法或过程驱动设计;二是面向数据结构设计,也称为数据驱动的设计;三是面向对象设计,具体内容将在第 5 章单独进行介绍。

1. 结构化设计方法

1) 结构化设计方法概述

结构化设计(Structured Design,SD)方法是一种典型的结构化开发方法,是面向数据流的设计方法的核心和关键，主要完成软件系统的总体结构设计。

软件具有层次性和过程性特征：软件的层次性反映了其整体性质，常用结构图表示。而过程性则反映了其局部性质，常用框图等表示。SD 法分为总体设计和详细设计两个阶段。

(1) 总体设计。总体设计过程要解决系统的模块结构，确定系统模块的层次结构。在软件设计过程中，总体设计是关键，决定了系统结构、数据结构以及软件的质量，反映了系统的概貌。SD 法的**总体设计步骤**如下。

① 从 DFD 图导出初始的模块结构图。DFD 图描述了系统对数据的处理过程，确定 DFD 图与结构图之间的关系并将其转换为初始的模块结构图。

② 改进初始的模块结构图。为了将系统设计成由相对独立、单一功能模块组成的结构，应按“高内聚低耦合”设计总则，改进初始模块结构图，获得新系统最终的模块结构图。

(2) 详细设计。详细设计阶段的任务是：对模块图中每个模块的过程进行描述。常用的描述的方式有流程图、N-S 图、PAD 图等。

2) 结构化开发方法的设计过程

结构化开发方法的**目标**是确定设计软件结构的一个系统化的途径。在软件工程的需求分析阶段，数据流是考虑的一个关键因素，通常用数据流图描绘数据在系统中加工和流动的情况。面向数据流的设计方法定义了一些不同的“映射”，利用这些映射可将数据流图变换成软件结构。由于任何软件系统都可用数据流图表示，所以面向数据流的设计方法理论上可设计任何软件的结构。面向数据流方法设计过程，如图 4-7 所示。

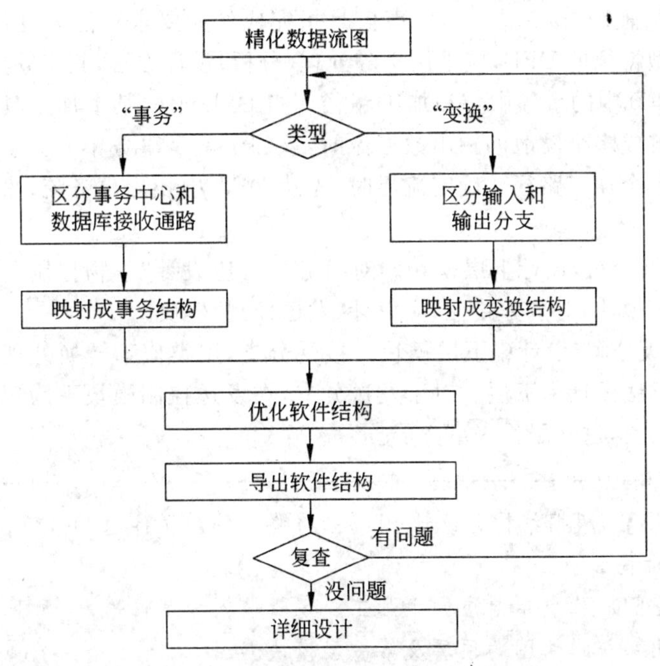

图 4-7　面向数据流方法的设计过程

SD 法总体设计过程需要从 DFD 图导出初始的模块结构图，首先要分析 DFD 图的类型,对不同类型的DFD图,采用不同的技术将其转换为初始的模块结构图(Structured Chart,SC)。一般将DFD图分为两种典型的类型:中心变换型和事务处理型。

(1) 中心变换型(transform center)。这类数据流图可看成是对输入数据进行转换而得到输出数据的处理过程。如图4-8所示,该类图的特点是:DFD图可以明显分为"输入—处理—输出"三部分,对这种类型的DFD图的转换采用变换分析技术。

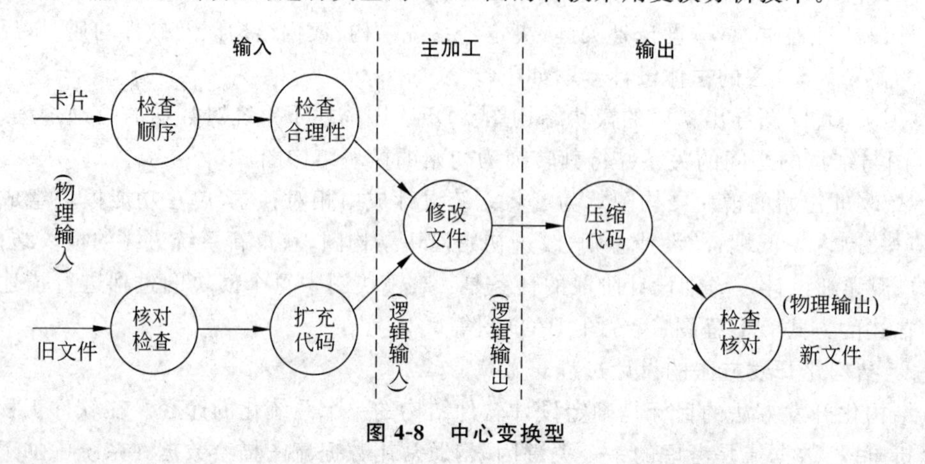

图4-8 中心变换型

通过这种变换分析技术,可以将中心变换型的DFD图进行转换得到结构图(SC),称为变换型的系统结构图。相应可以得到相应的业务数据、变换数据、给出数据,系统的结构图由输入、中心变换和输出三部分组成。

(2) 事务处理型(transaction)。**事务**是指完成作业要求功能处理的最小单元数据。对于具有事务型特征的DFD,应采用事务处理(分析)设计方法,其步骤如下。

① 确定DFD中的事务中心和加工路径。当DFD中的某个加工具有明显地将一个输入数据流分解成多个发散的输出数据流时,该加工就是事务中心。从事务中心辐射出去的数据流为各个加工路径。确定流界时,先从DFD中找出事务流、事务处理中心和事务路径。

② 进行一级分析,设计上层模块。对事务中心应设计"事物控制"模块;对事物流应设计"接受事物"模块;对事务路径,应设计"发送控制"模块。

③ 进行二级分解,设计中下层模块。接受分支,用类似于转换处理型数据流图中对输入数据流的方法设计中下层。对于发送分支,在发送控制模块下为每条事务路径设计一个事务处理模块,这一层称为事务层。

【案例4-3】 根据结构化设计SD法,将修改贷款文件的DFD图转换为模块结构图的转换过程如下。

(1) 对DFD图,确定对应的主加工及逻辑输入和逻辑输出,如图4-9所示。

(2) 画出系统模块图的顶层及第一层模块。

(3) 分解中下层模块。对第一层的每个模块继续向下分解,一直分解到不能再分的功能模块。在图4-10中,对输入部分进行分解,不再画出输出和处理部分的分解。

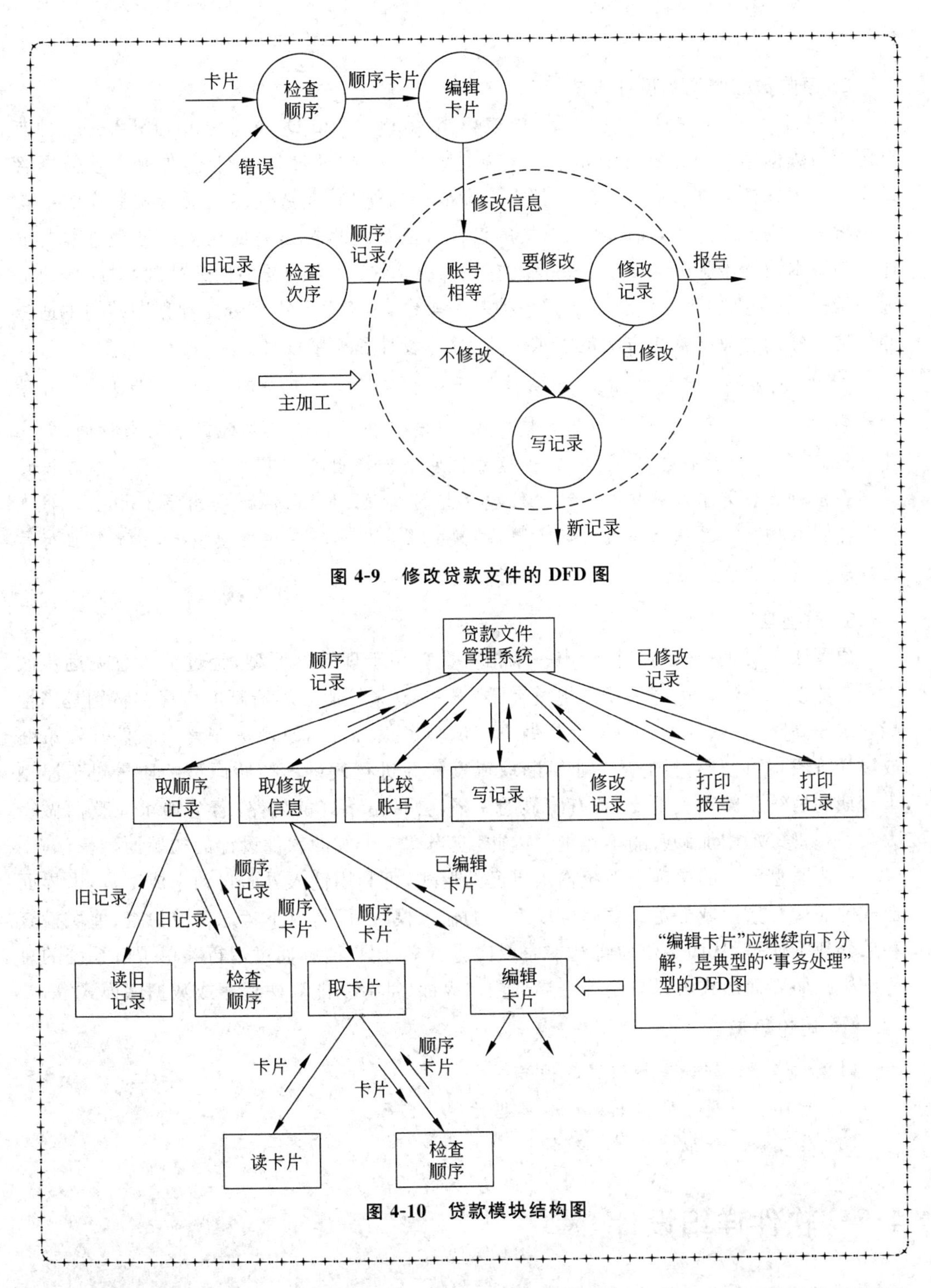

图 4-9 修改贷款文件的 DFD 图

图 4-10 贷款模块结构图

通常，在中型以上软件系统的 DFD 中，都会既有变换流又有事务流，即混合的 DFD，其软件结构设计方法一般采用以变换流为主，事务流为辅的方法，一般**步骤**为：确定 DFD 整体上的类型；标出局部的 DFD 范围，确定其类型；按整体和局部的 DFD 特征，设计出软件结构。

2. 面向数据结构的设计方法

由 M. J. Jackson 提出的 Jackson 开发(Jackson System Development,JSD)是一种典型的面向数据结构的分析与设计方法。特别适合于数据处理类的问题,如企事业数据管理类的应用软件。许多应用系统中都有清晰的层次结构,其数据结构既影响程序的结构又影响程序的处理过程,面向数据结构的设计方法最终目标是完成对程序处理过程的描述。其**基本设计步骤**分为 3 步:一是建立数据结构;二是以数据结构为基础,对应地建立程序结构;三是列出程序中要用到的各种基本操作,再将这些操作分配到程序结构中适当的模块。分别对应结构化方法的需求分析、总体设计和详细设计。

知识拓展:早期的 Jackson 方法用于较小应用软件系统的设计,称为 Jackson 结构程序设计方法(JSP)。软件设计是按照输入、输出和内部信息的数据结构进行的,即先建立输入、输出的数据结构,再将其转换为软件结构。但将 JSP 方法应用于大系统设计时就会出现大量复杂的结构冲突。为解决这些问题,M. J. Jackson 提出了 JSD 法。将开发重点放在构造与系统相关的现实世界,并建立现实世界信息域的模型上,其最终目标是生成软件的过程性描述。

3. 原型法

原型法主要是指先初步设计出一个相对直观易于理解的原型,经过征求意见逐步改进完善的设计方法。适合于软件规模大、要求复杂、系统服务不清晰的情况。特别是当性能要求较高时,在软件设计原型上先做一些试验也很必要。原型法在整个软件开发策略或设计阶段均可使用,目的是为了不断取得反馈并进行改进。初始原型的质量对于原型生存期的后续步骤至关重要,若有明显的缺陷,会带给不好的思路;若为追求完整而做得太大,不易修改,增加修改的工作量。因此,应当有一个好的软件设计的初始原型。

构造原型的目的是确定系统输入界面的形式,可利用输入界面自动生成工具,由界面形式的描述和数据域的定义立即生成简单的输入模块,而暂时不考虑参数检查、值域检查和后处理工作等,从而尽快地将基本原型构造出来,用户能够通过运行菜单了解系统的总体结构。如界面形式可以只是一个局部用户界面、部分功能算法程序或数据库模式等。

讨论思考

(1) 总体设计的任务和内容是什么?

(2) 总体设计遵循哪些原则?具体包括哪些内容?

(3) 总体设计一般采用什么方法?

4.3 软件详细设计

总体设计是详细设计的基础,必须经复查确认后才可以开始详细设计。总体设计重点是确定构成系统的模块及其之间的联系,**详细设计的重点**则是根据总体设计提供的文档,对各模块给出详细的过程性描述及其他具体设计等,完成相关文档及实现方案。

4.3.1 详细设计的任务和原则

1. 详细设计的任务

在总体设计的基础上，进行**详细设计主要完成**对系统中模块的内部过程进行设计和描述，解决“具体怎么做(实现)”的问题，包括模块设计、过程设计、界面设计等，主要根据总体设计提供的文档，确定每一个模块的算法、内部的数据组织，选定工具表达清晰正确的算法，编写详细设计文档、详细测试用例与计划。**详细设计阶段**的**主要任务**包括如下。

(1) 模块的算法设计。确定软件每个模块所采用的实际具体算法，选择某种适当的工具表达算法的过程，写出模块的详细过程性描述。

(2) 模块内的数据结构设计。主要确定软件中每一个模块使用的数据结构。

(3) 模块接口设计。确定模块接口的细节，包括对系统外部的接口和用户界面，对系统内部其他模块的接口，以及模块输入数据、输出数据及局部数据的全部细节。

(4) 其他相关设计。根据软件系统的特点，还可能进行数据库设计、代码设计、网络设计、输入输出格式设计、人机界面设计等。

(5) 模块测试用例设计。在进行软件系统测试时，需要为每一个模块设计出一组测试用例，以便在编码阶段对模块代码进行预定的测试。

(6) 编写详细设计文档。在详细设计结束时，应该完成包括上述内容的详细设计文档，并且通过复审形成正式文档，作为下一阶段(编码阶段)的工作依据。

(7) 详细设计评审及实现方案。对详细设计的结果进行认真的评审和确定初步实现方案“具体怎么做(实现)”的过程。

2. 详细设计的原则

在详细设计过程中，主要遵循以下 3 项**原则**。

(1) 详细设计是为后续具体编程实现做准备。详细设计要设计出程序设计的“蓝图”，因此，对于具体模块或子模块的结构及处理逻辑等的表示与描述要清晰易读、准确可靠。

(2) 处理过程应简明易懂。详细设计不只是逻辑上正确地实现每个模块的功能，更重要的是设计出的处理过程应该尽可能简明易懂。

(3) 选择合适恰当的标准和规范的描述工具表述模块算法。

4.3.2 详细设计的方法和工具

1. 详细设计方法的选择

在详细设计中，**选择设计方法的原则**是：过程描述便于理解、复审和维护，可自然地转换成代码，并保证代码与详细设计完全一致。对**选择设计工具要求**如下。

(1) 无歧义。无歧义的描述是选择工具的基本要求，可指明控制流程、处理功能、数据组织，以及其他方面的实现细节。

(2) 模块化。支持模块化开发，并提供描述接口的机制，如可直接表示子程序和块结构。

(3) 强制结构化。详细设计方法可强制设计者采用结构化构件,有助于采用复用技术。

(4) 简洁易编辑。设计描述易学、易用和易读,使编码阶段可对设计的描述直接翻译成程序代码,并支持后续设计、维护及在维护阶段对设计的修改。

选择合适的工具并正确地使用很重要,**详细设计工具**包括程序流程图、盒图、PAD图、PDL语言等。对其基本要求都应该能指明控制流程、处理功能、数据组织和其他方面的实现细节,从而在编码阶段能将对设计的描述直接翻译成程序代码。

知识拓展:详细设计常用结构化程序设计方法。E. W. Dijkstra最早提出了结构化程序设计概念,1966年Bohm和Jacopini证明了"只用顺序、选择和循环这3种基本控制结构就能实现任何单入口单出口程序",从而可以构成任何模块的流程图,如图4-11所示。流程图画法及使用与前述有关内容类似,限于篇幅不再赘述。

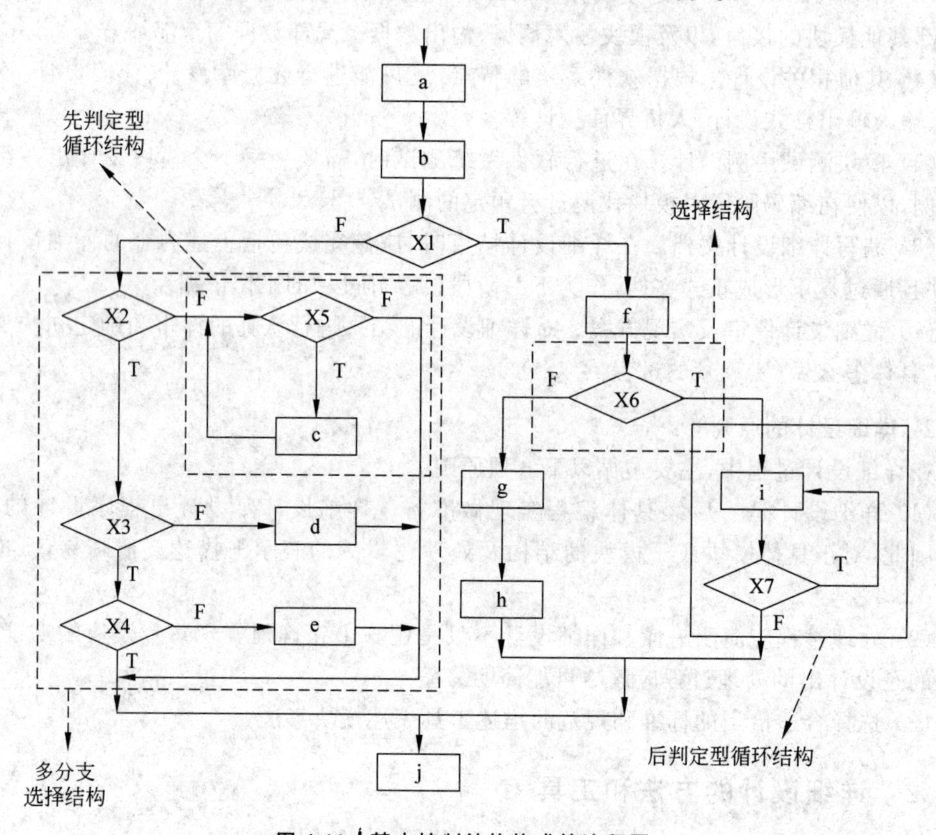

图4-11 基本控制结构构成的流程图

结构化程序设计是一种设计程序技术,采用自顶向下、逐步求精的设计方法和单入口单出口的控制结构。在详细设计阶段采用这种设计方法,可将模块的功能逐步分解和细化为一系列具体的处理步骤。

2. 详细设计的工具

详细设计常用的工具包括以下3种。

(1) 图形工具。主要用于将过程细节用图形进行表示,如流程图、盒图、问题分析图(PAD)等,后两种几乎面临淘汰。

程序流程图(Program FlowChart)也称为程序框图,是一种常用的算法表达工具。**优点**是直观清晰,易学习掌握。**缺点**是从发展趋势看,使用者逐渐减少。不支持逐步求精,使程序员过早考虑程序控制细节,不考虑程序整体结构,流程线转移不受限制,易破坏程序的整体结构,不适于表达数据结构和模块调用关系,描述过于琐碎,不利于理解大型程序。

(2) 表格工具。用于将处理过程细节用表格形式表示,如决策表(判定表)等。

(3) 语言工具。主要用于将处理过程细节用语言形式表示,如结构化语言等。

讨论思考

(1) 软件详细设计的任务及原则主要有哪些?

(2) 选择设计方法的原则和选择设计工具要求是什么?

(3) 详细设计常用的工具包括哪3种?

4.4 数据库设计概述

由于前导课程学习过数据库相关技术,所以,在此仅侧重有关数据库设计要点。具体细节请参考由贾铁军主编、科学出版社出版的《数据库原理应用与实践 SQL Server 2014(第2版)》一书。

4.4.1 数据库设计的任务及步骤

数据库设计的任务及步骤主要分为数据库应用程序(处理过程)和数据库(其中的数据结构与数据表及数据)的需求分析、概念结构设计、逻辑结构设计、物理结构设计等阶段。

(1) 需求分析可以在软件需求分析阶段完成,也可以进一步深入企事业实际进行具体的调研分析,主要任务是调查、深入分析和确认业务用户数据需求与处理需求。

(2) 概念结构设计的目的是获取数据库的概念数据模型,通常有两种方法:一是设计实体联系模型(E-R图);二是面向对象的方法,以类或对象形式表示数据及其之间的联系。

(3) 逻辑结构设计的主要任务是将概念数据模型转化为计算机上可以实现的传统数据模型,如转化为关系模型,需要根据所选数据库得到具体的关系数据模式,即二维表结构。

(4) 物理结构设计主要是根据数据模型及处理要求,选择存储结构和存取方法,以求获得最佳的存取效率。主要包括数据库文件组织形式(顺序文件或随机文件)、索引文件组织结构、存储介质的分配、存取系统的选择等。

4.4.2 概念数据模型设计

在软件分析阶段曾经利用E-R图进行软件系统描述，还可利用实体-联系模型进行设计。

实体-联系模型采用简单的E-R图描述客观现实业务及联系，优点是：图形元素少，接近人的思维方式，不用考虑存储结构、存取方式和具体的数据库软件，易分析、易设计等。不熟悉计算机技术的用户也能理解并使用，适合作为数据建模起始工具。在画出E-R图后，容易将该模型转换成某个数据库系统上的数据模式。

在E-R图中，主要以矩形表示实体集、菱形表示联系、椭圆表示实体的属性，用带有加下划线的主键(码)名的椭圆表示主键，联系类型用菱形与实体间的连线表示，外键用带有加下划虚线的外键名的椭圆表示，多值属性用双线椭圆表示，派生属性用虚椭圆表示，图4-12是一个班级、学生、课程和教师的E-R图实例。

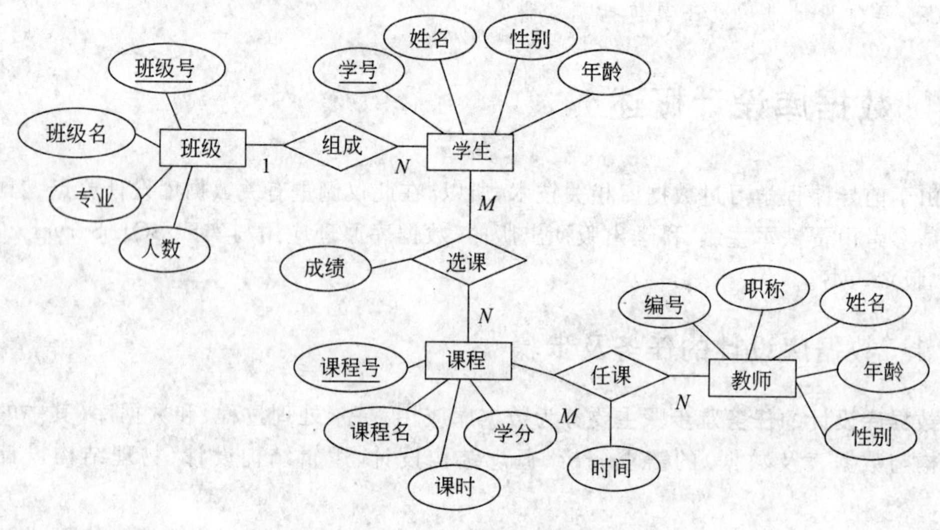

图4-12　一个E-R图实例

实际上，具体**E-R图的设计步骤**为：先确定实体名及实体类型、实体的属性和联系类型，然后从局部到整体画出E-R图。

4.4.3 逻辑结构及物理结构设计

逻辑结构设计需要**将E-R图转换为关系模式，具体做法**如下。

(1) 将每一个实体用一个关系表示，如二维表或称为表结构，实体的属性就是关系的属性，实体的主键就是关系的主键。

(2) 对于一对一的联系，可将原来的两个实体合并为一个关系表示，关系属性由两个实体属性集合而成，如有的属性名相同，则应加以区分。

(3) 对于一对多的联系，在原多方实体对应的关系中，添加一方实体的主键，也是多方关系的外键。

(4) 对于多对多的联系，将多对多的联系转换为新关系，联系名为关系名，联系的属性加上相关两实体主键构成关系的属性集，相关两实体主键的集合是联系关系的主键。

物理结构设计是根据数据模型及处理要求，设计出数据库的物理数据模型，即数据库服务器物理空间上的表、字段、索引、表空间、视图、储存过程、触发器，以及相应的数据字典。物理结构设计的特点是与具体数据库管理系统 DBMS 和网络系统有关，即数据库在物理设备上的具体实现，或者说是数据库服务器物理空间上的表空间、表、字段、索引、视图、储存过程、触发器，以及相应的数据字典设计。

数据库物理设计的方法是：选择存储结构和存取方法，以求获得最佳的存取效率。主要包括数据库文件组织形式(顺序文件或随机文件)、索引文件组织结构、存储介质的分配、存取系统的选择等。

讨论思考

(1) 数据库设计一般经过哪些步骤？

(2) 实体-联系模型的主要内容是什么？

(3) 逻辑结构设计阶段怎样将一对一、一对多和多对多的联系转变成关系？

4.5 网络系统设计概述

对于网络应用系统还需要有关网络系统设计技术，主要概述网络系统的设计方面八项**主要内容**：选择网络技术、网络的分层设计、网络站点设计、地址分配与聚合设计、远程网接入设计、网络性能设计、网络冗余设计、网络安全性设计和网络设计实例。

4.5.1 网络技术及结构设计

1. 网络技术的选择

选择网络技术实际就是选择网络的体系结构和协议栈。通常，需要根据网络体系结构中各层之间的关系，将物理层和数据链路层合并考虑选择合适的网络技术，而将其余层次一同进行考虑。物理层和数据链路层是通信网络的主要组成部分，因此选择这两层技术就是选择通信网络技术，主要涉及局域网技术和广域网技术。

(1) 局域网技术。以太网及虚拟局域网发展很快，成为了局域网技术中的主流。目前，无线局域网技术得到快速的发展和应用，主要需要选择传输速率和传输媒体，一些数据链路层的技术可由用户选择，如 VLAN 技术和传输协议等。

(2) 广域网技术。广域网主要用于远程连接多个局域网，因此广域网必须安全稳定可靠，可根据不同的用户需求提供不同的服务。目前，大多数的广域网服务可以从电信等部门获取。设计人员只需考虑选择、接入和使用这些服务，考虑选购相应的接入设备及端口。从网络层向上到应用层，相互间的关联更为紧密，基本上无法独立选择网络模型和协议。

2. 网络的分层设计

从软件系统体系结构上，主要考虑网络系统体系结构具体实际需求。对于客户机/服务器(Client/Server,C/S)结构,可充分利用两端硬件环境的优势,将任务合理分配到Client端和Server端实现,降低系统的通信开销。目前大多数应用系统都是这种形式的两层结构,由于现在应用系统正在向分布式的Web应用发展,Web和C/S应用都可进行同样的业务处理,应用不同的模块共享逻辑组件。对于浏览器/服务器(Browser/Server,B/S)结构,是随着Internet技术发展对C/S结构的一种变化或改进。在这种结构下,用户工作界面可通过WWW浏览器实现,极少部分事务逻辑在前端实现,但主要事务逻辑在服务器端实现,形成三层(3-tier)结构。可极大简化客户端载荷,减轻系统维护与升级成本和工作量,降低用户成本。

从逻辑上,设计大型网络时可从中心开始将把通信网络划分为核心层、分布层和接入层。网络层次关系如图4-13所示。

(1) 核心层。由一个高速的骨干网组成,其作用是尽可能快地交换数据包。为其他两层提供优化的数据传输功能。不应卷入到对具体的数据包的运算中去(如过滤等),否则会降低数据包交换速度。

(2) 分布层。提供基于统一策略的互连性,定义网络的边界,可对数据包进行复杂的运算。需要支持网络的高接口密度、高性能、高可用性等特性,应该与服务质量(QoS)机制、智能应用技术以及安全性设计结合。

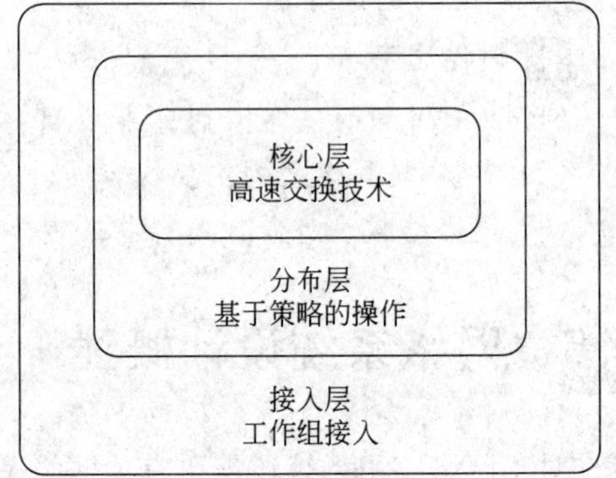

图 4-13 通信网络层次关系

(3) 接入层。为最终用户提供对网络访问的途径,提供了带宽共享、交换带宽、MAC层过滤、网段微分等功能,也可以提供访问列表过滤等操作。

4.5.2 网络站点及接入设计

1. 网络站点设计

(1) 网络站点。涉及端站点和中继站点构建:端站点构成了网络的资源子网,提供用户可以共享的应用资源;中继站点与通信线路一起构成网络通信子网,为端站点提供通信服务。

(2) 端站点设计。根据应用资源实际需求的特点及分析,详细设计端站点。

(3) 中继站点设计。根据通信服务实际需求的特点及分析,进行中继站点的具体设计。

(4) 网络的互操作性。大型的计算机互联网络中,各种各样的设备必须一起交互协调工作,来提供端到端的互操作性。

2. 地址分配与聚合设计

(1) 自顶向下地址规划。IP地址规划要与网络层次规划、路由协议规划、流量规划等结合起来考虑。并尽可能和网络层次相对应,是自顶向下的一种规划。首先将整个需要接入Internet的网络根据地域、设备分布、服务分布及区域内用户数量划分为几个大区域,每个大区域又可以分为几个子区域,每个子区域从它的上一级区域里获取 IP 地址段(子网段)。

(2) 公有地址、私有地址的结合使用。由于国内公有 IP 地址有限,所以用户在组建网络时,应该考虑在私有的网络中使用私有 IP 地址。需要使用公有地址的主要情况:Internet 上的主机,如互联网数据中心 IDC 中对于 Internet 开放的 WWW、FTP、E-mail 服务器等;AS 的边缘设备;需要对外广播的路径上的设备;对企业用户,内部一般已经使用了私有的 IP 地址,此时,或者给其分配一个公有 IP 地址,或者使用二次地址转换;用户如果有特殊需要,给用户临时分配公有 IP 地址。

(3) 动态地址分配原则。动态分配地址可以有效地管理用户的地址;对于以太网主机,可以使用 DHCP 方式进行 IP 地址分配;也可以用 PPP 类的接入方式,通过 RADIUS 服务器统一分配地址。

(4) 混合地址分配方案。内网的内公有地址和私有地址混合使用;内网的路由设备同时支持公有地址和私有地址路由;内网不做地址转换,网络出口对私有地址进行转换;用户通常分配私有地址,除非有特殊需要;内部数据中心的服务器分配公有地址。

3. 远程网接入设计

远程网接入设计主要包括广域网接入设计、分支机构与远程用户接入设计。

(1) 广域网接入设计。在网络设计阶段仍然需要从网络整体的目标出发对这些技术进行选择,规划单位内部网络和服务商的广域网之间的连接方式。从技术角度看,接入方式中最重要的是网络带宽、可连接性、地址的识别和转换、互操作性、安全性。

(2) 分支机构与远程用户接入设计。解决分支机构的接入需要可以采用敷设或租用专线的方法,由于费用比较昂贵,不适合长距离的分支机构。

目前,解决分支机构接入问题比较理想的方案是采用 VPN 技术。使用 ISP 提供的 VPN 服务,自行在总部网络和分支机构网络的边缘均选用支持 VPN 的路由器,远程用户接入。现在,VPN 接入也是远程用户接入的理想解决方案。建立 VPN 服务器:Windows 中路由与远程访问服务。使用 VPN 网关设备:通过专用的硬件设备来提供 VPN 的远程接入服务。

4.5.3 网络性能及安全性设计

1. 网络性能设计

网络性能的主要指标包括如下。

(1) 分组转发速率(对于交换机、网桥和路由器)。

(2) 吞吐量(单位时间内被成功传送的信息量)。

(3) 分组丢失率及出错率。

(4) 事务处理速率(针对应用服务器)。

(5) 响应时间(针对任何需要应答的事务)。

(6) 延迟时间(分组从源站开始产生直至最后被成功地传送到目的站所需要的时间)。

(7) 数据传输速率(主要针对网络链路)。

(8) 信道利用率(信道传输信息的时间与信道总可利用时间之比)。

网络性能设计的目标是使网络系统能满足用户应用对网络各方面的要求。在设计阶段需要尽可能避免出现网络的性能瓶颈,根据应用数据流的特点,设计性能监控和优化机制。

在网络运行时注意监控某些关键站点和线路的活动,维持服务质量(QoS),进行网络可用性检测和流量管理等工作。网络性能分析和评价方法有测量法、分析法、模拟法等。

2. 网络冗余设计

从工程的角度,可将计算机网络的可靠性定义为:在给定的时间间隔及给定的环境条件下,网络按设计目标成功运行的概率。其成功运行的含义:正确无误地完成规定的功能;具有一种程度的容错能力,即当网络系统发生故障时,系统能够继续工作及迅速恢复的能力。此外,还有考虑设备冗余、软件容错、网络结构和冗余线路等。

(1) 设备冗余。设备冗余措施包括设备热备份、模块热备份、磁盘冗余(包括磁盘镜像、冗余磁盘阵列(RAID))等。

(2) 软件容错。通常一般软件容错技术用在服务器中,其特点是能有效地避免来自服务器、交换机、电源、磁盘和网卡等设备和部件故障所造成的停机、业务中断和数据丢失等重大损失,可保证系统在线热切换,提供失效切换后的重新恢复资源能力。具有容错能力的软件采用了以下特殊运行方式。

① 通过软件锁定机制管理共享磁盘中的数据,以防止多个服务器同时访问数据。

② 在快速检查和深入检查时执行预先定义行为的机制,用以查看资源本身是否失效。

③ 指定主要的服务器失效后重新恢复的操作。

(3) 网络结构和冗余线路。要实现网络的可靠性,网络主干的拓扑结构应考虑容错能力,采用冗余技术,包括网络设备的冗余、网络设备之间链路的冗余、服务器通信通道的冗余,并选用虚拟路由冗余协议(VRRP)。

一种被广泛应用于园区主干网的冗余线路解决方案:对以太网终端 IP 设备的默认网关进行冗余备份,在其中一台路由设备发生故障时,能向用户提供透明的切换,及时由备份路由设备接管转发工作,也可用于流量均衡,VRRP 已经在园区网中得到实际的应用。

3. 网络安全性设计

(1) 软件系统安全性分析。网络系统的安全性分析应建立在严密的科学的基础上,按照轻重缓急分别考虑,顺序依次为:最有可能发生的不安全事件;后果最严重的不安全事件;所有可能发生的不安全事件。

(2) 物理安全设计。整个应用系统安全的前提包括:一是环境安全,对系统所在环境的安全保护;二是设备安全,主要包括设备的防盗、防毁、防电磁信息辐射泄漏、防止线路截获、抗电磁干扰及电源保护等;三是媒体安全,包括媒体数据的安全及媒体本身的安全。

(3) 网络安全设计。应该从系统(主机、服务器)安全、系统与网络的安全检测、访问控制、入侵检测(监控)、审计分析、反病毒、网络运行安全备份与恢复应急措施等方面考虑。

(4) 信息安全设计。从用户信息的角度提高网络的安全性,提出了如何利用基础的访问控制技术、加密技术、认证技术、数字签名技术等,为用户提供服务控制服务、数据机密性服务、数据完整性服务、对象认证服务、防抵赖服务,实现安全的计算机网络应用。

网络设计应用实例。现在,网络设计应用主要包括家庭无线局域网、大型校园网、大型企业全国骨干网、宽带电话 VOIP(Voice Over Internet Protocol)解决方案等。

【案例 4-4】 某大学大型校园网设计方案。主要包括以下几个方面。

(1) 校园网建设目标和需求。覆盖两个校区的所有建筑物,并实现两个校区网络的互连互通;逐步实现无线网络中两个校区内的全覆盖;外网的接入点都位于老校区。还应满足以下基本需求:主干网具有 10Gb/s 以上带宽,100Mb/s 交换到桌面;要求系统支持 VLAN 技术;使用 DHCP 服务器分配 IP 地址,禁用私设 DHCP 服务器;采取必要的安全措施,防止外来的攻击和入侵;提供从校外安全便捷地访问校内资源的服务等。

(2) 校园网设计构思和方案选择。采用交换技术和虚拟网络技术;构建三级网络结构,即主干网、汇聚网和接入网;两个校区的主干网均采用虚拟路由器冗余协议 VRRP(Virtual Router Redundancy Protocol)实现双核心结构;供校内访问的服务器采用双机热备份;无线/有线网络连接采用就近接入方案;移动终端接入无线网络必须经过严格的身份认证;选用 SSL VPN 网关为师生员工提供在校园网外接入校园网的服务。该大学大型校园网拓扑图如图 4-14 所示。

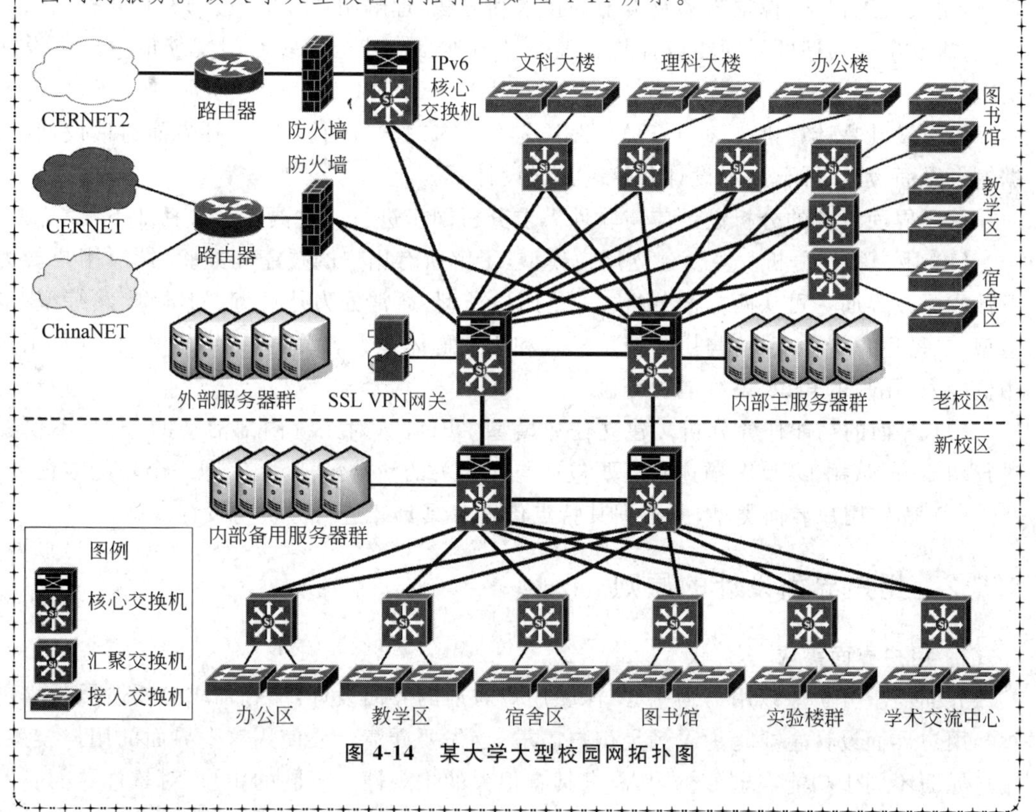

图 4-14 某大学大型校园网拓扑图

讨论思考

(1) 网络系统设计的主要内容有哪8个方面?

(2) 网络技术及结构设计的主要步骤是什么?

(3) 网络站点及接入设计的主要任务有哪些?

(4) 网络性能及安全性设计的要点有哪些?

4.6 用户界面设计

4.6.1 界面设计的意义及任务

用户界面也称为人机界面,是用户与计算机或手机等终端设备交流的中间媒介。用户只能通过显示屏的界面了解并掌控运行的系统,人机界面设计非常重要。好的设计可使软件系统对用户产生吸引力,反之,就会感到不喜欢、不习惯甚至厌烦或怀疑质量问题。目前,人机界面在系统中所占比重加大,如Windows中80%的代码用于界面设计。人机界面的设计很大程度上依赖于设计者的经验。界面设计的实现技术不难,可视化的程序设计平台PB(Power Builder)等都能较容易地完成,而更好地综合分析好用户的实际需求,运用人机工程学、视觉艺术及美工等技术和方法,理解用户界面设计原则,并根据软件特点,研发出受欢迎的界面在设计与实现中最困难、最费时,很多专门文献也给出了设计指南。

界面设计是计算机科学、心理学、视觉艺术等多门学科的综合,包括界面对话设计、数据输入界面设计、屏幕显示设计和控制界面设计等。

用户界面设计的分析设计应与软件需求分析同步进行。**主要任务**包括如下。

(1) 用户特性分析。主要建立用户模型,了解所有用户的技能和经验,针对用户能力设计或更改界面。可从两方面分析:一是用户类型,通常分为外行型、初学型、熟练型、专家型;二是用户特性度量,与用户使用模式和用户群体能力有关,包括用户使用频度、用户用机能力、用户的知识、思维能力等。

(2) 界面的功能任务分析。建立任务模型DFD图,对系统内部活动的分解,不仅要进行功能分解(用DFD图描述),还要包括与人相关的活动,每个加工即一个功能或任务。

(3) 确定用户界面类型,并根据其特点借助工具具体进行分析与设计。

4.6.2 用户界面设计的原则

1. 用户界面需求

界面需求分析应以用户为中心,深受用户欢迎的界面设计,应在需求分析阶段就被重视。用户界面设计主要是为了满足用户需求,首先要弄清将要使用这个界面的用户类型。用户界面不同于功能需求分析,其需求具有很大的主观性。不同的用户,对软件界面有不同的要求,表达需求的方式也不尽相同,而且界面要求通常不如业务功能需求那样容易具体明确。调查用户的界面需求,必须先从调查用户自身特征开始,将不同特征用户群体的要求进行综合处理,并有针对性地分析其界面需求。

建立用户界面的原型是一有效的方法,利用界面原型可以将界面需求调查的周期尽量缩短,并尽可能满足用户的要求。利用可供用户选择的界面原型模板等,用户可以直观并感性地认识到未来系统的界面风格、特点结构和操作方式等,从而迅速进行判断:软件系统是否符合感官期望、操作习惯、工作的需要。需求分析人员利用界面原型,引导用户修正自己的理想系统,提出新的界面要求。

2. 用户界面应具备的特性

用户界面设计的类型,从用户角度出发主要有菜单、对话框、窗口、问题描述语言,数据表格、图形与图标等。每一种类型都有不同的特点和性能,需要根据具体情况进行具体设计和实现。通常,用户界面设计完成后可借助工具实现。**界面设计应考虑**以下 3 个**特性**。

(1) 可使用性。主要包括 5 个方面:使用简单,用户界面中所用术语的标准化及一致性,具有 HELP 功能,快速的系统响应和低系统成本,具有较好的容错能力。

(2) 灵活性。主要指 3 个方面:考虑用户的特点、能力、知识水平,提供不同的系统响应信息,提供根据用户需求制定和修改界面。

(3) 界面的复杂性与可靠性。复杂性指界面规模及组织的复杂程度。应该越简单越好。而可靠性是指无故障使用的时间间隔。用户界面应该能够保证用户正确、可靠地使用系统,以及系统和数据的安全。

3. 用户界面设计的原则

通常,**用户界面设计应遵循**以下 4 项**基本原则**。

(1) 界面的合适性。界面的合适性是界面设计的首要因素,在实现界面功能特点情况下,不要片面追求外观而导致华而不实。界面的合适性既提倡外美内秀,又强调恰如其分。

(2) 简便易操作。界面设计尽量简洁、便于操作、减少用户记忆,并能减少用户发生错误的可能性。应考虑人脑处理信息的限度,如屏幕划分的合理,多种窗口的设计方式,可移动、缩放、重叠和分离的设计,有序整齐的界面给用户带来方便,轻松的使用。

(3) 便于交互控制。交互常会跨越边界进入信息显示、数据输入和整体系统控制,应提供视觉和听觉的反馈,在用户和界面间建立双向联系。对用户操作有反应及信息提示,帮助处理问题,并允许交互式应用进行"恢复"操作。

(4) 媒体组合恰当。文本、图形、动画、视频影像、语音等媒体都有其优势及特定范围,媒体资源也并非越多越好,媒体的选择应注意结合与互补,恰当选用。

4.6.3 对话设计基本方法

界面设计常用多种设计类型,并与相应的任务匹配,界面常用对话选择、用户存取和控制机制。对话以任务顺序为基础,应遵循如下**方法准则**。

(1) 及时提供反馈。操作对话框应及时向用户提供视觉和听觉反馈,特别是在响应时间较长的情况下,以保证在用户和界面之间建立双向通信。

(2) 状态位置。应告知所处系统的具体状态位置,避免在错误环境下发出语法正确命令。

(3) 暂时脱离。允许用户中止一种对话操作,且能脱离该选择,避免用户死锁发生。

(4) 设置默认值。对常用或可预知的选项,尽可能设置默认值,节省用户操作。

(5) 简化对话步骤。使用省略语或代码来减少用户击键数。

(6) 联机帮助。尽可能提供系统操作帮助或联机在线帮助。

(7) 复原。当用户操作出错时,可保留原信息返回并重新开始。

在对话设计中应尽量遵从这些基本的方法准则,媒体设计对话框有许多标准格式可供选用,另外,对界面设计中的冲突因素应进行协调处理。

一般构件分为可视构件和非可视构件两种,屏幕对话界面包括窗口、画面、图像、按钮等对象,在设计与实现中,统称为"控件"。控件也是一种可视构件,是屏幕窗口中的基本元素,如按钮、分组框、文本框、下拉列表框、图形下拉列表框、图标等。上述控件的有机排列和组合,就构成了用户需求的各种屏幕界面。屏幕对话界面设计的内容包括控件级设计、窗口级定义和系统级定义 3 部分。屏幕对话界面设计遵从的原则是:界面简洁朴素,控件摆放整齐,颜色风格统一,照顾客户习惯。

一个资料入库登记的操作界面,如图 4-15 所示。

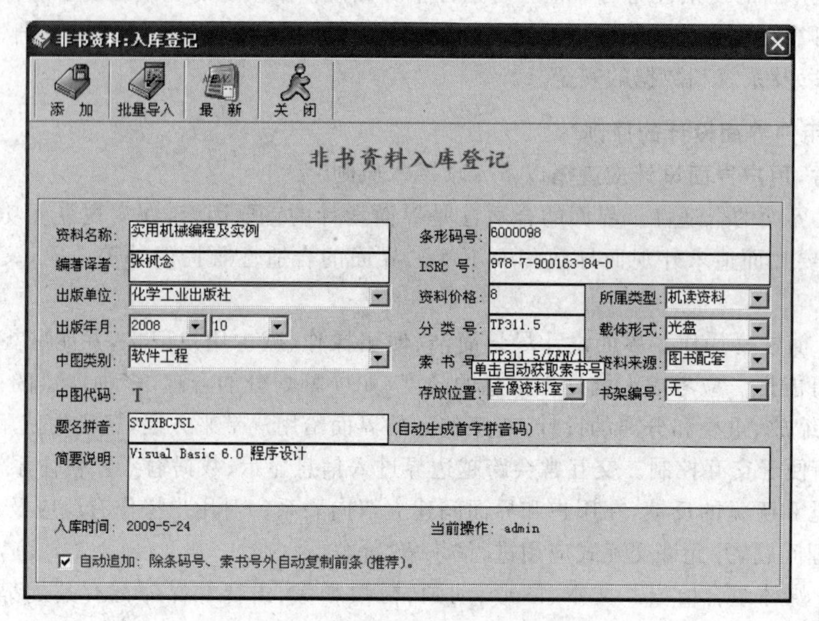

图 4-15　资料入库登记操作界面

4.6.4　数据输入界面设计

1. 数据输入界面设计方法

数据输入界面占用终端用户的使用时间较多,也是软件最易出错的部分,设计总目标是简化用户的操作,容忍用户偶尔出错并尽可能降低输入出错率。用户操作主要在选择命令、输入数据或者提供系统输入等方面。键盘是常用的主要输入方式,鼠标、数字化仪或语音识别系统也是重要的输入手段。输入界面设计目的是使输入界面尽可能方便有效地进行数据输入。为此,可以从以下方面考虑提高输入的效率。

(1) 尽量减少输入工作量。对相同内容输入设置默认值,尽量避免重复输入;自动填入已输入过的内容或需要重复的输入的内容;列表选择或单击选择,不需要从键盘输入数据,但必须事先准备好有限的备选集。

(2) 输入屏幕与输入格式匹配。数据输入的屏幕显示可按照数据使用频率、重要性、次序等进行组织,屏幕显示应尽量与输入格式相匹配。输入表格设计以操作简便为主要原则。

(3) 数据输入的一般规则。数据输入的一般原则包括 4 个方面。

① 确认输入:只有当用户按下输入确认键时,才确定输入内容的提交,有助于在输入过程中一旦出现错误可及时纠正。

② 交互动作:对于初级用户,不习惯输入数据在表项之间自动跳转,应该设计为输入数据后回车,再跳转到下一个表项,也便于用户查错。

③ 确定删除:为了避免错误的删除造成的损失,应该在输入删除命令后,必须再次确认,才真正执行删除操作。

④ 提供反馈:输入数据、删除数据或操作出错,都应显示反馈信息。

2. 系统响应和帮助

在用户界面设计时,常遇到 **4 种问题**:软件系统运行响应时间、用户帮助设施、错误信息处理和命令交互。这 4 种问题常较晚才被注意到,有时在操作原型建立后问题才出现,易导致不必要的反复和用户不满,最好的办法是在设计初期就将这些问题认真考虑,及时修改。

(1) 系统响应时间。系统响应时间是交互式系统中用户的敏感问题。响应时间过长,常使用户等待,而过快又会迫使用户加快操作节奏,从而容易导致错误。

(2) 系统帮助及提示。交互式系统需要为用户提供便捷的操作帮助。系统功能帮助有两种选择:提供部分或全部功能的帮助。用户请求帮助有 3 种:帮助菜单、特殊功能键和 HELP 命令。表示帮助有 3 种:另一窗口、指出参考某文档或在屏幕特定位置的简单提示。还应及时提供问题描述及解决方法的提示信息。

(3) 设计风格一致。设计"风格"和操作应一致,应用程序要有通用的命令使用方法。若在一应用中^C 表示复制一个对象,就不能在其他应用中表示另外操作,其他设计风格也如此。

(4) 输入设计的其他问题。输入系统的结构设计,即对输入信息的发生、采集和介质化。信息的发生是指输入信息名和编制目的、编制人和编制地点、编制方法、形式、编制数量、编制周期、时间等;信息采集是指信息由谁收集、在哪收集、收集方式方法、收集时间及间隔等,而信息的介质化决定输入的地点是在数据输入中心还是信息发生地、介质化机器和介质名称(如现场屏幕输入或以移动介质输入)、输入形式是集中输入还是分散输入等。其中的一个读者借阅录入窗口,如图 4-16 所示。

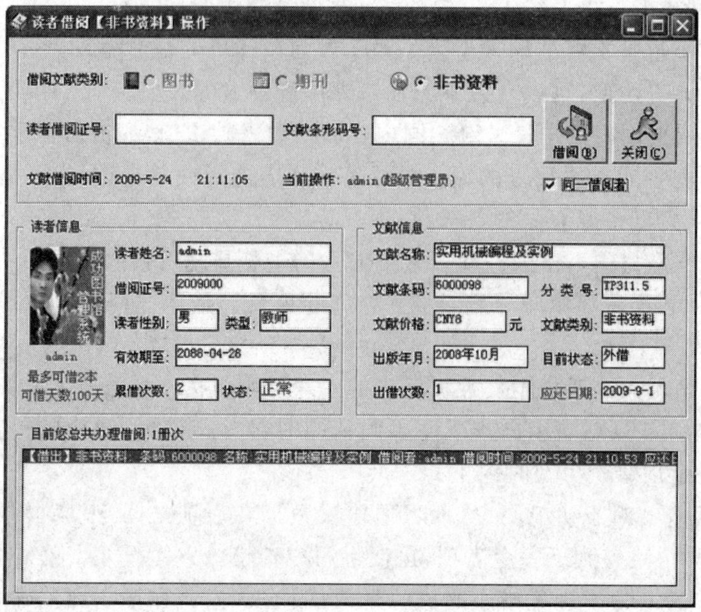

图 4-16　读者借阅录入窗口

4.6.5　数据输出界面设计

用户界面显示的信息必须完整、准确易于理解，并能以一定的形式输出系统和用户所需的内容，在进行输出设计的时，应以多种方式“显示”其内容和信息，如文字、图片、声音、位置、移动及大小、使用颜色、分辨率和省略等。

1. 显示信息的设计原则

(1) 只显示当前操作有关信息。用户在获取系统的功能及操作时，不必看到与之无关的数据、菜单和图形及其他信息，以便集中精力和时间。

(2) 使用易理解的数据。应用便于用户直观快速获取信息的方式表示数据，例如，可用图形或图表来取代巨大的表格。

(3) 显示信息标准化。使用统一的标记、标准的缩写和预知的颜色，显示的含义应该非常明确，使用大小写、缩进和文本分组，用户不必参照其他信息源就能理解。

(4) 状态提示简明扼要。及时让用户了解系统正在进行的操作，如“系统正在保存，请稍候!”等。

2. 屏幕设计

屏幕设计**主要包括**布局(Layout)、文字用语(Message)及颜色等。

(1) 布局。屏幕布局依功能有所侧重，应重点突出其具体功能。屏幕布局应注意 3 点。

① 注意屏幕整体分布。使整个屏幕上下左右的功能区域相对均衡。稀疏使屏幕面积浪费，以至多次翻屏，拥挤显示也会产生视觉疲劳且易接收错误。

② 对象安排。如窗口、按钮、菜单等处理应一致化，在提供足够的信息量的同时还要注意简明、清晰，特别要运用好媒体选择原则。

③ 对象显示顺序。应依需要排列，通常应最先出现对话，然后通过对话将系统分段实现。画面应对称，显示命令、对话及提示行尽量统一规范，还应注意一些基本数据的设置。

(2) 显示文字及颜色。界面显示的信息大部分为文字，其布局和形式对用户获取信息影响很大。要求包括：一是用语简洁，对不同业务使用通俗易懂用语，尽量用简洁的肯定语句表述；二是颜色调配，颜色不仅可有效强化技术，还具有美学价值，同一画面不宜花哨杂乱，可用不同层次及形状配合颜色，增加变化。活动对象颜色应鲜明，非活动对象应暗淡。对象颜色应尽量不同，尽量用常规准则表示信息或对象属性。

(3) 便于显示查看。应根据图形或字符显示特点，进一步考虑细节，如突出重要信息、高效率使用显示屏、数据列表的排列、图形类型与数据集分类、图形类型的选择等。屏幕显示设计最终应达到令人愉悦的显示效果，当细节设计时应与用户磋商、交换修改意见。

(4) 满足输出需求。输出设计也要研究输出系统的结构设计，包括用户的输出需求：输出信息及其格式、信息的分配及介质化、信息传输途径、输出的周期、保密要求、保管方法、输出形式、输出地点及装置、输出的信息量和输出配置、关联的输出文件等。

一个图书管理信息系统的查询窗口，如图 4-17 所示。

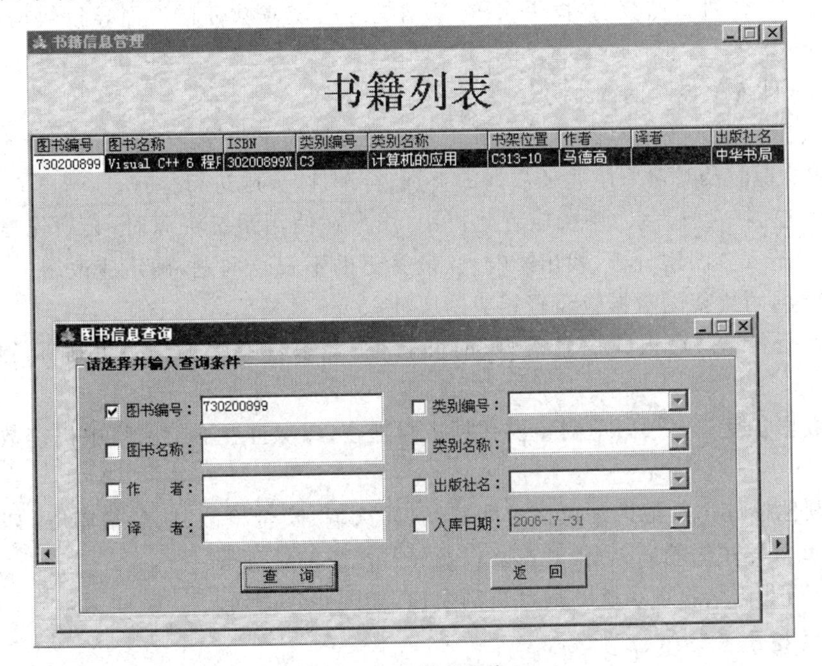

图 4-17　图书查询窗口

4.6.6 控制界面的设计

1. 屏幕的控制界面

设计控制界面的目的是让用户可以主动控制系统的工作,使用户很容易地访问计算机及网络资源。**主要方式**有控制对话、菜单、功能键、图标、直接指点、窗口、命令/自然语言等。

控制对话可以是简单的问答形式,系统提出是否选择操作,用户可以 Y / N 方式回答。

复杂的对话形式是基于菜单的系统。其对话方式简便,但每次操作都是单调的重复,老用户常会感到冗长乏味。在设计对话时,应注意的要点为:每次只有一个提问,避免多个询问;当需要几个关联的回答时,应重新显示上一个回答;如果前面回答在后面还需要用到时,还应重新显示,否则会因短期记忆出现错误,并保持提问顺序与原文档或用户模型一致。

2. 软件的安全性

在设计数据处理时,应十分重视软件的安全控制及可靠性设计,力求将系统危险控制到最小程度。目的是保证数据的正确性、机密性和有效性。

(1) 系统中不安全因素。系统中不安全因素包括输入错误、缺少系统使用权限控制、对数据的访问不进行监察、数据无保护、数据处理失误或软件错误而导致数据被破坏、被修改或失密等。

(2) 软件安全控制的基本方法,主要包括如下。

① 数据检查。数据检查指在数据处理中对数据的正确性、完整性进行检查。可在数据录入和处理时及时对原始凭证数据的类别、合理性、界限进行检查。

② 用户同一性检测。系统应有此机制,用户在使用系统资源时,必须先检查使用权限,并进行不安全因素分析,找出影响大、最突出的不安全问题,确定应改善的项目、目标和优先次序,对重要的数据应设置相应的属性。

③ 运行日志。可记载信息类型、时间特性、与事件有关的信息并确认全部有关的要素。

④ 数据加密。必要时应对重要数据进行加密,以保证在通信网络中机密数据的安全使用。

⑤ 其他措施。其他措施包括访问控制、防火墙、安全检测、应急措施等,如用户界面的约束、重要程序的隔离、后备和恢复以及异常现象的处理等。

一个网上论坛管理系统的后台控制窗口,如图 4-18 所示。

讨论思考

(1) 用户界面应具备哪些特性?

(2) 数据输入可用哪些界面?

(3) 怎样具体设计控制界面?

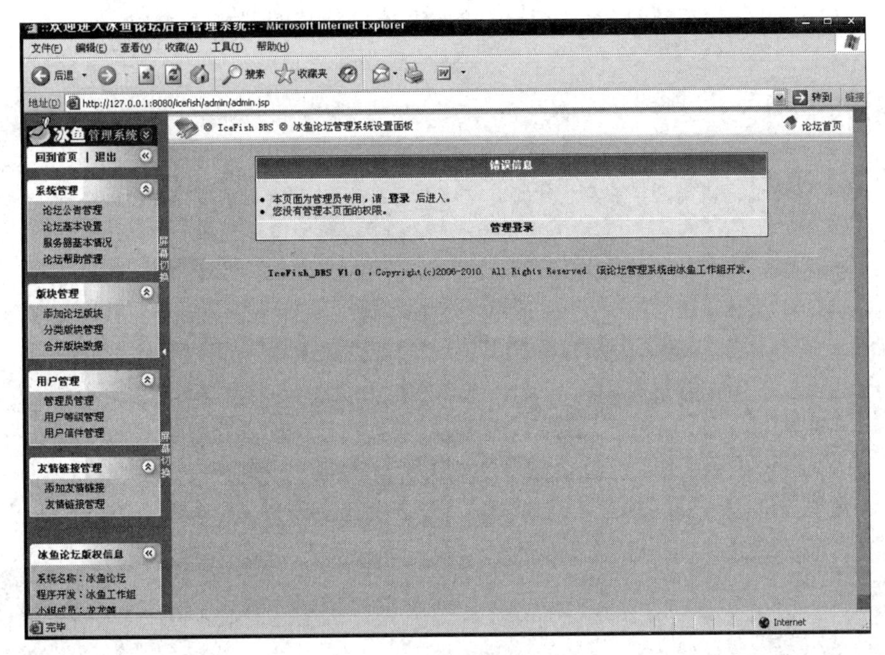

图 4-18 网上论坛管理后台控制

4.7 软件设计文档

按照最新的《计算机软件文档编制规范 GB/T 8567—2006》，软件设计的输入是“软件需求规格说明”，输出是“系统(子系统)设计(结构设计)说明”和“软件(结构)设计说明”。总体设计(概要设计)要覆盖“软件需求规格说明”的全部内容，需要完成“系统(子系统)设计(结构设计)说明”，并作为指导详细设计的依据。而详细设计要覆盖“软件(结构)设计说明”全部内容，作为指导程序设计实现的依据。

4.7.1 系统/子系统设计(结构设计)说明(SSDD)

有关说明：

(1)“系统/子系统设计(结构设计)说明(SSDD)”描述了系统或子系统的系统级或子系统级设计与体系结构设计。SSDD可能还要用“接口设计说明(IDD)”和“数据库(顶层)设计说明(DBDD)”加以补充。

(2) SSDD连同相关的IDD和DBDD是构成进一步系统实现的基础。贯穿本文的术语“系统”，如果适用的话，也可解释为“子系统”。所形成的文档应冠名为“系统设计说明”或“子系统设计说明”。

"系统/子系统设计(结构设计)说明"编写格式

1. 引言

1.1 标识

本条应包含本文档适用的系统和软件的完整标识,(若适用)包括标识号、标题、缩略词语、版本号和发布号。

1.2 系统概述

本条应简述本文档适用的系统和软件的用途,它应包括:描述系统和软件的一般特性;概述系统开发、运行和维护的历史;标识项目的投资方、需方、用户、开发方和支持机构;标识当前和计划中的运行现场;列出其他有关的文档。

1.3 文档概述

本条应概述本文档的用途和内容,并描述与其使用有关的保密性或私密性要求。

1.4 基线

说明编写本系统设计说明书依据的设计基线。

2. 引用文件

本部分应列出本文档引用的所有文档的编号、标题、修订版本和日期,也应标识不能通过正常的供货渠道获得的所有文档的来源。

3. 系统级设计决策

本部分可根据需要分条描述系统级设计决策,即系统行为的设计决策(忽略其内部实现,从用户角度出发,描述系统将怎样运转以满足需求,)和其他对系统部件的选择和设计产生影响的决策。如果所有这些决策在需求中明确指出或推迟到系统部件的设计时给出的话,本部分应如实陈述。对应于指定为关键性需求(如安全性、保密性和私密性需求)的设计决策应在单独的条中描述。如果设计决策依赖于系统状态或方式,应指明这种依赖关系。应给出或引用为理解这些设计所需要的设计约定。

系统级设计决策例子如下。

(1) 有关系统接收的输入和产生的输出的设计决策,包括与其他系统、配置项和用户的接口(在4.3.x标识了在本文档中所要考虑的主题)。如果接口设计说明ODD中给出部分或全部该类信息,在此可以引用。

(2) 对每个输入或条件进行响应的系统行为的设计决策,应包括系统执行的动作、响应时间和其他性能特性、被模式化的物理系统的描述、所选择的方程式/算法/规则、对不允许的输入或条件的处理。

(3) 系统数据库/数据文件如何呈现给用户的设计决策(在4.3.x标识了本文档中所要考虑的主题)。如果数据库(顶层)设计说明(DBDD)中给出部分或全部该类信息,在此可以引用。

(4) 为满足安全性、保密性和私密性需求所选用的方法。

(5) 硬件或硬软件系统的设计和构造选择,如物理尺寸、颜色、形状、质量、材料和标志。

(6) 为了响应需求而作出的其他系统级设计决策,如为提供所需的灵活性、可用性和可维护性而选择的方法。

4. 系统体系结构设计

本部分分条描述系统体系结构设计。如果设计的部分或全部依赖于系统状态或方式,应指明这种依赖关系。如果设计信息在多条中出现,可以只描述一次,而在其他条加以引用。也需指出或引用为理解这些设计所需的设计约定。

注：为简明起见，本部分的描述是把一个系统直接组织成由硬件配置项(HWCI)、计算机软件配置项(CSCI)、手工操作所组成，但应解释为它涵盖了把一个系统组织成子系统，子系统被组织成由HWCI. CSCI(硬件配置项．软件配置项)、手工操作组成，或其他适当变种的情况。

4.1 系统总体设计

4.1.1 概述

4.1.1.1 功能描述

参考本系统的“系统/子系统需求规格说明”，说明对本系统要实现的功能、性能(包括响应时间、安全性、兼容性、可移植性、资源使用等)要求。

4.1.1.2 运行环境

参考本系统的“系统/子系统需求规格说明”，简要说明对本系统的运行环境(包括硬件环境和支持环境)的规定。

4.1.2 设计思想

4.1.2.1 系统构思

说明本系统设计的系统构思。

4.1.2.2 关键技术与算法

简要说明本系统设计采用的关键技术和主要算法。

4.1.2.3 关键数据结构

简要说明本系统实现中的最主要的数据结构。

4.1.3 基本处理流程

4.1.3.1 系统流程图

用流程图表示本系统的主要控制流程和处理流程。

4.1.3.2 数据流程图

用数据流程图表示本系统的主要数据通路，并说明处理的主要阶段。

4.1.4 系统体系结构

4.1.4.1 系统配置项

说明本系统中各配置项(子系统、模块、子程序和公用程序等)的划分，简要说明每个配置项的标识符和功能等(用一览表和框图的形式说明)。

4.1.4.2 系统层次结构

分层次地给出各个系统配置项之间的控制与被控制关系。

4.1.4.3 系统配置项设计

确定每个系统配置项的功能。若是较大的系统，可以根据需要对系统配置项作进一步的划分及设计。

4.1.5 功能需求与系统配置项的关系

说明各项系统功能的实现同各系统配置项的分配关系(最好用矩阵图的方式)。

4.1.6 人工处理过程

说明在本系统的运行过程中包含的人工处理过程(若有的话)。

4.2 系统部件

本条应：

(1) 标识所有系统部件(HWCI、CSCI、手工操作)，应为每个部件指定一个项目唯一标识符。

注：数据库可作为一个 CSCI 或 CSCI 的一部分进行处理。

(2) 说明部件之间的静态(如组成)关系。根据所选择的设计方法学，可能会给出多重关系。

(3) 陈述每个部件的用途，并标识部件相对应的系统需求和系统级设计决策(作为一种变通，可在 9.a 中给出需求的分配)。

(4) 标识每个部件的开发状态/类型，如果已知的话(如新开发的部件、对已有部件进行重用的部件、对已有设计进行重用的部件、再工程的已有设计或部件、为重用而开发的部件和计划用于第 N 开发阶段的部件等)，对已有的设计或部件，此描述应提供诸如名称、版本、文档引用、地点等标识信息。

(5) 对被标识用于该系统的每个计算机系统或其他计算机硬件资源的集合，描述其计算机硬件资源(如处理器、存储器、输入输出设备、辅存器、通信/网络设备)。(若适用)每一描述应标识出使用资源的配置项，对使用资源的每个 CSCI 说明资源使用分配情况(如分配给 CSCI1 20%的资源、给 CSCI2 30%的资源)，说明在什么条件下测量资源的使用情况，说明资源特性。

① 计算机处理器描述，(若适用)应包括制造商名称和型号、处理器速度/能力、指令集体系结构、适用的编译程序、字长(每个计算机字的位数)、字符集标准(如 GB 2312、GB 18030 等)和中断能力等。

② 存储器描述。(若适用)应包括制造商名称和型号，存储器大小、类型、速度和配置(如 256KB 高速缓冲存储器、16MB RAM(4MB×4))。

③ 输入输出设备描述，应包括制造商名称和型号、设备类型和设备的速度或能力。

④ 外存描述，应包括制造商名称和型号、存储器类型、安装存储器的数量、存储器速度。

⑤ 通信/网络设备，(若适用)诸如：调制解调器、网卡、集线器、网关、电缆、高速数据线以及这些部件或其他部件的集合体的描述。(若适用)应包括制造商名称和型号、数据传送速率/能力、网络拓扑结构、传输技术、使用的协议。

⑥ (若适用)每个描述也应包括。增长能力、诊断能力以及与本描述相关的其他的硬件能力。

⑦ 给出系统规格说明树，即用一个图标识和说明系统部件已计划的规格说明之间的关系。

4.3 执行概念

本条应描述系统部件之间的执行概念。用图示和说明表示部件之间的动态关系，即系统运行期间它们是如何交互的，(若适用)包括执行控制流，数据流，动态控制序列，状态转换图，时序图，部件的优先级别，中断处理，时序/序列关系，异常处理，并发执行，动态分配/去分配，对象、进程、任务的动态创建/删除，以及动态行为的其他方面。

4.4 接口设计

本条应分条描述系统部件的接口特性，它应包括部件之间的接口及它们与外部实体(如其他系统、配置项、用户)之间的接口。

注：本层不需要对这些接口进行完全设计，提供本条的目的是为了把它们作为系统体系结构设计的一部分所做的接口设计决策记录下来，如果在接口设计说明(IDD)或其他文档中含有部分或全部的该类信息，可以加以引用。

4.4.1 接口标识和图表

本条用项目唯一标识符标识每个接口，(若适用)并用名称、编号、版本、文档引用来指明接口实体(如系统、配置项、用户等)。该标识应叙述哪些实体具有固定接口特性(从而要把接口需求强加给接口实体)、哪些实体正被开发或修改(因而已把接口需求强加于它们)。应提供一个或多个接口图表来描述这些接口。

4.4.x(接口的项目唯一标识符)

本条(从 4.4.2 开始)应用项目唯一标识符标识接口，简要描述接口实体，并根据需要可分条描述接口实体单方或双方的接口特性。如果某个接口实体不在本文中(如一个外部系统),但其接口特性需要在描述本文叙述的接口实体时提到,则这些特性应以假设、或"当[未提到实体]这样做时,[本文提及的实体]将…"的形式描述。本条可引用其他文档(例如,数据字典、协议标准和用户接口标准)代替本条的描述信息。(若适用)本设计说明应包括以下内容,它们可以任何适合于要提供的信息的顺序给出,并且应从接口实体角度指出这些特性之间的区别(例如,数据元素的大小、频率或其他特性的不同期望)。

(1) 接口实体分配给接口的优先级别。

(2) 要实现的接口的类型(如实时数据传送、数据的存储和检索等)。

(3) 接口实体将提供、存储、发送、访问和接收的单个数据元素的特性,例如:

① 名称/标识符。

a. 项目唯一标识符。

b. 非技术(自然语言)名称。

c. 标准数据元素名称。

d. 技术名称(如代码或数据库中变量或字段名称)。

e. 缩写名或同义名。

② 数据类型(字母数字字符、整数等)。

③ 大小和格式(如字符串长度和标点符号)。

④ 计量单位(如米、元、纳秒)。

⑤ 范围或可能值的枚举(如 0～99)。

⑥ 准确度(正确程度)和精度(有效数字位数)。

⑦ 优先级别、时序、频率、容量、序列和其他约束,如数据元素是否可被更新、业务规则是否适用。

⑧ 保密性和私密性约束。

⑨ 来源(设置/发送实体)和接收者(使用/接收实体)。

(4) 接口实体必须提供、存储、发送、访问、接收的数据元素集合体(记录、消息、文件、数组、显示、报告等)的特性,例如:

① 名称/标识符。

a. 供追踪用的项目唯一标识符。

b. 非技术(自然语言)名称。

c. 技术名称(如代码或数据库的记录或数据结构)。

d. 缩写名或同义名。

② 数据元素集合体中的数据元素及其结构(编号、次序和分组)。

③ 媒体(如盘)和媒体中数据元素/集合体的结构。

④ 显示和其他输出的视听特性(如颜色、版面设计、字体、图和其他显示元素、蜂鸣声以及亮度)。

⑤ 数据元素集合体之间的关系,如排序/访问特性。

⑥ 优先级别、时序、频率、容量、序列和其他约束,如集合体是否可被修改、业务规则是否适用。

⑦ 保密性和私密性约束。

⑧ 来源(设置/发送实体)和接收者(使用/接收实体)。

(5) 接口实体为该接口使用通信方法的特性。例如:

① 项目唯一标识符。

② 通信链路/带宽/频率/媒体及其特性。

③ 消息格式化。

④ 流控制(如序列编号和缓冲区分配)。

⑤ 数据传送速率,周期性/非周期性和传输间隔。

⑥ 路由、寻址和命名约定。

⑦ 传输服务,包括优先级别和等级。

⑧ 安全性/保密性/私密性方面的考虑,如加密、用户鉴别、隔离和审核。

(6) 接口实体为该接口使用协议的特性,例如:

① 项目唯一标识符。

② 协议的优先级别/层次。

③ 分组,包括分段和重组、路由和寻址。

④ 合法性检查、错误控制和恢复过程。

⑤ 同步,包括连接的建立、保持、终止。

⑥ 状态、标识和其他的报告特征。

(7) 其他所需的特性,如接口实体的物理兼容性(尺寸、容限、负荷、电压和接插件兼容性等)。

5. 运行设计

5.1 系统初始化

说明本系统的初始化过程。

5.2 运行控制

(1) 说明对系统施加不同的外界运行控制时所引起的各种不同的运行模块组合,说明每种运行所历经的内部模块和支持软件。

(2) 说明每一种外界运行控制的方式方法和操作步骤。

(3) 说明每种运行模块组合将占用各种资源的情况。

(4) 说明系统运行时的安全控制。

5.3 运行结束

说明本系统运行的结束过程。

6. 系统出错处理设计

6.1 出错信息

包括出错信息表、故障处理技术等。

6.2 补救措施

说明故障出现后可能采取的补救措施。

7. 系统维护设计

说明为了系统维护的方便,在系统内部设计中做出的安排。

7.1 检测点的设计

说明在系统中专门安排用于系统检查与维护的检测点。

7.2 检测专用模块的设计

说明在系统中专门安排用于系统检查与维护的专用模块。

8. 尚待解决的问题

说明在本设计中没有解决而系统完成之前应该解决的问题。

9. 需求的可追踪性

本部分应包括如下内容。

(1) 从本文中所标识的系统部件到其被分配的系统需求之间的可追踪性(该可追踪性也可在4.2中提供)。

(2) 从系统需求到其被分配给的系统部件之间的可追踪性。

10. 注解

本部分应包含有助于理解本文档的一般信息(例如,背景信息、词汇表、原理)。本部分应包含为理解本文档需要的术语和定义,所有缩略语和它们在文档中的含义的字母序列表。

附录

附录可用来提供那些为便于文档维护而单独出版的信息(例如,图表、分类数据)。为便于处理,附录可单独装订成册。附录应按字母顺序(A、B 等)编排。

4.7.2 详细设计文档及设计评审

1. 详细设计文档

详细设计阶段的文档是“软件(结构)设计说明(SDD)”和“软件实现方案”(可视软件规模及复杂性等情况而定),主要是详细设计说明、软件结构设计及程序运行过程的详细描述等,由于软件详细设计涉及的具体内容太多且篇幅有限,并可借助具体软件设计工具 Office Visio 或 Power Designer 等完成图表(建模)及文档格式的编写,特此留作实验内容,具体详细内容及模板参见书后附录 B。

2. 设计文档的评审

设计评审也称为设计复审,是指对设计文档及其内容的集中审查验收的过程。对软件实现的质量保证具有重要意义。

(1) 评审的原则。评审的主要目的是尽早发现设计问题及时修改完善。评审中提出的问题应做详细记录,但不求当场解决。评审结束前,应做出本次评审是否通过的结论。

(2) 评审的主要内容。审查模块的设计是否满足功能和性能等需求指标中的各项要求,选择的算法和数据结构是否合理、是否符合编码语言特性,设计描述是否简单清晰等。

(3) 评审的方式。评审分正式和非正式两种方式,非正式评审均为同行,其特点是参加人员少、方便灵活。“走查”是一种非正式评审,评审时有一名设计人员逐行宣读设计资料,由到会同行跟随他指出的次序逐行审查,发现问题就做好记录,然后根据多数参加者的意见,决定是否通过该设计资料。正式评审除软件开发人员外,还邀请用户代表和领域专家参加,通常采用答辩方式,回答与会者的问题并记录各种重要的评审意见。

“软件总体设计文档评审记录表”和“软件详细设计文档评审记录表”的特点:突出了设计文档评审中的不符合项的跟踪记录,其不符合项主要是在系统功能、性能、接口的设计上存在的遗漏或缺陷。一旦在评审中发现,就要马上记录在案,只有当不符合项为零时,评审才能最后通过。因此,评审可能进行多次。评审意见可指出设计文档中的不符合项、强项和弱项。复审前还应做好准备工作:为每个模块准备一份功能等说明,为每个模块提供一份接口说明,定义局部的和全程的数据结构,给出所有的设计限制或约束,必要时应当进一步进行设计“优化”和修改完善。

讨论思考

(1) 总体设计文档的主要工作是什么?

(2) 详细设计文档的主要内容是什么?

4.8 实验四 编写详细设计文档

4.8.1 实验目的

(1) 认真完成软件系统的总体设计。

(2) 在总体设计的基础上完成软件的详细设计工作。

(3) 完成主要程序(模块)设计具体说明。

(4) 写出具体的详细设计文档。

4.8.2 实验内容及步骤

进行软件系统的结构设计、逐个模块的程序描述(包括各模块的功能、性能、输入、输出、算法、程序逻辑、接口等)。

实验学时:4学时(可以包括课外安排的实践学时)。

实验内容及步骤主要包括如下。

(1) 进行软件应用系统的结构设计。

(2) 具体对主要程序及模块程序进行详细描述。

(3) 按照下面体系结构(具体的详细内容及编写模板参见书后附录B)要求和步骤完成详细设计文档。

注意:应该注意同时进行用户界面设计等。

目　录

4.8.3 实验结果

(1) 实验结果：上交实验报告。

实验报告要求：除了实验项目名称、实验目的、实验内容、实验步骤外，还应该有以下具体内容。

至少包括所选应用软件项目其中的输入、查询、统计和增、删、改 6 个模块的详细设计及其程序结构等描述。并可借助具体软件设计工具 Office Visio 或 Power Designer 等完成图表(画出程序流程图等主要图表)及整个"详细设计文档"的编写。

(2) 实验小结。

提示说明：对照上述实验目的、实验要求、实验内容、实验步骤和实验内容等方面的完成情况，进行认真具体总结。

4.9 本章小结

软件系统设计的总体目标是将需求分析阶段得到的目标系统的逻辑模型，转换为目标系统的物理模型，包括确定能实现软件功能、性能要求集合的最合理的软件系统结构，设计实现的算法和数据结构。

通常将软件设计分为总体设计(又称为概要设计)和详细设计(又称为过程设计)两个阶段。

总体设计的主要任务是，通过仔细分析软件规格说明，适当地对软件进行功能分解，从而将软件划分为模块，并且设计出完成预定功能的模块结构。

详细设计应根据总体设计提供的文档，确定每一个模块的算法、内部的数据组织，选定工具表达清晰正确的算法，编写详细设计文档、详细测试用例与计划。

根据实际应用和软件系统的特点，详细设计阶段还需要进行数据库设计、网络系统设计、用户界面设计等，对于软件开发及实现也很重要。

软件设计的最后结果是软件设计文档和软件实现方案。

4.10 练习与实践四

1. 填空题

(1) 软件工程中的总体设计又称为________。

(2) 在软件工程中的设计阶段,需要充分体现软件工程的________、抽象、信息隐蔽等基本原则。

(3) 系统详细设计阶段最后产生的文档是________。

(4) 软件运行中的浮动位置菜单又称为________。

(5) 数据的显示形式主要包括字符显示和________。

2. 选择题

(1) 以下(　　)不属于系统设计。

A. 总体设计　　B. 详细设计　　C. 过程设计　　D. 需求设计

(2) (2) 为了提高模块的独立性,模块之间最好是(　　)。

A. 公共耦合　　B. 控制耦合　　C. 数据耦合　　D. 内容耦合

(3) 详细设计的任务是确定每个模块的(　　)。

A. 外部特性　　B. 算法和数据结构

C. 内部特性　　D. 功能

(4) 数据库设计时的概念数据模型一般用(　　)图表示。

A. PAD　　B. E-R　　C. E-P　　D. HIPO

(5) 以下(　　)不属于报告的布局。

A. 块结构报表　　B. 列表报表

C. 栈结构报表　　D. 组结构报表

3. 简答题

(1) 系统设计分成哪两个阶段? 各要完成什么任务?

(2) 总体设计的原则有哪些?

(3) 软件总体设计与详细设计的区别有哪些?

(4) 模块的耦合性、内聚性包括哪些种类?

(5) 数据库设计的要点有哪些?

(6) 网络系统设计的要点有哪些?

(7) 用户界面应具备哪些特性?

(8) 用户界面有哪些基本类型? 设计要点是什么?

4. 实践题

(1) 深入调查一个软件开发项目,完成“软件总体设计文档”或“详细设计文档”。

(2) 对所选软件开发项目进行网络系统设计,写出设计的要点。

(3) 对所选软件开发项目进行用户界面设计,写出设计的要点。

CHAPTER

第 5 章

面向对象开发技术

面向对象技术主要强调在软件研发过程中面向客观现实世界或问题域中的事物，采用人类在认识客观世界的过程中普遍习惯运用的思维方法，更加直观、自然地描述客观世界中的有关事物，成为计算机界关注的重点和软件开发方法的主流。面向对象(Object Oriented,OO)是软件开发方法。面向对象的概念和应用已超越了程序设计和软件开发，扩展到如数据库系统、交互式界面、应用结构、应用平台、分布式系统、网络管理结构、CAD 技术、人工智能等领域，其发展前景更为广阔。

教学目标

- 掌握面向对象及其方法的有关概念和特点。
- 理解面向对象软件的主要开发任务及过程。
- 熟悉面向对象分析(OOA)和面向对象设计(OOD)方法。
- 掌握一种面向对象分析和设计的方法的实际应用。

5.1 面向对象的相关概念

【案例 5-1】 面向对象是当前计算机界关心的重点，它是 20 世纪 90 年代软件开发方法的主流。面向对象的概念和应用已超越了程序设计和软件开发，扩展到很宽的范围，如数据库系统、交互式界面、应用结构、应用平台、分布式系统、网络管理结构、CAD 技术、人工智能等领域。

从世界观的角度可以认为：①面向对象的基本哲学是认为世界是由各种各样具有自己的运动规律和内部状态的对象所组成的；②不同对象之间的相互作用和通信构成了完整的现实世界。因此，人们应当按照现实世界这个本来面貌来理解世界，直接通过对象及其相互关系来反映世界。这样建立起来的系统才能符合现实世界的本来面目。

从方法学的角度可以认为：①面向对象的方法是面向对象的世界观在开发方法中的直接运用；②它强调系统的结构应该直接与现实世界的结构相对应，应该围绕现实世界中的对象来构造系统，而不是围绕功能来构造系统。

5.1.1 对象与类

学习和掌握面向对象的开发技术,需要理解面向对象的相关概念。

1. 对象及其三要素

对象(Object)是描述客观事物的一个抽象(实体),是构成系统的基本单位。面向对象方法学以对象分解代替了传统方法的功能分解。面向对象的软件系统由对象组成,复杂的对象由简单的对象组合而成。**对象具有三要素**:对象标识、属性和服务。其中,**对象标识**(Object Identifier)为对象的名字,用于唯一地识别系统内部对象,在定义或使用对象时指定。**属性**(Attribute)也称为状态(State)或数据(Data),**用于**描述对象的静态特征。在某些 OOP 语言中,属性通常称为成员变量(Member Variable)或简称变量(Variable)。**服务**(Service)也称为操作(Operation)、行为(Behavior)或方法(Method)等,用于描述对象的动态特征,在某些 OOP 语言中,服务通常称为成员函数(Member Function)或简称函数(Function)。

2. 封装

封装(Encapsulation)有两层含义:一是对象是其全部属性和全部服务紧密结合而形成的一个不可分割的整体;二是对象如同一个密封的"黑盒子",表示对象状态的数据和实现操作的代码都被封装在其中,封装是对象的一个重要特性。在面向对象的系统中,对象是一个封装数据属性和操作行为的实体。使用某一对象时,只需知道其向外界提供的接口形式,无须知道其数据结构细节和实现操作的算法。

对象有两个视图,分别表现在分析设计和实现方面。在分析设计方面,对象表示一种概念,将有关现实世界的实体模型化。实现方面,一个对象表示在应用程序中所出现实体的实际数据结构。两个视图可将说明与实现分离,对数据结构和相关操作实现进行封装。

3. 类和实例

类(Class)也称为对象类(Object Class),是对具有相同属性和服务的一组对象的抽象定义。类与对象是抽象描述与具体实例的关系,一个具体的对象称为类的一个实例(Instance)。具有相同特征和行为的对象集合就是类。对象的状态包含在实例的属性中。

【案例 5-2】 "张三轿车"等具体对象可得到"轿车"类,而这些具体的对象就是该类的实例,如图 5-1 所示。

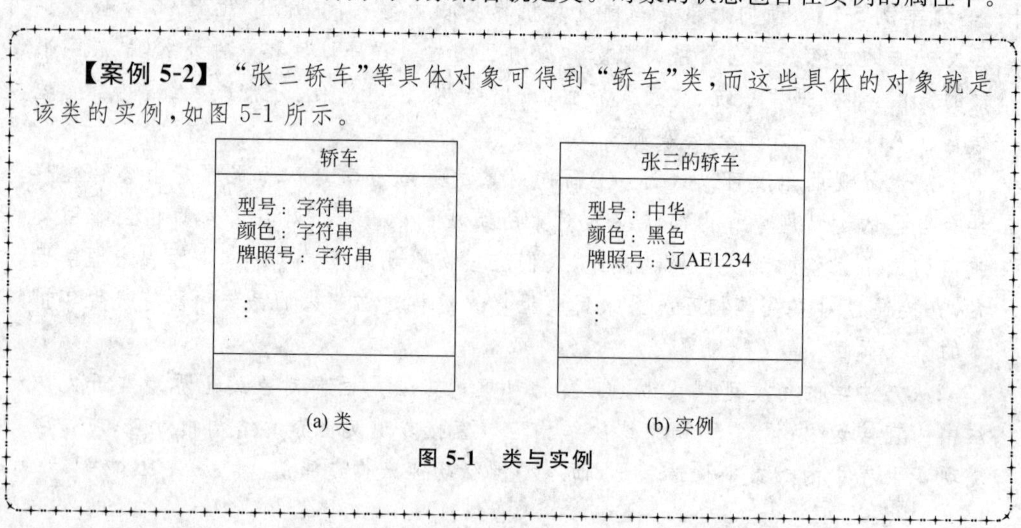

图 5-1 类与实例

类定义了各个实例所共有的结构,类的每个实例都可使用类中定义的操作。实例的当前状态是由实例所执行的操作定义的。通常类可视为一个抽象数据类型(ADT)的实现,更重要的是将类看作是表示某种概念的一个模型。实际上,类是单个的语义单元,可以很自然地管理系统中的对象,匹配数据定义及操作。类加入操作给通常的记录赋予语义,可提供各种级别的可访问性。

5.1.2 继承及多态性

1. 继承

继承(Inheritance)是父类和子类之间共享数据结构和方法的一种机制,是以现存的定义的内容为基础,建立新定义内容的技术,是类之间的一种关系。继承有两种:一是单重继承,指子类只继承一个父类的数据结构和方法;二是多重继承,指子类继承了多个父类的数据结构和方法。继承性通常表示父类与子类的关系,如图5-2所示。子类的公共属性和操作归属于父类,并为每个子类共享,子类继承了父类的特性。

图5-3是继承性描述的一种图示方法。通过继承关系还可构成层次关系,单重继承构成的类之间的层次关系为一树状,若将所有无子类的类都看成还有一个公共子类,多重继承构成的类之间的关系为一个网格,而且继承关系可传递。

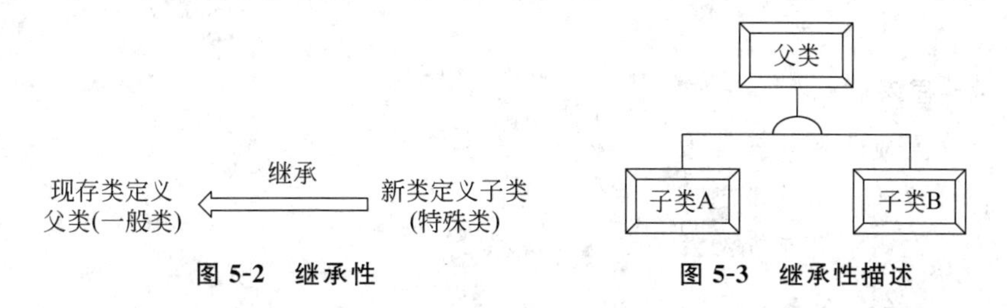

图5-2 继承性　　**图5-3 继承性描述**

建立继承结构的优点有3个:一是易编程、易理解且代码短,结构清晰;二是易修改,共同部分只在一处修改即可;三是易增加新类,只须描述不同部分。

2. 多态性和动态绑定

多态性(Polymorphism)是指多种类型的对象在相同的操作或函数、过程中取得不同结果的特性。利用多态技术时,用户可发送一个通用的消息,而实现的细节则由接受对象自行决定,这样同一消息就可调用不同的方法。多态性不仅增加了面向对象软件的灵活性,进一步减少了信息冗余,而且显著提高了软件的可重用性和可扩充性。多态有多种不同形式,其中参数多态和包含多态统称为通用多态,过载多态和强制多态则统称为特定多态。

动态绑定(Dynamic-binding)是多态性的基石之一。将函数调用与目标代码块的连接延迟到运行时进行,只有发送消息时才与接收消息实例的一个操作绑定。它与多态性可使建立的系统更灵活易于扩充。

5.1.3 消息与方法

1. 消息与消息通信

消息(Message)是向对象发出的服务请求,包含信息为:提供服务的对象标识、消息名、输入信息和回答信息。对象与传统的数据有本质区别,不是被动地等待外界对其进行操作,而是进行处理的主体,必须对其发消息请求以执行其某个操作,处理其私有数据,而不能从外界直接对其私有数据进行操作。

消息通信(Communication with messages)与对象的封装原则密切相关。封装使对象成为各司其职、互不干扰的独立单位;消息通信则为其提供唯一合法的动态联系途径,使其行为可以互相配合,构成一个有机的系统。

2. 方法

方法(Method) 指在对象内的操作。数据描述对象的状态,操作可操纵私有数据,改变对象的状态。当其他对象向该对象发出消息并响应时,其操作才得以实现。方法是类中操作的实现过程,一个方法包括方法名、参数及方法体。方法描述了类与对象的行为,每个对象都封装了数据和算法两个方面,数据由一组属性表示,而算法即是当一个对象接收到一条消息后,它所包含的方法决定对象如何动作。通常是在某种编程语言下实施的运算。

讨论思考

(1) 什么是对象及其三要素?什么是类及实例?

(2) 怎样理解继承及多态性?举例说明。

(3) 举例说明消息与方法及其之间的关系。

5.2 面向对象方法概述

5.2.1 面向对象方法的概念

从20世纪70年代末开始,传统的软件工程方法对克服"软件危机",促进软件产业的发展起到重要作用。面向过程和面向数据的开发方法、软件项目的工程化管理、软件工具及开发环境,以及软件质量保障体系都极大地促进了软件工程技术及应用。

随着软件形式化方法及新型软件的开发,传统的软件工程方法的局限性逐渐显现;由于软件本质上是信息处理系统,传统的软件工程方法是面向过程的,将数据和处理过程分离,增加了软件开发的难度。其求解过程是先对应用领域(问题空间)进行分析,建立起问题空间的逻辑模型,再通过一系列复杂的转换和算法,构造软件系统获取解空间。由于问题空间与解空间的模型及描述方式不同,转换过程复杂,特别更难适应复杂系统和普遍存在的需求变化。而且,难以支持软件复用技术。

为了进一步提高软件研发效率、系统稳定性、可维护性和可重用性,20世纪80年代末,出现了面向对象方法。**面向对象的方法**将软件系统看作一系列离散的解空间对象的集合，并使问题空间的对象与解空间对象尽量一致，这些解空间对象相互之间发送消息相互作用，从而获得问题空间的解。因此，问题空间与解空间的结构、描述的模型一致，减少了软件系统开发的复杂度，使系统易于理解和维护。

面向对象方法(Object-Oriented Method，OOM)是面向对象技术和方法在软件工程中的全面运用，包括面向对象分析(Object-Oriented Analysis，OOA)、面向对象设计(Object- Oriented Design，OOD)、面向对象编程(Object-Oriented Program，OOP)、面向对象测试(OOT)和面向对象维护等方法，在此主要概述前两部分。

Coad 和 Yourdon 对**面向对象的定义**：面向对象＝对象＋类＋继承＋消息通信，具有这4个概念的软件开发方法称为**面向对象方法 OOM**。面向对象方法学的出发点和基本原则，使软件开发的方法和过程尽可能接近人类认识现实世界解决问题的方式方法和思维方式。只有同时使用对象、类、继承与消息通信，才能体现面向对象的特征和方法。

5.2.2 面向对象方法的特点

面向对象的开发方法 OOSD(Object-Oriented Software Development)的基本思想是尽可能按照人类认识世界的方法和思维方式分析和解决问题，可提供更加清晰的需求分析和设计，是指导软件开发的系统方法。OOSD 贯穿于整个软件生命期，其中面向对象的分析与设计是面向对象开发的关键。OOM 具有4个**主要特点**。

(1) 符合人类分析解决问题的习惯思维方式。传统软件开发方法对各阶段进行综合考虑面向过程，以算法为核心，将数据和过程相互独立，程序用于处理这些数据。以计算机的观点将数据和代码分离，忽视了数据和操作之间的内在联系，使以此方法设计的软件的解空间与问题空间不一致。而 OOM 以对象为核心，强调模拟现实世界中的概念而非算法，尽量用符合人类认识世界的思维方式渐进地分析解决问题，使问题空间与解空间一致，利于对开发过程各阶段综合考虑，有效地降低开发复杂度，提高软件质量。

(2) 各阶段所使用的技术方法具有高度连续性。传统的软件开发过程用瀑布模型描述，其主要缺点是将充满回溯的软件开发过程硬性地分割为几个阶段，而且各阶段所使用的模型、描述方法不相同。而 OOM 使用喷泉模型作为其工作模型，软件生存期各阶段无明显界限，开发过程回溯重叠，用相同的描述方法和模型保持连续。

(3) 开发阶段有机集成有利系统稳定。将 OOA、OOD、OOP 有机集成，始终围绕着建立问题领域的对象(类)模型进行开发过程，而各阶段解决的问题又各有侧重。由于构造软件系统以对象为中心，而不是基于对系统功能分解，当功能需求改变时不会引起其结构变化，使其具有稳定性和可适应性。

(4) 重用性好。利用复用技术构造新软件具有很大灵活性，由于对象所具有的封装性和信息隐蔽，使对象的内部实现与外界隔离，具有较强独立性，所以，对象类提供了较理想的可重用软件成分，而其继承机制使得 OO 技术实现可重用性更方便、自然和准确。

5.2.3 面向对象开发过程及范型

1. 面向对象开发过程

OOM 不仅是一些具体的软件开发技术与策略，而且是一整套处理软件系统与现实世界的关系并进行系统构造的软件方法学。面向对象软件的开发过程与其他方法不同,从问题论域开始,历经从问题提出到解决的一系列过程。**开发过程中的步骤**如下。

(1) 分析阶段。分析阶段包括两个步骤:论域分析和应用分析。标识问题论域中的抽象,在分析时找到特定对象,基于对象的公共特性将其组合成集合,标识出对此问题的一个抽象,并标识抽象之间的关系,建立对象之间的消息连接。

① 论域分析。主要开发问题论域模型。在应用分析前进行论域分析,了解问题前对问题集思广益,考察问题论域内的较宽范围,分析覆盖范围应比直接要解决问题更广泛。

② 应用分析。应用(或系统)分析细化在论域分析阶段所开发的信息,并将注意力集中在当前要解决的问题。通过论域分析,分析人员可具有较宽论域知识,有助于更好抽象。

(2) 高层设计。在OOD中,软件体系结构设计与类设计常为同样过程,但还应将体系结构设计与类设计分开。在高层设计阶段,设计应用系统的顶层视图。如同开发一代表系统的类,通过建立该类的一个实例并发送给它一个消息以完成系统的"执行"。

(3) 开发类。主要依据高层设计所标识的对各类的要求和类的规格说明,进行类开发。由于一个应用系统通常是一个类的继承层次,对这些类的开发是最基本的设计活动。

(4) 建立实例。建立各对象的实例,实现问题的解决方案。

(5) 组装测试。在按照类与类之间的关系组装一个完整的应用系统的过程中进行测试。各类的封装和类测试的完备性可减少组装测试所需成本。

(6) 维护。维护的要求将影响应用和各类。继承关系可支持对现有应用的扩充,或加入新的行为,或改变某些行为的工作方式。

2. 面向对象的软件开发范型

(1) 改进了传统软件开发方法。在控制问题求解的规模和复杂度,提高软件系统的易理解性等方面结构化方法起到重要作用,但是,这种方法却很难实现软件重用,导致软件生产效率低下,质量难以保证且难以维护。

(2) 面向对象的软件开发方法按照同传统软件开发一样的步骤,同样要经历分析、设计、编码实现和测试的生命周期。在软件开发的生命周期中的每个阶段中都运用了面向对象的思想。面向对象技术导致了软件构件可以方便地被复用,尤其是基于程序构件的复用,通过利用组装可重用的构件快速地开发新软件系统。

(3) 大部分面向对象软件开发模型都包括以下内容。

① 分析用户的需求,提炼对象。

② 将现实中问题领域的对象抽象成计算机软件中的对象。

③ 分析并描述对象之间的关系。

④ 根据用户的需求,不断地修改并完善。

5.2.4 面向对象开发方法

1. OOSE方法

面向对象软件工程(OOSE)方法是1992年I. Jacobson在其出版的专著《面向对象的

软件工程》中提出的。OOSE 方法采用五类模型建立目标系统，将面向对象的思想应用于软件工程中。这 5 类**模型**如下。

(1) 需求模型(Requirements Model,RM)。主要用于获取用户的需求、识别对象，主要的描述手段有用例图(Use case)、问题域对象模型及用户界面。

(2) 分析模型(Analysis Model,AM)。主要用于定义系统的基本结构。通过将 RM 中的对象，分别识别到 AM 中的实体对象、界面对象和控制对象三类对象中。每类对象都有各自的任务、目标并模拟系统的某个方面。

实体对象由使用事件确定，模拟在系统中需要长期保存并加以处理的信息，通常与现实生活中的一些概念符合。界面对象的任务是提供用户与系统之间的双向通信，在使用事件中所指定的所有功能都直接依赖于系统环境，它们都放在界面对象中。而控制对象的典型作用是将另外一些对象组合形成一个事件。

(3) 设计模型(Design Model,DM)。AM 只注重系统的逻辑构造，而 DM 需要考虑具体的运行环境，将在分析模型中的对象定义为模块。

(4) 实现模型(Implementation Model,IM)，即用面向对象语言 OOL 来实现。

(5) 测试模型(Testing Model,TM)。测试的重要依据是 RM 和 AM，测试的方法与技术同第 7 章软件测试介绍的类似，而底层是对类(对象)的测试。TM 实际上是一个测试报告。

OOSE 的开发活动主要分为分析、构造和测试 **3 个过程**，如图 5-4 所示。其中分析过程分为需求分析(Requirements analysis)和健壮分析(Robustness analysis)两个子过程，分析活动分别产生需求模型和分析模型。构造活动包括设计(Design)和实现(Implementation)两个子过程，分别产生设计模型和实现模型。测试过程包括单元测试(Unit testing)、集成测试(Integration testing)和系统测试(System testing)3 个过程，共同产生测试模型。

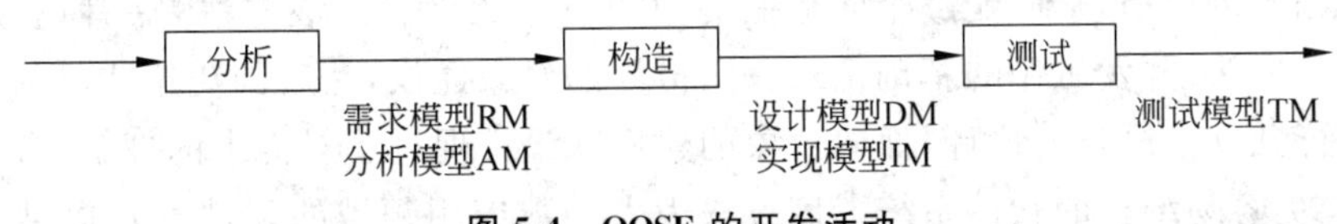

图 5-4 OOSE 的开发活动

用例(Use case)是 OOSE 中的重要概念，在开发各种模型时，用例是贯穿 OOSE 活动的核心，描述了系统的需求及功能。用例实际上是从使用者的角度来确定系统的功能，描述系统用户(也称为使用者)对于系统的使用情况。所以，应先分析确定系统的使用者，然后进一步考虑使用者的主要任务及使用的方式，识别所使用的事件，即用例。如图 5-5 所示，使用者以“人形”表示，“椭圆”表示用例，“大的矩形框”表示系统的边界。用“箭头线”连接使用者和用例或用例之间关系，表示使用者驱动事件的完成。用例之间通常有“使用”和“扩展”两种关系。

用例定义需求，提供了很好的需求分析策略和描述手段，弥补了以前的面向对象需求中的缺陷。另一重大贡献是定义了交互图，交互图对一组相互协作的对象，在完成一个 Use case 时执行的操作及它们之间传递的消息和时间顺序做了更精确的描述。

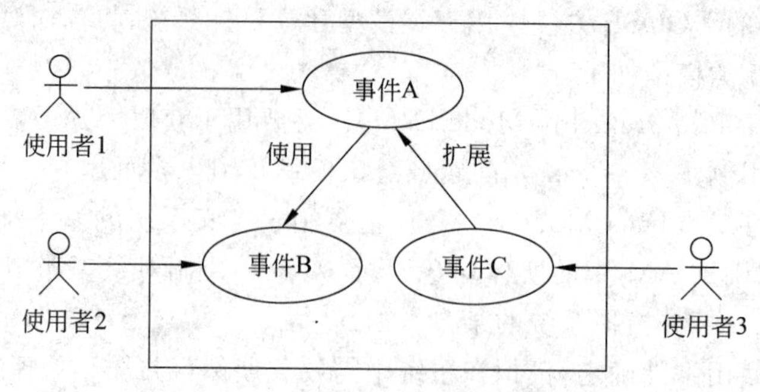

图 5-5 用例图

2. 常见的面向对象开发方法

目前,面向对象开发方法的研究已日趋成熟,已有很多面向对象产品问世。其开发方法有 Coad 方法、Booch 方法、OMT 方法和 UML 语言等。

(1) Booch 方法。Booch 最先描述了面向对象的软件开发方法的基础问题,指出面向对象开发是一种根本不同于传统的功能分解的设计方法。面向对象的软件分解更接近人对客观事务的理解,而功能分解只通过问题空间的转换来获得。

(2) Coad 方法。1989 年 Coad 和 Yourdon 提出了面向对象开发方法。该方法的主要优点是通过多年来大系统开发的经验与面向对象概念的有机结合,在对象、结构、属性和操作的认定方面,提出了一套系统的原则。该方法完成了从需求角度进一步进行类和类层次结构的认定。尽管 Coad 方法没有引入类和类层次结构的术语,但事实上已经在分类结构、属性、操作、消息关联等概念中体现了类和类层次结构的特征。

(3) OMT 方法。对象建模技术(Object Modeling Technique,OMT)是美国通用电气公司提出的一套系统开发技术。它以面向对象的思想为基础,通过对问题进行抽象,构造出一组相关的模型,从而能够全面地捕捉问题空间的信息。该方法是一种新兴的面向对象的开发方法,开发工作的基础是对真实世界的对象建模,然后围绕这些对象使用分析模型来进行独立于语言的设计,面向对象的建模和设计促进了对需求的理解,有利于开发得更清晰、更容易维护的软件系统。该方法为大多数应用领域的软件开发提供了一种实际的、高效的保证,努力寻求一种问题求解的实际方法。

(4) UML 语言。1995 年至 1997 年软件工程领域取得重大进展,其成果超过软件工程领域过去十多年的总和,最重要的成果之一是统一建模语言(Unified Modeling Language,UML)的出现。UML 成为 OO 技术领域内占主导地位的标准建模语言,是一种定义良好、易于表达、功能强大且普遍适用的建模技术和方法,融入了软件工程领域的新思想、新方法和新技术。其作用域不限于支持面向对象的分析与设计,还支持从需求分析开始的软件开发全过程。不仅统一了 Booch 方法、OMT 方法、OOSE 方法的表示方法,而且对其作了进一步的发展,最终统一为大众接受的标准建模语言。将在后续内容中进一步概述。

讨论思考

(1) 面向对象包括哪些主要概念?它们的具体含义是什么?

(2) 面向对象具有哪些特征?

(3) 面向对象的软件开发过程是怎样的?

5.3 面向对象分析

面向对象分析(OOA)的**目标**是获取用户需求并建立一系列问题域的精确模型,描述满足用户需要的软件。OOA 所建立的模型应表示出系统的数据、功能和行为 3 方面的基本特征。先要进行调研分析,在理解需求的基础上建立并验证模型。对复杂问题的建模,需要反复迭代构造模型,先构造子集、后构造整体模型。

5.3.1 面向对象分析的任务

1. 面向对象分析的原则

OOA 阶段是获取和描述用户需求并建立问题域对象模型的过程。分析系统中所含的所有对象及其相互间的关系,为建立分析模型,**OOA** 应遵照 5 个**基本原则**: 一是建立信息域模型;二是描述功能;三是表达行为;四是划分功能、数据、行为模型,揭示更多的细节;五是以早期模型描述问题实质,以后期模型给出实现细节,这是 OOA 的基础。

2. 面向对象分析的任务

OOA 的**关键**是定义所有与待解决问题相关的类,包括类的操作和属性、类与类之间的关系以及它们表现出的行为,主要完成 6 项任务。

(1) 全面深入调研分析,掌握用户各项业务需求细节及来龙去脉。

(2) 准确标识类,包括定义其属性和操作。

(3) 认真分析定义类的层次关系。

(4) 明确表达对象与对象之间的关系(对象的连接)。

(5) 具体确定模型化对象的行为。

(6) 建立系统模型。反复运用前面的过程,通过上述分析,建立系统的 3 种模型: 描述系统数据结构的对象模型,描述系统控制结构的动态模型,描述系统功能的功能模型。主要从不同侧面描述或表示系统的内容,以及相互影响、相互制约、有机地结合,全面表达对目标系统的需求。

5.3.2 面向对象分析的过程

OOA 是利用面向对象的概念和方法为软件需求建造模型,使用户需求逐步精确化、一致化、完全化的分析过程,也是提取需求的过程,**主要包括**理解、表达和验证 3 个**过程**。通常,由于现实世界中的问题较为复杂,分析过程中的交流又具有随意性和非形式化等特点,软件需求规格说明的正确性、完整性和有效性需要进一步验证,以便及时进行修正。

OOA 中建造的模型主要有对象模型、动态模型和功能模型 3 种。其关键是识别出问题域中的对象,在分析其之间相互关系基础上,建立问题域的简洁、精确和可理解的模型。对象模型常由 5 个层次组成: 类与对象层、属性层、服务层、结构层和主题层,其层次对应着 OOA 过程中建立对象模型的五项主要活动：发现对象、定义类、定义属性、定义服务、设计结构。面向对象分析过程如图 5-6 所示。

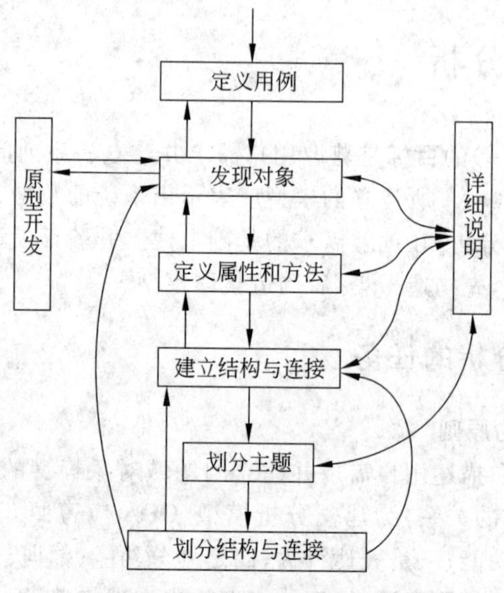

图 5-6 面向对象分析过程

5.3.3 对象建模技术

为了减少问题的复杂性，可利用模型将知识规范地进行表示。模型由一组图示符号和组织这些符号的规则组成，用于定义和描述问题域中的术语和概念。

对象建模技术(Object Modeling Technique，OMT)主要用于 OOA、系统设计和对象级设计。可将分析时获取的需求信息构建在对象模型、功能模型和动态模型三类模型中。各模型分别侧重系统的一个方面，从不同角度构成了对系统的完整描述，解决了对象模型定义“对谁做”，状态模型定义“何时做”，功能模型定义“做什么”的问题。

1. 建立对象模型

对象模型是 OOA 最关键的模型之一，主要描述系统中对象的静态结构、对象之间的关系、对象的属性和操作。利用包含对象和类的关系图表示，通过表示静态的、结构上的、系统的“数据”特征，为动态模型和功能模型提供基本框架。

建立对象模型时，首先确定对象和类，然后分析对象的类及其相互之间关系。对象类与对象间的关系可分为 3 种：一般-特殊(继承或归纳)关系、聚集(组合)关系和关联关系。对象模型用类符号、类实例符号、类的继承关系、聚集关系和关联等表示。有些对象具有主动服务功能，称为主动对象。对复杂系统，可划分主题画出主题图，有助于对问题的理解。

对象模型描述系统的静态结构包括：类和对象，它们的属性和操作，以及它们之间的关系。构造对象模型的目的是找出与应用程序密切相关的概念。

【案例 5-3】 对象模型以包含的对象及其关系图表示。在对象模型中用于表示“类、类的关联关系和链属性”的图形符号,如图 5-7 所示。其中,类的关联关系反映对象之间相互依赖及作用关系,链属性是关联中链(实例对象间的物理或概念上的连接)的性质。

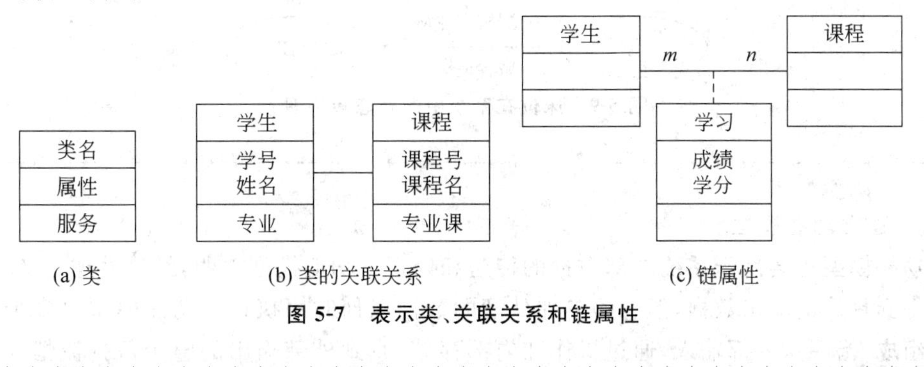

图 5-7 表示类、关联关系和链属性

使用 OMT **建立对象模型的主要步骤**如下。

(1) 确定对象类。通过分析确定所有的对象类。

(2) 定义数据词典。主要用于描述类、属性和关系。

(3) 组织并简化对象类。通过继承进行组织和简化对象类。

(4) 测试访问路径。测试所有的访问路径。

(5) 对象分组建立模块。由对象之间关系和对象的功能将对象进行分组,并建立模块。

2. 建立动态模型

动态模型主要用于系统的控制逻辑,注重对象及其关系的改变,描述涉及时序和改变的状态。动态模型包括状态图和事件跟踪图。状态图是一个状态和事件的网络,主要描述每一类对象的动态行为。事件跟踪图则主要说明系统执行过程中的一个特点“场景”,也称为脚本(Scenarios),是完成系统某个功能的一个事件序列。脚本通常从一个系统外部的输入事件开始,以一个系统外部的输出事件结束。**建立动态模型的主要步骤**如下。

(1) 准备场景。为典型的交互序列准备好场景。

(2) 建立事件跟踪图。确定对象之间的事件,为每个场景建立事件跟踪图。

(3) 绘出事件流程图。为每个系统准备一个事件流程图。

(4) 建立状态图。为具有重要动态行为的类建立状态图。

(5) 检验。检验不同状态图中共享的事件的一致性和完整性。

【案例 5-4】 宾馆信息系统中旅客和床位的状态转换图如图 5-8 和图 5-9 所示。

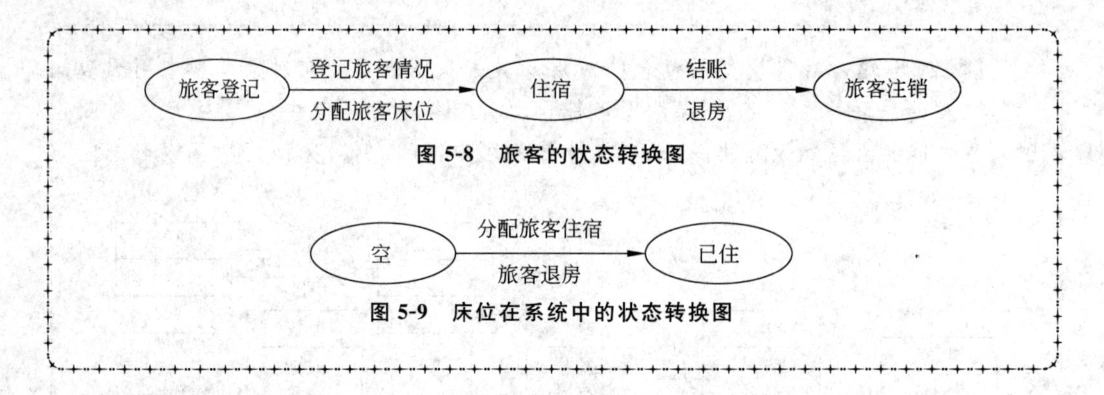

图 5-8 旅客的状态转换图

图 5-9 床位在系统中的状态转换图

3. **建立功能模型**

功能模型主要用于系统内部数据的传送和处理。功能模型表明,经过处理,从输入数据能得到具体的输出数据,但忽略参加处理的数据以何时序执行。功能模型由多个数据流图**组成**,指明从外部输入,通过操作和内部存储,直到外部输出的整个数据流情况。功能模型还包括对象模型内部数据间的限制。

功能模型中的数据流图可形成一个层次结构,一个数据流图的过程可由下一层的数据流图做进一步的说明。**建立功能模型的主要步骤**如下。

(1) 确定输出和输出值。

(2) 用数据流图表示功能的依赖性。

(3) 具体描述每个功能。

(4) 确定具体限制。

(5) 对功能确定优化的准则。

【案例 5-5】 宾馆客房信息系统数据流图如图 5-10 所示。

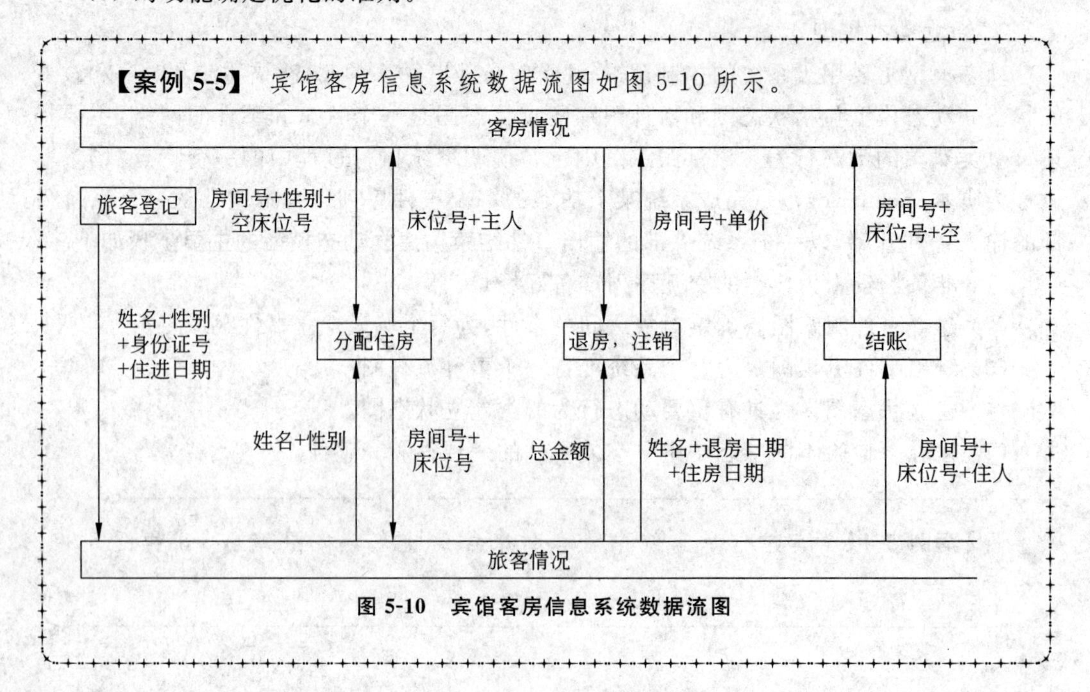

图 5-10 宾馆客房信息系统数据流图

5.3.4 UML 概述

UML(Unified Modeling Language)是一种定义良好、易于表达、功能强大且普遍适用的结构化建模语言。融入了软件工程领域的新思想、新方法和新技术。作用域不限于支持面向对象的分析与设计,还支持从需求分析开始的软件开发的全过程。目标是用面向对象的图形方式来描述系统。

1. UML 组成

UML 是综合 OOM 中使用的各种图形描述的技术,旨在给出这些图形描述的语法和语义的语言,是一种标准的图形化(即可视化)建模语言。从语法语义上,UML 由图和元模型**构成**,图是 UML 的语法,而元模型给出图的含义成为 UML 语义。

1) UML 的体系结构

UML 的体系结构如图 5-11 所示。从体系结构上,UML 由三部分组成:基本构造块、规则和公用机制。基本构造块又包括 3 种类型:事物、关系和图。其中事物划分为**4 类**。

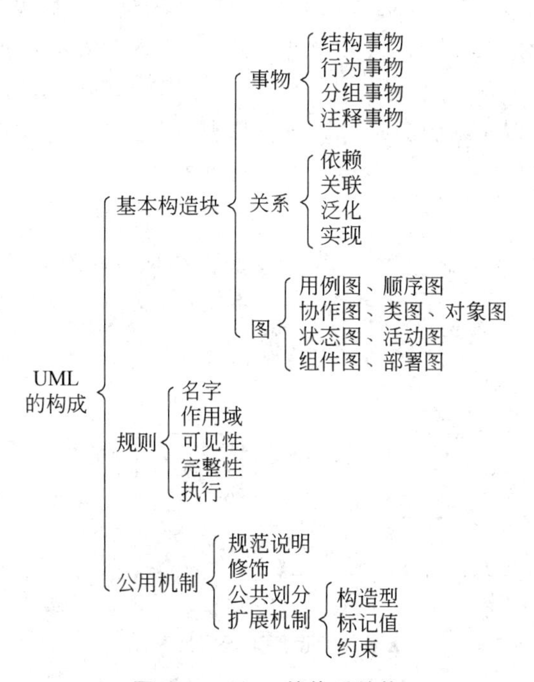

图 5-11 UML 的体系结构

(1) 结构事物。包括类、接口、协作、用例、主动类、组件和结点。

(2) 行为事物。包括交互机和状态。

(3) 分组事物。UML 中的分组事物是包。整个模型可以看成是一个根包,它间接包含了模型中的所有内容。子系统是另一种特殊的包。

(4) 注释事物。注释主要用于给建模者提供有关的具体说明信息,提供关于任意信息的文本说明,但无语义作用。

2) UML 模型元素

UML 是专门设计的一种统一描述面向对象方法的符号系统。

(1) UML 的语义。

UML 是一种基于面向对象的可视化建模语言,语义被定义在一个如下四层(4 个抽象级别)建模概念框架中。

① UML 的基本元模型层。由 UML 最基本的元素“事物”组成,代表要定义的所有事物。

② 元模型层。由 UML 的基本元素组成,包括面向对象和面向构件的概念。

③ 模型层。由 UML 模型组成,这一层的每个概念都是元模型层中概念的实例。这一层的模型通常称为类模型或类型模型。

④ 用户模型层。由 UML 模型的例子组成,这一层中的每个概念都是模型层的一个实例,也是元模型层概念的一个实例。这一层的模型通常称为对象模型或实例模型。

UML 用图形符号隐含表示了模型元素的语法,用这些图形符号组成元模型表达语义,组成模型描述系统结构(或称为静态特征)以及行为(或称为动态特征)。

(2) UML 模型元素。UML 定义了两类模型元素。一类模型元素用于表示模型中的某个概念,如类、对象、用例、结点、构件、包、接口等;另一类模型元素用于表示模型元素之间相互连接的关系,主要有关联、泛化(表示一般与特殊的关系)、依赖、聚集(表示整体与部分的关系)等。模型元素图形表示如图 5-12 所示。

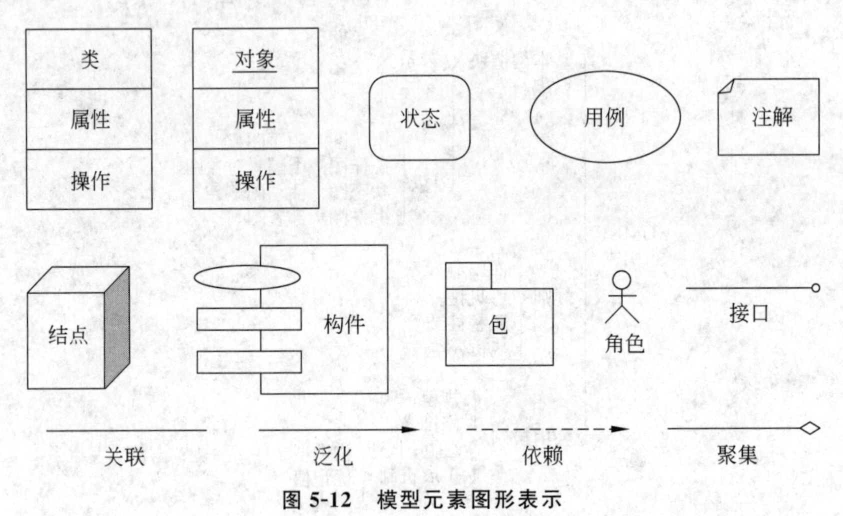

图 5-12　模型元素图形表示

(3) UML 模型图及表示法。模型通常以一组图进行表示,常用的 **UML 模型图**有五类图(共 9 种图形)来定义 UML 的主要内容:用例图、静态图(类图、对象图)、行为图(状态图、活动图)、交互图(顺序图、协作图)、实现图(构件图、配置图)。其中,类图包含类、接口、协同及其关系,用于描述逻辑视图的静态属性;对象图包含对象及其关系,用于表示某一类图的一组类的对象在系统运行过程中某一时刻的状态,对象图也是软件系统的逻辑视图的一个组成部分;组件图用于描述系统的物理实现,包括构成软件系统的各部件的组织和关系,类图里的类在实现时,最终会映射到组件图的某个组件,一个组件可以实现多个类，组件图是软件系统实现视图的组成部分；部署图用于描述系统的组件在运行时在运行结点上的分布情况，一个结点可包含一个或多个组件，部署图是软件系统部署视图的组成部分。上述 4 种模型图主要用于描述软件系统的静态结构。

描述系统动态特性用 5 种图：用例图、顺序图、协作图、状态图和活动图。用例图用于描述系统的边界及其系统功能，由用例和系统外部参与者及其之间的关联关系组成，用例图是用例视图的重要组成部分和内部的动态特性。顺序图和协作图中包含对象和消息，它们是用例视图和逻辑视图的重要组成部分。状态图和活动图主要用于描述对象的动态特性。状态图强调对象对外部事件的响应及相应的状态变迁。活动图描述对象之间控制流的转换和同步机制。UML 由视图、图、模型元素、通用机制和扩展机制组成。其中，共有 8 种视图：静态视图、用例视图、实现视图、部署视图、状态视图、活动视图、交互视图、模型管理视图。由表 5-1 可见 UML 视图和图的主要概念。

表 5-1　UML 视图和图的主要概念

视图域	视　图	图	主要概念
结构分类	静态视图	类图	类、关联、泛化、依赖关系、实现、接口
	用例视图	用例图	用例、执行者、关联、扩展、包含、用例继承
	实现视图	构件图	构件、接口、依赖关系、实现
动态行为	部署视图	部署图	结点、构件、依赖关系、位置
	状态视图	状态图	状态、事件、转换、动作
	活动视图	活动图	状态、活动、转换、分叉、连接
	交互视图	顺序图	交互、对象、消息、激活
		协作图	协作、交互、角色、消息
模型管理	模型管理视图	类图	包、子系统、模型
可扩展性	所有	所有	约束、版型、标签值

注意：容易混淆的是有时也将图称为模型，因为两者都包含一组模型元素的信息。这两个概念的区别是，模型描述的是信息的逻辑结构，而图是模型的特殊物理表示。

3) UML 模型结构

根据 UML 语义，UML 模型结构可分为元元模型、元模型、模型和用户模型 4 个抽象层次结构，如图 5-13 所示。层次关系是下一层为上一层的基础，上一层为下一层的实例。

元元模型层定义描述元模型的语言，是任何模型的基础。元元模型定义了元类、元属性、元操作等概念；元模型层定义描述模型的语言，是构成 UML 模型的基本元素，包括面向对象和构件的概念，是元元模型的一个实例；模型层定义描述信息领域的语言，且组成了 UML 模型；用户模型层表达一个模型的特定情况，是模型的实例。

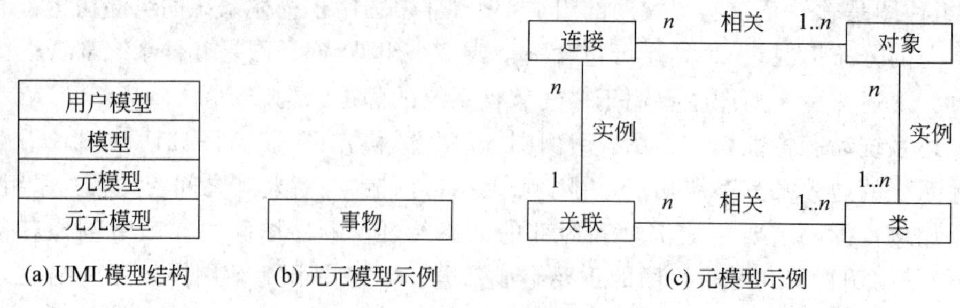

(a) UML模型结构　(b) 元元模型示例　(c) 元模型示例

图 5-13　UML 模型结构/示例

2. UML 模型及建模规则

UML 可从不同视角为系统建模,形成不同的视图。每个视图是系统完整描述中的一个抽象,代表该系统一个特定的方面;每个视图又由一组图构成,图包含了强调系统某一方面的信息。OOM 主要有 4 种**模型**:用例模型、静态模型、动态模型和实现模型。

UML 的模型图不是由 UML 语言成分简单堆砌而成,必须按特定的规则有机地组成合法的 UML 图。一个完备的 UML 模型图在语义上应一致,并且和一切与它相关的模型和谐地组合在一起。UML **建模规则**包括对以下**内容**的**描述**。

(1) 名字:任何一个 UML 成员都必须包含一个名字。

(2) 作用域:UML 成员所定义的内容起作用的上下文环境。某个成员在每个实例中代表一个值,还是代表这个类元的所有实例的一个共享值,由上下文决定。

(3) 可见性:UML 成员能被其他成员引用的方式。

(4) 完整性:UML 成员之间互相连接的合法性和一致性。

(5) 运行属性:UML 成员在运行时的特性。

一个完备的 UML 模型必须对以上内容给出完整的解释。这是建造系统所必需的,但在不同的视图中,对不同的交流侧重点,其表达可以是不完备的。在系统开发中,其模型可以出现以下 3 种情况。

① 被省略,即模型本身是完备的,但在图上某些属性被隐藏起来,以简化表达。

② 不完全,即在设计过程中某些元素可以暂时不存在。

③ 不一致,即在设计过程中暂时不保证设计的完整性。

此建模原则目的是为使开发人员在设计模型时将注意力集中在某一特定时期内对分析设计活动最重要的问题上,而暂时不过分纠缠于具体细节的完美,使模型逐步趋向完备。

3. UML 的特点及应用

(1) UML 的特点。统一标准、面向对象、吸取了面向对象技术领域中其他流派的长处、可视化、表达能力强、独立于过程、易掌握易用。主要包括如下。

① 统一标准,易使用,可视化,表达力强,易于在不同背景人员之间实际交流。

② 可用于任何软件开发过程,即前面上述各种软件工程模型都可用 UML 建模。

③ UML 内部有扩展机制,可以对一些概念进行进一步的扩展。

④ UML 的一个最重要的特征是用于建模,而不是一种方法,只是一种建模工具。

⑤ 为了模型的可视化，UML 为每一个模型元素规定了独特的图形表示符号，这些符号简洁明了能够容纳足够的语义，并且容易绘制。

(2) 使用准则。使用准则主要包括：选择使用合适的 UML 图，只对关键事物建立模型，分层次地画模型图，模型应具有协调性，模型和模型的元素大小适中。

(3) 应用领域。UML 应用贯穿于需求分析、设计、构造(编码)和测试的所有阶段。不仅适用于以面向对象方法来描述任何类型的系统，而且适用于系统开发的全过程，从需求规格描述直到系统建成后的测试和维护阶段。

UML 作为面向对象技术最重要的一种建模语言工具，特别能从不同的视角为系统建模。OOA 模型的核心是使用实例(简称用例)。用例模型是一种基于场景分析的，OOA 的一个最基本、最重要的需求导出技术。

一个用例是系统某个动作步骤的集合，主要由角色和动作组成。角色是存在于系统之外的任何事物；动作是系统的一次执行，由角色触动。

建立用例模型主要是识别角色和用例，给出系统用例视图(可以分层次的)描述和每个用例的实例脚本(文字)描述。UML 中，用例视图由角色、用例、关联和系统边界组成。

【案例 5-6】 保险业务系统的用例视图例如图 5-14 所示。

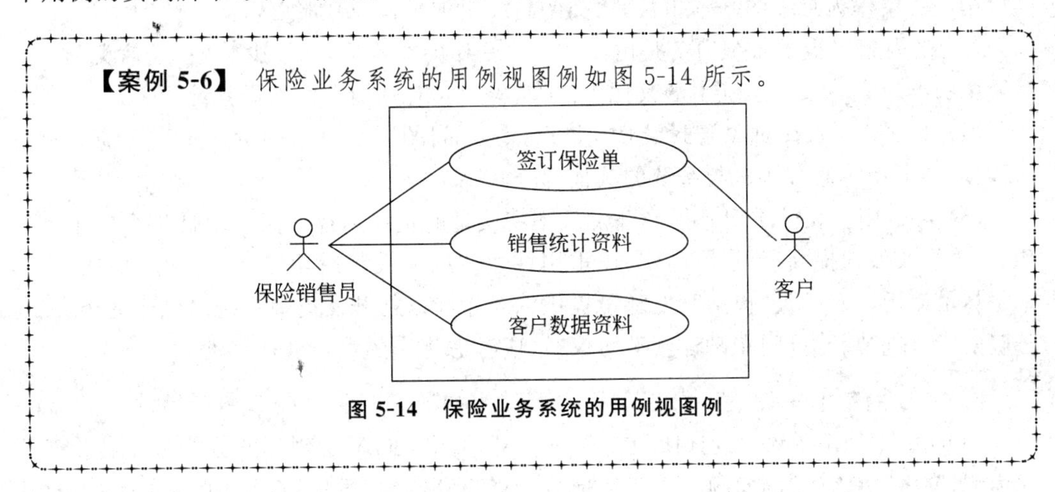

图 5-14 保险业务系统的用例视图例

讨论思考

(1) OOA 的原则是什么？

(2) OOA 的主要任务和过程有哪些？

(3) OOA 的主要方法有哪些？

5.4 面向对象设计

分析阶段主要是模拟问题域和系统任务，而 OOD 是在分析的基础上扩充完善建立求解域模型的过程，主要增加各种组成部分。OOM 对软件分析和设计不严格区分，只有分工。

5.4.1 面向对象设计的准则及任务

1. 面向对象设计的准则

由于 OOA 与 OOD 在概念、术语、描述方式上的一致性，建立一个针对具体实现的 OOD 模型，可视为按照设计的准则，对分析模型的细化。**OOD 准则**包括 5 个方面。

(1) 抽象。抽象是指强调实体的本质内在的属性，而忽略一些无关紧要的属性。在 OOA 阶段使用抽象仅涉及应用域的概念，在理解问题域前不考虑设计与实现。而在 OOD 阶段，抽象概念不仅用于子系统，在对象设计中，由于对象具有极强的抽象表达能力，而类实现了对象的数据和行为的抽象。

(2) 信息隐蔽。在 OOM 中即为“封装性”，是保证软件部件具有优良的模块性的基础。也是将对象的属性及操作(服务)结合为一个整体，尽可能屏蔽对象的内部细节，软件部件外部对内部的访问通过接口实现。类是封装良好的部件，类的定义将其说明(用户可见的外部接口)与实现(用户内部实现)分开，而对其内部的实现按照具体定义的作用域提供保护。对象作为封装的基本单位，比类的封装更加具体、更加细致。

(3) 高内聚。指子系统内部是由一些关系密切的类构成，除了少数的“通信类”外，子系统中的类应只与该子系统中的其他类协作，构成具有强内聚性的子系统。

(4) 低耦合。按照抽象与封装性，使子系统之间的联系尽量的少。子系统应具有良好的接口，子系统通过接口与系统的其他部分联系。

(5) 可重用。软件重用是提高开发效率和质量的重要途径。高内聚低耦合的子系统和类，才能有效地提高所设计部件的可重用性。重用从设计阶段开始，有两方面的含义：一是尽量使用已有的类，包括开发环境提供的类库和以往开发类似系统时创建的类；二是若确实需要创建新类，则在设计新类协议时，应考虑将来的可重复使用性。

2. OOD 的基本任务

OOD 是 OOM 在软件设计阶段应用与扩展，是将 OOA 所创建的分析模型转换为设计模型，解决“怎么做”的问题。**主要目标**是提高开发效率、质量和可维护性。在 OOD 中为了实现系统，需要以 OOA 模型为基础，重新定义或补充一些新的类，或在原有类中补充或修改一些属性及操作。所以，具体目标是产生一个满足用户需求，可实现的 OOD 模型。

OOD 还可细分为系统设计和对象设计。系统设计确定实现系统的策略和目标系统的高层结构。对象设计确定解空间中的类、关联、接口形式及实现服务的算法。两者之间的界限比分析与设计之间的界限更为模糊。

(1) 系统设计。系统设计的主要任务是：将分析模型中紧密相关的类划分为子系统(也称为主题)，子系统应具有良好的接口，且其中的类相互协作。标识问题本身的并发性，将各子系统分配给处理器，建立子系统之间的通信。子系统划分是系统设计的关键，将划分的子系统组织成完整的系统时，有水平层次和垂直块组织两种方式，层次结构又分为封闭式和开放式。封闭式指每层子系统仅用其直接下层的服务，可降低各层之间相互依赖，提高易理解性和可修改性。开放式则允许各层子系统用其下属任一层子系统提供服务。块状组织将软件系统垂直地划分为几个相对独立、弱耦合子系统，一个子系统(块)提供一种类型服务。

通常OOD模型(即求解域的对象模型)也与OOA模型(问题域的对象模型)一样，由主题、类与对象、结构和服务5个层次组成。大多数系统的OOD在逻辑上都由四部分组成：问题域子系统、人机交互子系统、任务管理子系统和数据管理子系统，是组成目标系统的子系统。但在不同的系统中，这些子系统的规模和重要性差异很大。

(2) 对象设计。模块、数据结构及接口等都集中地体现在对象和对象层次结构中，系统开发的全过程都与对象层次结构直接相关，是面向对象系统的基础和核心。OOD通过对象的认定和对象层次结构的组织，确定解空间中应存在的对象和对象层次结构，并确定外部接口和主要的数据结构。

对象设计是为每个类的属性和操作进行详细设计，包括属性和操作的数据结构以及实现算法，以及类之间的关联。另外，在OOA阶段，将一些与具体实现条件密切相关的对象，如与图形用户界面(GUI)、数据管理、硬件及操作系统有关的对象推迟到OOD阶段考虑。在进行对象设计的同时也要进行消息设计，即设计连接类与它的协作者之间的消息规约(Specification of the messages)。

(3) 设计优化。主要涉及提高效率的技术和建立良好的继承结构的方法。提高效率的技术包括增加冗余关联以提高访问效率，调整查询次序，优化算法等技术。建立良好的继承关系是优化设计的重要内容，通过对继承关系的调整实现。

5.4.2 系统设计的过程

在以OOM设计软件时，OOD模型(求解域对象模型)与OOA模型(问题域对象模型)类似，组成的5个层次为主题层、类与对象层、结构层、属性层和服务层，大多数系统的OOD模型，在逻辑上都由4大部分组成，对应组成目标系统的4个子系统：问题域子系统、人机交互子系统、任务管理子系统和数据管理子系统。分别包括：有效的人机交互所必需的实际显示和输入；放置OOA结果并管理分析的某些类及对象、结构、属性和方法；任务定义、通信和协调、硬件分配及外部系统；对永久性数据的访问和管理。**OOD模型**如图5-15所示。

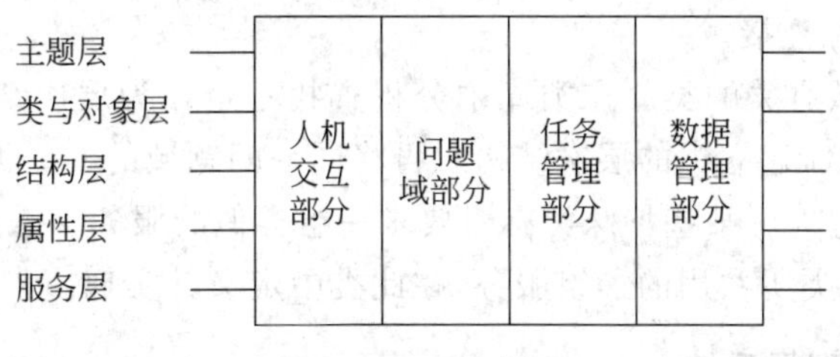

图5-15 OOD模型

OOD是将分析阶段获得的需求，转变成符合成本和质量要求的、抽象的系统实现方案的过程。分为系统设计和对象设计两个阶段设计，系统设计确定实现系统的策略和目标系统的高层结构，对象设计确定解空间中的类、关联、接口形式及实现服务的算法。**系**

统设计过程主要按照以下5个**步骤**进行。

1. 系统分解

系统分解有利于降低设计的难度,便于分工协作和对系统理解与维护。通常由所提供的功能划分子系统。一般应尽量减少子系统的数量,各子系统间接口尽可能简单明确。可相对独立地设计各个子系统。在划分和设计子系统时,应尽量减少子系统间的依赖性。软件系统中**子系统结构**的**组成**有**两种方案**:水平层次组织和块状组织。

(1) 层次组织。层次结构可以分为两种模式:封闭式和开放式。封闭式的各层子系统只用其直接下层提供服务。不仅降低了各层次之间的相互依赖性,而且更容易理解和修改。开放式的各层子系统可利用下面的任何一层子系统提供的服务。优点是减少了需要在各层重新定义的服务数量,使系统更高效紧凑。缺点是不利于信息隐蔽,对子系统的修改将影响更高层次的子系统。

(2) 块状组织。将系统分解成几个相对独立的、低耦合的子系统,每一子系统相当于一块,每块提供一种类型的服务。

(3) 设计系统的拓扑结构。可利用层次和块的各种组合,将多个子系统构成完整的软件系统。此时,典型的拓扑结构为管道型、树型、星型等。可采用与问题结构相适应的、尽量简单的拓扑结构,以减少子系统之间的交互数量。

2. 设计问题域子系统

OOD实际只需对分析阶段的问题域模型做补充或修改,主要增添、合并或分解类与对象、属性及服务,调整继承关系等。利用OOM开发软件,可保持问题域组织框架的稳定性,从而便于追踪分析、设计和编程结果。基于问题域的总体框架的系统,在设计与实现过程中进行细节修改,如增加具体类及属性或服务,并不影响开发结果的稳定性。设计问题域子系统的**主要工作**为调整需求、重用已有类设计、组合问题域类、添加一般化类等。

(1) 调整需求。当用户需求或外部环境发生变化,或分析员对问题域理解不确切或缺乏领域专家帮助,使分析模型不能完整准确反应用户真实需求时,OOA需要修改。

(2) 重用已有类设计。重用已有类设计是OOD的重要工作。步骤是:先选择可能被重用的类,并标明重用类中,在对问题域不需要的属性和操作,增加从重用类到问题域类间的一般-特殊化的关系,最后标出应用类中因继承重用类而无须定义的属性和操作,修改应用类的结构和连接。

(3) 组合问题域有关的类。在类库中分析查找一个作为层次结构树的根类,将所有与问题域有关类关联,建立类的层次结构。再将同一问题域的一些类整理存放类库中。

(4) 添加一般化类。某些特殊类有时要求一组类似的服务。需要添加一个一般化的类,定义所有此特殊类所共用的一组服务,在此类中定义其实现。

3. 设计任务管理子系统

很多对象间的相互依赖关系将影响不同对象的并发工作。需要确定必须同时动作的对象和相互排斥的对象,然后进一步设计任务管理子系统。任务也称为进程,是执行一系列活动的一段程序。当系统中出现较多并发行为时,需要依照各行为的协调和通信关系划分各种任务,简化并发行为的设计和编码。任务管理主要包括任务选择和调整,先分析任务的并发性,后设计任务管理子系统定义任务。

(1) 分析并发性。主要利用 OOM 建立的动态模型,是分析并发性的主要依据。两个对象彼此不存在交互,或同时接受事件,则这两个对象在本质上是并发的。

(2) 设计任务管理子系统。通常有以下 6 项工作。

① 确定事件驱动任务:如一些负责与硬件设备通信的任务。

② 辨识时钟驱动任务:以固定时间间隔激发某种事件,以执行某些处理。

③ 辨识优先及关键任务:以处理的优先级别或以某种特殊情况安排各任务。

④ 明确协调者:当有三个或更多任务时,可增加一个起协调作用的任务进行协调。其行为可用状态转换图进行描述。

⑤ 评审任务:为了确保满足任务的事件驱动,需要对各项任务进行评审,以时钟驱动确定优先级,或以关键任务确定任务的协调者。

⑥ 确定资源需求:由任务确定资源,可使用具体的软硬件实现某些子系统。

(3) 定义任务。**主要工作**包括明确具体任务、协调工作方法和通信方式。

① 明确具体任务:对任务进行命名,并简要进行说明。

② 协调工作方法:确定各个任务协调工作具体方法,指出时间驱动或时钟驱动。

③ 定义通信方式:定义各个任务之间通信方式,任务取/送值位置。

4. 设计数据管理子系统

在数据管理系统中存储和检索对象的基本结构由数据管理部分提供,包括对永久性数据的访问和管理。可建立在某种数据存储管理系统上,隔离数据管理机构所关心的事项。

(1) 选取数据存储管理模式。数据存储管理模式有 3 种:文件管理系统、关系数据库管理系统和面向对象数据库管理系统。前者提供基本的文件处理能力;次者利用多个表格管理数据;后者以对自身扩充或扩充的 OOL 两种方法实现。3 种模式各有其特点和适用范围,可根据应用系统的特点具体选取使用不同的模式,如设计 ATM 系统中任务管理子系统,重点是选择数据存储管理模式。

(2) 设计数据管理子系统。数据管理子系统是系统存储或检索对象的基本设施,建立在某种数据存储管理系统,并隔离数据存储管理模式(文件、关系数据库或面向对象数据库)的影响。设计此子系统主要是设计数据格式和设计相应的服务。设计数据格式的方法,应根据所用的数据存储管理模式具体确定。对不同模式、属性和服务的设计方法不同。

5. 设计人机交互子系统

人机交互设计对用户使用和工作效率产生重要影响。子系统之间一般有两种交互方式:客户-供应商(Client-Supplier)关系和平等伙伴(Peer-to-Peer)关系,尽量使用前者。

通常设计人机交互子系统时,遵循以下**准则和策略**。

1) 设计人机交互界面的准则

(1) 达到一致。尽量使术语、步骤和动作达到完全一致。

(2) 提高操作效率。人机交互界面的设计,应当尽量减少击键次数、点击鼠标的频率及下拉菜单的距离,减少输出时间。

(3) 反馈及时。使用户及时了解系统正在完成操作任务的进展情况。

(4) 提供“撤销”命令。使用户及时撤销错误动作,避免/减少错误的影响。

(5) 减少记忆。尽量不用记住界面操作方法和步骤,简洁或在操作时给出提示。

(6) 帮助使用。提供联机帮助和参考资料,供用户随时查阅。

(7) 便捷友好。易于操作,快捷新颖,富有吸引力。

2) 设计人机交互子系统的策略

(1) 用户分类。有利于设计和实现人机交互子系统各项功能。

① 按组织层次分类:行政人员、管理人员、专业技术人员、其他办事员。

② 按职能分类:顾客、职员等。

③ 按技能层次分类:外行、初学者、熟练者、专家。

(2) 用户描述。对用户的描述**主要包括**以下 6 个方面。

① 用户具体类型。

② 使用系统所要达到的目的。

③ 特征(年龄、性别、受教育程度、限制因素等)。

④ 关键的成功因素(需求、爱好、习惯等)。

⑤ 业务及操作的技能水平。

⑥ 完成本岗位业务工作的脚本。

(3) 设计命令层次。有利于设计和实现人机交互子系统各种操作命令。

① 详细调研现有的人机交互含义、准则和操作流程。

② 确定初始的命令层次:如一系列选择屏幕、一个按钮或一系列图标。

③ 精化命令层次:对命令次序及归纳关系、层次的宽度和深度尽量要精简且容易操作。

(4) 设计人机交互类。便于提供人机交互的类别操作,如 Visual C++ 语言提供了 MFC 类库,设计人机交互类时,只需从其类库中选择合适的类,再派生出需要的类。

5.4.3 对象设计的过程

OOA 阶段的对象模型,一般并无描述类中的服务。OOD 阶段是扩充、完善和细化对象模型的过程,设计类中的服务、实现服务的算法是 OOD 的一个重要任务,还要设计类的关联、接口形势及进行设计优化。

1. 对象描述

对象是类或子类的一个实例,**对象的设计描述**可选择以下两种形式。

(1) 协议描述。通过定义对象可以接收的每个消息和当对象接收到消息后完成的相关操作来建立对象的接口。协议描述则是一组消息和对消息的注释。对有很多消息的大型系统,可能要创建消息的类别。

(2) 实现描述。描述是由传送给对象的消息所蕴含的每个操作的实现细节,包括对象名的定义和类的引用、关于描述对象的属性的数据结构的定义及操作过程的细节。

2. 设计类中的服务

(1) 确定类中应有的服务。需要综合考虑对象模型、动态模型和功能模型才能确定类中应有的服务。对象模型是对象设计的基本框架,常在各类中列出很少最核心服务。将其中对象的行为和功能模型中的数据处理,转换成由适当的类所提供的服务。功能模型指明系统必须提供的服务。一张状态图描绘一类对象的生命周期,图中状态转换是执行对象服务的结果。状态图中状态转换所触发动作,在功能模型中有时可扩展成一张数据流图。如状态图中对相对事件的响应、数据图中的处理、输入流对象、输出流对象及存储对象等。

(2) 设计实现服务的方法。应首先设计实现服务的算法,包括算法的复杂度、算法是否便于理解实现和修改。其次是选择数据结构,应选择可以方便有效实现算法的物理数据结构。最后是定义内部类和内部操作,可能需要新添加一些用于存放中间结果的类。

3. 设计类中的关联

在对象模型中,关联是连接不同对象的桥梁和纽带,它指定了对象相互间的访问路径。在设计过程中,必须确定实现关联的具体策略。既可以选定一个全局性的策略统一实现所有关联,也可分别为每个关联选择具体实现策略,保证与在系统中的使用方式相适应。

为了更好地设计实现关联的途径,应该分析使用关联的方式。在应用系统中,使用关联有两种方式,只需单向遍历的单向关联和需要双向遍历的双向关联。单向关联用简单指针来实现,而双向关联则要用指针集合来实现。

4. 实现链属性

实现链属性应根据关联的具体情况分别处理。若为一对一关联,链属性可以作为其中一个对象的属性而存储在该对象中。对于一对多关联,链属性可作为"多"端对象的一个属性。对于多对多关联,使用一个独立的类来实现链接属性。如将"毕业设计选题"作为一个对象类,使教师类与学生类多对多关联,变为教师与毕业设计题目的一对多关联以及学生与毕业设计题目的一对一关联。

5. 优化设计

设计的优化主要依据所确定的各项质量指标的相对重要性,确定优先级,以便在优化设计时制定折中方案。通常在效率和设计清晰性之间寻求折中,有时可以用冗余的关联以提高访问效率,或调整查询次序,或保留派生的属性等方法来优化设计。究竟如何设计才算是优化,要取得用户和系统应用领域专家的认可。

5.4.4 类设计的目标及方法

1. 类设计的主要目标

类设计的第一步是标识应用所需的概念。应用分析过程包括了对问题论域所需的类的模型化;但在最终实现应用时不只有这些类,还需要追加一些类。在类设计的过程中应当做这些工作。**类设计的主要目标**如下。

(1) 单一概念的模型。在分析与高层设计阶段,常常需要使用多个类来表示一个"概念"。一般人们在使用OOM开发软件时,常常将一个概念进行分解,用一组类来表示这个概念。当然,也可以只用一个独立的类来表示一个概念。

(2) 可复用的"插接相容性"构件。希望所开发的构件可以在未来的应用中使用。因此,需要一些附加特性。例如,在相关的类的集合中界面的标准化,在一个集合内部的类的"插接相容性"等。

(3) 可靠的构件。应用软件必须是可靠的(健壮的和正确定义的)软件,而这种可靠性与它的构件有关。每个构件必须经过充分的测试。但由于成本关系,往往测试不够完备。然而,如果要建立可复用的类,则通过测试确保构件的可靠性是绝对必要的。

(4) 可集成的构件。通常将类的实例用到其他类的开发和应用中,要求类的界面应尽可能小,一个类所需要的数据和操作都定义在类定义中。类的设计应尽量减少命名冲突。面向对象语言的消息语法可通过鉴别带有实例名的操作名来减少可能的命名冲突。

类结构提供的封装使将概念集成到应用的工作更容易。封装特性保证将一个概念的所有细节都组合在同一界面,信息隐蔽则保证实现级的名字不会与其他类的名字互相干扰。

2. 类设计的方法

类中的实例通常具有相同的属性和操作,应建立一种机制表示类中实例的数据表示、操作定义和引用过程。此时,类的设计由数据模型化、功能定义和ADT定义混合而成。类是某些概念的一个数据模型,类的属性是模型中的数据域,类的操作就是数据模型允许的操作。由于两个处理互补,不可先确定其一。

类的标识分为被动和主动两种。被动类以数据为中心,是根据系统的其他对象发送来的消息修改其封装数据;主动类提供许多系统必须履行的基本操作,与被动类的实例(被动对象)一样,主动类的实例(主动对象)接收消息,但这些对象是负责发送追加消息和控制某些应用部分的。在窗口环境,窗口为被动对象,基于发送给窗口的消息显示内容。窗口管理器是一个主动对象,担负着各种在其控制的窗口上的操作。

在被动类与主动类的设计之间不存在明显的差别。在设计主动类时,需要优先确定数据模型,稍后再确定操作;在设计被动类时,将类提供的服务翻译成操作。在标识了服务之后再设计为支持服务所需要的数据。许多类都是这两个极端的混合。

类中对象的组成包括:私有数据结构、共享界面操作和私有操作。而消息则通过界面,执行控制和过程性命令,所以,需要分别讨论实现。

类的设计描述包括协议描述和实现描述两部分。

(1) 协议描述。协议描述定义了每个类可以接收的消息,建立一个类的界面。协议描述由一组消息及对每个消息的相应注释组成。

(2) 实现描述。实现描述说明了每个操作的实现细节,这些操作应包含在类的消息中。实现描述的信息构成为:一是类名和对一个类引用的规格说明;二是私有数据结构的规格说明,包括数据项和其类型的指示;三是每个操作的过程描述。

实现描述必须包含充足的信息,以提供在协议描述中所描述的所有消息的适当处理。由一个类所提供服务的用户必须熟悉执行服务的协议,即定义"什么"被描述,而服务的提供者(对象类本身)必须关心：服务如何提供给用户，即实现细节的封装问题。

讨论思考

(1) OOD的准则和任务有哪些?

(2) 系统设计及对象设计的过程分别是什么?

(3) 类设计的目标和方法有哪些?

5.5 面向对象分析和设计实例

下面结合图书管理信息系统实例，概要介绍一下面向对象分析与设计的主要方法和过程，这有助于学习探究面向对象技术和方法的实际应用。

5.5.1 图书管理信息系统OOA实例

【案例5-7】 院校广大师生都使用过图书管理信息系统(以下简称图书馆系统或系统)，比较熟悉图书借阅、还书和其他方面的实际业务过程、角色、用例和行为等。具体问题描述如下。

(1) 一个图书馆藏有图书和期刊两大类，每种图书/杂志可以有多册。

(2) 图书馆可以维护(注册、更新和删除)图书资料。

(3) 图书管理员在系统支持下，为借书者进行借还图书服务。

(4) 所有人员可以网上浏览图书馆的图书信息和各种告示。

(5) 借书者可以预约暂时借阅不到的书或杂志。

(6) 系统能够在所有流行的技术环境下运行，有一个良好的图形交互界面。

(7) 系统应该具有良好的可扩展性。

采用面向对象方法开发的图书馆系统，主要从借书者的角度分析系统的各种行为。图书馆系统有借书者、管理员、系统管理员和一般浏览者4种角色。

1. 建立用例模型

(1) 画出图书馆系统的用例视图，如图5-16所示。

(2) 给出系统每个用例的脚本描述，包括正常情景和异常情景的脚本描述。

2. 建立候选类

对非形式化的具体描述：借书者可以借、还、续借图书馆的图书；图书馆的管理员维护借书者、图书目录和书目信息；借书者还可以预约他人没有归还的图书或新书，也可以取消预约，浏览和查询个人和图书信息；每本图书可以有多本，借书者不能借超过规定数目的图书；如果借书者有超期的图书或罚金额度超过10元，则暂时不能借书。通过筛选的候选类有3类：借书者类、图书书目类和图书标题类，分别建立CRC卡，如表5-2所示。

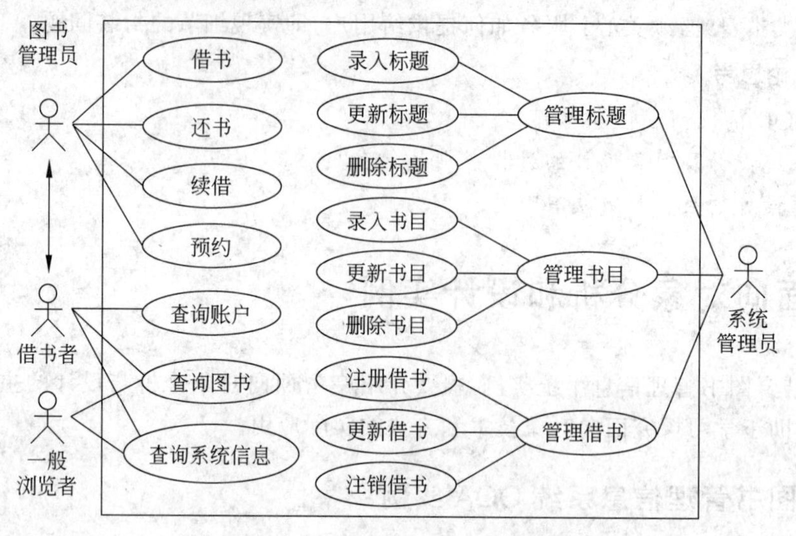

图 5-16　图书馆系统的用例视图

表 5-2　图书馆系统的 CRC 卡

借书者类
责任：维护借的书目的数据和罚金，请求借、还、续借书目功能
协作者：图书书目类
图书书目类
责任：维护一个具体书目数据，通知相应的图书标题完成借、还功能
协作者：图书标题类
图书标题类
责任：维护一个抽象书的数据，知道该书的可借数、预约数
协作者：图书书目类

3. 构建类图

建立一个“借/还”类来存储借书者的借书记录，以一个预约者的“预约”类来存储预约记录。最终的类包括借书者类、图书标题类、图书书目类、借/还类、预约类，这些类构成了图书馆系统的类图，如图 5-17 所示。

其中，借/还类和预约类也称为关联类，分别画在借/还/续借和预约/删除预约关联上，表明它们不仅与借书者类、图书标题类、图书书目类之中的某个类关联，而且与它们的关联相关。

4. 动态建模

图书馆系统借书(未预约)功能的动态建模，可以选择使用时序图、协作图、状态图和活动图进行描述，分别如图 5-18～图 5-20 所示。

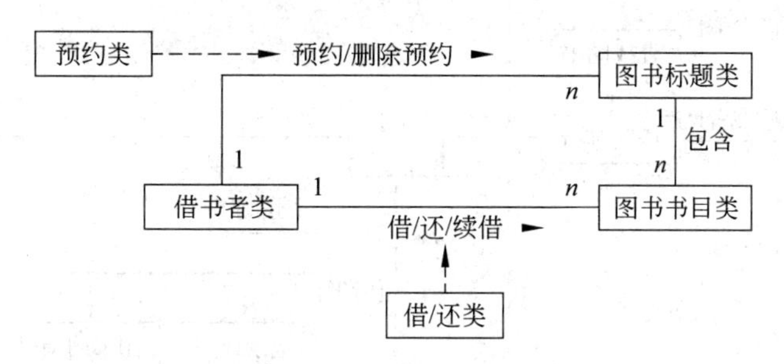

图 5-17　图书馆系统的类图

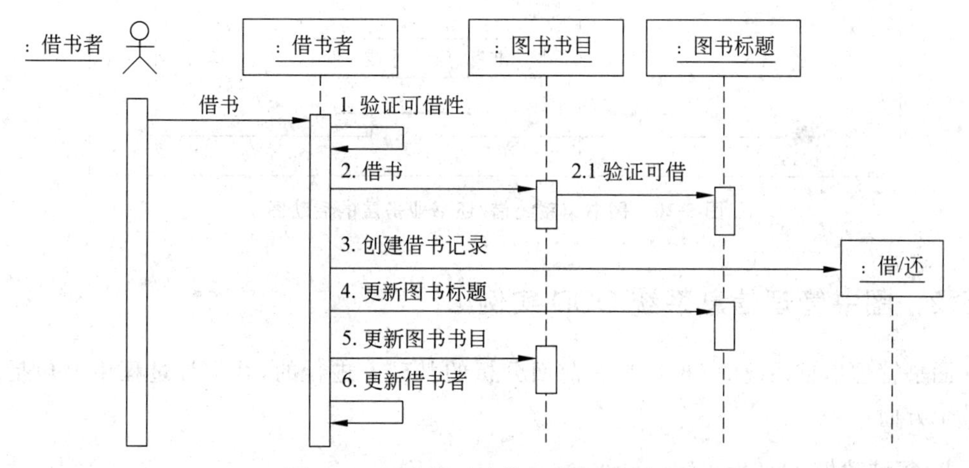

图 5-18　图书馆系统借书功能的时序图

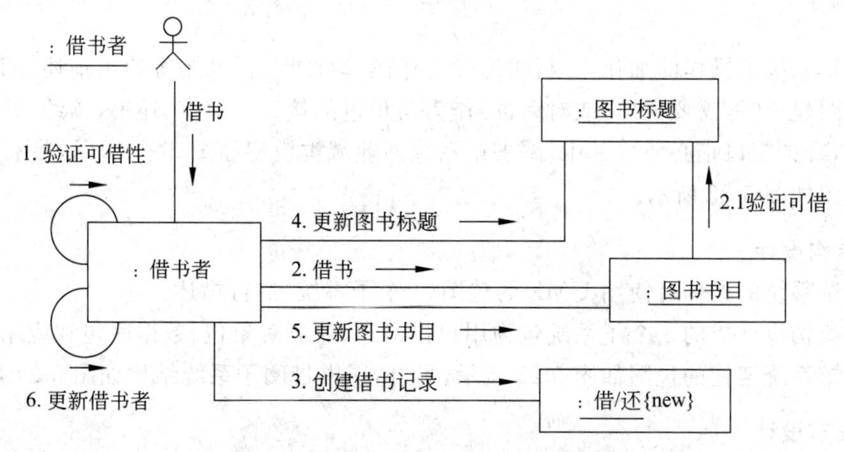

图 5-19　图书馆系统借书功能的协作图

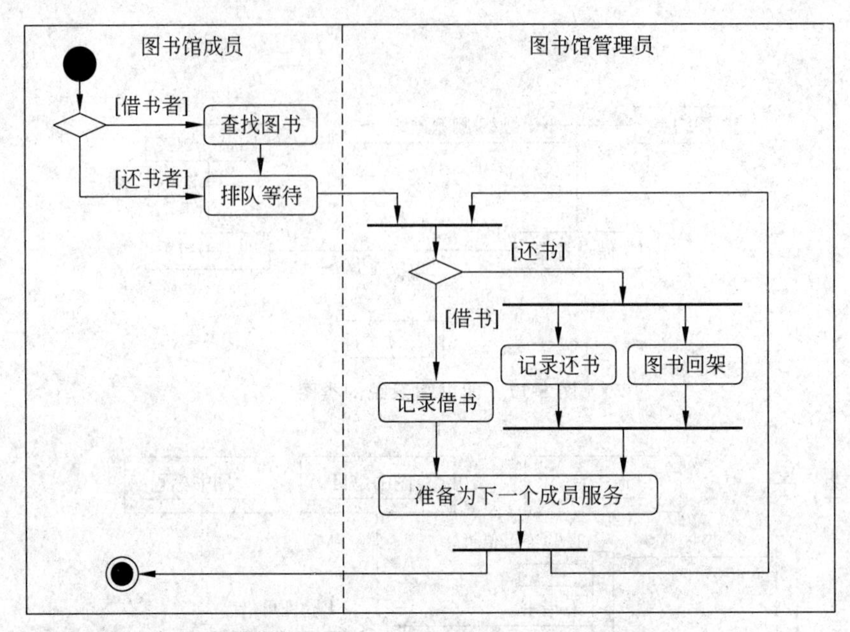

图 5-20　图书馆系统借/还书业务层的活动图

5.5.2　图书管理信息系统 OOD 实例

图书管理信息系统的 OOD 是在前面分析的基础上进行的,其设计过程主要包括以下几个方面。

1. 领域建模

通过对图书馆系统进一步分析,将系统中的领域和关键类条理化,得出商业域类模型。

图书馆系统类操作的细化,分析时通过协作图、时序图、活动图等给出描述。其中,当使用时序图建模时,需要窗口(或对话框)作为与角色的接口。借书、还书、预约、续借等都需要窗口,维护窗口很必要。其中,图书馆系统商业域类模型如图 5-21 所示,带有借书窗口的时序图如图 5-22 所示。

2. 结构设计

图书馆系统的架构可使用 UML 的包图(4 个子系统)进行描述。

系统架构设计成的 4 个子系统包为用户接口包、业务对象包、数据库包和应用包。

图书馆系统架构的包图如图 5-23 所示,另外,图书借阅子系统结构如图 5-24 所示。

3. 细节设计

UML 中的动态模型主要用于显示类的对象在指定的情况下的动作,用例描述用于验证用例在设计中的处理。需要进行 3 类/对象的细节设计:永久存储对象、细化业务对象和用户界面类。图书馆系统(部分)类属性和操作如图 5-25 所示,而用户接口(部分)包类图如图 5-26 所示。

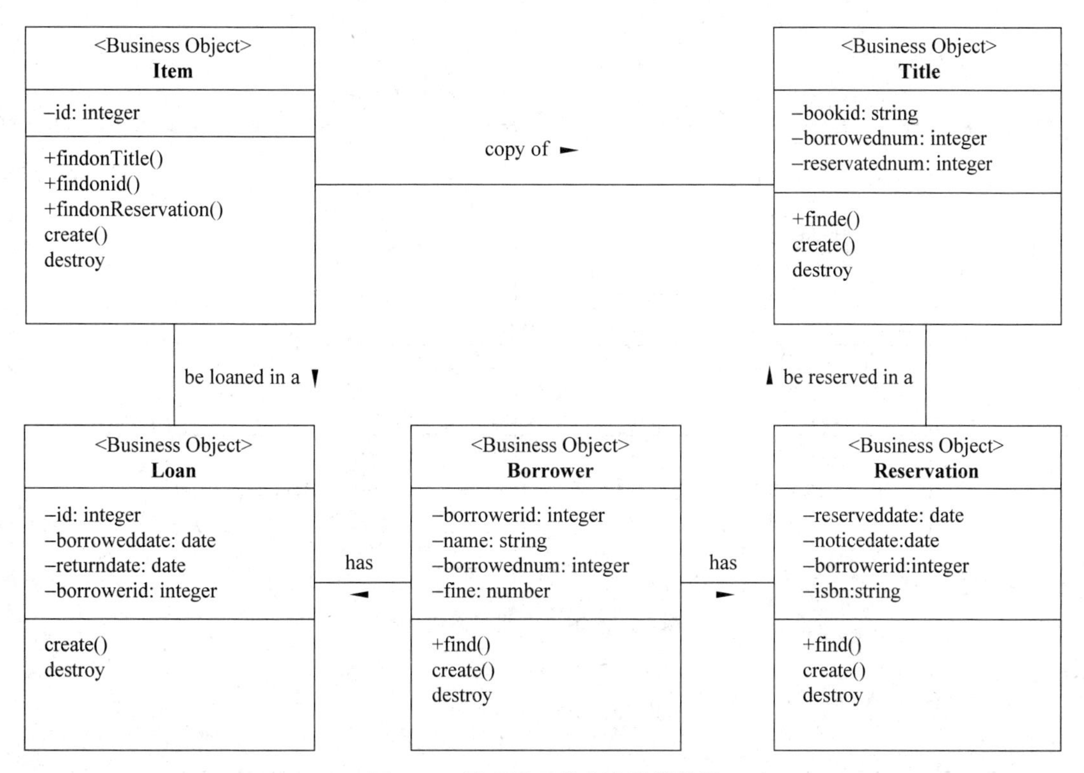

图 5-21　图书馆系统商业域类模型

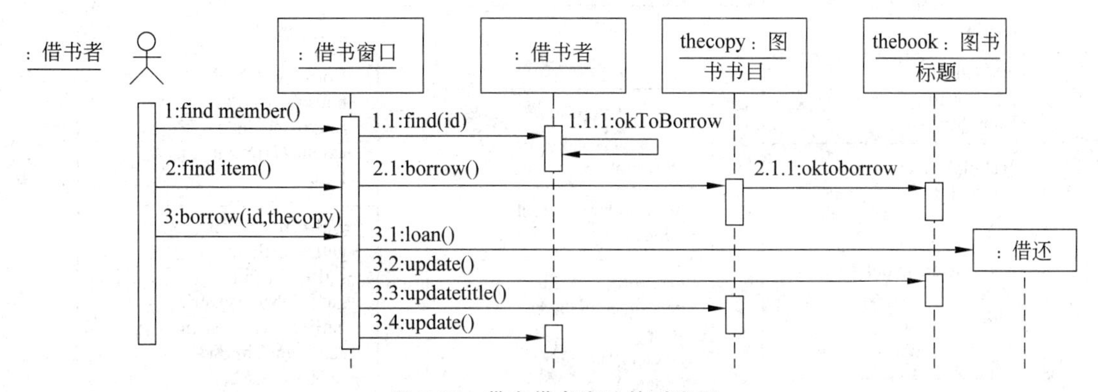

图 5-22　带有借书窗口的时序图

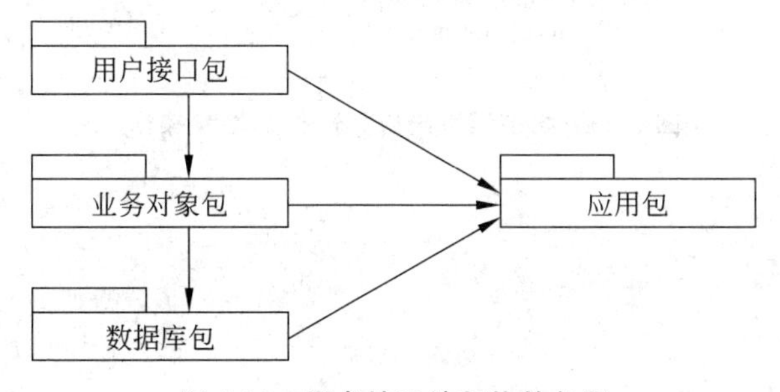

图 5-23　图书馆系统架构的包图

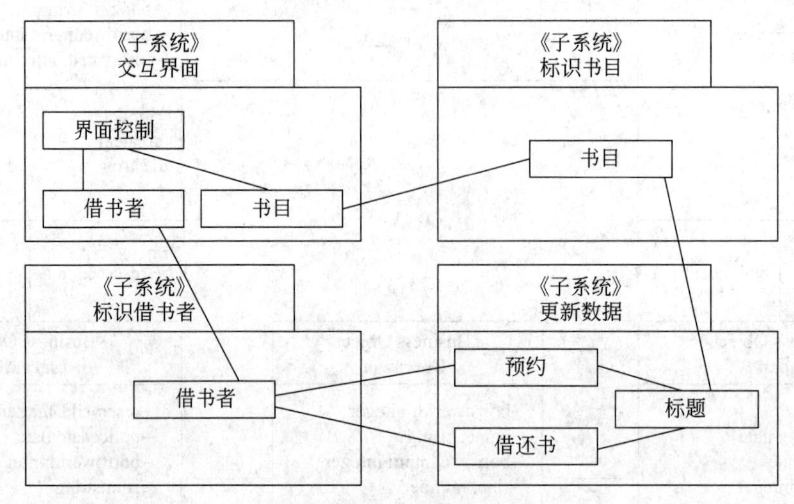

图 5-24　图书借阅子系统

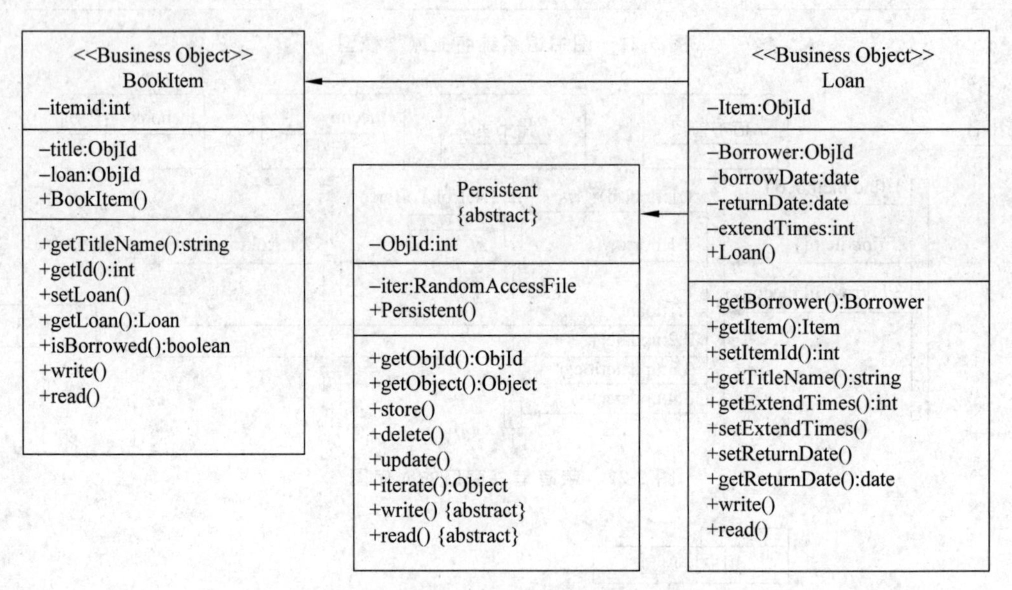

图 5-25　图书馆系统(部分)类属性和操作

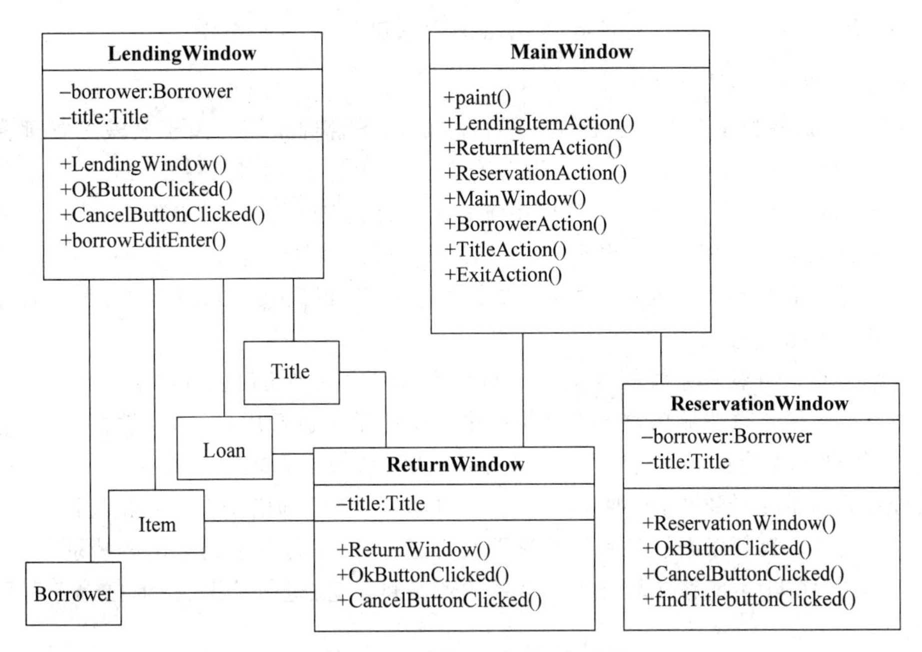

图 5-26　用户接口(部分)包类图

4. 设计进化

开发的系统便于维护是 OOD 方法一个重要优势。由于对象可被当作一个独立实体进行理解和修改,实现变更对象和添加新服务不影响系统中其他对象;对象也可作为可复用的组件,既减少了设计、编程和维护的费用,又降低了开发风险,如在借/还书功能中,若要添加预约功能,则只需增加一个预约类,并在 Borrower 类中增加预约操作。

讨论思考

(1) 图书管理信息系统面向对象分析的要点是什么?

(2) 图书管理信息系统 OOD 的要点有哪些?

5.6 实验五 Rational Rose 应用

5.6.1 用 Rational Rose 绘制用例图

1. 实验环境

Windows、Rational Software 公司的 Rational Rose 应用软件。

2. 实验目的

(1) 了解 Rational Rose 工具软件的组成及功能。

(2) 掌握用 Rational Rose 画用例图的具体的使用方法。

3. 实验内容

(1) 设计用例图(Use Case 框图)。

(2) 用 Rational Rose,在 Use Case 视图中创建 Use Case 框图。

4. 实验要求

目前,国内高校都开发了自己基于校园网的教务管理系统。由于其教务管理模式不尽相同,不同学校的实际教务管理情况各有自己的特点,因而各高校需要针对自己的教务管理模式和特点建立自己的教务管理系统。本设计是基于某高校的教务管理模式开发的基于校园网的教务管理系统。这样一个系统不仅可以降低工作量、提高办公效率,而且使分散的教务信息得到集中处理,对减轻教务工作负担、提高教务管理水平、实现教务管理的现代化具有重要意义。

仔细分析教务管理系统问题描述。本系统中创建主要的角色有以下三类。

(1) 教务员。教务员在教学管理系统中对全体学生进行用户登录、学籍管理、选课管理、教学管理和成绩管理,并且对教师进行登录管理、教学管理和成绩管理。教务处工作人员处理日常的系统维护,例如,维护和及时更新学生、教师信息以及安排选课等。

(2) 教师。教师根据教务系统的选课安排进行教学,将学生的考试成绩录入此系统。

(3) 学生。学生能够在教务管理系统更改学籍信息、进行选课、查询已选课程和考试成绩。

5. 实验步骤

Use Case 框图表示整个机构提供的功能,可用于解答 3 方面问题:系统的业务是什么?为何要建立这个系统?以及使用这个系统的用户。Use Case 框图在业务建模活动期间大量用于设置系统情景和形成创建使用案例的基础。

1) 使用 Rational Rose 画 Use Case 框图

(1) 选择"开始"→"程序"Rational Software→Rational Rose Enterprise Edition 命令进入该软件,如图 5-27 所示。

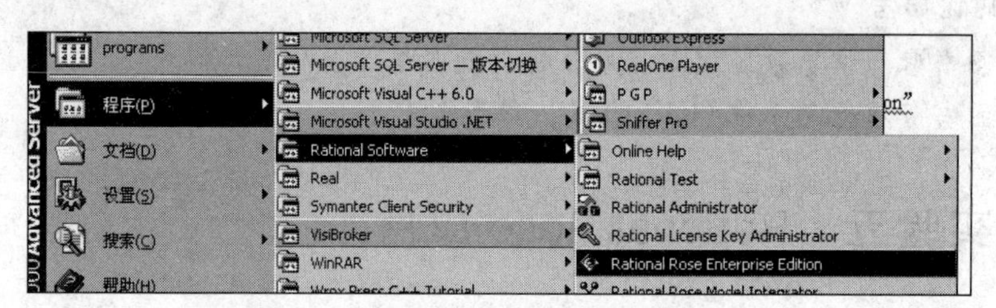

图 5-27 用"开始"菜单启动 Rational Rose

(2) 在该软件出现的界面左边将看到一个 Use Case View,双击后出现一个 Main,再双击 Main 会弹出一个界面,可在此界面上开始绘制用例图,如图 5-28 所示。

(3) 在稍微靠左的位置将会看到 Use Case 框图工具栏图标,下面介绍一下这些图表含义,如图 5-29 所示。

2) 绘制与保存

(1) 根据预习实验时所画的用例图草稿和 Use Case 工具栏图标绘制用例图。

(2) 在绘制完成后单击"保存"按钮,会弹出选择保存位置的对话框,选择地址保存即可。

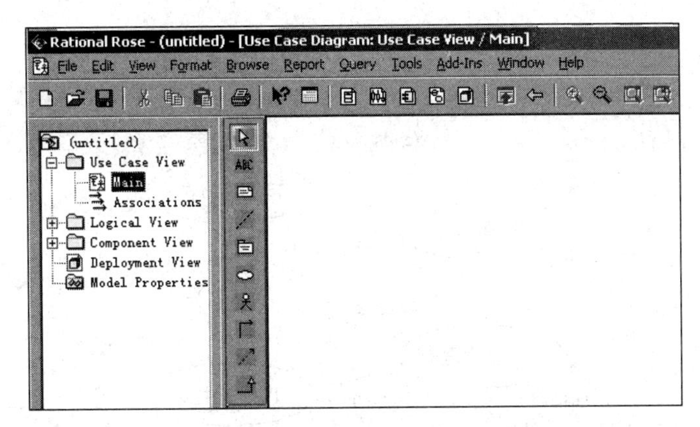

图 5-28　画图界面上绘制用例图

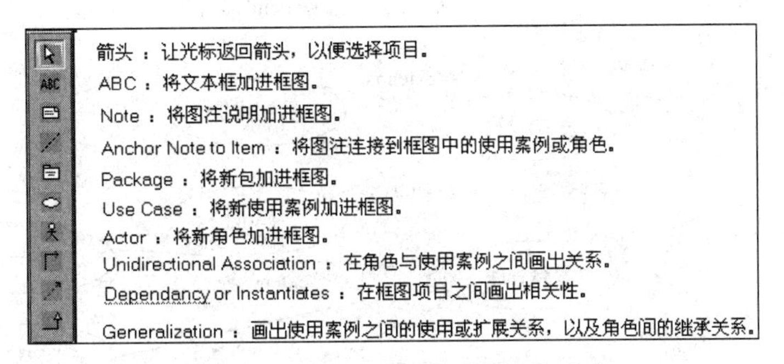

图 5-29　Use Case 框图工具栏图标含义

下面以一个教师的实例，说明一下 Rational Rose 的使用。

Use Case 框图显示教务管理系统使用案例与角色间的交互，本例中，教务员启动几个使用案例：教务员参与者用例：用户登录、学籍管理、排课管理、成绩管理、选课管理、教学管理、系统维护。教师也必须登录后才能进行成绩管理和教学管理。箭头从使用案例到角色表示其产生一些角色要使用的信息，如图 5-30 所示。

5.6.2　用 Rational Rose 绘制类图

1. 实验环境

Windows、IBM 公司的 Rational Rose 应用软件。

2. 实验目的

(1) 了解 Rational Rose 工具软件的组成及功能。

(2) 掌握 Rational Rose 中绘制类图工具的使用方法。

3. 实验内容

(1) 通过 Rational Rose 工具软件的界面，了解其组成及功能。

(2) 利用 Rational Rose 工具软件对选题中的类图，按照如下要求和步骤进行绘制。

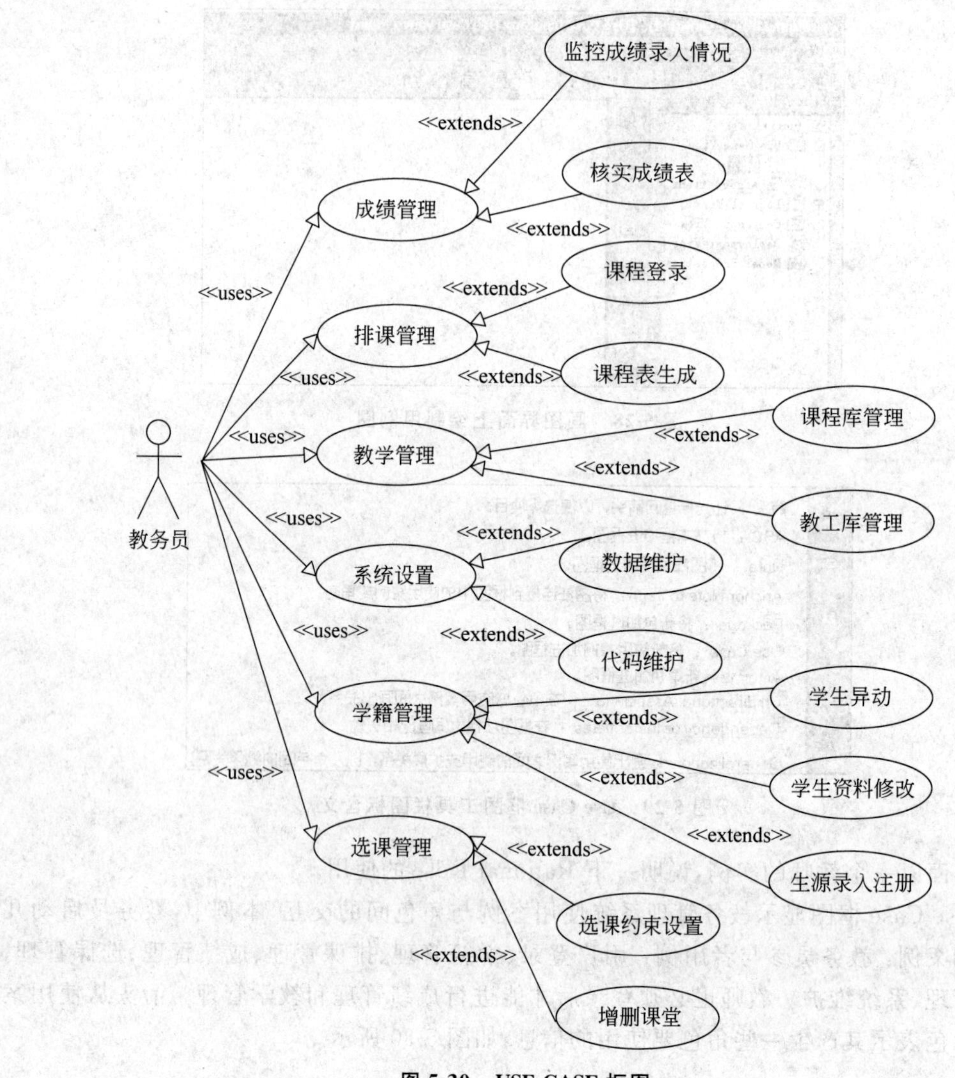

图 5-30　USE CASE 框图

4. 实验要求

本设计是基于某高校的教务管理模式开发的基于校园网的教务管理系统。这样一个系统不仅可以降低工作量、提高办公效率,而且使分散的教务信息得到集中处理,对减轻教务工作负担、提高教务管理水平、实现教务管理的现代化具有重要意义。关于教务管理系统实现的具体功能如下。

(1) 学籍管理功能:包括学生信息查询(个人信息查询,查询专业计划,查询课程信息)、学生异动、生源录入注册、学生资料修改。

(2) 选课管理功能:包括网上选课、个人课表查询、课程详情查询、选课约束设置,增删改和统计汇总选课信息等。

(3) 成绩管理功能:包括查询本学期成绩、不及格成绩、专业计划完成情况、成绩错误报告、监控成绩录入情况、核实成绩表。

(4) 教学管理功能：包括课程库管理、教工库管理、教学日历查询、课表查询(个人课表查询,全校课表查询)、评估结果查询、历年数据查询。

(5) 排课管理功能：包括课程录入、课程表生成。

(6) 系统设置功能：包括数据维护、代码维护。

(7) 用户登录功能：包括用户信息、用户注销退出。

要求绘制出该教务管理系统的类图。

5. **实验步骤**

类图表示不同的实体(人、事物和数据)彼此相关,显示了系统的静态结构。类图可用于表示逻辑类,逻辑类通常就是业务人员所谈及的事物种类,如乐队、CD、广播剧、贷款、住房抵押、汽车信贷和利率等。类图还可用于表示实现类,即程序员处理的实体。实现类图或许会与逻辑类图显示一些相同的类。但是,由于很可能具有对 Vector 和 HashMap 这种事物的引用,实现类图不会使用相同的属性进行描述。

(1) 启动 Rational Rose。

(2) 系统会自动建立一个新的 mdl 文件,在此文件中,绘制类图。

(3) 界面右边的空白区域为工作区,在工作区进行绘图操作。

(4) 界面中间的动作条为绘图元素,将使用这些元素进行绘图,如图 5-31 所示。

(5) 在动作条中选择 Class 元素,在绘图区中单击。

(6) 现在有了一个空白的类。

类的 UML 表示是一个长方形,垂直地分为 3 个区,如图 5-32 所示。顶部区域显示类的名字。中间的区域列出类的属性。底部的区域列出类的操作。当在一个类图上画一个类元素时,必须要有顶端的区域,下面的两个区域可供选择(当图描述仅用于显示分类器间关系的高层细节时,下面的两个区域并非必要)。

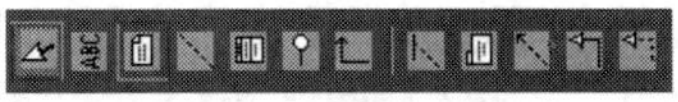

图 5-31 动作条中的绘图元素

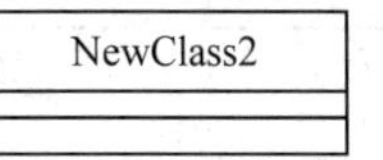

图 5-32 空白的类

图 5-33 显示一个学生类类建模。正如所能见到的,名字是“学生”,可以在中间区域看到学生类的一个属性：姓名。在底部区域中可以看到学生类有操作：上交作业。

(7) 单击空白类的 ClassName,更改类的名字。

(8) 右击新类,选择 New Attribute,这时新类中将会多一个属性。

(9) 单击新的属性,更改成需要的名字和类型,如图 5-34 所示。

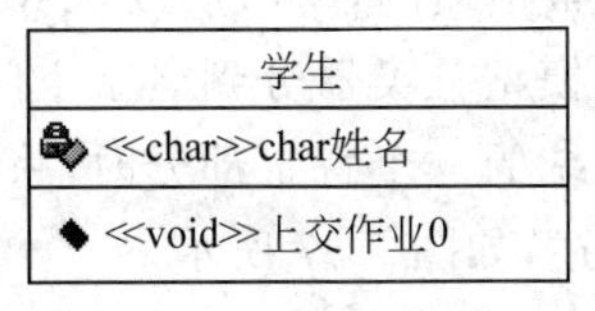

图 5-33 一个学生类类建模

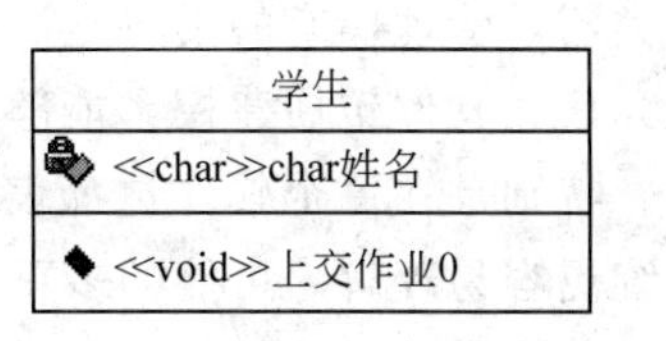

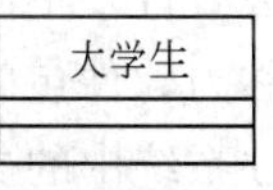

图 5-34 更改名字和类型

(10) 右击新类,选择 New Operation,为类添加新的函数或操作。

(11) 以同样的方法再建立一个新类。

(12) 继承在 OOD 中是一个非常重要的概念,指一个类(子类)继承另外的一个类(超类)的同一功能,并增加其新功能的能力。为了在一个类图上建模继承,从子类(要继承行为的类)拉出一条闭合的、单键头(或三角形)的实线指向超类,如图 5-35 所示。

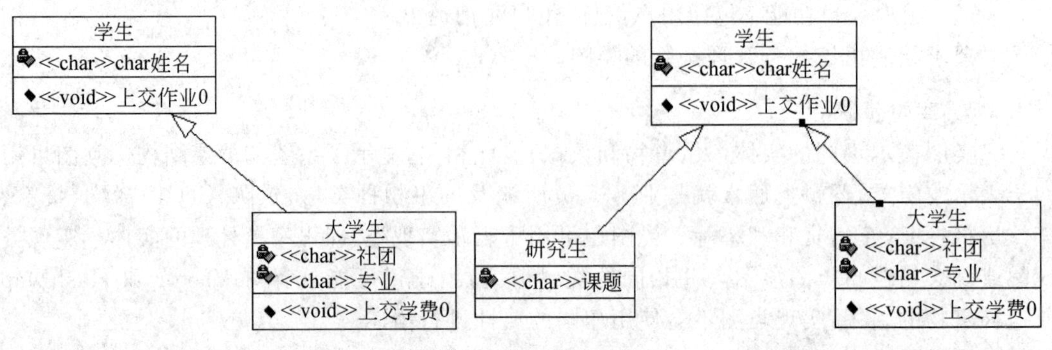

图 5-35 在类图上建模继承

(13) 当系统建模时,特定的对象间将会彼此关联,而且这些关联本身需要被清晰地建模。关联是两个类间的连接。关联总是被假定是双向的;表明两个类彼此清楚其间的联系,除非限定一些其他类型的关联。

一个双向关联用两个类间的实线表示。在线的任一端,放置一个角色名和多重值。图 5-36 显示学生与一个教师相关联,而且学生类可知此关联。

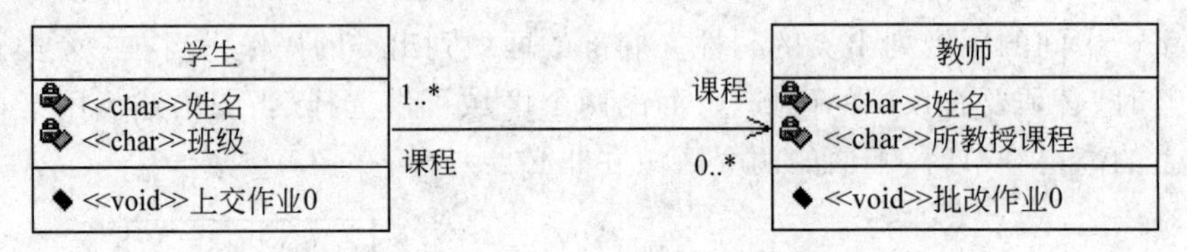

图 5-36 特定对象间关联建模

由于角色名以教师类表示,所以学生承担关联中的“教授课程”角色。紧接教师类后面的多重值描述 0..n 表示,当一个学生实体存在时,可以有一个或没有教师与之关联。也表明教师类与学生类的关联。在这个关联中,学生承担“课程对象”角色;上图说明,教师实体可以不与学生关联(例如,他这个学期没课,只做办公室工作)或与没有上限的学生(例如,上几个系的同一课程)关联。

(14) 使用模型分类器。如果正在为一个大系统或大业务领域建模,不可避免在模型中将会有许多不同的分类器。管理所有的类将是一件非常烦琐的任务;所以,UML 提供一个称为软件包的组织元素。软件包使建模者能够组织模型分类器分到名字空间中,如同文件系统中的文件夹。特别是在每个软件包都表现系统的一个特定部分时,将一个系统分为多个软件包使系统更容易理解。可能的多重值描述,如图 5-37 所示。

若建模者决定在大长方形中显示软件包的成员,则所有的成员需要被放置在长方形中。另外,所有软件包的名字需要放在软件包的较小长方形之内,如图 5-38 所示。

可能的多重值描述	
表示	含义
0..1	0个或1个
1	只能1个
0..*	0个或多个
*	0个或多个
1..*	1个或多个
3	只能3个
0..5	0~5个
5..15	5~15个

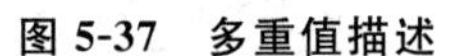
图 5-37 多重值描述

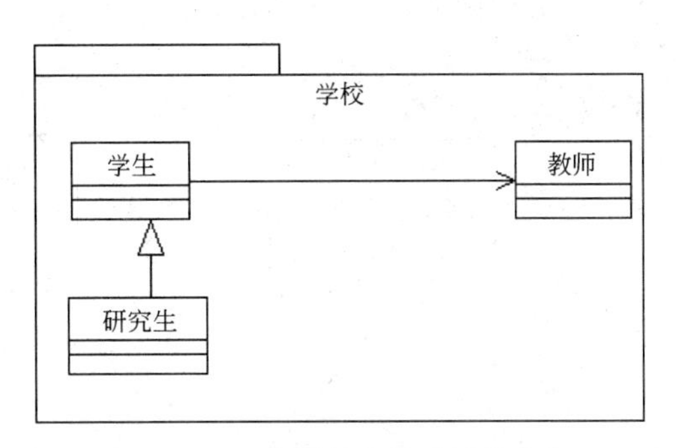

图 5-38 显示软件包的成员及名字

6. **实验提示**

将整个教务管理系统划分为人员信息、接口和事务 3 个包，分别控制不同的应用。根据系统划分的三类包图，分别讨论人员信息包，接口包和事务包中的类图分别为：①人员信息包内的类图；②接口包内的类图；③事务包内的类图。

人员信息包内的类图如图 5-39 所示。

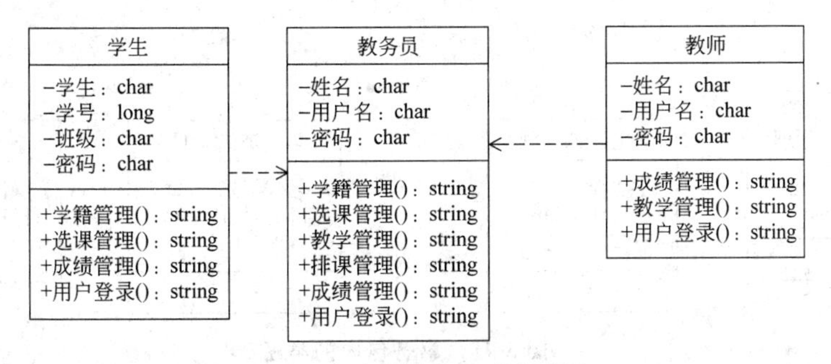

图 5-39 人员信息包内的类图

接口包内的类图如图 5-40 所示。

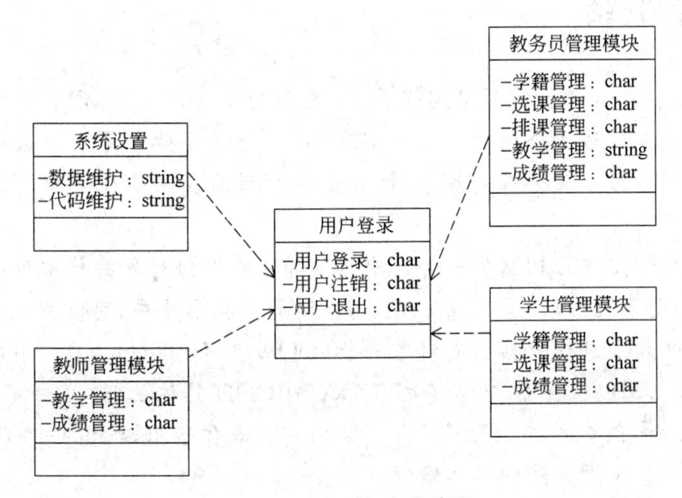

图 5-40 接口包内的类图

事务包内的类图如图5-41所示。

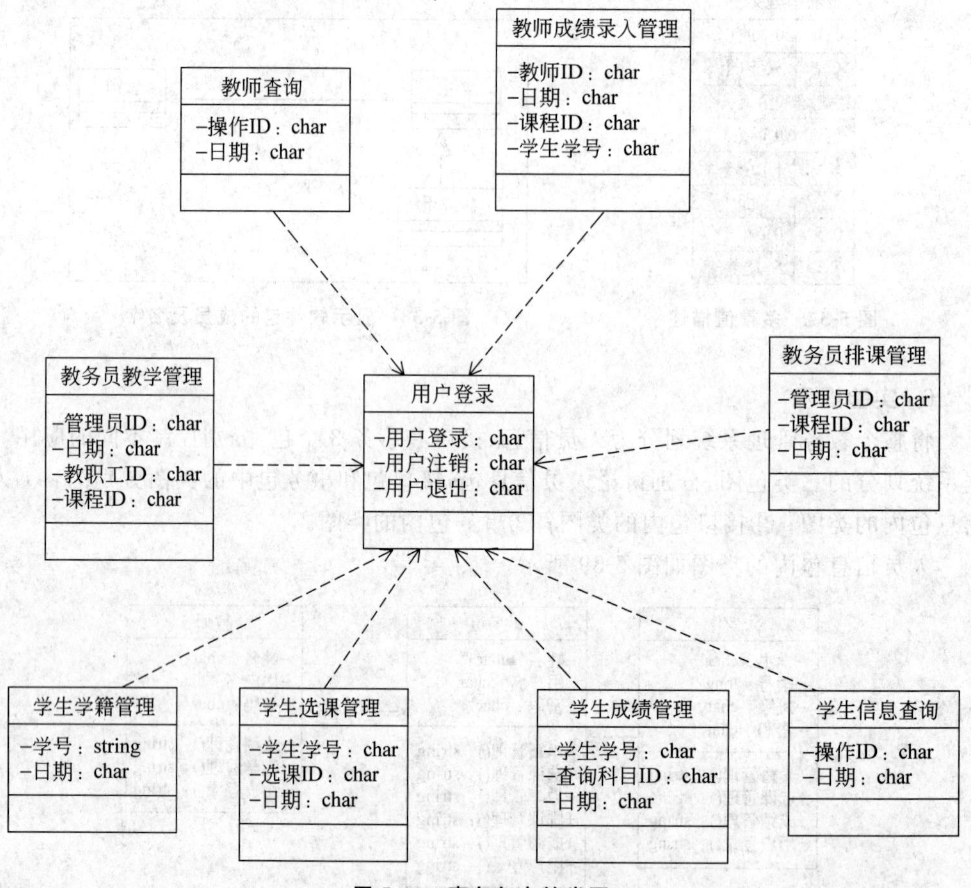

图5-41　事务包内的类图

5.7　本章小结

Coad和Yourdon把面向对象定义为："面向对象＝对象＋类＋继承＋消息通信"。若一个软件系统使用这4个概念设计和实现，则认为这个软件系统是面向对象的。一个面向对象的程序的每一成分应是对象，计算是通过新的对象的建立和对象之间的消息通信执行的。

用面向对象开发方法构造的软件具有以下特点：面向对象的技术建立的模型与客观世界一致，因而便于理解；适应变化的需要，修改局限在模块中；可复用性。

面向对象的开发过程包括面向对象分析(OOA)和OOD(OOD)。利用面向对象方法学的技术，结合UML和实例，重点介绍OOA和OOD具体的目的、任务、原则、要点、步骤和方法，最后，结合具体网上图书管理信息系统的具体应用，给出一个OOA和OOD的实际应用面向对象技术方法的具体案例。

5.8 练习与实践五

1. 填空题

(1) 在面向对象分析和 OOD 中,通常将对象的操作称为________。

(2) 对象的抽象是________,类的实例化是________。

(3) 面向对象的程序设计语言应具备面向对象方法所要求的 4 个成分,它们是________、________、________和________。

(4) 可能的潜在对象有 7 类,它们是________、________、________、________、________、________和________。

(5) 具有________的对象构成类。

2. 选择题

(1) 汽车有一个发动机,汽车和发动机之间的关系是(   )关系。

A. 一般具体　　B. 整体部分　　C. 分类　　D. 组装

(2) 在面向对象方法中,信息隐蔽是通过对象的(   )来实现的。

A. 分类性　　B. 继承性　　C. 封装性　　D. 共享性

(3) 只有类的公有界面的成员才能成为使用类的操作,这是软件设计的(   )原则。

A. 过程抽象　　B. 功能抽象　　C. 信息隐蔽　　D. 共享性

(4) 当且仅当一个操作对类的实例的用户有用时,它才是类公共界面的一个成员,这是软件设计的(   )原则。

A. 标准调用　　B. 最小界面　　C. 高耦合　　D. 高效率

(5) 每个派生类应该当作基类的特殊化来开发,而基类所具有的公共界面成为派生类的共有界面的一个子集,这是软件设计的(   )原则。

A. 动态联编　　B. 多态性　　C. 信息隐蔽　　D. 继承性

3. 简答题

(1) 什么叫面向对象? 面向对象方法的特点是什么? 为什么要用面向对象方法开发软件?

(2) 面向对象的开发方法与面向数据流的结构化开发方法有什么不同?

(3) 面向对象的特征和要素是什么?

(4) 基于复用的面向对象的需求分析过程主要分为两个阶段: 论域分析和应用分析。它们各自承担什么任务? 如何衔接?

(5) 在类的通过复用的设计中,主要的继承关系有哪几种? 试举例说明。

4. 实践题

(1) 研究统一建模语言 UML,完成关于 UML 的一篇报告,并自选一例,完成 UML 分析建模和 UML 设计建模。

(2) 对所选项目(选题)进行具体 OOA,写出其具体过程和内容。

(3) 对所选项目(选题)进行具体 OOD,写出其具体过程和内容。

CHAPTER

第6章 软件实现

软件实现的计划、方案、方法、过程和管理规范等，对软件研发的成败和质量至关重要。软件质量不仅取决于软件需求分析和软件设计的质量，而且还要取决于对新软件系统进行编程与测试过程中的具体实现的情况。程序员的编码能力和编程风格等对软件产品的可靠性、可读性、可测试性和可维护性等软件质量的影响极大。

教学目标

- 理解软件实现的方法、过程、任务、准则、策略。
- 掌握软件实现的输入与输出、软件实现管理。
- 熟练掌握编程技术、编码风格、编程规范、软件生成技术。
- 掌握相关文档的编写方法及软件工具应用。

6.1 软件实现概述

【案例6-1】 蒙牛集团从2007年起，计划打造一套适应新时期发展需要的供应链系统，选择在成熟的系统框架模型下实现系统开发，既可解决现有的业务处理问题也可兼顾长远发展的灵活性，最终选择了一家能够在软件整个生命周期里提供贴身的个性化订制开发服务的供应商。在进行软件选型时的一个重点考察内容就是软件系统的技术路线和架构，实时数据大集中是快速消费品行业大趋势，不搞面向服务的架构SOA(Service-Oriented Architecture)多系统集成。

6.1.1 软件实现的任务及过程

软件实现是通过编码、调试和测试构建完成软件产品的过程。**主要目的**是按照软件需求和详细设计的要求，选择合适的技术路线和编程语言，遵照程序设计规范的开发过程和方法，实现目标系统的功能、性能、接口、界面等要求。

1. 软件实现的任务

软件实现阶段主要任务是将软件详细设计的结果转换为目标软件。从提高目标软件的质量和可维护性角度,此阶段所要**解决的主要问题**:软件实现的过程、任务、原则及策略,编程语言的特性及选择的原则和编程风格等。

软件编程的**任务**是对"详细设计"的工作进行具体实现,形成计算机可运行的程序。设计与实现有时是相互交替、循环迭代的过程,即软件设计可能贯穿于整个软件开发过程,有些详细设计工作会留在实现阶段才完成。对某些小型项目,设计与实现过程重叠,对某些大型项目,会明确地划分总体设计(概要设计)和详细设计两个阶段,详细设计与实现过程重叠。

软件实现工作量根据具体研发软件系统项目的性质及规模和复杂程度不同,占整个软件开发过程约30%～45%的工作量。通常软件企业规模越大越正规,实现所占的比重就越小,主要是这些企业更大程度地实现了软件复用。

2. 软件实现的过程

软件分析和设计必须转换成机器可读的形式。软件实现这一步就是完成这个任务的。软件实现是按照"软件详细设计文档"的要求,在选定开发平台下,以指定的开发工具和开发语言,遵循特定的程序设计方法,编写目标程序的过程。软件实现包括编程和单元测试。本章主要介绍软件编程问题(含文档),测试问题将在第7章单独进行介绍。

程序的质量不仅取决于软件分析与设计的质量,程序的特性及编程途径也会对程序的可靠性、可读性、可测试性和可维护性产生重大影响。

在宏观上,**软件实现**的**目标**是:遵照制定的程序设计规范,按照"软件详细设计文档"中对数据结构、算法分析和模块实现等方面的要求和说明,从软件企业的函数库、存储过程库、类库、构件库、中间件库中挑选有关的部件,采用面向对象的语言,将相关部件进行组装,分别实现各模块的功能,最终实现新系统的功能、性能、接口、界面等要求。

在微观上,**软件实现**是指通过编程、调试、单元与集成测试、系统集成等创建软件产品的过程。软件实现是在软件设计的基础上进行的,其本身也涉及设计和测试工作。软件实现的输入是"软件详细设计文档",输出是源程序、目标程序和用户指南,如图6-1所示。

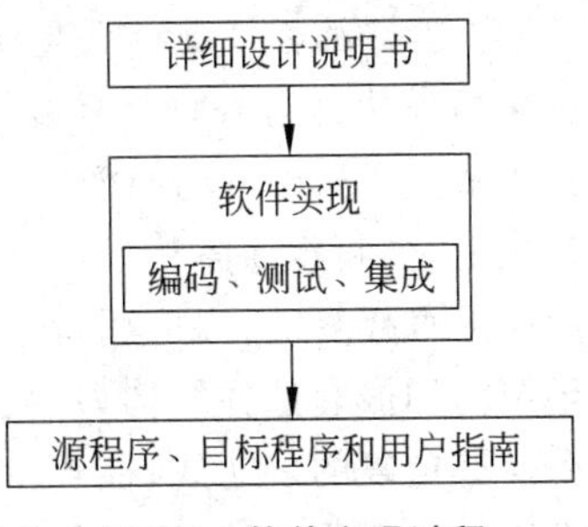

图6-1 软件实现过程

6.1.2 软件实现的准则

1. 面向对象实现的准则

面向对象方法OOM是软件实现最常用的方法,**实现的准则**主要包括高可重用性、高可扩充性和高可靠性及健壮性,具体体现如下。

(1) 高可重用性。软件重用有多个层次,在编程阶段主要考虑代码重用。为提高可重用性,遵循的准则为:提高方法的内聚、减小方法的规模、保持方法的一致性、将策略与实现分开、全面覆盖、尽量不使用全局信息、利用继承机制。良好的程序设计风格不仅能降低维护或扩充的开销，而且有助于在新项目中重用已有的程序代码。

(2) 高可扩充性。上面的提高可重用性的准则，也可提高程序的可扩充性。另外，提高可扩充性，遵循的准则主要是：封装实现策略、不要以同一方法完成全部关联、避免使用多分文语句、精心确定公有方法。

(3) 高可靠性及健壮性。对于实用软件，可靠性及健壮性都很重要。软件的可靠性是指在规定的条件和时间内完成规定的功能的性能。健壮性又称为鲁棒性，是指软件对于不符合规范要求输入的处理能力。提高软件的可靠性的同时还应预防用户的误操作、检查参数的合法性、不要预先确定限制操作的条件、先测试后优化。

2. 其他软件实现方法的准则

对于**其他软件实现方法**，主要遵循5个**准则**。

(1) 精简编程。简单的代码不仅易实现和阅读，且便于运行维护，编程时应创建简单、易读的代码。通过采用统一编程规范和标准，有效地降低代码复杂度，如功能相同的代码只写一次，使用时可以直接调用。具体措施包括：精简程序中运行动作和变量，采用简单和直接算法，简化算术及逻辑表达式；使用简单数据结构，避免使用多维数组、指针和复杂的表；注意对象命名的一致性，减小程序体积；程序结构简单，减少程序执行时间，以利于提高运行速度；避免模块冗余和重复；检查全局变量的副作用和避免变量名重载。

(2) 便于验证。在编程、测试和实际运行操作中，软件开发和维护人员应很容易地进行验证，发现并解决其中的问题，自动化单元测试可帮助产生易于验证的代码。编写代码时，应当限制使用复杂的难以理解的技术、方法和语言结构等。

(3) 适合更新扩充。在整个软件开发过程中，用户业务需求、外部环境、软硬需求和软件设计都可能会发生一些变化，因此，软件实现时应当具有适应其变化的技术和方法，包括可维护性和可扩充性等。

(4) 遵守编程规范。一是结构模块化，将程序代码划分为高内聚、低耦合、功能与结构优化的模块。通常将长且复杂的程序段或子程序分解为功能相对独立的模块，措施包括：确保物理和逻辑功能密切相关、一个模块完成一个独立功能、检查代码重复率。二是编程规范化，将程序各构件构建成一个有效系统。措施为：选用简明的结构化程序部件；利用简单直接算法；以应用背景排列程序各部分；检查多层嵌套结构，避免大量使用嵌套循环结构和嵌套选择结构；让机器尽量多做重复和库函数等琐碎烦琐的工作；用公共函数调用代替重复的表达式；检查参数传递保证有效性；不随意牺牲程序清晰度和可读性；按标准化次序说明数据；按字母顺序说明对象名；坚持用统一缩进及编程规则；只编制单入口单出口的代码。

(5) 选择熟悉的语言及工具。应当选取成熟和熟悉实用的软件实现工具或语言，这有利于提高效率和质量，同时避免技术和技能的变更带来的风险，并非新流行最时髦越好。

6.1.3 软件实现策略与管理

1. 软件实现的策略

为了提高效率，开始时应对设计的类、构件、子系统确定**开发策略**，主要有3种。

(1) OOP开发策略。通常对数据库、业务对象及用例实现等,采用OOP开发策略。先将设计模型中业务对象类图中的业务对象转变成为对应的数据库中的数据表,并在选择的数据库管理系统中建立物理表,其次编写并测试业务对象的程序。每个业务对象都应作为独立的类进行编写,并认真测试,保证所编写的业务对象程序没有错误。然后根据需求模型中确定的各用例,对每一用例的实现构建界面类,实现控制类,并认真测试。

(2) 自顶向下策略。先从顶层模块开始,然后逐步向下层模块延伸,直到最后编写最底层模块。OOP也可采取此实现策略,先从主界面开始编写界面层的程序,然后编写业务层程序,最后编写数据层程序。其优点是:由于程序从主界面程序开始编写,程序总可以运行。开始编程后,可不需要构造专门运行环境,直接在实际的运行环境对开发的程序进行集成式测试和系统集成。其缺点是在编程初期,较难组织多个程序员并行编写大量程序,但随着编程工作的展开与深入,此问题可逐步解决。

(3) 自底向上策略。先从数据层开始逐步向业务层和界面层过渡。此策略的优点是多个程序员在开发初期就可同时投入编程工作,可提高编程效率。但其缺点是需要编写大量驱动程序来测试所编写的底层模块,给开发和测试带来一定负担。在实际工作中,可根据具体情况选择不同的策略。

2. 软件实现的管理

为了确保工期、提高开发效率,需要对人力资源进行有效组织。最好将程序员组成开发小组,以团队形式承担编程工作。小组组成具有平等协作制、组长负责制和技能互补制3种形式。在平等协作制的小组中,各成员具有基本相同的技术、经验和专业背景,在组内是平等的,只是承担的编程工作不同。组长负责制的小组中由小组长负责全组的管理协调和技术工作,组长具有全组工作的决策权和控制权。技能互补制的小组中各个成员的技术水平和知识背景具有互补作用,每个成员都有其他成员所不具有的技术专长,可互相补充,相得益彰。

在软件实现阶段,项目管理者必须从把握进度与质量这两个方面,有效地实施对项目的管理。首先应该根据项目的进度计划来合理地安排每一名作业成员的作业日程,并且随时监督每一作业的进展情况,还需要针对项目的最新变更及时对计划进行调整,以保证项目按时完成。同时,在项目的进展过程中还需要通过小组讨论,检查作业等形式洞察每项作业的质量,以保证项目的保质保量完成。可以说,本阶段是一名项目管理者在项目开发过程中极为忙碌也异常重要的阶段。项目管理人员对项目开发的进度和作业安排都必须有详细计划,开发计划难落实是造成软件危机的重要因素。所以,在软件实现阶段除了必须有详尽的工作计划外,并要求开发人员在无特殊变动情况下严格按照计划执行,要求开发人员及时更新并上交自己的作业进度情况,以便项目管理人员及时了解项目进度,必要时还可根据实际情况进行调整,以确保开发任务"保质保量"完成。

3. 编程框架

按照软件工程的术语,框架是可以复用的设计构件,规定了应用的体系结构,阐明了整个设计、协作构件之间的依赖关系、责任分配和控制流程。也有人给出定义:框架是在一个给定的问题领域内,一个应用程序的一部分设计与实现。编程框架主要是软件的基础构架,为应用程序所包含的业务对象、数据访问和界面逻辑中的基类。编程框架可由建模工具根据设计模型通过正向工程直接生成。由建模工具直接生成编程框架可减轻程序员的编程工作,在编程框架生成后,使用成熟的框架,程序员只需要集中精力完成系统的业务逻辑设计即可。这样,软件项目开发就像是做填空题,降低了难度,节省了时间,提高了质量。

目前流行的大部分语言在开发时都可以利用框架。Java 语言在 J2EE 开发中常用 Spring 框架,在开发 Web 应用时可以使用 Struts 框架,还有为数众多的开源框架支持 Java 语言在不同领域的开发。.NET 框架是由微软公司开发,是一个致力于敏捷软件开发、快速应用开发、平台无关性的软件开发平台,主要的语言是 C#。支持 PHP Web 程序开发的框架也为数众多,Zend 框架在开发社区中有大量的追随者。著名的 Ajax 框架整合了 JavaScript、XML、CSS 等已有技术,成为创建交互式 Web 应用的主要开发技术。对于各种成熟的 IDE,也为框架提供了支持。开发一个程序,常常从先设置框架开始。IDE 中提供了模板,或者向导程序,通过用户自行选择一些参数,从而生成订制化的框架,供开发者进一步开发使用。

4. 软件实现有关问题

(1) 软件实现的报告与审批。若程序员在编程中发现存在设计不合理等较大问题,应及时写出书面报告,提交给项目负责人以便对设计实施变更和调整。

(2) 发挥程序员的独创性。在不影响程序总体结构和共同规范情况下,应发挥程序员的独立性和创造性。通常在编程中,对采用的具体实现技巧和方法,在不改变设计接口和功能的前提下,可以由程序员决定,如设计方案中某一操作,并给出操作的返回值类型和参数等。如果程序员在编程中发现,在一个操作中实现规定的功能编程量太大且程序过长,可以将该操作的编程分解为几个小操作。这些细节问题在设计时一般考虑不到,需要程序员在具体开发过程中确定,但所有调整应保证原设计方案提供的接口和方法不改变。

(3) 功能编程、界面编程以及后台数据库的编程应分开实现。首先是保证编程的独立性,同时也可进一步提高系统的可维护性、可移植性,也可根据程序员的特长进行开发。

5. 版本控制

实现应重视版本管理与控制。对提高效率、减少中间失误、方便程序测试具有重要意义。应树立版本管理意识,制定管理规范和制度,必要时由专人负责其管理工作。

软件一般具有中间版本、α 版本、β 版本、发布版本和维护版本等,以不同标号标识。

(1) 中间版本。中间版本为软件未完成前且未进行正式测试的版本。一个软件可能会有多个中间版本,记录不同时间、不同人员开发的软件程序。

(2) α 版本。α 版本是软件未完成但可以提交进行严格测试的软件版本。α 版本的生存周期通常只有几天或几周。

(3) β 版本。β 版本是经过多个 α 版本的完整的测试,确认没有问题后产生的,能够稳定运行的软件系统,可以交付给终端用户进行测试。β 版本提交给直接用户在实际工作中进行测试和检验,一般需要几个月的测试时间。

(4) 发布版本。正式向社会发布或向用户提交使用的软件产品。

(5) 维护版本。对发布的版本进行错误纠正,以及进行功能或性能改进的软件版本。

讨论思考

(1) 什么是软件实现?软件实现的过程是什么?

(2) 通常软件实现主要遵循的原则有哪几个?

(3) 软件实现策略有哪些?举例说明。

6.2 编程语言与编码技术

6.2.1 编程语言概述

1. 编程语言的概念

编程语言是人与计算机交流的工具。编写程序的过程也称为编程或编码,是根据软件分析和设计模型及要求,编写计算机理解的运行程序的过程。目前,已经有数百种编程语言,各具其特点和适用环境与范围,只有少部分程序语言得到广泛应用。因此,选择符合软件特征的程序语言是一项重要工作。

2. 编程语言的发展

(1) 第一代语言。第一代语言是与机器硬件密切相关的机器语言和汇编语言,从第一台电子计算机开始使用。因其与硬件操作相对应,所以,其语言种类基本上与计算机种类相同。

(2) 第二代语言。主要应用于各种计算,先后出现于20世纪50年代末60年代初,包括FORTRAN、COBOL、ALGOL60、Pascal和Basic等。不仅应用较为广泛,而且容易被人们熟悉和接受,具有大量成熟的程序库,成为现代(第三代)编程语言的基础和前身。

(3) 第三代语言。为具有直接支持结构化构件,并具有很强的过程能力和数据结构能力特点的结构化与现代程序语言。它分为三类:通用高级语言、面向对象的语言和专用语言。结构化程序语言有Turbo C等,面向对象的语言有C++、Java、Delphi等。

(4) 第四代语言。第四代语言属于超高级编程语言(简称4GL),虽然它与其他语言一样用其语法形式表示控制和数据结构,但不再涉及很多算法性细节。4GL具有3个特征:强大的数据管理能力,可对数据库进行有效的存取、查询和其他相关操作;提供一组高效的、非过程化的命令,组成语言的基本语句;可以满足多功能、一体化的要求。目前,使用最广泛的四代语言是数据库查询语言SQL,它支持用户以复杂的方式操作数据库。程序生成器(Program Generators)代表更为复杂的一类4GL,它输入由甚高级语言书写的语句,自动产生完整的三代语言程序。另外,一些决策支持语言、原型语言、形式化规格说明语言,甚至个人计算机环境中的一些工具也被认为属于4GL的范畴。

3. 编程语言的分类

编程语言种类很多,可从不同角度对其进行**分类**。

(1) 从语言层次方面,可以分为面向机器的语言和面向问题的语言两大类。

① 面向机器的语言。依赖于具体的机器硬件结构,其语句和计算机的硬件操作相对应。包括机器语言和汇编语言。机器语言由二进制的0、1代码指令系统构成,它是计算机唯一可以直接识别的语言。其指令系统因机器而异,不同机器具有不同的机器语言,这类语言难学难记。汇编语言是符号化的机器语言,语句符号与机器指令直接对应,编写的程序难读、难维护、易出错通用性差,因此,应用软件开发不再使用。面向机器的语言具有可直接访问系统接口、程序运行效率高等优点,可在某些特殊领域或环境使用。

② 面向问题的语言。面向问题的语言也称为高级语言。这类语言脱离了具体机器的硬件环境的限制,直接面向所要解决的应用问题。高级语言使用的概念和符号与自然语言比较相近,便于掌握和理解。并具有通用性强、编程效率高、代码可阅读性强、易于修改和维护等特点,因而在现代软件开发过程中被广泛使用。

(2) 从语言适用性方面,可以分为通用语言和专用语言两类。

① 通用语言。可以面向所有编程问题,不受专业和领域的限制,如Basic、FORTRAN、ALGOL、C、PL/1、Pascal等,均属这类语言。

② 专用语言。专用语言是为了某种特殊应用而设计的具有独特语法形式的语言。它局限于某些特殊的应用领域,应用范围比较窄,如APL是为数组和向量运算设计的简洁而功能很强的语言,却几乎不提供结构化的控制结构和数据类型。

(3) 从语言面向方面,可分为面向过程语言和OOL两类。

① 面向过程语言。面向过程语言即传统的结构化编程语言,该类语言强调程序设计算法和数据结构,基本思想可概括为:程序=数据结构+算法,如Turbo C等。

② 面向对象的语言。面向对象的语言是目前最为流行的一类高级语言。它引入了现实生活中对象的观念,提供了封装、继承、多态、消息等机制。这类语言有Smalltalk、C++、Java和C#等。

(4) 从应用领域,可以分为科学计算、数据处理、实时处理和人工智能等语言。

① 科学计算语言。世界上第一个被正式推广应用的计算机语言FORTRAN和具有很强的过程结构化能力的Pascal语言均属于这类语言。

② 数据处理语言。用于数据和事务处理。如用于商业数据处理领域COBOL语言。其中,程序说明与硬件环境说明分开,数据描述与算法描述分开,数据处理能力很强;还提供结构化查询语言SQL用于对数据库进行存取管理。

③ 实时处理语言。具有很强的运行效率和实时处理能力的语言,主要有汇编语言、Ada语言和C语言等。

④ 人工智能语言。用于模式识别、智能推理等人工智能领域,如PROLOG和LISP。

(5) 从语言级别上,分为低级语言和高级语言。到目前为止已有几千种不同的编程语言,只有其中很少一部分得到较为广泛的应用。虽然编程语言品种繁多,并对其分类意见不一,但根据编程语言的发展历程基本上可以分为低级语言和高级语言两大类。

① 低级语言。低级语言包括机器语言和汇编语言。都依赖于相应的计算机硬件,用这种语言编写的程序都是二进制代码形式,存储空间的安排,寄存器、地址的使用都由程序员安排。致使编写的程序不直观、出错率高。

汇编语言比机器语言直观。每种汇编语言都依赖于相应的硬件,因此其指令系统因机器而异。难学难用难维护，易出错效率低。优点是易实现系统接口，编译成机器语言效率高。

② 高级语言。通用性强，不依赖于实现其语言的计算机，同人们常使用的概念和符号较接近，一条语句可对应多条机器指令，包含第三代程序语言和第四代超高级程序语言。第三代程序语言利用类英语的语句和命令，尽量不再指导机器去完成一项操作。第四代程序语言比第三代更像英语但过程弱，与自然语言更接近，兼有过程性和非过程性两重特性。可分别从应用和语言内在两个特点对高级语言进行分类，其分类图如图 6-2 所示。

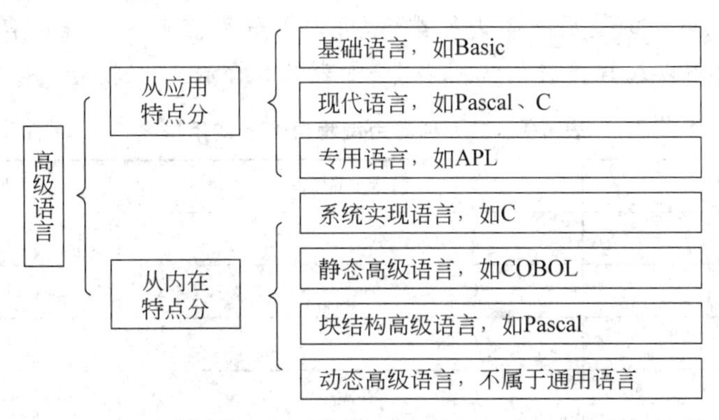

图 6-2　高级语言分类图

(6) 从应用特点分，高级语言又可分为基础语言、现代语言和专用语言 3 类。

① 基础语言。基础语言是通用语言，它们的特点是出现早、应用广泛。有大量软件库，为最广泛的人所熟悉和接受。属于这类语言的有 Basic、FORTRAN、COBOL 和 ALGOL 等。这些语言创始于 20 世纪 50 年代或 60 年代，部分性能已老化。

② 现代语言。现代语言也称为结构化语言。其特点是直接提供结构化的控制结构，具有很强的过程能力和数据结构能力。ALGOL 是最早的结构化语言，同时它又是基础语言，由它派生出来的 Pascal、C 以及 Ada 等语言已应用在非常广泛的领域中。

③ 专用语言。专用语言为某种特殊应用而设计的独特语言。

(7) 从语言的内在特点分，高级语言还可分为系统实现语言、静态高级语言、块结构高级语言和动态高级语言等 4 类。

① 系统实现语言。从汇编语言发展改进而来。可提供控制语句和变量类型检验等功能，但是同时也容许程序员直接对硬件进行操作，如 C 语言就是著名的系统实现语言。

② 静态高级语言。可给程序员提供控制语句和变量说明的机制，但是程序员不能直接控制由编译程序生成的机器操作。其特点是静态地分配存储。这种存储分配方法虽方便了编译程序的设计和实现，但对使用这类语言的程序员施加了较多限制。因为这类语言是第一批出现的高级语言，所以使用非常广泛。FORTRAN 和 COBOL 是这类语言中最著名的例子。

③ 块结构高级语言。特点是提供有限形式的动态存储分配，存储管理系统支持程序运行，每当进入或退出程序块时，存储管理系统分配存储或释放存储。程序块是程序中界

限分明的区域,每当进入一个程序块时就中断程序执行,以便分配存储,如 Pascal 和 ALGOL。

④ 动态高级语言。特点是动态地完成所有存储管理,即执行个别语句可能引起分配存储或释放存储。一般地说,这类语言的结构和静态的块结构的高级语言的结构不同,实际上这类语言中任何两种语言的结构彼此间也很少类似。这类语言一般是为特殊应用而设计的,不属于通用语言。

【案例 6-2】 根据 2015 年 9 月"TIOBE 世界编程语言排行榜"统计,对其中前 20 种常用编程语言的使用概率进行排名,可以了解目前常用编程语言的使用情况,并展现全球范围内编程语言的应用趋势,如表 6-1 所示。

表 6-1 二十种常用编程语言的使用排名

排名	编程语言	比 例
1	Java	19.565%
2	C	15.621%
3	C++	6.782%
4	C#	4.909%
5	Python	3.664%
6	PHP	2.530%
7	JavaScript	2.342%
8	Visual Basic. NET	2.062%
9	Perl	1.899%
10	Objective-C	1.821%
11	Assembly language	1.806%
12	Ruby	1.783%
13	Delphi / Object Pascal	1.745%
14	Visual Basic	1.532%
15	Pascal	1.298%
16	Swift	1.188%
17	MATLAB	1.181 4%
18	PL/SQL	1.082%
19	R	1.045%
20	COBOL	0.994%

部分常用编程语言具有其各自的特点。

(1) Java 语言。一种 OOP 语法结构与 C++ 类似。在虚拟机上运行,通过为不同平台提供虚拟机,实现了 Java 跨平台的特性。Java 被广泛应用于服务器端程序和移动设备程序中。

(2) C 语言。既有高级语言特征,又有低级语言功能,用于系统软件或嵌入式应用软件。

(3) C++ 语言。在 C 基础上发展起来的一种 OOP,C++ 提供了类、多态、异常处理、模板、标准类库等。C++ 既融合了面向对象的能力,又与 C 语言兼容,保留了 C 语言的许多重要特性。维护了大量已开发的 C 库、C 工具以及 C 源程序的完整性。

(4) C# 语言。与 Java 类似,是.NET 平台上的编程语言。

(5) Python。一种交互式的、面向对象、跨平台的解释语言。可在多种操作系统上运行。

(6) PHP 语言。为 Personal Home Page Tools 的缩写,源自 PHP/FI。最初只是一套简单的 Perl 脚本,用于跟踪访问主页的人们信息。目前 PHP 提供了大量用于构建动态网站的功能,成为 Web 服务器端程序主流编程语言。

(7) JavaScript。JavaScript 是一种解释性的脚本语言,用于实现 Web 页面客户端功能。

(8) Perl 语言。Perl 语言是跨平台的开源软件,综合了 C、awk、sed、sh 和 Basic 等的优点,提供了数据库访问接口,支持 HTML、XML 等标记语言,支持过程化和面向对象的编程方式。Perl 广泛应用于 Web 开发和系统管理工作。

(9) Delphi。源自 Pascal,是一种强类型的高级编译语言,支持面向过程、面向数据和面向对象的开发方法,并提供大量快速应用程序开发组件,主要应用于数据库应用程序。

(10) Visual Basic 语言。Visual Basic 是一种面向对象、可视化的编程语言,用于开发 Windows 桌面应用程序和 Web 应用程序。

6.2.2 编程语言的选择

选择程序语言是编程阶段遇到的第一项工作,通常应根据软件系统的应用特点,程序语言的内在特性等方面进行选择,尽量选用实用高效的 OOL。

1. 选择编程语言的准则

选择程序语言主要考虑的因素和准则,包括 6 个方面。

(1) 适合软件应用领域。应尽量选取适合软件具体处理业务的应用领域的语言。

(2) 利于软件运行环境。要选取机器上能运行且具有相应支持软件的语言。

(3) 软件开发人员熟悉。主要知识水平以及心理因素,包括:开发人员的专业知识,掌握编程的能力水平等;开发人员对某种语言或工具的熟悉程度;应特别注意选择语言时,尽量避免受外界的影响,盲目追求高新的语言。

(4) 有助于性能实现。主要结合软件工程具体性能要求考虑,如实时系统对响应速度有特殊要求,就应选择 C 语言等。

(5) 算法和计算复杂性简便。可根据不同语言的特点,选取能够适应软件项目算法和计算复杂性的语言,并尽量简便。

(6) 数据结构的复杂性低。要根据不同语言构造数据结构类型的能力选取合适的语言。

2. 优先选取高级语言

由于一种程序语言无法满足软件的各种需求,所以在选择与评价时,先查看问题需求,权衡其要求及其重要性,然后有针对性地根据其特性选取编程语言。合适的编程语言可使编程简便、测试量少、阅读和维护容易。

通常优先选择高级语言,主要因为高级语言明显优于低级语言。一是用高级语言编写程序比用汇编语言生产率提高几倍甚至十几倍。二是高级语言使用的符号和概念更符合人的习惯。高级语言一般都容许用户给程序变量和子程序赋予含义鲜明的名字,通过名字很容易将程序对象与其所代表的实体进行联系。所以,用高级语言编写的程序更容易阅读、测试、调试和维护。只在一些特殊的应用领域才放弃选用:对程序执行时间和使用空间都有很严格限制的情况;需要产生任意的甚至非法的指令序列;体系结构特殊的微处理机,以致在这类机器上通常不能实现高级语言编译程序;或大型系统中执行时间非常关键的(如直接依赖于硬件的接口)小部分代码。

3. 尽量选取OOL

OOP方法是目前主流的且最有发展前景的编程方法。选择OOL的关键是语言的一致表达能力、可重用性及可维护性。而且,便于实现面向对象技术。从面向对象观点,能够更完整、更准确地表达问题域语义的OOL的语法是非常重要的。OOL在技术方法等方面的优越性,可见6.2.3节介绍。开发人员在选择OOL时,还应着重**考虑**以下**实际因素**。

(1) 可重用性。采用OOM开发软件的基本目的和主要优点,是通过重用提高软件生产率。因此,应优先选用能最完整、最准确地表达问题域语义的OOL。

(2) 代码重构是软件进化的重要手段,Martin Fowler将重构定义为“对软件内部结构的修改,使之更易于理解和修改,但不改变软件的对外可见的行为”。包括如下内容。

① 重复代码。重复的代码不仅影响运行速度,而且需要重复修改。

② 函数过长。在面向对象的编程中,函数通常不需要超过一屏。如果出现这种情况,可能是使用了过程化编程方式。

③ 循环过长/嵌套过深。最好将过长循环体变成独立函数,可有效降低循环的复杂度。

④ 类的内聚性差。若发现某类是一些不相关的功能集合,可将此类应该分解成多个类,每个类负责一个逻辑相关的功能集合。

⑤ 方法传递过多参数。通常很好抽象的函数较简短,不应有过多参数。

(3) 类库和开发环境。将语言、开发环境和类库3个因素综合,共同决定可重用性。考虑类库时,不仅应考虑类库的提供,还应考虑类库中提供了哪些有价值的类。在开发环境中,还应提供使用方便的具有强大联想功能的类库编辑工具和浏览工具。

(4) 适应发展趋势,未来仍处于主导地位,不会很快被淘汰。

(5) 其他因素。具有OOA、设计和编程技术所能提供的培训服务;在使用OOL期间能提供的售后服务;能提供给开发人员使用的开发工具、开发平台、发行平台;对机器性能和内存的需求;集成已有软件的容易程度等。

4. 选取编程语言的标准

选取编程语言标准,主要有两大方面。

(1) 理想化标准。

选取程序语言的理想化理论标准,主要体现在3个“有利于”。

① 有利于实现的优质高效。为了提高编程质量,同时加快进度,尽量使用与复用技术等兼容的程序语言,并使其易于测试和维护以减少软件的总成本,所选用的高级语言应该有理想的模块化机制,以及可读性好的控制结构和数据结构。

② 有利于实现功能性能及可靠性。为了尽快实现软件的功能性能,提高软件可靠性且便于调试,应使编译程序尽可能多地发现程序中错误。

③ 有利于降低软件开发及维护成本。为了尽量降低软件开发和维护的成本,应选用具有良好的独立编译机制的高级语言。

(2) 实用性标准。

选取程序语言不仅限于理想化的理论标准,还应**兼顾实用方面的标准要求**。

① 程序语言自身特性。为开发某一特定项目选择编程语言时,应从语言的工程特性、技术特性和心理特性等多方面要求进行考量。

从程序语言的工程特性方面,主要侧重软件开发项目的需要,对程序编程的要求包括可移植性、开发工具的可利用性、软件的可重用性和可维护性。

程序语言的技术特性对软件开发各阶段影响较大,应根据项目的具体特点选择适合的语言。20世纪80年代以来,对使用较多的OOL,形成了两大类:一是纯OOL,如Smalltalk和Eiffel等语言。二是混合型OOL,是在过程语言的基础上增加面向对象机制形成的,如C++等语言。一般纯OOL侧重支持OOM研究和快速原型的实现,而混合型OOL的目标则是提高运行速度和使传统程序员易于接受面向对象思想。成熟的OOL都提供丰富的类库和强有力的开发环境。选择OOL重点考察的技术特性包括:支持类与对象概念的机制;实现整体与部分(聚集)结构的机制;实现一般与特殊(泛化)结构的机制;实现属性与服务的机制;类型检查机制;持久保存对象机制;参数化机制;类库与效率及开发环境等。

程序语言的心理特性主要指影响程序员心理因素的性能。语言的心理特性对于程序员应用与维护的能力和对编程的思维方法有较大影响。在语言中表现为习惯爱好、特长发挥、简洁性、局部性、歧义性、顺序性和传统性等。

② 软件的应用领域。所有程序语言都有其具体的应用领域,如用于科学工程计算,需要大量的标准库函数,以便处理复杂的数值计算,可选取C++、C、PL/1、FORTRAN、Pascal语言;用于数据处理与数据库应用领域,可选用SQL、4GL、COBOL语言;在实时处理方面,可选用Ada语言;系统软件经常涉及硬件,编写操作系统、编译系统等时,可选用C、Pascal和Ada语言;对人工智能应用,实现专家系统、推理工程、语言识别、模式识别、知识库系统、机器人视觉及自然语言处理等及其有关系统,可选取LISP、PROLOG

语言。

③ 软件开发环境。编程环境不仅可有效提高软件质量,还可有效地提高软件生产率,并减少错误。近几年推出的可视化的软件集成开发环境,如 Microsoft 公司的 Visual C、Visual Basic 和 Borland 公司的 Delphi 等,都提供了调试工具,可帮助快速形成高质量软件。

④ 软件开发方法。编程语言的选择有时依赖于开发的方法,采用 4GL 语言适合快速原型模型开发。对于 OOM,则需要采用 OOL 编程。

⑤ 编程人员的熟悉情况。编程人员原有的知识、技术和经验对选择编程语言影响很大。一般愿意选择熟悉且曾经成功开发过项目的语言,新的语言虽有吸引力,也能提供较多的功能和质量控制方法,但感觉陌生需要熟悉,但也不可盲目迁就。

⑥ 算法和数据结构的复杂性。科学计算、实时处理和人工智能领域中的应用算法较为复杂,而数据处理、数据库应用和系统软件领域内的问题,数据结构化较复杂,所以选择语言时应考虑是否具有完成复杂算法或构造复杂数据结构的能力。

⑦ 软件可移植性要求。若要求目标系统在多台不同类型的计算机上运行,或使用寿命很长,则应选择一种标准化程度高、程序可移植性好的语言。

6.2.3 常用编程方法

1. 模块化编程

20 世纪 50 年代出现的模块化编程,其**思想**是在进行程序设计时将一个大程序按照功能划分为若干小程序模块,每个小程序模块完成一个确定功能,在这些模块之间建立必要的联系,通过模块的互相协作完成整个功能。

采用模块化方法设计程序的过程如同搭积木,选择不同的积木块或采用不同的组合就可以搭出不同的结构。同样,选择不同的程序模块或不同组合就可以构成不同的系统架构,完成不同的程序功能。模块化编程方法还规定模块具有单入口和单出口,以便提高程序结构的清晰性和可读性。

2. 结构化编程

结构化编程(Structured Programming,SP)是以模块功能和处理过程设计为主的详细设计过程。其概念由 E. W. Dijikstra 于 1965 年提出,是软件发展的一个重要里程碑。主要观点是采用自顶向下、逐步求精的编程方法;使用 3 种基本控制结构构造程序,任何程序都可由顺序、选择、循环 3 种基本控制结构构造。并指出 SP 并非简单的取消 GOTO 语句,而是创立一种新的编程思想、方法和风格。提高程序可读性的关键是使程序结构简单清晰,SP 方法是达到这一目标的重要手段。主要具有以下**特点**。

(1) 自顶而下,逐步求精。逐步求精的思想符合人类解决复杂问题的普遍规律,可促进提高软件开发效率。还体现了先全局后局部、先抽象后具体的方法,使开发的程序层次结构清晰,易读易懂易验证,因而提高了程序的质量。

(2) 结构化的程序由且仅由顺序、选择、循环 3 种基本控制结构组成,既保证了程序结构清晰,又提高了程序代码的可重用性。将程序自顶向下逐步细化的分解过程用一个树型结构描述。将程序结构划分为 3 种基本结构，并以此构架程序结构。SP 方法也是一种程序设计准则。可设计出结构清晰、易理解、易修改、易验证的程序。其方法不仅可提高程序运行效率，且可提高程序可读性、减少出错率，从而极大地减少维护费用。

3. OOP 设计

在 5.5 节中详细介绍了 OOM，OOP 设计方法是目前主流和最有发展前景的编程方法。

1）OOP 设计思想

OOP 设计始于 OOP 设计语言，简称面向对象语言（Object-Oriented Language，OOL），是为了解决面向过程编程中存在的功能与数据分离而引起的程序复杂性问题而设计的。与 SP 相比，更易于实现对现实世界的描述，在软件工程中产生了深刻影响。通过对象机制来封装处理与数据，以控制程序的复杂度，通过继承提高程序可重用性和软件开发效率。

在 OOL 产生后，OOP 设计逐步成为编程的主流，其中所蕴含的面向对象思想不断向开发过程的上下游渗透，形成了 OOA、OOD、OOP 和面向对象测试的一整套完整的 OOM。

2）OOL

OOL 是以对象作为基本程序结构单位的编程语言，用于描述的设计是以对象为核心，对象是程序运行时的基本成分。语言中提供了类、封装、继承、消息等机制。

OOL 主要借鉴了 20 世纪 50 年代的人工智能语言 LISP，引入了动态绑定的概念和交互式开发环境的思想；始于 20 世纪 60 年代的离散事件模拟语言 SIMULA67，引入了类的要领和继承，成形于 20 世纪 70 年代的 Smalltalk。

OOL 的发展方向有两个：一是纯 OOL，如 Smalltalk、Eiffel 等；二是混合型 OOL，即在过程式语言及其他语言中加入类、继承等成分，如 C++、Objective-C 等。

OOL 描述客观系统较为自然，便于软件扩充与复用。有 4 个**主要特点**。

① 识认性，系统中的基本构件可识认为一组可识别的离散对象。

② 类别性，系统具有相同数据结构与行为的所有对象可组成一类。

③ 多态性，对象具有唯一的静态类型和多个可能的动态类型。

④ 继承性，在基本层次关系的不同类中共享数据和操作。

前三者为基础，继承是特色。有时将这些特点再加上动态绑定一起结合使用，可以更好地体现出 OOL 的表达能力。

比较 OOP 和面向过程编程，还可得到 OOP 的**其他优点**。

① 数据抽象概念可在保持外部接口不变情况下改变内部实现，减少或避免对外界干扰。

② 利用继承大幅减少冗余的代码，并可方便地扩展现有代码，提高编码效率，也减低了出错概率，降低软件维护的难度。

③ 结合 OOA 与 OOD，允许将问题域中的对象直接映射到程序中，减少软件开发过程中中间环节的转换过程。

④ 利用对象的辨别与划分，可将软件系统分为若干相对为独立的部分，在一定程度

上更便于控制软件复杂度。

⑤ 以对象为中心的设计可帮助开发人员从静态(属性)和动态(方法)两个方面把握问题,从而更好地实现系统。

⑥ 由对象的聚合联合可在保证封装与抽象的原则下,实现对象在内在结构以及外在功能上的扩充,从而实现对象由低到高的升级。

6.2.4 编程规范及风格

建立编程规范,有助于编出正确、高效、可维护、通用易读的程序,使程序结构优化、清晰易读,并且与设计相一致。

编程风格是在长期的编程实践中形成的一套独特的习惯做法和方式。优良的编程风格可以减少编程错误,提高可读性和维护效率。多人合作编写一个很大的程序时,相互协调配合更需要强调一致的编程风格。结构化实现的编码风格包括5个方面;源程序文档化、数据说明、语句构造、输入输出和效率。OOP风格,既包括传统的编程风格准则,也包括为适应OOM所特有的概念(如继承性)而遵循的新准则。

1. 好程序的标准

对于好程序的标准,20世纪40及50年代的观点和现在差别很大。当时的计算机内存很小、速度慢,将程序的长度和执行速度看得很重要,甚至放在了首要的位置。需要千方百计地缩短程序长度并减少存储空间,否则内存不够,程序无法运行。

【案例6-3】 著名的“千年虫”问题,主要由于在过去开发程序时只使用2个存储位表示年份,省略了前面19两位。这种程序应用很广泛,在2000年以前没有出现问题,但是到了2000年,表示年份的数字就会变成00,可能会给很多与此相关的应用程序造成严重后果。为了在2000年以前解决此问题,世界各国耗资达几亿美元。

随着硬件技术及速度的提高、价格的下降,计算机的处理速度和内存容量已经不再是制约软件开发的瓶颈。好程序的标准也发生了根本性变化,对于好程序标准不同人看法不尽相同。公认的好程序具有的7个特性如下。

(1) 功能齐全,能够达到用户的使用要求。

(2) 性能及可靠性高,运行安全高效,各项指标优良。

(3) 结构简单、容易理解和使用。

(4) 易于维护、修改和扩展升级。

(5) 界面易于操作,使用便捷。

(6) 易移植性及兼容性好。

(7) 可重用性强,有利于软件更新。

2. 编程规范及风格

规范是“做什么”的形式化描述。程序用于阅读是其主要目的之一,可通过养成良好的编程风格解决阅读性差的问题。一个公认的、良好的编程风格可减少编程的错误,减少阅读程序时间,从而提高软件的开发效率。主要应该**遵循**以下**规范及风格**。

1）源程序文档化

源程序文档化是指编程中,在标识符取名、程序排版和注释等方面养成良好的习惯,编写出易读、易理解的文档化程序。源程序文档化应注意以下两个方面。

(1) 标识符命名。程序由编程符号组成,关键字和操作符是语言提供的基本符号,要求编程人员正确使用。标识符包括模块名、变量名、常量名、标号名、子程序名、数据区名、缓冲区名等,一般由程序员编程时起名。符号命名主要是指对标识符的命名,符号命名遵循见名知意的原则,使人能够见其名知其意,以增强程序的可读性。例如,存储几个数平均值的变量可命名为 Average,其和命名为 Sum,存储一批数总和的变量命名为 Total。

由几个单词组成的标识符,各单词的第一个字母用大写,或单词之间用下划线分开便于理解。标识符名字不宜太长,以免书写与输入容易出错,必要时可用规则统一的缩写名字。

(2) 程序注释。注释是尽快了解程序的重要手段。必要的注释可帮助尽快理解程序,有助于程序的测试和维护。大多数程序语言允许使用自然语言作为注释程序,一些正规的程序文本,注释行约占整个源程序的 1/5～1/3。程序注释分为序言性和功能性注释两种。

序言性注释通常置于各程序模块的开始部分,用于对程序模块的整体说明,对于理解程序具有引导作用。序言性注释要求逐项列出以下内容。

① 程序模块的功能及用途。

② 程序模块的接口及调用形式,参数描述以及从属模块的清单。

③ 数据描述。重要数据的名称、用途、限制、约束和其他相关信息。

④ 开发信息。包括模块设计者、复审者、复审日期、修改日期等。

功能性注释嵌在源程序体内,常放在具体语句之后,用于描述语句或程序段所要做的工作。编写功能性注释,应注意以下 3 点。

① 书写注释要正确。

② 用缩进和空行,使程序与注释容易分开。

③ 有关设计的说明,也可以作为注释,嵌入源程序之中。

(3) 标准的书写格式。应当使用统一、标准规范的书写格式编写源程序,可以提高程序的可阅读性。常用的方法如下。

① 用分层缩进的写法显示嵌套结构层次。

② 在注释周围加上边框,突出显示。

③ 注释段与程序段以及不同的程序段之间插入空行。

④ 每行只写一条语句。

⑤ 书写表达式时适当使用空格作为隔离符。

【案例 6-4】 下面为一段带注释的代码示例。

```
Public string TestMethod(int parameterl,string parameter2)
{
    ///*****************************************
    /// 函数功能:
    /// 参数说明:
    /// 返回值说明:
    /// 编写情况:
    ///*****************************************

    //变量声明
    int variablel;
    string varianie2;
    ⋮

    // 变量初始化
    Variable=0;
    varianle2=" ";
    ⋮

    try
    {
       //功能处理
         Variable=variabiel+parameterl;
         //以下循环实现了某功能
         for(int i=0; i<parameterl; i++)
          {
         //功能处理
         }
         if(varianle2=="")
       {
         //功能处理
         }
         //返回结果
         return varianie2;
    }
    catch(Exceptionex)
    {
       //异常处理
       throw ex;
    }
}
```

2）数据说明

在实际应用中，为了使数据易于理解和维护，常遵循以下指导原则。

① 数据说明顺序应规范，使数据的属性更易于查找，从而有利于测试、纠错与维护。

② 一个语句说明多个变量时，各变量按字典顺序排列。

③ 对于复杂的数据结构，应加注释，说明在程序实现时的特点。

在编程时，为了使数据定义更易于理解和维护，还应注意数据说明的风格。通常书写原则为：数据说明顺序应规范，将同一类型的数据书写在同一段落中，从而有利于测试、纠错与维护，如按常量说明、类型说明、全程量说明及局部量说明顺序；当一条语句中有多个变量声明时，将各变量名按字母的顺序排列以便查找；对于复杂的或有特殊用途的数据结构应加注释，说明在程序中的作用和实现时的特点。

3）语句构造

构造程序语句是编程阶段的基本任务。其主要原则是简单直接，不应为追求效率而使代码复杂化。主要包括：使用规范的语言和标准的控制结构，编写时要减少异议；不应一行多条语句，造成阅读困难；不同层次的语句采用缩进形式，使程序的逻辑结构和功能特征更加清晰；尽可能使用库函数；注意 GOTO 语句的使用；要避免繁杂、嵌套的判定条件，避免多重的循环嵌套，一般嵌套不宜超过三层；对太大的程序，可分块编写、测试再集成；确保所有变量在使用前都进行初始化；遵循国家统一标准等。

4）输入和输出

输入输出信息与用户的应用直接相关。对用户输入输出的方式和格式应尽可能操作简捷、界面便利。应避免因设计不当给用户带来的麻烦，在编写输入和输出程序时的主要准则是：输入操作步骤和输入格式应尽量简单、提示信息要明确，易于理解；输入成批数据时，尽量少用计数器来控制数据的输入进度，而用文件结束标志；对输入数据的合法性、有效性应进行检查，报告必要的输入信息及错误信息；交互式输入时，提供明确可用的输入提示信息，在数据输入的过程中和结束时，也应在屏幕上给出状态信息；当编程语言有严格的格式要求时，应保持输入格式的一致性；给所有的输出加注解，并设计输出格式等。

输入输出风格还受设备、用户经验及通信环境等因素的影响。其要求应成为交互式系统软件需求的一部分，并通过设计和编程，在用户和系统之间建立良好的通信接口。输入输出是系统与用户交互的接口，系统能否为用户所接受，此风格基本与系统功能实现的作用同等重要。因此，输入输出的方式和风格应当对用户友好、便于使用。对于交互式的输入输出，输入输出应当简单而带有相应的提示信息，具备完备的出错检查和出错恢复功能，并保证输入输出格式的一致性。

一般输入输出在界面设计时确定。在编程阶段，应注意以下 5 点。

① 输入信息都应进行有效性、合法性检查，并给出必要的状态和错误信息提示。

② 输入输出的步骤和操作应当简单友好，格式界面简单一致。

③ 批量数据录入时，使用数据的结束标志，而不要由用户来控制。

④ 允许默认值，尽量多用鼠标操作。

⑤ 输出清晰简明，有必要的注释说明，尽可能使用格式化报表和图形。

5）程序效率和安全可靠性

程序效率是指程序的执行速度和所占内存空间的使用效率。影响程序效率的因素主要有3个方面：系统设计、编程语言、工具及编码。好的设计可提高程序效率；高效的编程语言和优秀的软件工具对提高程序效率的作用至关重要。提高效率应注意：效率是一项性能指标，在需求分析时就应对具体效率有一个明确的要求；应在不影响程序可读性或可靠性基础之上追求效率；选取良好的设计方法是提高效率的根本途径，设计良好的数据结构与算法是提高程序效率的重要方法。

不同的软件对其效率侧重有所不同。事务处理系统侧重于系统执行效率，实时系统侧重于响应效率，操作系统则同时兼顾执行效率、响应效率和存储效率。提高程序效率的根本途径在于选择良好的程序设计方法，优化数据结构和算法；提高存储效率，则应侧重考虑代码的局部性，及时释放占用的系统资源，并考虑编译程序对存储压缩的性能。

在编程时提高程序运行效率应注意的原则为：写程序前先简化算术和逻辑表达式；使用执行时间短的运算；尽量不混用不同的数据类型；尽量用整数运算和布尔表达式；尽量避免用多维数组；尽量避免用指针和复杂表；各输入输出都应有缓冲，以减少用于通信的额外负担；对二级存储器应选用最简易的访问方法；其输入输出应以信息组为单位进行等。

鉴于OOL的特殊性，OOP原则，除上述基本原则之外，还包括为适应OOM所特有的继承性等必须遵循的**新原则**。

① 提高可重用性。提高软件的可重用性是OOM的一个主要目标。软件重用有多个层次，在编程阶段主要涉及代码重用问题。为了实现代码重用必须提高方法（即服务）的内聚、减小方法的规模、保持方法的一致性、将策略与实现分开、全面覆盖输入条件的各种可能组合、尽量不使用全局信息和充分利用继承机制等。

② 提高可扩充性。在提高可重用性的同时，也应提高程序的可扩充性。同时还要注意封装的实现策略、精心确定向公众公布的接口中公有方法、一个方法应只包含对象模型中的有限内容、少使用多分支语句等。

③ 提高健壮性。健壮性应与效率同时兼顾，为提高健壮性应预防用户的操作错误、检查参数的合法性、不要预先确定限制条件、先测试后优化。

讨论思考

(1) 从应用特点分，高级语言可以分为哪几类？

(2) 如何选择编程语言？

(3) 常用的编程方法有哪些？好程序的标准是什么？

(4) 编成主要应该遵循的编程风格及规范有哪些？

6.3 常用编程工具与环境

常用的流行编程工具包括：Microsoft 系列有 Azure AppFabric、Web Deploy、Visual Studio 和 Visual Studio. NET；Borland 系列有 Delphi、JBuilder、C++ Builder；还有

Eclipse、Visual Age for Java、PowerBuilder 和 Macromedia 系列等。下面简单介绍几种主要工具。

6.3.1 常用集成开发环境

Microsoft 公司早期推出了 Windows 下的集成开发环境——Visual Studio 和 Visual Studio. NET,可开发 Window DNA 和 IIS Web Application。包括多种语言及相应的项目工具。该系列产品具有良好的图形界面,并且提供了许多简化的软件开发功能。

Visual Studio 企业版包括 Visual C++、Visual Basic、Visual FoxPro、Visual J++、Visual InterDev、Visual Source Safe、MSDN 联机帮助、IIS 服务器以及其他一系列的开发辅助工具。

Visual Studio. NET 是为下一代软件构架. NET 准备的大型集成开发环境。. NET 采用了类似 Java 的虚拟机机制,使用中间语言、安全认证、垃圾收集等机制,使软件的运行更加稳定安全。虽然由于 Microsoft 公司的政策限制,还绑定在 Windows 平台上,但由于其本身机制的灵活性,可在多个平台下运行。支持多语言,可进行跨语言开发并互相调用。Visual Studio. NET 的开发语言都在一个统一界面下工作,而不像 Visual Studio 中有各自的开发环境。

Windows Azure AppFabric 是全面云端中间件,服务于开发、部署和管理 Windows Azure 平台应用。在 Windows Azure 开发模型上提供一套 PaaS(平台即服务)层面服务,从而提高了开发效率。同时,可提供安全的通道来跨越网络和地理位置的界限,将已有的应用程序接入到云端。并且,它维持了 Windows Azure 和 Window Server 上一致的开发模型。Windows Azure AppFabric 通过在更高层次上抽象端对端应用,使得开发更加高效,并且通过利用底层硬件功能和软件基础设施,使得应用维护变得更加轻松。Microsoft AppFabric 是一组集成技术,可更轻松地生成、扩展和管理 IIS 上运行的 Web 应用程序和复合应用程序。

Web Deploy 作为一款 Web 部署工具,可简化 IIS Web 服务器、Web 应用程序和网站的迁移、管理和部署工作。管理员可以通过命令行脚本运行 Web 部署工具,同步 IIS 6.0 和 IIS 7.0 服务器或将 IIS 6.0 服务器迁移到 IIS 7.0。利用 Web 部署工具,管理员和委派的用户还可使用 IIS 管理器将 ASP. NET 和 PHP 应用程序部署到 IIS 7.0 服务器。

Delphi 是美国 Borland 公司开发的工作在 Windows 平台下的一个集成开发环境(IDE),其前身是 DOS 下的 Borland Pascal。IDE 使用的是由传统 Pascal 语言发展而来的 Object Pascal 语言。本质上是一个代码编辑器而不是一种语言,但是由于 Delphi 几乎是市场上唯一使用 Pascal 语言的产品,所以有时 Delphi 也称为 Object Pascal 的代名词。Borland 公司已经将 Object Pascal 语言改称为 Delphi 语言。Delphi 的主要特点是可视化开发环境、使用 VCL(Visual Component Library)类库、跨平台开发(Delphi 在 Linux 下对应的版本称为 Kylix)、支持 Microsoft 公司的. NET 平台。

Visual Age for Java 是 IBM 公司开发的 Java IDE 开发环境。它的特性对于 IT 开发者和业余的 Java 编程人员都很有用。提供了对可视化编程的广泛支持,支持利用 CICS 连接遗留大型机应用,支持 EJB 的开发应用,支持与 Websphere 的集成开发,方便的 bean

创建,良好的快速应用开发(RAD)支持以及无文件式的文件处理。其独特的管理文件方式使其很难与外部工具集成,从而使得 Visual Age for Java 无法与其他工具一起联合开发应用。

6.3.2 编码管理系统及编译程序

利用合适的软件工具辅助编程,可提高软件生产效率和可靠性,减轻工作量。编程工作中最常用的是编码管理系统和编译程序。

1. 编码管理系统

编码管理系统是具有连接程序、管理操作系统,维护源程序、目标程序、文件及数据库等信息的综合管理系统。

一个大型软件开发项目通常由多个程序员编程,程序分别放在不同的文件或程序库中,可能既有源程序又有目标程序。此外,同一个系统在不同时期可能生产出多个不同版本,适合于不同环境的需要。所以,对大型软件系统需要记录程序模块开发和维护的过程,确定模块间的相互依赖关系,保证在同一个系统的不同版本中的公共编码的一致性。

大型软件系统开发的重要环节是开发软件工具,自动完成上述编码管理工作。UNIX/ PWB 系统中的 MAKE 和源编码控制系统 SCCS 是编码管理系统的两个代表。

利用 MAKE 程序能保持模块间的协调关系。接受的信息包括某个程序不同模块彼此间的依赖关系,以及更新模块时必须进行的操作。MAKE 程序能够根据文件的修改日期推断出编译“过时”的模块,并对过时模块执行说明信息中规定的更新。

SCCS 的目的是维护目标系统的多个版本,且无编码重复。SCCS 管理系统的更新,保证不会有多个程序员同时更改同一部分新程序。主要是记录模块变动情况,包括记录更新的时间,更新改变了哪些源程序行,以及由谁进行的这个变动等。

PowerBuilder 是 Sybase 公司在 1990 年开发的客户机/服务器前端应用工具。采用了 OOM 以及可视化的开发界面,可轻松开发出独立的应用程序。利用自带的驱动程序,可通过 ODBC 连接几乎所有的数据库,并可通过其中的某些驱动程序连接一般的大型数据库。PowerBuilder 广泛地应用于开发大型 MIS 及各类数据库的跨平台应用、界面开发、可重用组件的开发、分布式应用的开发、Internet 开发中。

2. 编译程序

编译程序是各种高级程序语言特定的,以程序模块为单位,将源程序生成目标编码的系统软件。也可帮助诊断程序中的差错,减少程序开发成本,生成高效的编码,优化程序设计。程序优化需要对源程序进行大量的分析,也需要耗费较多时间,因此会影响编译速度。在软件开发过程中,不可能每次编译都进行优化,程序设计环境应最好为每种语言提供两个兼容的编译程序——编译程序和优化编译程序。编译程序应能快速地编译源程序,并能提供详尽的诊断信息。后者可生成高效的编码,对编译速度和诊断功能却无很高要求。

交叉参照程序是与编译系统结合一起的一个重要工具。可给出程序对象的名字和类型,程序中说明每个名字的位置(行号),以及访问每个对象的语句的行号。更复杂的交叉参照程序还能提供每个模块的参数表和参数类型,以及模块的局部变量表和模块引用的全程变量表。当需要修改某个全程变量表时,此类信息很有用处。

Symantec 公司推出的适用于 Windows 平台下的 Visual Café,是第一个适合于 Java 语言的、完整的快速应用开发 RAD(Rapid Application Development)环境。其核心是快捷应用程序开发工具,如图形化用户界面编译器、组件程序库和 Interaction Wizard。用户可以利用它从一个标准对象数据库中整合完整的 Java 应用程序和 Applet,而不必再编写源编码。Visual Café 还提供了一个扩充的源代码开发工具集。

6.3.3 软件生成技术

为了能高效低成本地开发出高质量的程序,可利用软件生成技术,也称为自动化编程,实现一定程度的自动化程序编码。

1. 需求导出型自动编码

利用需求可以导出程序设计过程,以某种方式精确地定义用户的需求,经检验后由一个专门的程序将对用户需求的具体定义转变成相应的程序编码。可以使用高级需求说明语言,或填写特定格式的表格定义用户需求。此方法的优点是可以消除需求说明与程序编码之间可能存在的不一致性及复杂烦琐的耗时费力过程。

2. 软件复用型自动编码

复用型程序设计方法,其实是软件设计模块化的推广。在程序模块化的基础上,提高程序模块的可移植/可重用性,以利于在新的程序设计时,采取"复用"技术和策略,提高编程的效率。基本实现思路为:通过积累大量具有良好文档和高内聚的模块,以及灵活性和精确定义的接口,组成程序构件库;并提供构建主程序或新模块时可使用的语句;用户以问答方式与系统交互作用,使用系统提供的语句,确定调用已有的构件、调用次序和方式;若已有的构件不能满足用户要求,则应以同样的通用模式编写新模块,并存入构件库备用。

当业务应用领域相对较窄时,可能定义出足够多的通用模块,从而使这种实现方案成为可行。此方法的优点是:可由技术专家编写出高质量的通用模块供一般用户使用,不仅降低了程序开发的成本,而且可得到高质量的程序。

3. 自动化编程模式

由美国南加州大学信息科学研究所提出的自动化编程方法,基于知识的、扩展的自动化编程模式,其实现方案如图 6-3 所示。

"规范获取"部分使用自然语言处理的知识和方法,可将自然语言编写的非形式化规范转换成高层次的形式化规范,同时也是可运行的原型。经过"试用-修改"的反复确认过程,最后得到完整、准确的描述用户需求的高层规范。目标系统交付使用后的维护和规范确认类似,也是通过修改非形式化规范及重新转换实现的。直接维护规范可简化维护。

为了满足目标系统的性能要求,高层规范在转换成最终的源程序之前,需要对多方面进行优化。由于这种优化难于全部自动实现,因此,一般由人根据具体情况提供优化所需的知识(决策与基本原理),通过交互翻译将高层规范转换成优化的低层规范。

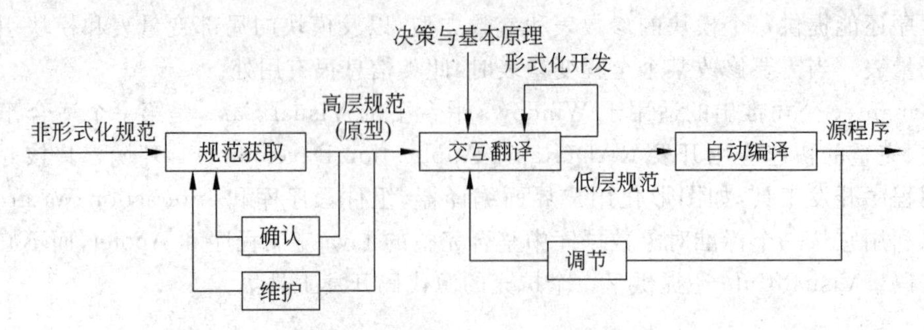

图 6-3 扩展的自动化编程模式

形式化开发过程中,为了便于进行转换,通常使用同一种通用语言编写高层规范与低层规范,而且转换经过多次"小步"转换逐步实现。试用源程序后,对规范或优化策略提出局部性修改要求,并进行调节,也是通过形式化开发过程实现的。

由低层规范到常规高级语言源程序的转换,主要使用常规编译技术实现自动编译。在 1.2.3 节提到过,CASE 实际上是为软件开发提供的一组优化集成高效的软件开发工具。现在,软件开发环境进入了第三代智能 ICASE。系统集成方式从数据交换,到公共用户界面,再到信息中心库方式。不仅提供数据集成和控制集成,还提供了一组用户界面管理设施和一大批工具,ICASE 进一步与其他软件开发方法的结合,可实现全自动软件开发,即开发人员只要写好软件的需求规格说明书,就可自动完成从需求分析开始的所有的软件开发工作,自动生成供用户直接使用的软件及有关文档。

讨论思考

(1) 集成开发环境主要应用于什么地方?举例说明。

(2) 什么是编译程序和编码管理系统?

(3) 软件生成技术包括哪些方法?

6.4 软件实现的文档

6.4.1 实现文档的组成及要求

1. 实现文档的组成及要求

"软件实现文档"包括软件产品规格说明(SPS)、计算机编程手册(CPM)和软件用户手册(SUM)。其中,计算机编程手册(CPM)提供了一个程序员理解如何在给定的计算机上编程所需的信息,主要说明目标软件的编程环境和编程信息;软件用户手册(SUM)是为由用户操作的软件而开发的,描述手工操作该软件的用户应如何安装和使用一个计算机软件系统或子系统。它还包括软件操作的一些特别的方面,诸如,关于特定岗位或任务的指令等。

2. 软件实现管理文档

用于软件实现管理文档主要包括软件产品规格说明(SPS)、软件用户手册评审报告、软件质量保证计划(SQAP)、软件配置管理计划(SCMP)、开发进度月报(DPMR)、项目开发总结报告(PDSR)、软件产品规格说明(SPS)、软件版本说明(SVD)、评审和鉴定记录等。

6.4.2 软件用户手册编写

1. 软件用户手册编写要求

(1) 以统一确定的标准规范方法和风格,描述软件产品提供的所有功能。描述的软件功能,对于每一项功能的描述要求完整。

(2) 选用统一编写工具 Word 等,按照标准模板及格式进行编写。

(3) 规范术语。术语部分包括系统术语和基本概念。系统术语在整个系统的含义要求统一,并放在前言部分进行描述。基本概念则在各有关章节分别进行描述。

(4) 语言简洁明确,表达准确。一句话不宜过长,其间可以间断。

(5) 指南模板及格式应统一规范。

2. 软件用户手册的排版

(1) 多人合作编写时,应有一人负责统稿,便于保持一致。

(2) 交稿前一定要仔细审阅核对。

(3) 图以章为序,如图 6.1 或图 6-1(半字线连接章号和图号)。

(4) 表以章为序,如表 2.1 或表 2-3。

(5) 命令格式。操作步骤中使用统一的命令按钮、菜单命令项、标签项等名称可用【】(或“”等)界定。如打开【开始】菜单选择【程序】项等。

(6) 例题格式。例题以章为序,并用【】界定。如【例 3.5】或【例 3-5】。

(7) 交稿前一定要仔细审读,尽量减少不应有的文字错误,并做到以下的“5 个衔接、6 个统一、7 个对应”。

5 个衔接:章节号、表序号、图序号、公式号、页码应连续,不重复也不漏。

6 个统一:格式、层次、名词术语、符号、代号、计量单位要统一,保持一致。

7 个对应:格式与规范、目录与正文标题、标题与内容、正文与插图、正文与表格、图中代号与图注、前后内容要对应,避免重复和矛盾。

(8) 不用 Word 自动格式生成章节标题或序号,主要是不易修改完善。

3. 软件用户手册的编写原则

(1) 认真落实文档编写主管及具体人员,并指定文档管理员。

(2) 确保编制文档所需要的条件和所需经费,以及编制工具等。

(3) 规定编制文档应参考的标准规范。

(4) 给出应编制文档的目录及模板。

(5) 明确保证文档质量的方法,为了确保文档内容的正确性、合理性,应采取一定的措施,如评审、审稿、鉴定等。

(6) 绘制进度表,以图表形式列出各阶段应产生的文档、编制人员、编制主管、编制日期、完成日期、评审日期等。

4. 软件用户手册(SUM)编写内容

"软件用户手册(SUM)"的主要编写内容参见如下目录,具体可以参考《软件文档编制规范 GB/T 8567—2006》中相应的文档编写格式。

软件用户手册(SUM)说明及目录

说明:

(1) "软件用户手册(SUM)"描述手工操作该软件的用户应如何安装和使用一个计算机软件配置项(CSCI)、一组 CSCI、一个软件系统或子系统。它还包括软件操作的一些特别的方面,诸如,关于特定岗位或任务的指令等。

(2) SUM 是为由用户操作的软件而开发的,具有要求联机用户输入或解释输出显示的用户界面。如果该软件是被嵌入在一个硬件—软件系统中,由于已经有了系统的用户手册或操作规程,所以可能不需要单独的 SUM。

1. 引言

1.1 标识

1.2 系统概述

1.3 文档概述

2. 引用文件

3. 软件综述

3.1 软件应用

3.2 软件清单

3.3 软件环境

3.4 软件组织和操作概述

3.5 意外事故以及运行的备用状态和方式

3.6 保密性和私密性

3.7 帮助和问题报告

4. 访问软件

4.1 软件的首次用户

4.1.1 熟悉设备

4.1.2 访问控制

4.1.3 安装和设置

4.2 启动过程

4.3 停止和挂起工作

5. 使用软件指南

5.1 能力

5.2 约定

5.3 处理过程

5.4 相关处理

5.5 数据备份

5.6 错误、故障和紧急情况时的恢复

5.7 消息

5.8 快速引用指南

6. 注解

附录

为了保证软件实现文档的质量和文档内容的正确性、合理性，软件工程管理部门应对软件用户手册进行评审和鉴定，提出具体改进意见。

讨论思考

(1) 软件实现文档的组成及要求有哪些？

(2) 软件用户手册编写要求及原则是什么？

(3) 软件实现管理文档包括哪些？

6.5 实验六 应用软件编程实现

1. 实验目的

(1) 熟练使用一种高级语言进行应用软件开发。

(2) 掌握一个应用程序完整的程序设计思路及过程，具体编码技术和方法。

(3) 掌握软件说明书编写要领。

2. 实验要求

(1) 要求按照“软件详细设计文档”和具体选题进行编程实现。

(2) 掌握一种高级语言进行应用软件开发，掌握程序编写、调试、修改等常用技术。

(3) 要求对所编的程序进行初步的测试，要分步进行。

(4) 按照“计算机编程手册”模板完成软件文档的编写。

3. 实验内容

用自己熟悉的高级语言开发一个小型应用软件，并利用数据库运行数据。

实验学时：4 学时(课外再补充 4～6 学时)。

4. 实验步骤

(1) 完成上述所有具体的实验。

(2) 建立所需数据库。

(3) 选择一种程序，进行编码编写。

(4) 进行系统运行及初步调试。

5. 实验结果

提交“计算机编程手册”，最后与课程设计一起形成一个完整应用软件上交。

6. 实验小结

【提示】 对照上述实验目的、实验要求、实验内容、实验步骤等方面的完成情况，进行认真具体总结。

6.6 本章小结

编程语言是人与计算机交流的工具。可以从语言层次、语言适用性、语言面向和应用领域等方面对其进行分类。程序设计方法有模块化编程、SP和OOP设计等。OOM是目前最为流行的程序设计方法。编程风格是指一个人编制程序时所表现出来的特点、习惯及逻辑思路。良好的编程风格应该注意源程序文档化、数据说明、编码构造、输入输出和效率及安全性等问题。OOL是一类以对象作为基本程序结构单位的编程语言,用于描述的设计以对象为核心,对象是程序运行的基本成分。

系统实现包括编程、软件测试、系统集成、软件发布以及实现管理与文档等。编程实现有数据库、业务对象和用例实现,以及自顶向下,自底向上等实现策略。需要重视软件版本的控制和管理工作。软件一般具有中间版本、α版本、β版本、发布版本和维护版本几种形式。编码通过单元测试后,可进入系统集成阶段。系统集成包括软件集成、平台集成、数据集成和应用集成等。软件集成分为渐进式集成和集中式集成两种方式。软件经系统集成之后需要进行推广和发布。

为了更加高效、低成本地生产出高可靠性的源程序代码,应当有效利用编程工具和软件生成技术。还应当重视软件实现文档编写及审核鉴定,软件实现文档由源程序清单和软件用户手册组成。

6.7 练习与实践六

1. 填空题

(1) 编程语言是人与________交流的________。

(2) 从语言层次上,编程语言可以分为________和________两种类型。

(3) ________年代出现了模块化编程方法,________年代出现了结构化程序设计。

(4) 编程风格是指一个人编制程序时所表现出来的________、习惯和________。

(5) 代码实现可以分为数据库、业务对象和用例实现,以及________和________3种策略。

2. 选择题

(1) 下面(　　)属于专用语言。

A. LISP　　B. C　　C. Pascal　　D. Java

(2) 不属于一般程序设计方法的是(　　)。

A. 模块化编程方法　　B. 体系化编程方法

C. 结构化编程方法　　D. OOP设计方法

(3) 下面不符合命名规范的标识符的是(　　)。

A. sUmNumber　　B. SumNumber

C. Sum_ Of Number　　D. SumC)fNumber

(4) 下面(　　)不属于选择 OOL 应该考虑的因素。

A. 开发环境　　B. 发展前景

C. 类库的可扩展性　　D. 支持多继承

(5) 下面(　　)是错误的说法。

A. 中间版本是软件未完成前的版本

B. 版本是可以提交严格测试的软件版本

C. α 版本是提交给测试人员进行全面测试的软件版本

D. β 发布版本是正式向社会发布,或向用户提交使用的软件版本

3. 问答题

(1) 编程语言可以从哪几个方面对其进行分类?

(2) 概述 OOP 设计的基本思想。

(3) 源程序文档化主要应当考虑哪几方面的问题?

(4) 软件实现的策略有哪些? 它们的基本思想分别是什么?

(5) 系统集成包括哪些基本内容?

4. 实践题

(1) 熟悉软件实现环境和工具使用,了解具体功能和操作方法。

(2) 结合选题具体进行编程,并完成实现文档。

CHAPTER

第7章

软件测试与维护

软件测试是对软件产品的"质量检测与验收",是保证软件质量和企业生存与发展的关键一环。由于软件研发的复杂性,不可避免地会出现一些问题,需要经过软件测试尽可能地及时发现并改正,以免软件运行时造成严重后果。软件经过集成与测试并交付使用后,还要对运行的软件进行维护,以保障软件系统持续稳定运行。

教学目标

- 掌握软件测试的概念、目的和原则。
- 熟悉软件测试的步骤、方法和测试用例设计。
- 掌握软件调试的含义、步骤、方法和原则。
- 掌握软件维护方法及有关实际应用。

7.1 软件测试概述

【案例7-1】 世界领先的美国爱国者导弹跟踪发射系统,曾经在1991年的海湾战争中,由于敌我跟踪识别子系统出现严重问题,导致美军飞行员误将一枚导弹射向在沙特多哈执行任务的28名美国士兵车队,之后分析专家发现主要原因是由于导弹跟踪发射系统软件的一个缺陷,一个很小的系统错误,积累起来造成跟踪识别子系统失去准确度。

7.1.1 软件测试的概念及内容

1. 软件测试的概念

软件测试(Software test)的**定义**是:在规定的条件下对软件程序进行检测运行操作,以发现程序错误,衡量软件质量,并对其是否能满足设计要求进行评估的过程。实际上是利用特定的技术和方法,运行、评价和验证软件满足需求或识别结果的过程。软件测试也是一种检测软件的正确性、完整性、安全性和品质要求的过程。

IEEE 对软件测试定义为：利用人工或自动手段运行或检测软件系统的过程，其目的在于检验软件是否满足规定的需求或搞清预期结果与实际结果之间的差别。

实际上，**软件测试**是根据“软件需求规格说明”和程序内部结构而精心设计的测试方案、计划、流程、测试工具和测试用例(Test case)，运行检测分析评估软件满足需求情况，并发现程序问题(Bug)的过程。

软件测试的定义进一步理解，可以包括 5 个方面。

(1) 从软件测试目的方面。软件测试的目的是发现软件中的错误，若测试没有发现问题也不能证明软件系统无错。通常在软件投入运行前，对软件需求分析、设计和编码各阶段产品进行最终检测，是为了保证软件开发产品的正确性、完全性和一致性，从而检测并修正软件错误的过程。

(2) 从软件开发方面。软件测试以检查软件产品的内容和功能等特性为核心，是软件质量保证的关键步骤，也是成功实现软件开发目标的重要保障。

(3) 从软件工程方面。软件测试是软件工程的一部分，是软件工程研发过程中的一个必不可少的“检测调试”重要阶段。

(4) 从软件测试性质方面。在软件开发过程中，分析、设计与编码等工作具有“建设性”，只有测试可能具有一定“破坏性”，如使用负用例测试。

(5) 从软件质量保证方面。软件质量保证是管理学范畴的概念，软件测试主要是技术实现范畴的概念，是软件质量保障的关键措施。

2. 软件测试分类及内容

软件测试阶段的开始输入是“软件测试计划”、测试用例(数据)、“用户需求报告”/“软件需求规格说明”，结果输出是“软件测试总结报告”(或 Bug 报告)。**重点**是测试软件的功能、性能、可靠性、接口、界面等符合用户需求情况，其中，“功能测试”是软件测试的**最主要任务**。

软件测试从功能上大体分为两类：系统软件测试和应用软件测试。**系统软件测试的主要任务**是发现 Bug，其测试总结报告为“Bug 测试总结报告”。**应用软件测试的主要任务**是发现功能、性能、可靠性、接口和界面等“不符合项”，其相应的测试总结报告为“软件(产品/项目)测试总结报告”。**软件测试按照步骤分为 4 种**：单元测试、集成测试、有效性(确认)测试和系统(整体)测试。

在进行软件测试时，可根据软件具体标准、目标和要求确定工作量、费用和测试计划。通常在实现阶段，编写完成单个模块后就可对其进行必要的单元测试，通常这种测试可以由程序员一人完成。随着软件业的快速发展，软件测试从最初的由软件编程人员兼职测试，到软件企业组建独立部门并专职人员测试。测试工作也从简单测试演变为综合测试，**软件测试主要内容**包括编制测试计划、编写测试用例、准备测试数据、编写测试脚本、实施测试、测试评估等多项内容的正规测试。测试方式则由单纯手工测试发展为手工与自动兼用，并向第三方专业测试公司方向发展。

7.1.2 软件测试的目的和原则

1. 软件测试的目的

软件测试的目的是：尽可能多地找到软件中的错误，而不是证明软件的正确。主要通过检试，以最少的时间、人力和费用，发现软件中的各种错误和问题，而且保证软件的功能和性能等方面与需求说明相一致，并以测试数据的模拟运行环境，为提交和使用软件产品提供可靠的依据。软件研发的目标是为了满足客户的实际需求，“用户需求报告”中规定的各项指标即分目标：功能、性能、可靠性、接口、易用性、界面和文档测试目标等，就是软件设计、编程实现、测试和验收的唯一基准和目的。

通常，软件存在的缺陷是由于对某些特定情况考虑不周造成的，因此，程序中一些隐藏的缺陷只能在特定的环境下才可能显现，因此，**软件测试并非为了表明程序正确**：成功的测试不是证明没有错误的测试；从千方百计及“破坏”软件的角度出发的测试，即精心设计最有可能暴露系统缺陷的测试方案才有意义。因此，**软件测试的目标**应是以尽可能少的代价和时间找出软件系统中尽可能多的、潜在的错误和缺陷。

Grenford J. Myers 在《软件测试技巧》一书中指出**软件测试目的**如下。

(1) 测试是为了发现程序中的错误而执行程序的过程。

(2) 好的测试方案很可能使测试发现尚未发现的错误。

(3) 成功的测试是发现了尚未发现的错误的测试。

上述观点指出测试是以查找错误为中心，而不是为了演示软件的正确功能为主。除了从字面意思理解之外，**对软件测试应充分认识到**如下内容。

(1) 测试并不只是为了找出错误，通过检测分析错误产生的原因和发生趋势，可帮助项目管理者发现并预测软件开发过程中的缺陷，以便及时改进。

(2) 分析也可帮助测试人员找出有针对性的测试方法，改善测试的效率和有效性。

(3) 没有发现错误和问题的测试也有其价值，规范完整的测试是评定软件质量的一种重要方法和过程。

(4) 根据测试目的不同，还有回归测试、压力测试、性能测试等，分别为了检验修改或优化过程是否引发新问题、软件所能达到处理能力及是否达到预期的处理能力等。

系统测试是软件开发期间一个十分重要而较长的阶段。其**重要性和必要性**主要体现在它是保证软件系统质量与可靠性的最后关键环节。

通常，**软件测试对象存在的“缺陷/错误”**，主要包括如下 3 种。

(1) 缺陷问题。这种缺陷问题属于轻量级的问题，并不影响系统的正常运行，只是略有不足，如增加或减少了个别的无关紧要的功能、性能刚达标、存在潜在的较小安全隐患等。这种有缺陷的软件产品可以完善或打补丁后继续使用，也可降级进行使用，如常见操作系统软件“打补丁”等。

(2) 错误问题。这类错误问题属于重量级的问题，致使出现的错误已经影响软件的正常运行，但这些错误还不是很严重，有错误的软件不能使用。

(3) 严重错误问题。软件出现属于最重量级的问题，不仅影响软件的正常运行，而且使软件系统在运行中出现严重错误，如造成系统的死锁、系统崩溃或严重安全漏洞，这种软件绝对不能使用,必须进行返工彻底解决。

2. 软件测试的基本原则

实际上,任何工程项目都需要检测验收,软件测试与其他工程项目的检测方式方法都不相同。在软件测试过程中,需要坚持以下8项**基本原则**。

(1) 认真执行测试计划。测试前应全面考虑测试的事项及指标,认真做好周密计划和方案,包括被测试程序的功能、性能、可靠性、接口、输入输出、测试内容及对象、进度安排、资源要求、测试用例选择、测试工具、测试环境及条件、测试技术及方法、测试的控制方式和过程,以及系统的组装方式、跟踪规程、调试规程,回归测试的规定,以及评价标准和方法等。对于测试计划,应明确具体规定,不可随意变更和解释,对执行情况应有记录。

(2) 尽早和不断地进行软件测试/评审。软件测试不仅是软件开发的一个独立阶段,而应当一直贯穿在整个软件开发过程的各个阶段。通过各阶段的技术评审、检测和阶段验收,有利于在开发过程中及时发现问题和预防错误,将出现的问题及时解决在萌芽,避免发生错误扩散和隐患。

(3) 优选测试工具、技术及方法。针对检测对象的具体要求、标准和计划,优选合适且先进的测试工具、技术及方法,以提高检测的效率和效果。

(4) 精心设计测试用例。测试用例由测试输入数据和对应的预期输出结果两部分组成,测试前应根据测试要求精心设计并选择新系统运行环境下的测试用例,同时应当选用合理/正确的输入条件和不合理(异常的、临界的、可能引起问题异变的)输入条件(及命令),以提高检测的有效性和可靠性。

(5) 交叉进行软件检测。程序员在自行单元测试/调试自编程序没有问题之后,还需要由他人再进行进一步的检测,软件开发小组应避免测试本组开发的程序,最好建立专门的软件测试人员、部门或测试机构,交由第三方测试更有可信度。

(6) 重点测试群集现象。物以类聚通常是指在被测试程序段中,所发现的同类问题,也会出现在类似的程序段中,以便提高软件测试效率。

(7) 全面检查并分析测试结果。对检测结果及错误征兆与隐患,认真及时全面地逐一深入检查和分析,写出测试总结报告、出错统计和最终分析报告,及时处理和解决。

(8) 妥善保管测试文档。包括测试计划及方案、测试工具、技术及方法、测试用例、测试总结报告及记录、出错统计和最终分析报告,这有助于调试和维护并积累经验。

讨论思考

(1) 什么是软件测试?

(2) 软件测试的目的和任务是什么?

(3) 软件测试的原则具体有哪些?

7.2 软件测试的特点及过程

7.2.1 软件测试的特点

软件测试具有4个**主要特点**。

(1) 软件测试的成本很大。按照Boehm的统计,软件测试及调试修改的经费及工作量大约占总成本的30%~50%,对特殊需求的复杂软件更高,如APPOLLO登月计划,由于要求标准高,近80%的经费用于软件测试,因此,必须重视测试工作。目前,IT企业很重视这项工作,而且软件测试工程师在软件研发过程中也是一个很重要的岗位。

(2) 不可进行"穷举"测试。只有将所有可能的情况都测试到,才有可能检测出所有错误的想法,是不可能做到的。

【案例7-2】 程序P有两个整型输入量X、Y,输出量为Z,如图7-1所示。若在32位机上运行,则所有的测试数据组(X_i,Y_i)的数目为$2^{32}\times 2^{32}=2^{64}$。假设测试1ms执行1次,如果进行完全测试,则一共需要5亿年。

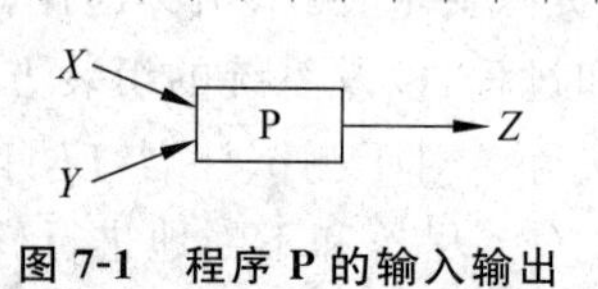

图7-1 程序P的输入输出

(3) 测试具有"破坏性"。专业测试人员基本都赞同Myers对测试的定义:"测试是为发现错误而执行程序的过程",为了发现尽可能多的错误或缺陷,就应以包含"破坏性"方式方法去千方百计地"发现"问题。此定义还暗示对于一个特定的程序,应该如何设计测试计划、方案及用例,应由哪些人执行测试。而其中的错误是一种泛称,可以指功能的错误,也可以指性能低下、易用性差等。因此,测试是一种"破坏性"行为。

(4) 软件测试是整个软件开发过程的一个独立阶段,又贯穿到软件开发各个阶段。通过各阶段的技术评审与检测,有利于在开发过程中及时发现问题和预防错误及扩散。严格意义上的专项软件测试也是从软件实现阶段开始的,由程序员单元测试自编模块。

7.2.2 软件测试的过程

1. 完整软件系统的测试过程

对软件系统进行实际测试时,经过测试前的准备完成后开始"测试",然后,将测试结果与预期结果进行比较性的"结果分析",若出现错误则需要"排错"后重新返回"测试",直到没有错误成为改正后的新软件。之后,对"结果分析"中的出错率进行"可靠性分析"得到预测的可靠性。整个**软件系统测试的总体过程**如图7-2所示。

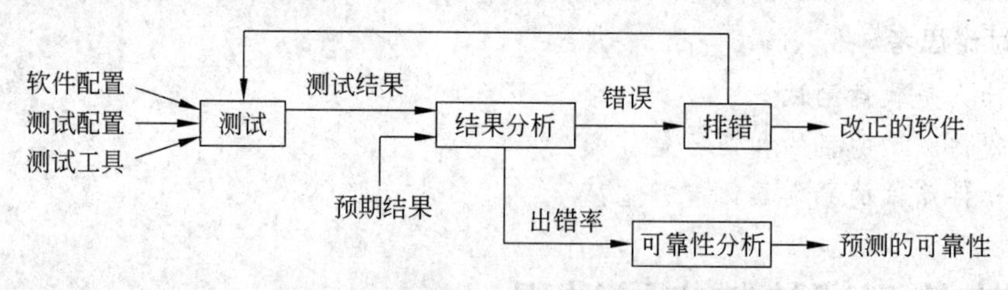

图7-2 完整软件系统测试的总体过程

其实,在**软件测试前**,需要**三类输入**。

(1) 软件配置。主要包括软件需求规格说明、软件设计规格说明、源程序代码等。

(2) 测试配置。主要包括软件测试计划、测试方案和测试用例等。

(3) 测试工具。为了提高软件测试质量及效率,减少软件测试过程中的手工劳动,通常需要使用一些专门的软件测试工具,如测试数据自动生成测试结果分析程序等。

在软件系统测试后,将实测结果与预期结果比较,如发现错误或问题就需要进行排错。排错即调试,是对发现的错误进行错误定位、确定出错性质、改正错误,并修正相关的文档的过程。修正的文档一般要经过再次测试,直到通过测试为止。

软件测试工作的流程其实与软件整个开发及验收各阶段密切相关,主要对应的**软件测试流程**如图 7-3 所示。

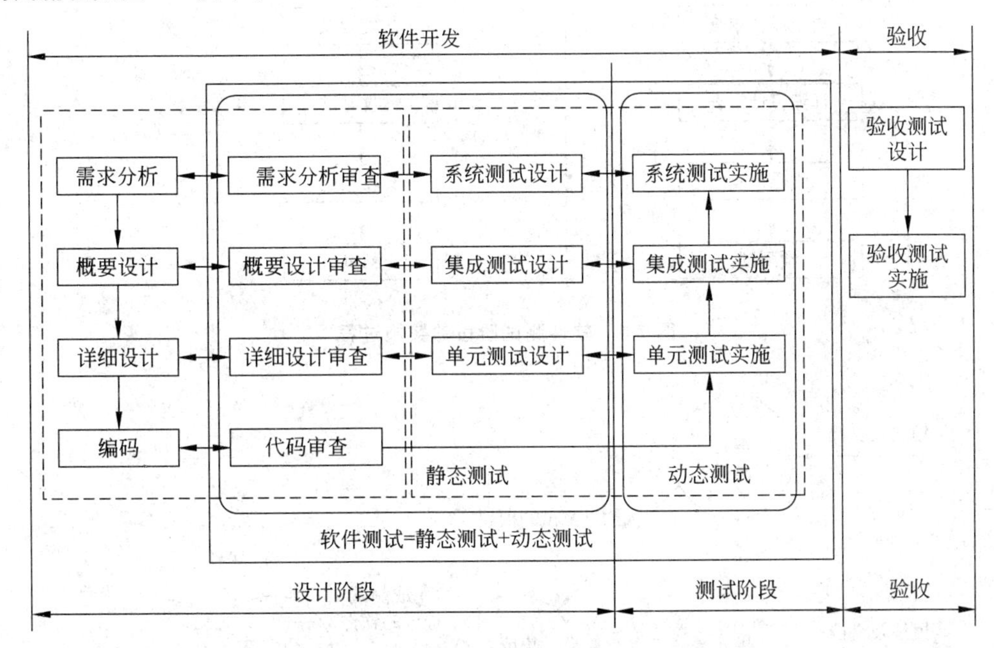

图 7-3 软件开发阶段对应的软件测试流程

2. 软件测试步骤

实际上,完整的软件测试工作的具体实施过程,通常从概要设计阶段开始,如图 7-4 所示,**整个测试实施过程**分为两个大的阶段:预测试和测试,本章只考虑后者即测试阶段的工作。在具体进行实际测试时,有些步骤可以合并,如功能测试与系统测试。

软件测试需要在明确具体测试目标的基础上,具体确定测试原则、测试计划、测试方案、测试技术、测试方法和用例等。通常具体的**软件测试步骤**分为单元测试、集成测试、有效性(确认)测试和系统测试 4 个,最后进行验收测试后交付,如图 7-5 所示。

知识拓展: 通过收集和分析测试结果中出错数据可以建立可靠性模型,进行可靠性预报。如果多次出现修改设计的严重错误,则认定软件质量和可靠性无法保证,应对软件进一步彻底测试。如果经过测试,软件功能完善,错误率数据很少,且易于修改,则有两种可能:一是软件的质量和可靠性可以接受,二是可能测试不够充分。因此,测试应以标准及规范过程进行。

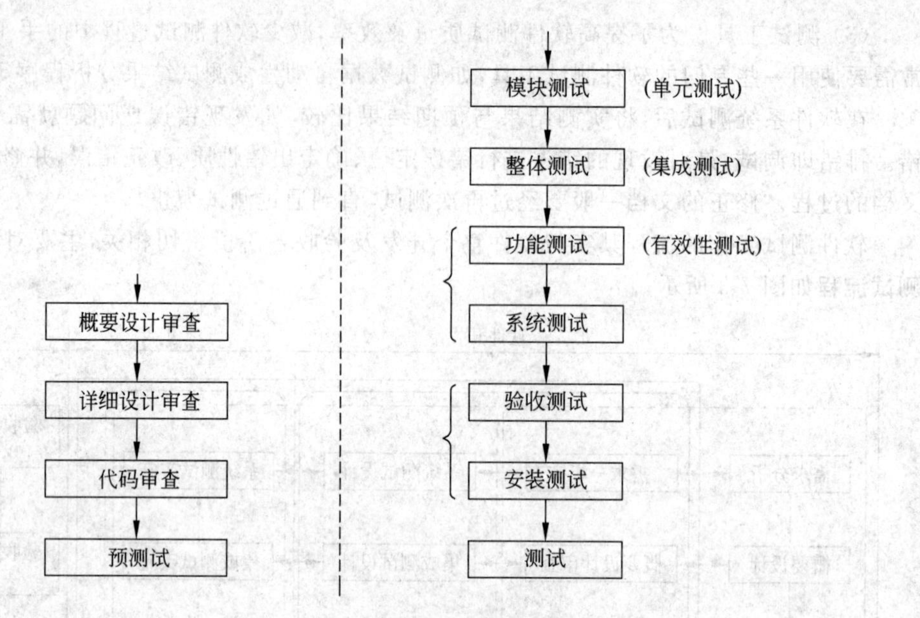

图 7-4 软件测试阶段的实施过程

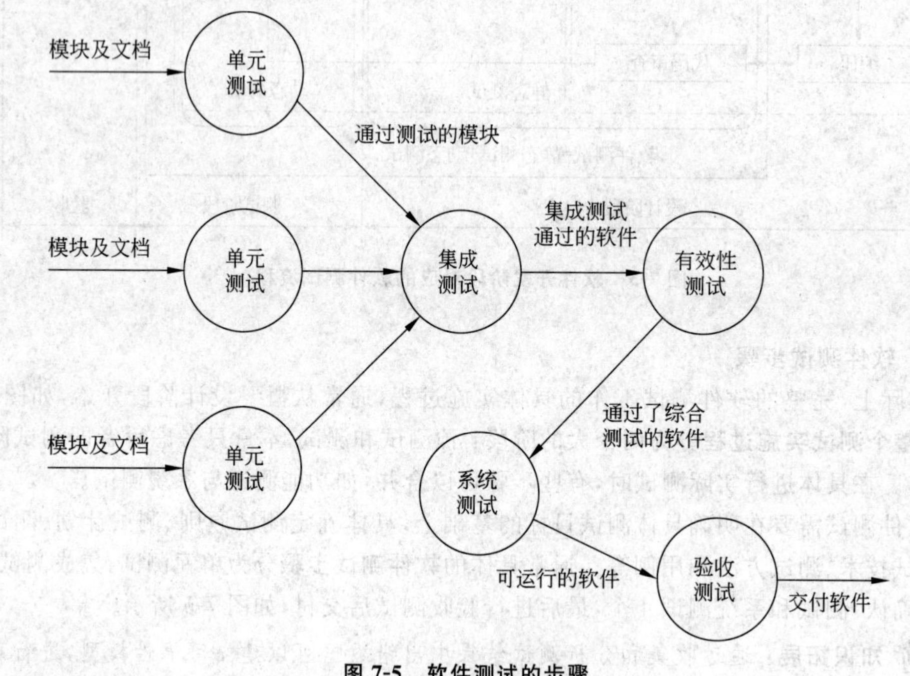

图 7-5 软件测试的步骤

讨论思考

(1) 软件测试的特点有哪些?

(2) 软件测试的过程是什么?

7.3 软件测试阶段及任务

7.3.1 单元测试及任务

软件的**单元测试**也称为模块测试,是对功能独立运行的程序模块的检测。目的是发现各模块内部可能存在的各种问题,保证功能和性能等方面达到用户需求。

1. 单元测试的内容和任务

软件单元测试的**主要内容**包括单元模块内和模块之间的功能测试、容错测试、边界测试、约束测试、界面测试、重要的执行路径测试,单元内的业务流程和数据流程等。主要是对以源代码实现的每个功能独立的程序模块进行集中测试,检测每个模块是否正确地实现了规定的测试目标和要求。单元测试的测试用例应从模块的内部结构、功能和性能等方面进行设计和选择,多个模块可以平行独立地进行单元测试。

单元测试的**职责分工**:由各项目组的程序员完成自检测试工作,并详细记录测试结果和修改过程,质量部进行抽检。单元测试的质量责任人是项目经理或组长。

2. 单元测试技术要求及准则

单元测试由于无法细致全面进行,**主要技术要求**应达到如下。

(1) 在被测试单元中,80%以上可执行的程序模块都被一个测试用例或异常操作所覆盖,即脚本覆盖率至少应当达到 80%。

(2) 被测单元中分支语句取真或假时,至少 80%的分支应当执行一次,即分支覆盖率应当达到 80%以上。

(3) 80%被测单元中的业务流程和数据流程,至少被一个测试用例、一个异常数据、一次异常操作所覆盖,即异常处理能力达到 80%以上。

软件的**单元测试通过准则**主要达到 3 项。

(1) 单元的具体功能指标要求与设计及需求一致。

(2) 单元的接口指标要求与设计及需求一致。

(3) 正确处理、输入和检测,便于及时发现异常运行中的错误;并在对单元测试中发现的问题进行修改以后,还需要进行回归测试,之后才能进行下一阶段工作。

3. 单元测试的输入输出

单元测试工作的输入为程序源代码、软件测试计划(STP)、软件(结构)设计说明(SDD)和软件测试说明(STD)。

单元测试的输出为程序单元测试记录、测试总结报告或软件问题报告等,对于规模较大的软件系统还需要进行下一步集成测试使用的"软件集成测试方案"。

7.3.2 集成测试与软件集成

集成测试是根据软件系统的体系结构,在单元测试的基础上,将测试过的模块进行集成组合及测试,检查程序结构及功能等方面的正确性和一致性。

1. 软件系统集成及任务

当软件编程完成并通过了单元测试以后,就进入系统集成阶段。**软件系统集成**是将各软件构件以及子系统组装整合成为完整软件,并与软件平台和其他相关系统进行调配、整合的过程。软件(产品)是由多模块(或对象)组成的软件系统。

软件集成的任务是按照软件体系结构设计的要求,将各软件构件和子系统整合为一个完整的系统。软件集成与集成测试是同时进行的两项工作,主要通过上述方式,确定需要集成的各构件与子系统的接口和内容所应达到的集成的规格要求,然后再进行软件集成。在大型软件开发中,除了为专门开发构件和子系统之外,也选择以往的现成组件,还可选择采购的软件中间件和现成构件。软件系统集成内容包括子系统集成、平台集成、数据集成、应用集成等多个方面。其关键在于通过模块的集成与连接,解决系统之间的互连和互操作性问题,大型的软件集成一般由专门的系统集成师来完成。

2. 集成测试的主要方式

一个软件系统的模块所采取的不同集成方式,将直接影响模块测试用例的形式、测试工具的类型、模块编号的次序和测试的次序、生成测试用例及调试的效率和费用等。一般将模块集成为系统的方式主要有两种。

1) 一次性集成及测试

软件的一次性集成也称为集中式或整体式拼装,是一种在对各模块分别测试后,再将所有各模块集成一起进行测试,最后得到满足要求的软件产品的集成方式。由于程序中涉及模块接口、全局数据结构等问题,因此,一次试运行成功的可能性较小。

2) 增殖式集成及测试

增殖式集成也称为渐增式集成。当全部模块测试后,将各模块边连接边测试,逐步集成组装成较大的软件,以发现连接中出现的问题,最后逐步组装成满足要求的系统。

软件的**增殖式集成测试**,包括以下 3 **种方式**。

(1) 自顶向下增殖测试。按系统结构,将模块由控制层次自上向下进行逐步集成。对功能划分合理的程序结构,此方式中可较早验证主要控制和判断点,避免返工。

(2) 自底向上增殖测试。从程序结构的底层模块开始逐步组装和检测,有利于在模块测试过程中从子模块得到信息。

(3) 混合增殖式测试。先按照上述两种测试分别测试后再集成测试,或这两种方式交替使用,应当边组装边进行测试。

上述**增殖式集成方式**各有其**优缺点**。第一种方式的优点是可较早发现主要控制方面的问题。缺点是需要建立桩模块(含测试功能的构件或完整的实施子系统)替代,使其模拟实际子模块的功能较难,且涉及复杂算法和底层输入输出易出问题的模块,可能产生较多的回归测试。第二种方式的优点是不需要桩模块,一般建立驱动模块比桩模块容易,涉及复杂算法及输入输出模块先组装和测试,有利于尽早解决最易出问题的部分,而且,这种方式可以多个模块并行测试效率高。缺点是“程序直到最后一个模块加上后才形成一个实体”,在组装和测试过程中,主要的控制最后才可遇到。所以,一般将这两种方式结合进行组装和测试,即**混合增殖式测试**,主要包括如下。

① 衍变的自顶向下增殖测试。可强化对输入输出模块和新算法模块的测试,先自底向上组装成功能完整且独立的子系统,然后由主模块开始自顶向下增殖测试。

② 自底向上-自顶向下增殖测试。先对含读操作的子系统自底向上至根结点模块进行集成检测,然后对含写操作的子系统自顶向下集成检测。

③ 回归测试。先自顶向下测试被修改的模块及其子模块,然后将这一部分视为子系统,再自底向上测试,检测此子系统与其上级模块的接口适配情况。

3. 集成测试的内容、任务及要求

1) 集成测试内容及任务

软件集成测试的**主要内容**包括系统集成后的功能测试、业务流程测试、界面测试、重要的执行路径测试、容错测试、边界测试、约束测试及接口测试等。

集成测试的**具体任务**如下。

(1) 各模块连接时,经过模块接口的数据丢失情况。

(2) 某一模块的功能对另一个模块的功能的不利影响。

(3) 各模块或子系统功能的组合,达到预期需求的集成子系统/系统功能情况。

(4) 检测软件系统所需的全局数据结构是否有问题。

(5) 单个模块的误差累积后情况,是否会放大,能否可以接受。

(6) 单个模块的错误对数据库的影响。

集成测试的**职责分工**:由测试人员负责进行该阶段的具体测试工作,并对测试结果进行详细的记录和分析,完成测试文档。

集成测试工作的输入:集成测试方案(或计划)、软件测试方案(计划/大纲)、软件测试说明(STD)、系统(子系统)设计(结构设计)说明(SSDD)、软件(结构)设计说明(SDD)或软件测试方案/计划。

集成测试输出:集成测试 bug 记录、集成测试报告或测试总结报告。

2) 集成测试技术要求及准则

软件集成测试的**技术要求**,主要包括 6 个方面。

(1) 确认模块之间无错误连接。

(2) 验证被测系统满足设计要求情况。根据设计要求的功能、性能和可靠性等要求,测试整个系统,验证达到设计要求情况。

(3) 以数据处理测试用例对被测系统的输入、输出、处理进行检测,达到设计要求。

(4) 利用业务处理测试用例对被测系统业务处理过程进行测试,达到设计要求。

(5) 测试软件正确处理的能力和容错能力所达到的标准。

(6) 测试软件对数据、接口错误、数据错误、协议错误的识别及处理符合标准。

集成测试通过的**准则**,包括以下 5 个方面。

(1) 各单元之间无错误连接。

(2) 达到软件需求的各项功能、性能、可靠性等方面的指标要求。

(3) 对偶发的错误输入有正确的处理能力。

(4) 对测试中的异常问题有合理的提示反馈。

(5) 人机界面及操作友好便捷。

7.3.3 有效性测试及内容

有效性测试也称为**确认测试**。主要经过检测确认已实现的软件是否满足"软件需求规格说明书"各种需求和软件配置的合理性。其**任务**是验证软件的有效性,即软件的功能和性能及其他特性是否与用户的要求一致,以便于进行系统测试及交付。

1. 有效性测试内容及过程

有效性测试的**主要内容**包括系统性初始化测试、功能测试、用户需求确认、业务处理或数据处理测试、性能测试、安全性测试、安装性测试、恢复测试、压力测试等。

有效性测试的**职责分工**:由测试人员负责测试工作,对测试过程及结果进行认真详细的记录和分析,并完成测试文档。

有效性测试工作的输入软件测试计划、用户需求分析报告、用户操作手册和安装手册。

测试输出:软件测试 bug 记录、软件测试报告(STR)。

有效性测试阶段**主要工作过程**如图 7-6 所示。在选定测试人员、用例、计划和方案等基础上,进行有效性测试和软件配置复审,最后通过管理机构进行验收和安装测试,在通过了专家鉴定之后,才可成为交付用户的软件。

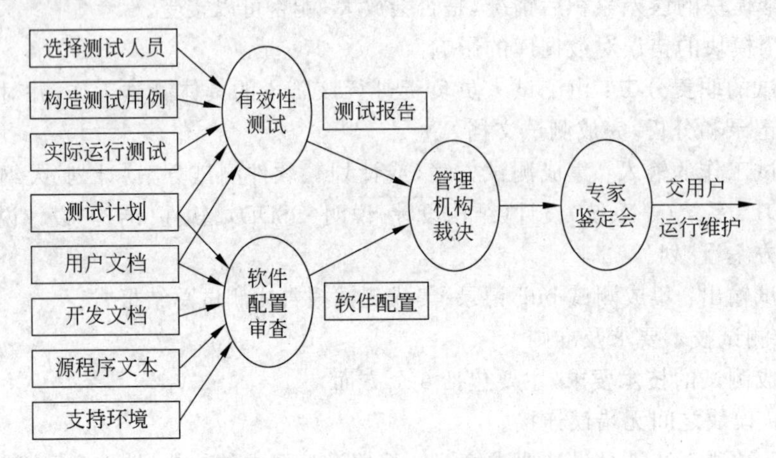

图 7-6 有效性测试计划的过程

2. 有效性测试的技术要求

有效性测试的**主要技术要求**侧重以下 8 个方面。

(1) 用户需求确认:根据用户需求分析报告中的全部功能、性能和可靠性等具体指标要求进行逐一检测确认,并对整个系统进一步验证。

(2) 以数据处理测试用例对被测系统的输入、输出、处理进行测试,达到需求要求。

(3) 用业务处理测试用例对被测系统业务处理过程进行测试,达到用户需求要求。

(4) 响应时间测试。以数据处理,测试响应时间满足用户要求情况。

(5) 安装性测试。主要验证按照"安装手册"正常配置和安装情况。

(6) 安全性测试。主要测试对非法用户的防御能力,要求非法用户无法登录本系统。

(7) 恢复性测试。测试系统在断电或偶然遭到破坏时,系统和数据库的恢复能力。包括数据和操作的正常恢复情况。

(8) 压力测试。主要是对浏览器/服务器(B/S)结构系统的大用户测试、并发能力测试、数据库压力测试,这些测试非常必要,常用测试工具进行测试。

通过有效性测试的**准则**,体现在以下6个方面。

(1) 满足用户在软件需求中提出的功能、性能等各项指标要求。

(2) 软件安全性满足用户的具体需求标准。

(3) 系统的负载能力满足用户的具体指标要求。

(4) 保持与外界支持系统能够正常运行。

(5) 系统的稳定性等满足用户的各项需求。

(6) 用户操作手册达到易懂、易读和易操作。

7.3.4 系统测试及验收

1. 系统测试的概念及任务

系统测试是指将有效性测试后的软件,逐步从模拟运行环境切换到实际运行环境中,与其他系统资源和环境合成进行的实际检测。将通过有效性测试的软件,作为整个系统的一部分,与计算机硬件、外设、支持软件、数据和人员等其他系统构成部分集成一起,在实际使用环境下,对系统进行一系列的组装测试和整体的有效性测试。

系统测试是对整个程序系统及人工过程与环境的总测试,**目标**是发现并纠正软件开发过程中所产生的错误。主要做法是对由各子系统集成的软件系统,以及配合系统运行而所需的人工过程或操作环境(如数据采集、录入操作和设置等)进行统一的综合测试。

通常,**系统测试任务**包括以下4个方面。

(1) 恢复测试。通过系统的修复能力,检测重新初始化、数据恢复、重新启动、检验点设置是否正确,以及人工干预的平均恢复时间是否在允许范围内。

(2) 安全测试。设计测试用例、安全保密措施并检验系统是否有安全保密的漏洞。

(3) 强度测试。设计测试用例,检验系统的能力最高能达到什么实际限度,让系统处于资源的异常数量、异常频率、异常批量的条件下运行测试系统的承受能力。一般取比平常限度高5～10倍的限度做测试用例。

(4) 性能测试。设计测试用例测试并记录软件运行性能,与性能要求相比较,检查是否达到性能要求规格。这项测试常与强度测试结合进行。

2. 系统测试的重点及验收

系统测试的重点主要检查如下3个方面。

(1) 系统的整体调度功能是否正常。主要包括主程序与各级菜单之间的进入与返回,口令输入等是否都能正确执行。

(2) 系统的功能是否符合软件分析和总体设计的要求。主要检测系统的功能和结构有无错漏,功能的分配与模块的分解是否合理等。

(3) 系统的数据组织与存储是否符合设计的要求。包括检查数据的总容量,文件或数据库与子系统之间的数据联系等。

系统测试主要通过与用户需求指标进行详尽对比，查找软件与指标符合要求情况。其方法一般采取黑盒测试，**常用的主要方法**有多任务测试、临界测试、中断测试和等价划分测试等几种方法。也可根据具体情况进行GUI测试、功能测试、性能测试、压力测试、负载测试、安装测试等。测试方案、测试技术方法和用例，都应根据“需求分析规格说明”和实际情况进行设计，并在具体应用环境下运行。其具体测试方法和用例设计将在7.5节详细进行介绍。

需要指出的是，**验收测试**实际不是测试，而是项目验收。是检验软件产品质量的最后一道工序。与前面讨论的各种测试活动的不同之处主要在于突出了客户的作用，通常邀请用户代表参加，同时软件开发人员也应有一定程度的参与。

知识拓展：影响软件测试质量的因素很多，如软件本身的复杂程度、开发人员(包括分析、设计、编程和测试的人员)的素质、测试方案与计划、测试方法及技术、测试用例的运用等。

讨论思考

(1) 画出软件测试的步骤及过程图。

(2) 集成测试与集成的任务是什么？

(3) 有效性测试内容及过程主要有哪些？

(4) 系统测试的目标和主要任务是什么？

7.4 软件测试策略及面向对象测试

7.4.1 软件测试策略

1. 软件测试策略的特征

软件测试策略是指软件测试的思路模式，也是采用特定测试用例技术和方法的重要依据，如遵循从单元测试到最终的功能性测试和系统性测试等。

软件测试策略，具体包含5个**特征**。

(1) 测试从模块层开始，然后扩大延伸到整个基于计算机的系统集合中。

(2) 不同的测试技术适用于不同的时间点。

(3) 对于大型系统测试，由软件的开发人员和独立的测试组进行管理。

(4) 测试和调试是不同的活动，但是调试必须能够适应任何的测试策略。

(5) 充分考虑以下特性，有利于测试策略更科学合理、优质高效。

① 单调性。对任何软件都存在有限的充分测试集。如果一个软件系统在一个测试数据集上的测试是充分的，那么再多测试一些数据也应该是充分的。

② 非复合性。对软件所有成分都进行充分测试，也不表明整个软件测试已经充分。

③ 非分解性。若对软件系统整体测试是充分的，也不表明软件中各成分测试充分。

④ 复杂性。软件测试充分性与软件需求和实现高度相关。软件越复杂需要进行测

试用的数据越多。

⑤ 回报递减率。回报递减率是指软件测试的越多,进一步测试所能得到的充分性增长就越少。

2. **软件测试策略的内容**

软件测试的**重点**主要考虑软件在测试中,模块、功能、性能、接口、版本、配置和工具等方面及其各个因素的影响。因此,测试策略的**主要内容**包括测试目的、测试用例、测试方法、测试通过标准和特殊考虑。

每个测试功能点,都应定义一种测试策略,称为一个测试策略项,测试策略项中包括了详细的测试信息,测试执行人员依此才可以进行实际测试。

【案例 7-3】 对于图书管理信息系统,需要定义验证登录界面中,输入框设置是否合理的测试策略项,如表 7-1 所示。

表 7-1 验证登录界面输入框设置的测试策略项

测试功能点编号	10_16
测试策略项编号	10_16
测试目的	测试网上登录界面的输入框(用户名和密码),大小设置是否合理
测试阶段	系统测试
测试类型	功能测试
测试方法	手工测试
测试用例	输入允许的最长用户名和密码 输入比允许的最长用户名和密码多一位的字符
通过标准	小于等于允许的用户名和密码长度时,输入框能够完全显示内容;大于允许的用户名和密码长度时,输入框不给予显示
特殊考虑	无

3. **估计测试工作量**

通过估计明确测试工作的复杂性和各种费用,才能更好地制定和运用好测试策略。软件测试的**复杂性主要原因**如下。

(1) 根本无法对程序进行完全测试。测试所需要的输入量太大、测试的输出结果太多、软件实现的途径太多、软件规格说明又常无客观统一标准。

(2) 测试根本无法显示潜在的软件缺陷和故障。通过软件测试只能报告软件已被发现的缺陷和故障,无法报告隐藏的软件问题和隐患。

(3) 存在与发现的故障数量成正比。需要对故障集中的程序段进行重点测试。

(4) 无法修复全部软件问题。主要由于风险、时间、经费、复杂性等一些情况,无法进行足够的修复、修复的风险较大、不值得修复、可不算作故障的一些缺陷、"杀虫剂现象"(即对软件进行的测试越多,则该软件对其测试就越具有免疫力)等。因此,关键是进行正确判断、合理取舍,根据其风险分析决定必须修复或可不修复的问题。

(5) 软件测试的代价。工作原则:将无边际的可能性减小到一个可以控制的范围,并针对软件风险做出恰当选择,由表及里去粗取精,找到最佳的测试量,又好又快又省。软件测试的代价与测试工作量和软件缺陷数量密切相关,如图7-7所示。

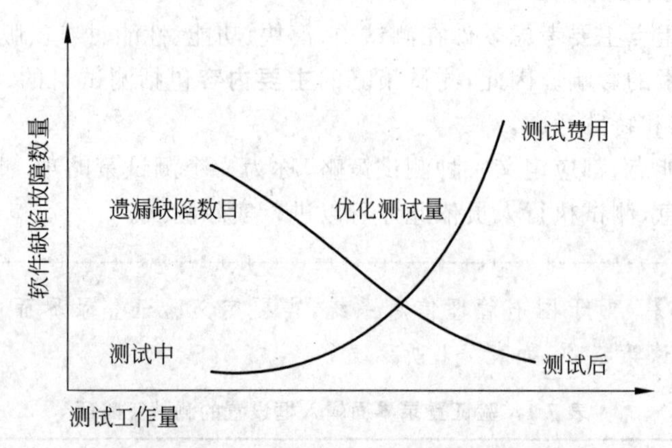

图7-7 测试工作量和软件缺陷数量之间的关系

一个软件系统测试项目的工作量,可以**估计的计算方法**如下:

$$\sum_{j=1}^{n}\sum_{i=1}^{m}\text{测试活动 } i\,j \text{ 所需时间}$$

其中:

i 表示一个测试功能点中的一个测试活动;

j 表示测试项目中的一个测试功能点;

m 表示一个测试功能点有 m 个测试活动;

n 表示测试项目中有 n 个测试功能点。

7.4.2 面向对象软件测试

面向对象软件测试的目标完全相同,都是以尽可能少的成本和时间找出软件系统中尽可能多的错误或缺陷。面向对象的测试策略也遵循从"小型测试"到"大型测试",即从单元测试到最终的功能性测试和系统性测试。

1. 面向对象测试的特点

面向对象技术所特有的封装、继承、多态等新特点,对软件测试带来一系列新的问题,增加了测试的难度。与传统的面向过程程序设计相比,面向对象程序设计产生错误的可能性增大,可能使传统软件测试方法中的重点不再那么突出,或使得原来测试经验和实践证明的次要方面成为了主要问题。

2. 面向对象的单元测试

与传统的单元模块不同,面向对象软件测试中的单元是封装的类和对象。每个类和类的实例(对象)包含了属性和操作这些属性的方法。

类包含一组不同的操作,并且某个或某些特殊操作可能作为一组不同类的一部分而存在,测试时不再测试单个独立的操作,而是测试操作类及类的一部分,单元测试的意义发生了较大的变化。对面向对象软件的类测试相当于对面向过程软件的单元测试。传统的单元测试主要关注模块的算法和模块接口间数据的流动,即输入和输出;而面向对象软件的类测试主要是测试封装在类中的操作和类的状态行为。

3. 面向对象的集成测试

通常,面向对象的集成测试需要进行**两级集成**。

(1) 将成员函数集成到完整类中。

(2) 集成类与其他类。

对面向对象的集成测试有两种不同的**策略**。

(1) 基于线程的测试。线程是指指令执行序列,基于线程的测试可集成针对回应系统的一个输入或事件所需的一组类,每个线程被集成并分别进行测试。

(2) 基于使用的测试。先测试独立的类,并开始构造系统,然后测试下一层的依赖类(使用独立类的类),通过依赖类层次的测试序列逐步构造完整的系统。

4. 面向对象的有效性测试

与传统的有效性测试相同,面向对象软件的有效性测试集中在用户可见的活动(事件驱动与过程)和用户可识别的系统输出(结果),可测试检验软件满足用户的需求。

在面向对象的有效性测试中,通常可以采用传统的黑盒测试方法,以证明软件系统的功能和实际需求的一致性。

讨论思考

(1) 软件测试的过程及步骤是什么?

(2) 什么是集成测试? 其内容和技术要求哪些?

(3) 什么是系统测试? 主要目的是什么?

7.5 软件测试方法、用例及标准

在软件实际测试过程中,选取软件测试方法、设计测试用例、标准和工具非常重要,测试用例是测试的核心,软件测试标准是测试的依据,测试方法、用例、标准与测试工具和文档一起,不仅可以提高测试质量及效果,而且对于提高测试效率十分重要。

7.5.1 软件测试方法

除了阅读检测代码及文档的人工测试(静态测试)和上述运行程序测试的计算机测试(动态测试)方法之外,根据软件测试技术还可将软件测试方法分为以下几种。

1. 黑盒测试法

黑盒测试也称为功能测试或黑箱测试,其盒是指被测试的软件,"黑盒"则指测试人员只知道被测软件的界面和接口外部情况,不必考虑程序内部的逻辑结构和特性,只根据程序的需求分析规格说明,检查其功能是否符合。以黑盒测试发现程序中的错误,应在所有可能的输入条件和输出条件中确定测试数据，检查程序是否都能产生正确输出。

黑盒测试**主要检测**的错误/问题包括功能不正确/被遗漏、界面错误、数据结构/外部数据库访问错误、性能错误、初始化/终止错误。

测试模块之间的接口，适合采用黑盒测试，适当辅以白盒测试，以便能对主要的控制路径进行测试。常用的几种黑盒测试技术方法如下。

1) 等价分类法

主要是将程序的输入数据，按输入条件划分为几个等价类，每类一个代表性的值在测试中的作用等价此类中的其他值。若某类中的一个测试用例发现错误，则此等价类中的其他测试用例也会同样发现；反之，若某类中的一个测试用例没有发现问题，除了其中某些测试用例又属于另外等价类之外，此类中的其他测试用例也不会查出问题。

(1) 划分等价类。根据输入条件，可将输入数据划分为等价类，并规定有效等价类和无效等价类。

【案例 7-4】 在大学生学籍管理软件系统中，“考试成绩”模块输入条件规定输入值的范围（如“数据值”从 0～100 ），则可划分一个合理等价类(1 和 100 的数)和两个不合理等价类(<0，或>100 的数)。

知识拓展：如果某个输入条件规定输入数据的个数(如每个客户可以选择 1～3 种商品)，则可划分一个合理等价类(选择 1～3 种商品)和两个不合理等价类(没选择商品，或超过 3 种商品)，并可对选择 1～3 种商品的客户分为 3 个等价类：选择 1 种商品的客户、选择 2 种商品的客户、选择 3 种商品的客户，并为每个等价类编号。

(2) 设计测试用例。主要设计一个包含所有合理等价类的新测试用例。先包含部分合理等价类并不断增加，重复此步，直至测试用例包含所有的合理等价类。反之，也可设计一个新的包含所有不合理等价类测试用例，先包含部分不合理等价类并不断增加，重复此步，直至这些测试用例包含所有的不合理等价类。

2) 边界值分析法

边界值分析方法是对等价类划分方法的补充。**主要包括**以下 6 个方面。

(1) 测试数据。如果输入条件规定了值的个数，则用最大的个数、最小的个数、比最小的个数少 1、比最大的个数多 1 的数作为测试数据。

(2) 输出条件。根据规格说明的每个输出条件，使用上述规则。

(3) 输入边界数据。先规定输入条件取值范围，则在选取刚达到这个范围的边界值和刚超越这个范围边界的值作为测试输入数据。

(4) 有序集测试用例。若程序的规格说明给出的输入域/输出域是有序集合，则应选取集合的第一个元素和最后一个元素作为测试用例。

(5) 内部数据结构边界值。若程序中使用了一个内部数据结构，则应当选择这个内部数据结构的边界上的值作为测试用例。

(6) 其他边界条件。分析规格说明，找出其他可能的边界条件。

2. 白盒测试法

白盒测试主要是对程序内部结构执行路径的测试，也称为透明盒测试(Clear Box Testing)、开放盒测试(Open Box Testing)、结构化测试(Structured Testing)、基于代码测试(Code-Based Testing)和逻辑驱动测试(Logic-Driver Testing)等。测试人员将测试对象看作一个打开的盒子，搞清软件内部逻辑结构和执行路径后，利用其结构及有关信息设计测试用例，对程序所有逻辑路径进行测试，以检测不同点检查程序的实际状态与预期状态的一致性。

1) 白盒测试的原则

通常，**白盒测试的原则**主要检测以下 4 个方面。

(1) 模块中每一个独立的路径至少执行一次。

(2) 所有判断的每一个分支至少执行一次。

(3) 每个循环都在边界条件和一般条件下至少执行一次。

(4) 所有内部数据结构的有效性。

2) 白盒测试技术

利用白盒测试技术，主要有以下 **3 种**。

(1) 逻辑覆盖测试。以程序内部逻辑结构为基础，设计测试用例可以分成语句覆盖、判定覆盖、条件覆盖、判定条件覆盖和条件组合覆盖等。

(2) 循环测试。注重循环结构的有效性。循环测试有 3 种：简单循环测试、嵌套循环测试和串接循环测试。

(3) 基本路径测试。以软件过程性描述为基础，通过分析控制流程计算复杂度，导出基本路径集，设计一组测试用例，确保程序中每个语句和路径至少执行一次。

3) 白盒测试的步骤及优缺点

实际上，白盒测试的**步骤**为：根据"软件(结构)设计说明"(SDD)/源程序代码导出程序流图、计算环路复杂性、确定线性独立的基本路径集、设计测试用例。

白盒测试的**优点**：迫使测试人员去仔细思考软件的实现；可以检测代码中的每条分支和路径；揭示隐藏代码中的错误；对代码的测试较彻底。其缺点：无法检测代码中遗漏的路径和数据敏感性错误，而且难以验证具体规格的正确性。白盒测试法与黑盒测试法优缺点及应用范围比较如表 7-2 所示。

表 7-2 白盒测试法与黑盒测试法优缺点及应用范围比较

项 目	黑盒测试法	白盒测试法
规划方面	功能测试	结构测试
优点方面	能确保从用户的角度出发进行测试	能对程序内部的特定部位进行覆盖测试
缺点方面	无法测试程序内部特定部位；当规格说明有误，则不能发现问题	无法检查程序的外部特性；无法对未实现规格说明的程序内部欠缺部分进行测试
应用范围	边界分析法 等价类划分法 决策表测试	语句覆盖、判定覆盖、条件覆盖、判定/条件覆盖、路径覆盖、循环覆盖、模块接口测试

3. 灰盒测试法

白盒和黑盒测试法各有所侧重及特点不可替代。灰盒测试则是介于白盒测试和黑盒测试之间的测试。在实际工作中,经常扬长避短地交叉使用两种测试方法,宏观上用黑盒子测试,微观上用白盒子测试,系统集成人员用黑盒子测试方法对系统进行测试,构件开发人员用白盒子测试方法对构件进行测试,其效果更佳。

4. 易用性测试法

易用性测试目的明确,标准不易确定。涉及的范围较广,如安装易用性、功能易用性、界面易用性,特别可以含有听力、视觉、运动及认知有缺陷的客户体现的易用性。

5. 负载/压力测试法

对于软件运行的最低配置或最低资源需求,可通过减少软件需要的资源(内存、存储空间、网络资源等)进行测试,而且,可正常提供软件需求的资源,并不断加载软件处理的任务,来测试软件在正常配置下的能力指标。

6. 兼容性测试法

兼容性测试主要检测不同软件之间或软件与硬件/数据之间的兼容性,如应用软件与操作系统、数据库、中间件、浏览器和其他支撑软件的兼容性,同一软件不同版本之间或对不同数据格式的兼容性等。又如,软件与CPU、主版、显卡、声卡等硬件的兼容性。进行兼容性测试时,需要对软硬件环境有一个测试方案。专门测试实验室对测试环境规划、维护、分配和管理很重要。

7. 回归测试法

回归测试是指软件修改之后,为保证其修改的正确性,重新使用原有测试用例执行的测试方法。虽然任何时候更改软件后,都可以进行回归测试,验证以前发现和修改后的问题是否在新软件版本上再现,但是实际测试过程中,只有软件版本相对稳定后,执行回归测试的可行性和效率才会最高。

8. 边界值测试法

一些专门针对软件需要从外界(客户、接口程序)获取数据的地方,提供数据的边界值,验证程序是否对边界值进行正确或合理的处理。

9. α测试法和β测试法

在软件交付使用之后,开发者无法准确预测用户实际使用情况。通常,采用α测试法和β测试法,以期提前发现可能只有最终用户才能发现的错误。

α测试由用户在开发者的场所进行,而且在开发者对用户的"指导"下进行测试。开发者负责记录错误和使用中遇到的问题。总之,α测试是在受控的环境中进行的。

β测试由软件的最终用户在客户场所(如网络下载试用)进行,开发者通常不在测试现场。用户记录下在测试过程中遇到的一切问题(真实的或想象的),并定期将这些问题报告给开发者。因此,β测试是软件在开发者不能控制的环境中的"真实"应用。接收到β测试期间报告的问题之后,软件开发者对产品进行修改,并准备向所有客户发布最终的软件产品。

10. 基于Web的系统测试方法

基于Web的系统测试方法与非网络软件的测试方法有较多不同。在Web工程中，需要检测和验证功能、性能及运行等方面情况，还应测试系统在不同用户浏览器端的显示情况，并从最终用户的角度进行安全性和可用性测试。应用案例见第10章。

1）功能测试

（1）链接测试。主要包括3个方面：测试所有链接地址的准确性、所链接的页面存在性、保证Web应用系统上无链接指向该页面的孤立页面，在集成测试阶段，对整个Web应用系统的所有页面开发完成后，可利用工具软件自动完成。

（2）数据库测试。常用数据库的Web应用系统，分别测试数据的一致性问题和输出错误。前者由用户提交表单信息不正确造成，而后者是网速或程序设计问题等引起的。

（3）表单测试。测试提交操作的完整性，以校验提交给服务器的信息的正确性。

（4）设计语言测试。检测Web设计语言版本的差异，以免引起客户端或服务器端问题。并检测不同的脚本语言，如Java、JavaScript、ActiveX或Perl等。

2）性能测试

（1）连接速度测试。主要检测用户上网方式、带宽、流量、页面超时限制等。

（2）负载测试。测试某一负载上性能、负载级别及访问Web系统的用户数量等。

（3）压力测试。压力测试指测试Web系统出现故障/崩溃时系统的限制和恢复能力。压力测试的区域包括表单、登录和其他信息传输页面等。

3）可用性测试

（1）导航测试。检测导航帮助和页面结构、导航功能、菜单、链接的风格一致性。

（2）图文测试。测试Web应用系统的图文，主要包括图片、动画、边框、颜色、字体、背景、按钮等。图文测试的**主要内容**如下。

① 图形用途明确，图片或动画不乱堆砌且表达简明尽量小，节省传输时间。

② 页面字体风格一致、背景字体与前景三者颜色协调一致，搭配合理。

③ 图片质量，一般采用JPG或GIF压缩。

（3）内容测试。主要检验Web应用系统提供信息的正确性、准确性和相关性。

（4）整体界面测试。收集调查Web应用系统的页面结构设计及整体感意见。

4）客户端兼容性测试

（1）平台测试。根据用户系统配置操作系统，并测试兼容性。

（2）浏览器测试。检测浏览器对页面支持、框架和层次结构风格、安全性及Java的设置、浏览器兼容性和设置的适应性。

5）安全性测试

Web应用系统的**安全性测试**，主要包括如下。

（1）对先注册后登录方式，检测用户名和密码的有效性、使用次数及大小写限制等。

（2）网络用户填写或提交信息时，需要设定超时限制。

（3）测试系统日志文件对相关信息存储和可追踪性。

（4）使用网络的安全套接字时，检测加密正确性和信息完整性。

（5）测试无授权时，服务器端脚本放置和编辑问题，以防安全漏洞。

7.5.2 软件测试用例设计及方法

软件的测试用例是软件测试的核心，是制订软件测试方案和计划的主要依据和重要内容，对于测试的成败和效果至关重要。

1. 测试用例的概念及意义

测试用例(Test Case)是为某个特殊目标而编制的一组测试输入数据、执行条件和预期结果，目的是测试某个程序路径或核实是否满足某个特定需求。主要是指对一项特定的软件产品进行测试任务的描述，包括测试方案、方法、技术和策略等。

测试用例对软件测试极为关键，其**意义**主要体现在6个方面。

(1) 测试用例构成了设计和制定测试过程的基础。测试用例是测试工作的指导，是软件测试的必须遵守的准则，更是软件测试质量稳定的根本保障。

(2) 测试设计、开发的类型和所需的资源主要都受控于测试用例。

(3) 测试的“深度”与测试用例的数量成正比。每个测试用例反映不同的场景、条件和业务流程，随着测试用例数量的增加，可对产品质量和测试流程更有信心。

(4) 基于需求的覆盖是判断测试是否完全的一个主要评测方法，并以确定、实施和/或执行的测试用例的数量为依据，如“95% 的关键测试用例已得以执行和验证”，远比“已完成 95% 的测试”更有意义。

(5) 测试工作量与测试用例的数量成正比。根据全面且细化的测试用例，可以更准确地估计测试周期各连续阶段的时间安排。

(6) 测试用例通常根据其所关联关系的测试类型或测试需求来分类，而且将随类型和需求进行相应地改变。最佳方案是对每个测试需求至少编制两个测试用例。

① 正面测试用例。用于证明该需求已经满足，通常称为正面测试用例。

② 负面测试用例。反映某个无法接受、反常或意外的条件或数据，用于论证只有在所需条件下才能够满足该需求。

2. 测试用例设计要点

测试用例包括3种：基本事件、备选事件和异常事件。基本事件测试用例应参照用例规约(或设计规格说明书)，根据关联功能、操作按路径分析法进行。对孤立功能直接按功能设计用例。基本事件测试用例应包含所有需要实现的需求功能，全覆盖。

设计备选事件和异常事件用例更复杂，如字典的代码唯一，不允许重复。测试需要验证：字典新增程序中已存在有关字典代码的约束，若出现代码重复必须报错，并且报错文字正确。通常在设计编码阶段形成的文档，对备选事件和异常事件分析描述不够详尽。而测试本身则要求验证全部非基本事件，并同时尽量发现其中的软件缺陷。

设计测试用例要点，主要包括以下5个方面。

1) 测试需求的测试用例

测试需求：来源于“软件需求规格说明(书)”，包括具体指标、用例、补充规约、设计规格。需要在测试方案和计划中进行明确。

测试需求编号：为了便于跟踪和管理，需要有测试需求编号，如 TP_××××_××。

每一个测试需求至少需要确定两个测试用例：正负(反)两个方面的测试用例。

2) 测试输入输出的用例

输入是指在执行该测试用例时，由用户输入的并与之交互的对象、字段和特定数据值(或生成的对象状态)等。输出是指执行该测试用例之后得到的状态或数据结果。

在**确定输入输出参数**时，通常采用如下**原则**。

(1) 利用边界值分析方法。实际经验表明在任何情况下，使用这种方法设计出的测试用例，检测程序错误的能力效果最好。

(2) 根据测试需要，对重要且复杂问题，用等价类划分方法补充一些测试用例。

(3) 对照比较程序逻辑，检查已设计出的测试用例的逻辑覆盖程度。如果没有达到要求的覆盖标准，应当再补充足够的测试用例。

(4) 若程序的功能说明中含有输入条件组合，则一开始就可选用因果图法。

3) 测试用例内容及设置

(1) 测试用例内容。常用的测试用例由测试人员编写，需要与程序员和设计人员协商达成一致。编写测试用例的**主要内容**包括测试目标、测试环境、测试步骤、预期结果、输入数据、测试脚本等，并形成文档。具体内容还包括测试结果的评价准则、测试顺序、测试需求标识、测试目标状态、测试数据状态、测试用例编号、测试点、执行此用例前系统应具备的状态、预期结果、输入(操作)测试数据(含组合)、辅助的脚本、程序、输出测试用例执行后得到的状态或数据等。

注意：对于不同类型的软件，测试用例不同。具体内容需要根据测试方案、计划和实际业务及复杂度等情况进行确定。对企业管理软件，用户需求不统一、变化更新快，可将测试数据和测试脚本从用例中划分出来。测试用例更趋于针对软件产品的功能、业务规则和业务处理所设计的测试方案。对软件各特定功能或运行操作路径的测试构成了一系列测试用例。

(2) 测试用例的设置。

传统的测试用例是按功能设置。后来引进了路径分析法，按路径设置用例。目前演变为按功能、路径混合模式设置用例。

按功能测试是最简捷的方法，按用例规约全面测试每一具体功能。对于复杂操作的程序模块，其各功能的实施则相互影响、紧密相关、环环相扣，可以演变出很多变化。需要进行严密的逻辑分析，以免遗漏。

路径分析方法的**最大优点**是可避免漏测。局限性是在一个简单字典维护模块就存在十多条路径。一个复杂模块有几百到上千条路径，而且一个子系统又有多个模块，这些模块可能又相互有关联或交叉。对复杂模块，路径数量呈几何增长时无法使用。此时子系统模块间的测试路径或测试用例还应借助传统方法，最好按功能、路径混合模式设置用例。

4) 测试用例的评审

完成测试用例设计及设置后需要进行评审，对测试人员能力和测试效率的提高都很重要。对"测试用例内部评审的标准",首先要清楚是测试组内部评审,还是项目组内的评审。评审的定义、评审标准、内容、过程、方法都不尽相同。

在**测试组内部评审**时,应**侧重**6个方面。

(1) 测试用例是否覆盖所有需求,是否完全遵守软件需求的具体规定。

(2) 测试用例的内容是否正确,是否与需求目标完全一致。

(3) 测试用例的内容是否完整,是否清晰并包含输入和预期输出结果。

(4) 测试用例本身的描述是否清晰,是否存在二义性。

(5) 测试用例的执行效率。由于测试用例中步骤不断重复执行,验证点却不同,而且测试设计的冗余性,都可能造成效率低下。

(6) 测试用例应具有典型性及指导性,可以指导测试人员通过用例发现更多缺陷。

初期设计测试点时,应该进行测试组内部评审,首先要保证需求全被覆盖。如果是在后期,由项目组内部评审,需要评审委员会确定评审的标准**主要侧重**3方面。

(1) 收集客户需求的人员,应注重业务逻辑正确性。

(2) 软件需求规格的分析人员,注重用例是否跟规格要求一致。

(3) 开发负责人,应注重用例中对程序的要求是否合理。

> **注意**:为了确保测试用例设计的质量和评审的实际效果,在将测试用例提交项目组评审之前,应通过测试部门或测试组内部的评审。参加评审的人员主要有项目经理、系统分析员、测试设计员和测试员等。评审过程及要点应当进行记录,便于修改和完善。

5) 测试用例的管理

测试用例的跟踪与管理,主要包括3个方面。

(1) 需求管理。主要根据"需求规格说明书"中对软件功能、性能、可靠性、接口等具体指标要求,按照计划及方案设计符合标准的测试用例。

(2) 测试用例是否覆盖全部需求,并进行具体分析。

(3) 测试用例执行率和通过率,测试过程中需要及时反馈和调整,之后进行分析和总结。

3. 测试用例设计方法与技巧

通常测试用例应根据软件需求及设计规格进行设计,但在实际的软件开发过程中这两项文件时常缺失,在此情况下,主要按照以下方法**设计测试用例**。

1) 测试用例归类法

主要先将几个项目列为主要模块,然后将不同的测试用例归纳于模块中,如图7-8所示。

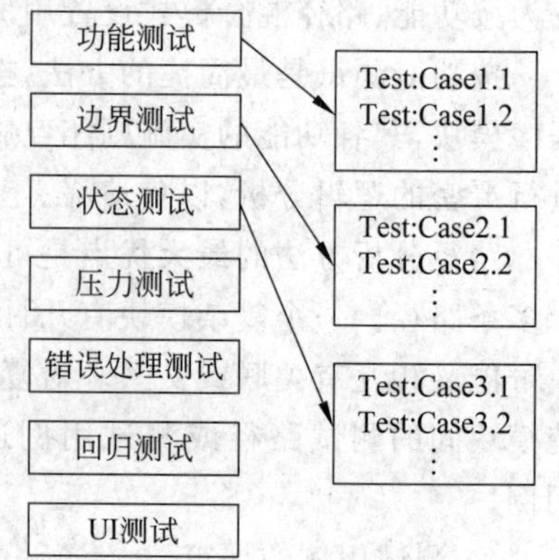

图7-8 将项目列为模块用例

这种用例设计方法不是以软件的设计规格作为出发点,

而是对所设计的用例做归类。按照这种方法进行测试,同样可以找出软件错误,但是这种测试用例不易管理,而且也无法提供给其他产品使用。

2) 切割模块法

切割模块法是将软件依照功能特色切割成不同的模块,之后对不同模块设计测试用例,如学术会议信息管理软件的测试用例,如图 7-9 所示。

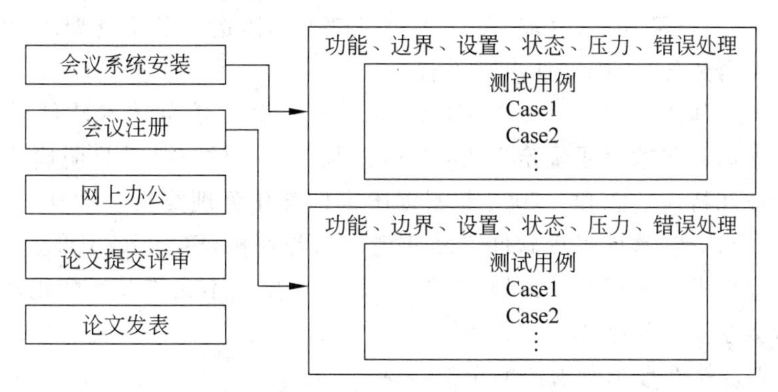

图 7-9　学术会议信息管理软件测试方案

对缺少软件需求文件或设计文件情况,还可用自底向上组合方式组织软件的功能模块。先将进行测试软件所具备的功能逐一列出,再将功能相近的分类放在相同组内,针对个别组考虑是否达到成为软件功能的规模。若规模不足应考虑结合其他组提升成为软件功能。根据此组合模式,即可组成软件功能模块。

3) 因果图法

因果图可列出输入数据的各种组合与程序对应动作效果之间的阶段联系,构造判定表,由此设计测试用例是生成测试用例的有效办法。其内容较多可查阅具体参考文献。

因果图生成测试用例的**步骤**如下。

(1) 分析设计规格说明。认真分析设计规格说明中的原因(输入条件或其等价类)、效果(输出可能性),对每个原因效果进行编号。

(2) 画出因果图。找出原因/效果之间的对应关系,画出因果图。

(3) 转换为判定表。将因果图转换为判定表。

(4) 生成测试用例。对判定表中每一列生成具体的测试用例。

4) 错误推测法

错误推测法基于经验和直觉,推测程序中所有可能存在的各种错误,从而有针对性地设计测试用例的方法。其基本思想:先列举出程序中所有可能的错误和容易发生错误的特殊情况,根据推测有针对性地选择不同的测试用例。

7.5.3 软件测试标准和工具

软件质量、测试标准和工具是软件测试的准则,也是提高软件质量的依据和关键。

1. 软件质量定义及测试标准

1) 软件质量的定义及特性

Juran 和 Gryna 在 1970 年将软件质量(Software quality)定义为"适于使用"。1979 年

Crosby 又将软件质量定义为“符合需求”。国标 GB/T6583-ISO8404 文件在《质量管理与质量保证术语》中对质量的定义是“反映实体满足明确的和隐含的需要的能力特性的总和”。国标 GB/T 18905—ISO 14598 文件在《软件工程产品评价》中，将质量定义为“实体特性的总和，满足明确或者隐含要求的能力”。实际上，软件质量的优劣，关键是看软件产品与需求说明书(对产品功能、性能、可靠性和接口等具体指标及隐含要求)的符合程度。各项指标完全符合最佳，少则欠佳多则不宜。

国际标准 ISO/IEC 9126—1991(GB/T 16260—1996)《信息技术软件产品评价质量特性及其使用指南》，将**软件质量定义**为：软件质量是与软件产品满足明确或隐含需求的能力有关的特征和特性的总和。2008 年根据国家标准化管理委员会 2007—2008 年度国家标准修订，国家标准《软件工程软件产品质量要求与评价(SQuaRE) 商业现货(COTS) 软件产品的质量要求和测试说明》虽略有更新，但其主要基本含义并无变化。

软件质量要求主要包括 4 个方面。

(1) 应当满足软件系统所需要的全部特性。

(2) 达到所期望的各种属性的组合的程度。

(3) 做到顾客或用户认可并满足其综合期望的程度。

(4) 在使用时，软件的组合特性能够达到满足顾客预期要求的程度。

从不同角度对软件质量有 3 种不同的理解。用户主要关注如何使用软件、软件功能、性能和使用软件的效果。所关心的是：软件是否具有所需要的功能、软件可靠程度、使用效率、简便和软件环境开放的程度(即对环境和平台的限制，与其他软件连接的限制)等。开发者注重生产满足质量要求的软件，关注中间产品和最终产品的质量。管理者则注重总体质量，而不是某一特性。所以，根据商务要求对每个特性赋予权重值，还须借助质量管理，以有限的资源和时间使软件质量达到优化目的。

软件质量特性可分解为多个子特性，包括 6 个方面：功能性(functionality)、可靠性(reliability)、易用性(usability)、效率、可维护性和可移植性。软件的质量是软件属性的各种标准度量和特性的组合，只限于软件本身。软件质量评价主要在于这些特性。

2) 软件测试的主要标准

2008 年国家标准委员会发布了第 5 号(总第 118 号) 国家标准和第 6 号(总第 119 号)国家标准。其中，第 5 号公告发布的标准有 452 项，第 6 号公告发布的标准有 206 项。在第 6 号公告中，与**软件测试有关的主要标准**包括如下。

GB/T 9385—2008《计算机软件需求规格说明规范》(代替 GB/T 9385—1988)。

GB/T 9386—2008《计算机软件测试文档编制规范》(代替 GB/T 9386—1988)。

GB/T 15532—2008《计算机软件测试规范》(代替 GB/T 15532—1995)。

GB/T 17628—2008《信息技术开放式 edi 参考模型》(代替 GB/T 17628—1998)。

GB/T 19488.2—2008《电子政务数据元 第 2 部分：公共数据元目录》。

GB/T 21671—2008《基于以太网技术的局域网系统验收测评规范》。

2. 软件测试工具

目前，软件自动化测试工具已经初步形成了一种软件产业。为了提高效率尽早选择适合的实用测试工具，测试人员应具备丰富的选择和使用测试工具的经验，掌握其特点、测试重点和测试原理，并分类保管。在2008年度软件测试工具排行榜中，HP的LoadRunner、QuickTest Professional和TestDirector for Quality Center，在STP杂志年度测试工具投票中，连续4年占据首位。其中，金奖获得者LoadRunner再次成为最受喜爱的测试工具。可模拟成千上万的并发操作，对应用系统、Web Service、Web服务器、数据库等进行压力和性能测试。

1）功能测试类

QTP是一出色的功能测试和回归测试工具，基于GUI的录制和回放测试，与VBScript一起可控制和操纵程序界面对象，创建自动化测试用例。新版QTP拥有对象库管理和函数库共享能力，增加了关键字管理，拖放构建测试步骤、输出XML格式的报告，以及新的更精准的调试器。

2）数据/性能测试类

LoadRunner核心模块VUGen（Virtual User Generator）可用于创建脚本实现测试用例模拟，脚本可参数化以适应不同需求，关联和错误处理能力很强。Controller模块用于运行脚本、模拟大量并发用户，Analysis模块则用于分析和生成性能测试报告。其次是Compuware的File-AID和Red Gate的SQL Data Generator。File-AID是一个企业级数据管理工具，用于快速构建测试数据环境，支持mainframes、MVS、DB2和分布系统。

3）静态/动态代码分析类

随着IBM公司推出Jazz，Rational Software Analyzer Deverloper Edition接替了PurifyPlus，成为新型代码分析工具类，可捕捉内存泄露、分析应用程序性能、代码覆盖率等，广泛支持的编程语言有C/C++、Java、.NET、VB、VC++，支持Linux、UNIX和Windows平台。

TPTP（Test and Performance Tools Platform）和HP公司的DevInspect替代了Compuware的DevPartner Studio及Parasoft的Jtest。TPTP在新版本中添加了很多新特性。2007年底HP公司收购了SPI Dynamics，DevInspect在自动化安全测试方面拥有很强的优势。

4）测试/质量保障QA管理类

TestDirector for Quality Center包括需求管理、测试计划、测试执行和缺陷管理模块，全面管理了测试过程，成为最喜欢的测试管理工具。TestDirector基于Web的管理模式，便于测试人员和项目经理收集需求、设计和安排手工与自动化的测试、分析测试结果、生成图文并茂的测试总结报告，并可与HP公司的其他功能测试工具紧密结合。

以IBM公司的测试数据管理和应用程序质量改进方案Optim Test Data Management Solution可指定覆盖率标准、创建错误和边界条件、模拟产品环境等，支持PeopleSoft和Siebel等应用，支持SQL Server、Oracle、Sybase等数据库，支持多种操作系统平台。

5）缺陷/问题管理类

由于Test Director for Quality Center包括需求管理、测试计划、测试执行和缺陷管理四大模块，而包揽了测试/QA管理类和缺陷/问题管理类的头奖。其中的缺陷跟踪模块能自动地检查缺陷数据库中的相似问题，避免录入新BUG时的重复现象。另外，对缺陷的图表分析和统计能力可辅助管理层决定产品发布日期、判断产品质量趋势。

新款 Visual Studio Team Edition for Software Testers 与 Team Fundation 结合起来,可进行缺陷/问题跟踪自动化。还可对 Web 应用程序和 Web 站点进行功能和压力测试。

7.5.4 软件测试文档

GB/T 9386—2008《计算机软件测试文档编制规范》规定了一系列基本的计算机软件测试文档的格式和内容要求。**软件测试主要文档**包括软件测试计划、测试设计说明、测试用例说明、测试规程说明、测试项传递报告、测试日志、测试事件报告、测试总结报告等,下面为《计算机软件测试文档编制规范》的目录,可供参考。

【案例 7-5】 GB/T 9386—2008《计算机软件测试文档编制规范》规定了一系列基本的计算机软件测试文档的格式和内容,在实际编写时可以参照具体样例和模板,如下为相关的"软件测试文档编制规范"目录。

目　录

讨论思考

(1) 软件测试的过程及步骤是什么?

(2) 软件测试的方法一般有哪几种?

(3) 软件测试文档主要有哪几个?

7.6 软件调试与发布

软件调试是在软件测试完成之后所进行的一项重要工作。软件调试的任务是在软件测试的基础上进一步确认和纠正相关错误或问题。

7.6.1 软件调试的特点及过程

1. 软件调试的概念及特点

软件调试(Software debug)也称为软件纠错,是指使用调试工具修改或去除各种软件错误的过程,也是重现软件故障(failure)并定位其根源,并最终解决软件问题的过程。其中,debug是在bug一词前面加上de,是分离和去除bug之意。也有将debug译为侦错,包含了寻找定位和纠正bug。**调试工作**由两部分**组成**。

(1) 定位。主要通过各种方式方法,查找程序中可疑错误/问题的确切位置、性质、类型和主要状况等。

(2) 纠错。对软件中的具体程序编码进行修改和完善,排除错误。

软件调试工作的**特点**:在软件测试时所发现的软件错误或问题,只是潜在的一些外表现象,有时与内在原因又无明显的必然联系。具体找出真正的原因和位置,并排除潜在的错误,并非简单易事。所以,软件调试是通过现象,查找内原并修改错误的一个分析与解决问题的过程。另外,调试可能还会产生"副作用"并带来新问题,必须予以高度重视。

从技术方面,**查找软件错误的难度**主要有7个方面的原因。

① 现象与原因所处的位置可能相距甚远。就是说,现象可能出现在程序的一个部位,而原因可能在离此很远的另一个位置。高耦合的程序结构中这种情况更为明显。

② 当纠正其他错误时,这一错误所表现出的现象可能会暂时消失,但并未实际排除。

③ 现象实际上是由一些非错误原因(例如,舍入得不精确)引起的。

④ 现象可能是由于一些不容易发现的人为错误引起的。

⑤ 错误是由于时序问题引起的,与处理过程无关。

⑥ 现象是由于难于精确再现的输入状态(例如,实时应用中输入顺序不确定)引起。

⑦ 现象可能是周期出现的。在软、硬件结合的嵌入式系统中常常遇到。

2. 软件调试过程及步骤

实际上,软件调试包含定位和纠正错误两个基本部分。一个完整的**软件调试过程**主要由以下4个步骤组成。

(1) 重现问题。需要对进行调试的软件重复导致出现问题的过程,从而使要解决的问题具体完整地得以再现。

(2) 定位根源。主要综合利用各种调试工具和手段,查找导致软件故障的位置及根源。测试总结报告和描述的常是软件故障外在症状表现,如界面或执行结果中所表现出的异常,或是与软件需求和功能规约不符的地方,这些表面现象总有其内在因由,这是解决问题的关键。

(3) 确定解决方案。主要根据寻找到的故障根源及位置、资源情况、紧迫程度等因素,设计和实施解决的具体方案。

(4) 验证方案。在目标环境中,以回归测试测试检验方案的有效性。如果问题已经解决,则可停止此问题的调试;如果没有解决,则回到第(3)步调整并修改解决方案。

实际上,定位根源是最困难和最关键的一步,也是软件调试过程的核心和要点。如果没有找到故障的真正根源,则其他都成为空谈,有时没彻底解决问题,还会留下隐患。

软件调试的具体工作,主要有5项。

(1) 由表及里查位置。从错误的外表现象和形式入手,确定程序的出错位置。

(2) 去伪存真找内因。研究有关部分的程序,找出错误的真正内在因由。

(3) 选取有效方法。有针对性地选取最有效的方式方法,力争对症下药。

(4) 排除修正错误。反复修改调试具体的设计和代码,彻底排除错误及隐患。

(5) 确认排除结果。重复进行暴露具体错误的原始测试或相关的检测,以确认该错误是否被真正彻底排除;是否又带来新的错误、问题或隐患。若所做修正无效,则撤销这次改动,返回第(3)步进一步探寻有效方法,直到最终彻底解决问题。

7.6.2 软件调试的方法

软件调试的关键在于查找推断程序内部错误位置及原因,可以**采用**4**种方法**。

1. 强行排错方法

强行排错虽然经常使用且方法简单,却效率较低。**主要技术和方法**包括如下。

(1) 内存排错。由内存打印出全部程序人工查阅问题进行排错。

(2) 特定语句排错。在程序特定部位设置打印语句。

(3) 自动调试工具。利用编程工具自带功能或自动调试工具进行排错。

常用的程序设计语言功能包括:打印出语句执行的追踪信息,追踪子程序调用并指定变量的变化情况。自动调试工具的功能包括:设置断点,当程序执行到某个特定的语句或某个特定的变量值改变时,程序暂停执行并标示位置。

注意:为了提高效率使用上述方法前,对错误迹象及征兆进行全面彻底分析和估计,得出对出错位置及错误性质推测,再用一种适当的排错方法来检验推测的正确性。

2. 回溯法排错方法

回溯法排错简称回溯法,是在小程序中常用的一种有效排错方法。当发现错误以后,可以先分析错误征兆,确定最先发现"症状"的位置。然后,人工沿程序的控制流程,向回追踪源程序代码,直到找到错误根源或确定错误产生的范围。

回溯法对小程序较有效,常可将错误范围缩小到程序的一小段编码;经过仔细分析确定出错的准确位置。对较大程序,回溯的路径多难度大,可排查缩小范围后再使用。

3. 归纳法排错法

归纳法排错法简称归纳法,是一种由特殊推断一般的系统化思维方法。其基本思想是：以一些错误征兆为线索着手排查，通过分析各种关系归纳问题总结规律查找错误。

归纳法排错方法类似于警察破案，其**步骤**主要分为以下4项。

(1) 收集相关数据。列出所有已知的测试用例和程序执行结果。检查收集输入数据后运行正确的结果，同时收集考察运行错误的结果。

(2) 组织数据并发现规律。归纳法是从特殊到一般的推断过程，可以通过组织整理数据发现规律。常用的构造线索的技术是“分类法”，组织数据如表7-3所示。

表7-3 构造线索“分类法”组织数据

问题类型	Yes	No
What(列出一般现象)		
Where(说明发现现象的位置)		
When(列出现象发生时所有已知情况)		
How(说明现象的范围和量级)		

其中，在Yes和No两列中，Yes列主要描述出现错误的现象的3W1H，No列用于具体实例对比，主要描述无错误现象的3W1H。通过分析对比，即可找出矛盾及问题。

(3) 提出假设，获得进展。通过分析线索及其关系，利用归纳过程收集的数据和线索中观察的矛盾现象，选用最有可能成为出错原因并设计一些出错原因的假设。再设计并执行一些测试用例，可获得更多的数据。

(4) 确认假设。将假设与原始线索或数据进行对比，若能完全解释所有现象，则假设得到证明；否则，假设不合理或不完全，或存在多个错误，只能设法消除部分错误。

4. 演绎法排错

演绎法排错简称演绎法，是指从一般原理或前提出发，经过排查和精化过程推导出结论的一种排错方法。先根据已有的测试用例，设想或枚举出所有可能出错的原因作为假设；再用原始测试数据或新测试，排除不正确的假设；最后，用测试数据验证剩余假设出错的原因。

用演绎法排错，主要有以下4个**步骤**。

(1) 列举假设。对所有可能的错误原因的假设列成表，组织并分析现有数据。

(2) 排除不正确假设。对已有测试数据，细致分析查找矛盾，全力排除所有不正确的假设和前一步列出的全部缘由。若全部原因都被排除，则需要补充一些数据(测试用例)，并建立新假设；若保留的假设还有多个，则选择可能性最大的原因再做假设。

(3) 进一步排查定位。借助已知的可靠线索，进一步改进其他剩余的假设，使其更具体翔实，以便进一步准确地确定出错的位置。

(4) 证明假设。证明假设非常重要，具体做法与归纳法的第(4)步相同。

7.6.3 软件调试的原则

软件调试由确定错误和修改错误两部分**组成**，软件调试的**原则**也分为两部分。

1. 确定错误性质及位置的原则

(1) 认真研究征兆信息。认真分析研究与错误征兆有关的信息是最有效的调试方法。一个优秀的调试员在使用软件之前就可以基本确定大部分错误。

(2) 暂避难题求实效。如果调试问题一时难以突破,无法找到解决的好办法,最好暂时将问题放置一下,或请教他人一起研究,可能效果更好。

(3) 借助工具辅助手段。调试工具常给出一些无规律的调试方法。但对较熟悉的调试工作,可以利用调试工具的辅助手段,人机结合帮助思考。

(4) 不主观乱猜测。靠主观乱猜测碰运气的方式成功概率很微小,且容易将新错误联带到问题中。只能在一定分析判断和经验的基础上才能进行有效推断。

2. 修改错误的原则

(1) 注重群集现象。经验表明错误经常出现群集现象,若在某一程序段发现错误,几乎还会出现其他错误。因此,在修改一个错误时,同时也应顺便检查一下其附近是否还有其他错误。而且,类似问题在其他程序段也可能发生。

(2) 全部彻底修改。一种常见调试失误是只修改了某个错误的征兆或错误的表象,而没有真正彻底修改错误的关键问题。若所提出的修改措施无法解释与这个错误有关的全部线索,则表明只修改了错误中的一部分。

(3) 注意错误关联。调试中时常出现修正一个错误的同时又引入了新的错误。特别应注意不正确的修改,还应注意正确修改也会带来一些联带的副作用及新问题。因此,在修改错误之后,必须进行回归测试,确认是否引进了新错误或问题。

(4) 回溯程序设计方法。修改错误时常迫使暂时回到程序设计阶段检测当时是否有疏忽之处,另外,在程序设计阶段所使用的各种方法也可应用到错误修正中。

(5) 不改变目标代码。调试时还要注意,只修改源代码程序,不要改变目标代码。

7.6.4 软件推广及发布

软件模块集成为完整的软件系统并调试成为正式软件产品之后,便可进行软件的推广(部署)和发布,其**目的**是推荐软件产品及成果并转交给用户投入使用。**软件推广**包括用户培训、软件安装、准备资料,对于产品软件,还要进行发布,并实施版本控制。

软件推广需要将其打包,将开发的软件生成可安装程序。成熟的打包软件有很多,一些集成开发环境自带打包和网上发布功能。可根据需要选择软件打包的策略及方式方法,确定打包的文件和资料,并将相关的帮助文档一并打包。完成后可对产品软件进行发布推广,对订制软件可直接安装运行。

讨论思考

(1) 软件调试的步骤有哪些?

(2) 软件调试有哪些主要方法?

(3) 软件调试的原则是什么?

7.7 软件维护

7.7.1 软件维护概述

1. 软件维护的概念及类型

软件维护是指软件交付使用后，由于运行中存在的缺陷，或因业务需求及环境等变化，对软件进行微调的过程。目的是确保软件正常运行，提高用户满意度及服务信誉。

软件维护属于“售后技术服务”，是在软件运行使用阶段对软件产品进行的调试和完善。软件**需要进行维护的原因**多样，归结起来主要有 3 个**种类**。

(1) 改正在特定的使用条件下，暴露出来的一些潜在程序错误或设计缺陷。

(2) 在软件使用过程中，业务数据或处理环境等发生变化，需要修改部分出现问题的软件程序，以适应其变化。

(3) 改善提高需要。用户在使用时提出改进或增加系统功能，或改善总体性能等原需求以外的要求，为了迎合客户及市场需求，经审批所进行的修改、完善或升级。

由上述原因产生的**软件维护类型**，主要包括以下 4 类。

(1) 完善性维护(Perfective Maintenance)。在软件使用中，用户提出新的功能及性能等要求。为了满足这些要求，扩充软件功能、增强性能、改善效率、提高可维护性等，属于锦上添花的维护活动。此维护活动工作量较大占整个维护工作的 50%。

(2) 适应性维护(Adaptive Maintenance)。随着业务和技术等发展，外部环境(新软硬件配置)或数据环境(数据库、数据格式、输入输出方式、存储介质)等更新变化，为了适应其变化，而去修改软件的过程。维护策略是对可能变化的因素进行配置管理，将因环境变化而必须修改的部分局部化，即局限于某些程序模块等。适应性维护占整个维护工作的 25%。

(3) 纠错性维护(Corrective Maintenance)。在软件运行中，对特定环境下暴露的一些问题或隐患，及时采取措施进行诊断识别和修改的过程。占整个维护工作的 21%。

(4) 预防性维护(Preventive Maintenance)。为了客户及市场需求，提高软件功能及性能等，为未来改进软件奠定基础，采用先进技术方法对使用的软件进行维护和改进。维护策略主要是采用提前实现、软件重用等技术。在整个维护活动中仅约占 4%。

2. 软件维护的特点

(1) 时间长、工作量大、成本高。降低软件维护成本是提高维护效率和质量的关键。软件维护过程是软件生存期中最长且困难的阶段。

(2) 维护的副作用。经过维护的软件可延长使用寿命并创造更多价值，但修改具有副作用，可能带来难以预料、新的潜在错误或连带问题及隐患。为了控制这种副作用，应按模块将修改分组；自顶向下安排被修改模块的顺序；每次修改一个模块。

(3) 软件维护困难。维护工作的难度及工作量，与前期的开发工作密切相关。由于维护人员一般不参与软件开发，需要对软件各阶段的文档和代码进行分析与理解。常出现理解别人程序难、差错修改更难、前期工作有缺陷、文档不齐等问题,维护工作难出成果,常令人生畏,事倍功半不愿意干。

7.7.2 软件维护策略及方法

James Martin等针对3种典型的维护提出维护策略,以提高效率并控制维护成本。

1. 完善性维护策略及方法

完善性维护主要采用的策略是使用功能强、使用方便的工具,采用原型化方法开发等。建立软件系统的原型,将它在实际系统开发之前提供给用户。用户通过研究原型,进一步完善他们的功能要求,就可以减少以后完善性维护的需要。

此外,利用后两类维护中列举的方法,也可以减少这一类维护。特别是数据库管理系统、程序生成器、应用软件包,可减少系统或程序员的维护工作量。

2. 适应性维护策略及方法

适应性维护由于各种因素在所难免,但完全可以进行适当控制。

(1) 对可能变化的因素进行配置管理,将因环境变化而必须修改的部分局部化,即局限于某些程序模块等。在配置管理时,将硬件、操作系统和其他相关环境因素的可能变化考虑在内,可以减少某些适应性维护的工作量。

(2) 将与硬件、操作系统,以及其他外围设备有关的程序归到特定的程序模块中。可将因环境变化而必须修改的程序局部于某些程序模块之中。

(3) 使用内部程序列表、外部文件和处理的例行程序包,为具体实例维护时修改程序提供方便。

3. 纠错性维护策略及方法

纠错性维护的主要维护策略是开发过程中采用新技术,利用应用软件包,提高系统结构化程度,并进行周期性维护审查等。通过使用新技术,可大大提高可靠性,减少进行改正性维护的需要。这些新技术包括:数据库管理系统、软件开发环境、程序自动生成系统、较高级(第四代)的语言,应用新技术产生更加可靠的代码。另外,还需要**注意**4点。

(1) 利用应用软件包,可开发出比由用户完全自己开发的系统可靠性更高的软件。

(2) 结构化技术,用此技术开发的软件易于理解和测试。

(3) 防错性程序设计。将自检能力引入程序,通过非正常状态的检查,提供审查跟踪。

(4) 通过周期性维护审查,在形成维护问题之前就可确定质量缺陷。

7.7.3 软件维护过程及任务

软件的维护具体过程,有一整套完整的方案、技术、审定和管理过程。

1. 维护组织机构

软件维护是一项经常性工作,为了高效安全做好维护,建立一个维护组织机构非常必要。避免在无组织、无计划的情况下进行维护带来一些事故或不安全等问题。如图7-10

所示是一个软件维护组织机构的方案。

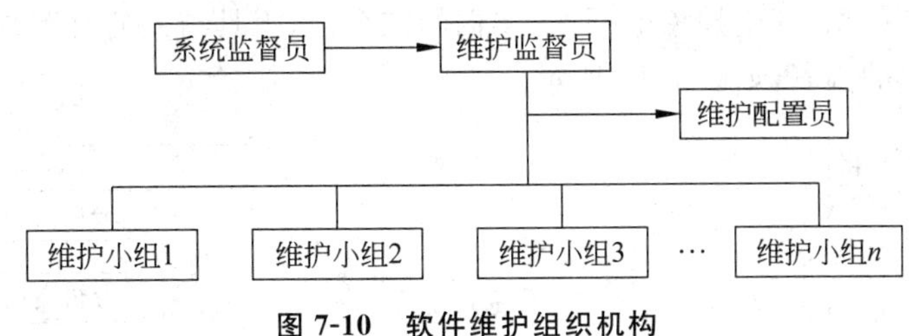

图 7-10 软件维护组织机构

在开始维护前，应当按照规章制度职责并明确分工，以免影响效率、出现混乱。一般维护人员先向系统监督员提交一个维护申请及计划(大规模维护还要有方案)，通过后转交维护监督员评价，经过负责人报批后下达通知。在维护人员对程序进行修改的过程中，由维护监督员和配置员严格把关，控制修改的范围、事项、进度和质量，并对软件配置和维护工作进行审计。

2. 维护工作过程及任务

(1) 确认维护要求。维护人员通过与用户交流协商，弄清错误情况和对业务的影响，以及用户具体的修改需求，之后由维护组织管理员确认维护类型。

(2) 对改正性维护申请，先评价错误的严重性。若存在严重错误，则必须安排人员，在系统监督员指导下，进行问题分析，寻找错误发生的原因，进行应急性维护；对不严重的错误，可根据任务、机时、视轻重缓急，进行排队统一安排时间。

(3) 对适应性维护和完善性维护申请，先确定每项申请的优先次序。除特殊情况外，一般同其他开发工作一样，依次开始维护。

(4) 尽管维护申请的类型不同，但都要进行同样的技术工作。主要任务包括：修改软件需求说明、修改软件设计、设计评审、对源程序做必要的修改、单元测试、集成测试(回归测试)、有效性测试、软件配置评审等。

(5) 每次软件维护完成后，及时记录，对较大维护应进行评审，维护后应进行确认：设计、编码、测试中哪一方面可以改进？哪些维护资源应该有但没有？工作中主要的或次要的故障及问题是什么？从维护申请的类型看是否应当有预防性维护？

3. 提高可维护性方法

提高可维护性方法，主要包括 5 个方面：建立明确的软件质量目标和优先级；使用提高软件质量的技术和工具；选择便于维护的程序设计语言；采取明确的、有效的质量保证审查措施；完善维护程序的文档。

*7.7.4 软件再工程技术

软件再工程技术是指在对现存软件进行挖掘整理再利用或对软件维护延长生存期的技术，是一类提高软件可维护性、复用性或演化性的软件工程活动，是将逆向工程、重构和正向工程组合构建软件系统新形式的工程过程，有助于增进对软件的理解。

软件的逆向工程就是分析程序，力图在比源代码更高的抽象层次上建立程序表示的过程。逆向工程是一个设计恢复的过程,该过程可以从已有的程序中抽取数据结构、体系结构和程序设计信息,其中抽象的层次、文档的完全性、工具与人的交互程度,以及过程的方法等都是重要的因素,如图 7-11 所示。

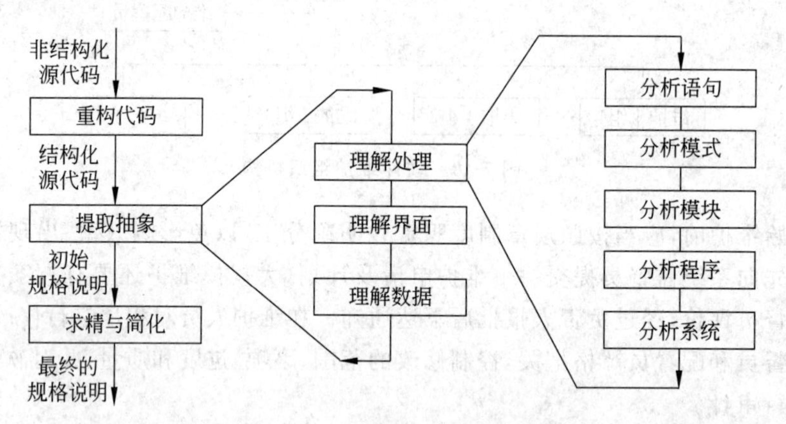

图 7-11 软件的逆向工程过程

软件再工程相关的技术如表 7-4 所示,篇幅所限不再赘述。实施软件再工程的意义:再工程有助于软件机构在软件研发过程中,提高软件质量和效率、降低开发成本,并降低软件演化的风险,可帮助软件机构补偿软件的投资,可使软件易于进一步变更维护和更新。

表 7-4 再工程相关的技术

再工程课题	相关技术
改进软件	重构、文档重写、加注释更新文档、复用工程、重新划分模块、数据再工程、业务过程再工程、可维护性分析、业务分析、经济分析
理解软件	浏览、分析并度量逆向工程、设计恢复
获取、保存及扩充软件的知识	分解、逆向工程设计恢复、对象恢复、程序理解、知识库及变换

讨论思考

(1) 软件维护的类型有哪些内容?

(2) 软件维护的策略及方法是什么?

(3) 软件维护的过程及任务是什么?

7.8 实验七 软件测试与调试应用

1. 实验目的

(1) 通过软件测试实例掌握软件测试的一般步骤。

(2) 进行黑盒、白盒测试用例设计,形成测试用例表。

(3) 完成黑盒测试,得出具体测试记录。

(4) 完成白盒测试,得出实际测试记录。

(5) 写出具体应用程序的测试总结报告。

2. 实验要求

要求掌握如何设计测试方案、撰写测试说明书,并掌握程序修改的常用技术。要求对选题的应用软件编码进行测试,分步进行,要有较详细的测试说明书,并测试通过。

3. 实验内容

针对选题实现的应用软件,利用上述测试及调试的技术及方法,选用软件测试及调试工具,如功能测试工具 WinRunner(网上可以下载边学边用)等,进行测试与调试,并要求测试通过,然后撰写"软件测试总结报告"。

4. 实验步骤

(1) 设计测试方案和计划(分别采用白盒法和黑盒法)。

(2) 选取或下载测试工具,进行具体测试及调试。

(3) 软件测试并对于出错的程序进行修改。

(4) 不断反复修改完善直至程序符合要求。

(5) 编写出"软件测试总结报告"。

(6) 完成软件使用手册(测试部分)。

5. 实验学时及结果

实验学时:2 学时。

建议:课外增加 4~6 学时,用于测试工具下载及测试等。

结果上交:程序源代码、编译打包后系统、软件测试总结报告等所有软件资料。

6. 报告内容

除了实验项目名称、实验目的、实验内容、实验步骤外,还应该有以下内容。

(1) 测试项目。

(2) 设计测试用例 15 个(白盒法 10 个,黑盒法 5 个)。

(3) 对所开发软件测试结果的评价。

(4) 实验小结。

【提示】 对照上述实验目的、实验要求、实验内容、实验步骤等方面的完成情况,进行认真具体总结。

7.9 本章小结

软件测试是为了发现错误而执行程序的过程。设计测试的目标是以最少的时间和人力系统地找出软件中潜在的各种错误和缺陷。

软件测试一般按 4 个步骤进行,即单元测试、集成测试、有效性测试和系统测试。

软件测试的种类大致可以分为人工测试和基于计算机的测试,而基于计算机的测试可以分为白盒测试和黑盒测试。为了节省时间和资源,提高测试效率,就必须要从数量极大的可用测试用例中精心地挑选少量的测试数据,使得采用这些测试数据能够达到最佳的测试效果,能够高效率地将隐藏的错误揭露出来。

软件调试是在进行了成功的测试之后开始的工作。调试的任务是进一步诊断和改正程序中潜在的错误。调试活动包括确定程序中可疑错误的确切性质和位置及对程序(设计和编码)进行修改,排除错误。

软件调试的方法包括强行排错、回溯法排错、归纳法排错、演绎法排错等。

软件维护是在软件运行阶段对软件产品进行的修改和完善。软件维护包括改正性维护、适应性维护、完善性维护以及预防性维护。

7.10 练习与实践七

1. 填空题

(1) 软件测试的目的是________。

(2) 单元测试一般以________为主,测试的依据是________。

(3) 黑盒测试法是通过分析程序的________来设计测试用例的方法。

(4) 软件测试用例主要由输入数据和________两部分组成。

(5) 为适应软硬件环境变化而修改软件的过程是________。

2. 选择题

(1) 成功的测试是指运行测试用例后(   )。

A. 未发现程序错误　　B. 发现了程序错误

C. 证明程序正确　　D. 改正了程序错误

(2) 白盒测试法是根据程序的(   )来设计测试用例的方法。

A. 应用范围　　B. 内部逻辑　　C. 功能　　D. 输入数据

(3) 检查软件产品是否符合需求定义的过程称为(   )。

A. 组装测试　　B. 单元测试　　C. 系统测试　　D. 有效性测试

(4) 软件的集成测试工作最好由(   )承担,以提高集成测试的效果。

A. 该软件的设计人员

B. 该软件开发组的负责人

C. 该软件的编程人员

D. 不属于该软件开发组的软件设计人员

(5) (   )是决定软件维护成败和质量好坏的关键。

A. 修改程序　　B. 建立目标程序

C. 分析和理解程序　　D. 重新验证程序

3. 简答题

(1) 什么是白盒测试法?什么是黑盒测试法?

(2) 对于较小的程序,使用穷举法可以对程序的所有执行路径进行遍历,使用穷举法是否可以保证程序百分之百正确?

(3) 应该由谁来进行有效性测试？是软件开发者还是软件用户？为什么？

(4) 软件调试一般经过哪些步骤？采用哪些方法？

(5) 软件维护包括哪些内容？

4. 实践题

(1) 结合个人学习的应用软件编程的实际，给出一个软件测试用例。

(2) 下载一种测试工具，对一种应用软件进行实际测试，并写出测试总结报告。

CHAPTER

第8章 软件项目管理

软件项目管理直接影响整个软件工程成败、质量和效率。常在软件项目进行技术研发之前开始，且一直持续贯穿于整个软件的定义、开发(分析、设计、实现与测试)和维护之中。项目管理活动包含测度和度量、估算、风险分析、进度安排、跟踪和控制。为了更好地提高软件质量和开发效率并降低成本，必须有效地组织和管理相关的人力资源、事项及活动、技术方法、物力和财力等，更好地发挥管理效能。

教学目标

- 理解软件项目管理的特点、过程和内容。
- 熟悉软件项目过程管理各阶段的任务和技术方法。
- 掌握软件项目管理的常用工具、文档及应用。

8.1 软件项目管理概述

【案例 8-1】 在20世纪70年代中期，美国很多研究机构研究了“软件危机”的根源，结果发现70%的失败项目都存在管理不善问题。20世纪90年代中期一些问题仍然存在，软件研发进度及费用等仍然很难预测。1995年，据统计美国共取消了810亿美元的商业软件项目，其中31%的项目未做完就被取消，53%的项目进度延长50%，引起全球对软件项目过程管理的高度重视。

8.1.1 软件项目管理的概念及特点

1. 软件项目管理的概念及目的

软件项目管理是指对软件项目的整个生存周期过程的管理，对于保证软件产品的质量具有极为重要的作用。软件项目管理的**目的**是使软件项目能够按照预定的成本、进度、质量顺利完成，而对人员、质量、过程、进度和成本等进行分析和管理的活动。软件项目管理综合了管理科学、信息科学、系统科学、行为科学、计算机科学和通信技术等学科知识，同时也是实践性很强的不断发展的新兴边缘学科。

软件项目管理的**主要职能**包括5项。

(1) 制订计划。规定待完成的任务、要求、资源、人力和进度等。

(2) 建立组织。为实施计划,保证任务的完成,需要建立分工明确的责任制机构。

(3) 配备人员。任用各种层次的技术人员和管理人员。

(4) 动员指导。鼓励动员并指导软件人员完成所分配的工作。

(5) 监督检验。对照计划或标准,监督和检查实施的情况。

2. 软件项目管理的主要特点

由于软件产品具有其特殊性,是知识密集型的逻辑思维产品,属于看不见摸不着的非物质性的产品。项目管理具有一次性、独特性、目标的确定性、活动的整体性、组织的临时性和开放性、成果的不可挽回性等**属性特征**,将思想、概念、算法、流程、组织、质量、过程、效率和优化等因素综合在一起,使软件项目管理过程更加复杂和难以控制。在软件项目管理过程中只有掌握其特点,才能有针对性地选择合适的管理方法,使软件项目获得成功。

(1) 目标产品抽象难度量。软件开发的成果是不可见的逻辑实体,软件产品的质量难以量化度量,时常需求不明,导致项目的不确定性。对于不深入掌握软件知识或缺乏软件开发实践经验的人员,无法做好软件管理工作。

(2) 项目独特订制化生产。软件项目具有特定的目标,常以特定机型及硬件配置,特定的开发环境、开发方法、工具和语言,成为独特软件产品。“没有完全一样的项目”,项目的这种独特性使得实际项目管理也具有一定的独特性。建立在内容、形式各异基础上的研制或生产方式,与其他领域中大规模现代化生产有着很大的差别,也给管理带来很多不确定性。

(3) 智力密集技术复杂。软件工程过程充满了大量高强度的脑力劳动。软件项目开发和维护各个阶段都未达到自动化的程度,仍伴随着大量的脑力劳动,而且,各种需求及业务、技术等变化更新快,致使其项目开发十分细致、繁杂、难确定且容易出错、难维护,使软件的正确性和质量等受到很大影响。

(4) 人为因素影响大。为高质、高效、低成本地完成软件项目,充分发掘人的智慧才能和创造精神,不仅要求软件人员具有一定的技术水平和工作经验,而且还需求软件人员具有良好的道德心理素质。情绪和工作环境对工作影响很大,必须高度重视。

综上所述,软件项目的特点决定了软件项目开发的时间紧迫;随着信息技术的快速发展,软件生存周期更短,时间和工作效率成为项目成功的决定性因素。在软件开发过程中,这些特点可能导致:项目目标不明确,很难量化;项目执行中需求变化频繁;用户分散,分布在企业的不同组织层级和不同地域,协调难度大;使用和维护周期较长,成本不可控因素较多;设计队伍庞大,智力非常密集,对智力资源的协调尤为重要;软件项目多数涉及企业或政府部门的管理,而管理本身就不确定,另外,在执行过程中还会遇到各种难以始料的“风险”,使得项目不能按原有的计划执行;导致需求范围难界定,用户需求自己说不清或不容易被开发人员理解,需要在项目实施过程中不断清晰;使项目具有弹性,不同的企业,不同的项目经理做相同项目,结果也会不同;软件交付时不仅向客户提供软件产品,还要根据客户需求提供相应的服务及解决方案。

8.1.2 软件项目管理的过程及内容

1. 软件项目管理的过程

过程管理问题是出现“软件危机”及失败的主要原因,有效的过程控制必须明确软件项目管理过程及任务。要确保软件项目成功,项目负责人除了要把握项目流程外,更要具备优秀的信息管理、沟通管理、冲突管理、风险管理、质量管理和集成管理等能力。

软件项目管理的**对象**是软件工程项目的相关活动,涉及的**范围**覆盖了整个软件工程过程。为使软件项目开发获得成功,**关键**问题是必须对软件项目的工作范围、风险、资源、任务、过程、成本、进度安排等做到心中有数。软件项目管理开始于技术工作之前,在软件从概念到实现的过程中持续运行,最后终止于软件工程过程结束。

软件项目管理主要**侧重**在人员、质量、过程、进度和成本等几个方面。从管理过程看,软件项目管理可分为项目启动、项目计划、项目组织实施、项目监控和项目验收 5 个阶段。从目标管理分,有质量管理、成本管理、进度管理等;从资源管理分,有人力资源管理、财务管理、文档管理、物资管理、技术管理等;从管理职能看,有计划、组织、人事安排、控制、协调等。这些不同角度所反映的项目管理内容,其实质都是对项目进行计划、组织实施和跟踪控制,以实现项目预定的目标。在项目进展过程中,估算与决策、计划与监控等管理活动始终围绕项目最终目标交替进行,直到软件项目结束。

软件项目管理按照项目管理方式,通过一个临时性的、专门的柔性组织,运用相关的知识、技术、工具和手段,对项目进行高效率的计划、组织、指导和控制,以实现项目全过程的动态管理和项目目标的综合协调与优化。**项目管理过程**有 5 个:启动过程(Initiating processes)、计划过程(Planning processes)、执行过程(Executing processes)、控制过程(Controlling processes)、收尾过程(Closing processes)。在项目具体实施过程中,计划、执行和控制通常需要往复循环(称为核心循环),如图 8-1 所示。项目管理与日常职能管理工作相比,更注重于综合性的协调管理,有严格的时效限制和明确的阶段任务,需要在不确定的团队、环境和业务过程中完成具体任务。

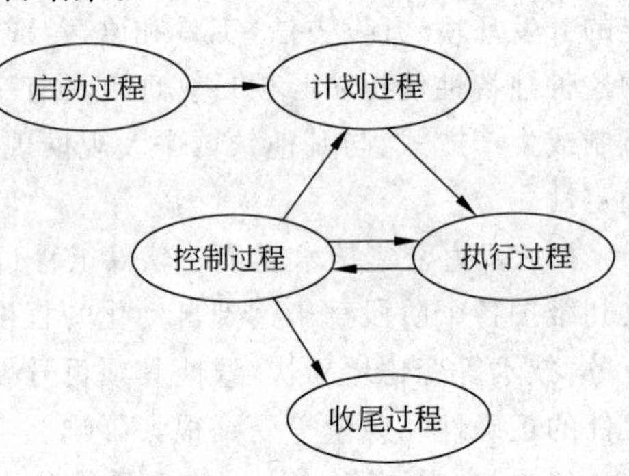

图 8-1 项目管理过程及核心循环

2. 软件项目管理的内容

项目管理的九大知识领域的内容,分布在项目的五大过程中,它们之间的对应关系如表 8-1 所示。

由此表可见,启动过程主要涉及范围管理的内容,重点是确定项目目标。项目的计划过程涉及项目管理的所有领域,即项目计划的内容必须全面考虑项目的各个管理领域的要求。项目的执行过程和控制过程,在不同管理领域中的差别,反映了项目执行者和项目

表 8-1 项目管理知识领域内容及过程中分布

知识领域内容	启动	计划	执行	控制	收尾
集成管理		√	√	√	
范围管理	√	√		√	
时间管理		√		√	
成本管理		√		√	
质量管理		√	√	√	
人员管理		√	√		
沟通管理		√	√	√	√
风险管理		√		√	
采购管理		√	√		√

管理者之间的职责划分。项目收尾过程，主要与沟通管理和采购管理的部分内容有关。

项目管理的九大知识领域是项目经理应具备的重要知识与能力。其中核心的四大知识领域是范围、时间、成本与质量管理。在这些知识领域中还涉及很多的管理工具和技术，用于帮助项目经理与项目组成员完成项目的管理，如网络图示法、关键路径法、头脑风暴法、挣值法等，不同的工具可帮助完成不同的管理工作。另外，还有很多项目管理工具软件，如 Project 等，也可以很好地辅助解决在项目的各个过程中完成计划、跟踪、控制等管理过程。

软件项目管理的 5 个过程及九大知识领域内容，贯穿、交织于整个软件开发过程。启动过程，要注意组织环境及项目干系人的分析，注重项目组成员的构成及优化；项目启动后，应全力抓好项目计划、落实和控制，项目计划主要包括工作量、成本、开发时间的估计，并根据估计值制定和调整项目组的工作；在认真贯彻落实计划过程中，努力控制在规定的时间、成本及质量限度内完成双方都满意的项目范围。同时加强时间管理、成本管理和质量管理，通过各种措施和手段，控制软件开发中的进度、生产率、费用和产品质量等要素是否符合期望值；并注重风险管理，及侧重预测未来可能出现的各种影响到软件产品质量、成本、进度等潜在因素并采取措施进行预防；最后阶段做好收尾、评审、结题验收和总结。

讨论思考

(1) 软件项目管理的概念及特点是什么？
(2) 软件项目管理的过程具体有哪些？
(3) 分布在项目管理过程中的九大知识领域的内容有哪些？

8.2 软件项目的启动与组织管理

8.2.1 软件项目的启动过程及任务

软件项目的**启动过程**是一个新项目决策立项与开始准备实施的过程。重视项目启动过程,是保证项目成功的首要步骤。常言道"万事开头难",项目启动阶段对整个研发工作奠定一个良好的开端和基础。

项目启动涉及其范围的知识领域,其输出结果有项目章程、任命项目经理、确定约束条件与假设条件等。启动过程的最主要内容是在第2章介绍过的进行"项目可行性分析与研究",主要以商业目标为核心,都围绕着明确的商业目标,以实现商业预期利润分析为重点,并要提供科学合理的评价方法,以便未来能对其进行评估。

【案例8-2】 微软公司的Winword项目的完工相比早期的项目计划延迟了500%多,若不是高层领导的鼎力支持,此项目就会半途而废。所以从项目的进度、项目的计划来看,该项目是失败的。为了从以前的开发项目的失误中吸取教训,微软制定了一个规定:项目启动前必须做好计划准备和方案。

在项目启动前做好**准备和实施方案**至关重要。具体包括以下几个主要方面。

(1) 研发团队及项目干系人分析。组成一个精明强干的研发团队对项目的成败很关键,并对项目干系人进行分析,项目的干系人主要包括项目经理、研发人员、需求用户、项目验收人员和相关的管理人员等,以便更好地发挥团队作用。

(2) 明确研发项目的目标。研发项目的目标是研发的方向和指标依据,也是所有项目干系人的期望。在项目启动前达成一致、明确和合理的项目目标直接影响项目的顺利进行。需要明确的目标包括功能、性能、可靠性等,还包括客户满意、时间、成本、质量等因素。

(3) 清晰的项目范围。为了确保项目的顺利实施,需要明确清晰的任务、职责和范围,对项目管理及协调非常重要,项目范围不明确将使研发和管理混乱或工作的重叠等问题。

(4) 确定项目资源需求。在项目前期,需要根据项目目标和范围明确项目资源需求,包括人力、物力、财力、软件及硬件资源、数据资源等,以确保项目的实施。

(5) 制订项目实施计划。在项目启动时都需要有实施计划,便于项目按照计划进行具体执行、监控和管理。在第2章已经进行介绍,不再赘述。

在项目启动前应明确成本、实际任务分解和进度安排;考量交付期限、预算、个人能力和技术界面等限制条件,在多个项目方案中选择一个相对完善方案并组成项目组。召开项目启动会议,以示正式启动项目,会议内容包括项目任务指标及目标要求、具体实施方案、项目组内的初步交流,对项目目标深刻理解,对组织形式、管理方式和方针取得一致认识,明确岗位职责等。

软件项目启动过程的**主要任务**是在进行投资/效益分析和可行性研究的基础上,确定项目的目标、约束和自由度,并进行决策及立项,同时做好研发准备工作。组建项目组、下达正式的"软件项目开发任务书",进行项目规划与计划及实施方案等。

8.2.2 软件项目组织管理

1. 软件项目组织原则

组建一个过硬的软件项目管理及研发团队，是保证软件项目开发顺利进行的首要条件。针对软件项目的特性，软件项目的组织及研发团队和个人因素都很重要。组建软件项目研发团队应**遵循的原则**如下。

(1) 尽早落实责任。在软件项目开始策划时，应分配好人力资源，指定专人负责专项任务。负责人有聘任、安排及奖惩等权利并在职责范围内进行严格管理，并对任务的完成负责。

(2) 分工明确快捷高效。在开发过程中，组织应该有合理的分工，优化组织结构，研发人员经常交流，减少不必要的通信接口(网络多结点交叉成几何级数增长)，简捷高效。

(3) 职责权明确均衡。项目各成员的职责权应具体明确，有制度保障且均衡一致。

2. 软件项目组织的模式

项目团队是软件项目开发成功主要因素，成功的团队管理是软件项目顺利实施的重要保障。

通常，软件项目团队的组织有 3 种**组织结构模式**。

(1) 按课题划分的模式。将研发人员按软件项目中的课题组成小组，小组成员自始至终参加所承担课题的各项任务，包括完成软件项目的需求分析、设计、实现、测试、复查、文档编制等全过程。

(2) 按职能划分的模式。软件开发的周期按阶段划分，各阶段都有不同的特点，对开发人员的技术和经验的要求也有所不同。按职能划分的模式就是将参加开发项目的软件人员按任务的工作阶段划分成若干个专业小组。例如，分别建立计划组、需求分析组、设计组、实现组、系统测试组、质量保证组、维护组等。待开发的软件产品在每个专业组完成阶段加工(即工序)后，沿工序流水线向下传递。

(3) 矩阵形模式。结合前两种模式的优点，便形成了矩阵形模式。一方面，按工作性质，成立一些专门组，如开发组、业务组、测试组等；另一方面，每个项目又由项目经理人员负责管理。每个研发人员既属于某个专门组，又参加某一项目的工作。例如，属于开发组的一个成员，参加某一项目的研制工作，要接受开发组和软件项目经理的双重领导。

通常，软件公司根据项目的规模、特点、组织制度和项目干系人分析等划分为部门和项目小组，形成项目的组织结构。具体承担某一项目的全体员工为实现项目目标分工协作所形成的结构体系，通常用组织结构图、角色和责任分配清单、人员配备管理计划、支持细节等文件表示。在软件项目管理中，团队组织结构通常呈现为矩阵式，即将组织的工作部门按纵向或横向设置分成两大类，两者结合形成一个矩阵。矩阵组织结构的命令源出现两条指挥线和一个交叉点，因而在此结构中，横向管理部门和纵向管理部门各自负责的工作和管理内容必须明确，否则容易造成责任不清、多重指挥的混乱局面。

矩阵形结构组织的**优点**：参加专门组的成员可以在组内交流在各项目中取得的经验，更有利于发挥专业人员的作用。另外，各项目由专人负责，有利于软件项目完成和质量保证。

【案例 8-3】 微软公司 IE 项目达 300 多人,组织机构如图 8-2 所示。开发团队实行矩阵式交叉管理。纵向垂直管理与回报关系为:产品部总经理→各部门经理→开发组长→组员。横向管理为产品特性项目组,每个项目组负责开发一个组件,有 10～50 人。大的项目组有时拆分成 10 人左右的子项目组,主要成员有程序经理、开发工程师、测试工程师、培训师、界面设计师、Web 开发工程师、可用性工程师和产品特性项目组长等。

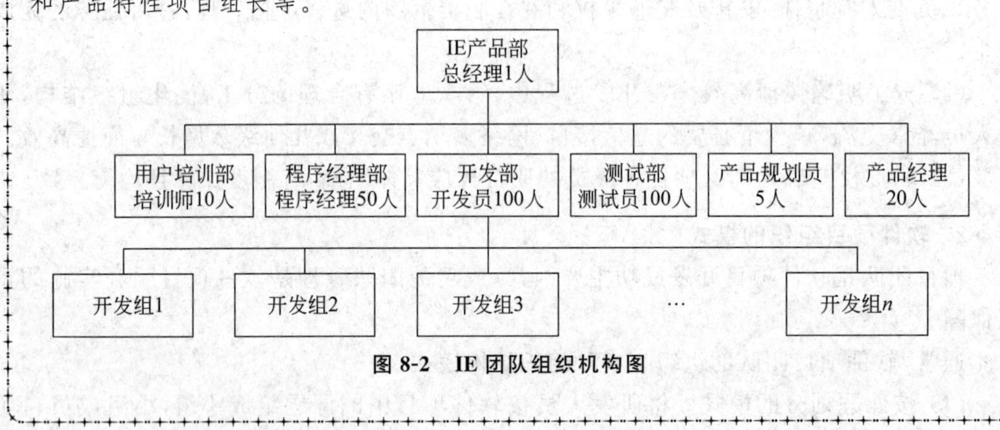

图 8-2 IE 团队组织机构图

在实际工作中,开发工程师和测试工程师经常结对进行,一个程序经理或其他研发人员可能与多对开发、测试人员合作。程序经理负责按时发布产品,是项目组的调度、资源调配和事务协调人,只拥有管理开发事务的权利。开发工程师负责产品的代码实现。决定实现使用的技术和算法,并对代码进行初步测试。测试工程师负责产品的质量检验。主要职责是编写测试计划,设计测试用例,执行测试等。产品经理负责产品开发商务决策和产品市场开拓。界面设计师负责产品可视界面的设计。培训师管理、规划、审核用户支持文档,负责项目组内印刷类文档和联机文档的规划设计。可用性工程师负责可用性设计和可用性测试。

3. 软件开发组的组织形式

软件研发工作常以团队小组独立方式进行,小组内部人员的组织形式对生产率的高低有很大影响。在项目研发初期,项目团队只需少数几个核心队员;随着项目的进展,项目团队的人员再逐渐增加;后期,项目陆续完工,团队人员逐渐退出。软件开发组的**组织形式**有 3 种。

(1) 组长制小组。小组由 1 位组长(高级工程师或主程序员)、2～5 位工程师、1 位后援工程技术人员组成。开发小组突出组长的领导核心作用。组长制的开发小组强调组长与其他技术人员的直接联系,简化了技术人员之间的横向通信。这种组织制度的工作效果很大程度上取决于组长的技术水平和管理才能。

(2) 民主制小组。主要强调发挥小组每个成员的积极性、主动精神和协作精神,遇到问题时,组内成员之间平等地交换意见。工作目标的制定及决定的做出都由全体成员协商决定。这种组织形式适合于研制时间长、开发难度大的项目。缺点是削弱了个人的责任心和必要的权威作用。

(3) 层次式小组。组内人员分为多级，组长(项目负责人)1 人负责全组工作，直接领导 2～3 名高级工程师，每位高级工程师通过基层小组，管理若干位工程师或程序员。这种组织结构特点比较适合的项目是层次结构状的课题，可按组织形式划分课题，然后将子项目分配给基层小组，由基层小组完成。对于大型项目，可以先将它划分成若干子层。因此，大型项目的开发比较适合于这种组织方式。

在实际应用中，组织形式并非一成不变，可根据项目的特点和需要进行调整及组合优化。

软件开发小组的主要目的是发挥集体团队的合力进行软件研制。为此，研发小组应培养“团队”意识进行软件开发，消除软件项目只凭“个人单干”观念，并促进更充分的复审，提倡在共同工作中相互交流学习、优势互补，从而提高软件开发质量和效率。

4. 软件项目的组织管理

(1) 选定软件项目团队及要求。选定及指派项目经理是项目启动阶段的一项重要工作。其管理能力、经验水平、知识结构和吸引力都对项目的成败起着至关重要的作用。项目经理确定后，就应与公司人力资源管理部门通过招聘流程获取项目所需的其他成员。对软件项目团队成员的主要要求是：具备特定岗位所需的技能，适应需求和任务的变动，能够建立良好的团队和协作人际关系，能够遵章守纪及加班，认真负责、勤奋好学、积极主动、富于创新，应确保分配的工作最能发挥各自技术特长，做到人尽其才、才尽其用。

(2) 团队作用的发挥。团队作用的发挥主要包括人员配备、角色分配和任务分工。优秀的团队内部应具备良好的协作与沟通关系，相互支持，有共同目标且明确个人任务。项目经理还应懂得合理用人，并留住人才，为以后项目开发奠定良好基础，主要包括：项目经理从一开始可指派一个副经理协助项目开发管理工作，项目经理不在或退出时，副经理可很快接手；保证全职人员的比例，项目核心部分工作应尽量由全职人员担任，减少兼职人员造成的不稳定性；加强项目组内技术交流；建立良好的文档管理机制。

(3) 科学用人。对于软件人员这种知识型人才，学习机会、施展才能是对其主要的激励因素。软件企业的成长也需要员工不断更新与创新。通过培训，不仅可为公司带来巨大的经济效益，也能提高员工的自身能力、工作热情和效率。团队及人员的绩效评估和管理可完善工作的需要，有利于员工自身更好地发展。绩效评估可分为奖金分配评估、提薪评估、业绩评估、人事评估、职务评估、晋升评估等。晋升考核是企业人事考核中最重要的工作。晋升工作关系着企业骨干队伍的形成，关系企业发展前途，历来为企业高度重视。晋升评估也是对职工的全面评价。绩效评估需要遵循以下原则：公平、公正、公开；及时反馈；区分性；可行性；多层次、多渠道、全方位评价；绩效评估经常化、制度化。

讨论思考

(1) 软件项目的启动过程及任务是什么？

(2) 软件项目的组织模式有哪几种？每种优点是什么？

(3) 怎样进行软件项目的组织管理？

8.3 软件项目进度管理

软件项目进度安排前需要由粗到细、逐步求精地估算工作量及完成期限,对软件项目实施极为重要,通过对项目的范围、任务分解、资源分析等制定一个科学的安排,可使项目团队的工作有序开展。在实施过程中参照执行,并通过对计划与安排的不断修订与完善,使后续的安排更符合实际,更能准确地指导项目工作。

8.3.1 软件项目进度估算

为了准确地估算项目的工作量和完成期限,需要先估算软件项目的规模,然后制订进度安排计划和资源分配。项目立项阶段估算的主要依据是软件需求;安排计划阶段估算的依据是软件需求规格说明书和任务分配表等;执行阶段估算依据主要是软件设计书、任务分解结构和已完成的任务数据等。越到项目后期,估算越准确。项目估算内容主要分为软件规模估算、工作量估算、成本估算和进度估算,其中成本估算在2.2节中介绍过,其他估算方法如下。

1. 软件规模与工作量估算

软件规模和复杂度决定软件项目的工作量。在立项阶段主要根据软件需求估算,当软件划分模块后,可从最低层的模块估计,然后逐层汇总得到总体的估算。通常,软件结构划分得越细,估计就越准确。常用的**软件规模度量单位**有千行代码KLOC(Kilo-Lines Of Code)、功能点FP(Function Points)和对象点OP(Object Points);常用的**工作量度量单位**有人年、人月和人日等。

(1) 软件规模估算。

① 千代码行(KLOC)估算法。以千代码行(KLOC)数表示软件开发规模十分直观自然。用代码行数不仅能度量软件的规模,而且,可以具体度量出软件开发的生产率、每行代码的平均成本、千行代码出错率等。

② 功能点(FP)估算法。功能点数估算是涉及多种因素的间接度量方式,是在需求分析阶段基于系统功能的一种规模估计方法。先计算未调整的功能点数,即需求中要求的外部输入、外部输出、外部查询、外部文件、内部文件的数量。对这5个功能项的数量,由估算人员对项目的复杂性做出判断,大致划分成简单、一般和复杂3种情况,然后求出加权和。此法有助于在项目早期做出规模估计,有利于与客户对软件规模问题进行沟通,却无法自动度量。一般做法是在早期估计中使用功能点,然后依据经验将功能点转化为代码行,再使用代码行继续估计。

(2) 工作量估算。软件的经验估算模型是由以前完成项目的实际情况导出的,这些模型的结果仅有一定的参考价值。常用的两个**估算模型**是CoCoMo模型和Putnam模型。

① CoCoMo估算模型。该模型由TRW公司开发,Boehm提出的CoCoMo(Constructive Cost Model)模型即结构化成本估算模型,是一种精确的、易于使用的成本

估算方法。此模型分为基本、中间、详细 3 个层次，分别用于软件开发的不同阶段。基本模型：主要用于系统开发初期，估算整个系统的工作量，包括软件维护和软件开发所需要的时间。中间模型：用于估算各子系统的工作量和开发时间。详细模型：用于估算独立的软部件，如子系统内部的各模块。

基本模型是静态、单变量模型，具有下列形式：

$$E = aL^b; \quad D = cE^d; \quad C = \lambda E$$

其中，L 是项目的代码行估计值，单位是千行代码(KLOC)；

E 表示工作量，单位是人月(PM)；

D 表示开发时间，单位为月；

C 表示开发成本，单位是万元。

λ 表示每人月的人力成本，单位是万元/人月。

a、b、c、d 表示软件类型是常数。不同软件类型 a、b、c、d 取值如表 8-2 所示。

表 8-2　不同软件类型取值及范围

软件类型	a	b	c	d	适 用 范 围
组织型	2.4	1.05	2.5	0.38	各类应用程序
半独立型	3.0	1.12	2.5	0.35	各类实用程序、编译程序等
嵌入型	3.6	1.20	2.5	0.32	实时处理、控制程序、操作系统

② Putnam 估算模型。Putnam 模型是 1978 年由 Putnam 提出的对约 30 人年以上的大型软件项目进行估算的动态多变量模型，适用于软件开发各个阶段。此模型以项目实测数据为基础，描述开发工作量、开发时间和软件代码行数之间的关系。相应的方程为

$$L = C_k \times K^{1/3} \times td^{4/3}$$

其中，L 表示源代码行数(单位 LOC)；K 表示整个开发过程所花费的工作量(单位人年)；td 表示开发持续时间(单位年)；C_k 表示技术状态常数，反映“妨碍开发进展的限制”，取值因开发环境而异，如表 8-3 所示。

表 8-3　技术状态常数

C_k 的典型值	开发环境	开发环境举例
2000	差	没有系统的开发方法，缺乏文档和复审
8000	好	有合适的系统的开发方法，有充分的文档和复审
11 000	优	有自动的开发工具和技术

对上述方程进行变换，可得到估算工作量的公式：$K = L^3/(C_k{}^3 \times td^4)$，而且，还可估算开发时间：$td = [L^3/(C_k^3 \times K)]^{1/4}$。

(3) 估算工具及其他方法。

以上介绍的经验估算模型，已有相应的软件作为自动估算工具。项目管理可使用这些工具自动估算项目的成本和工作量，还可对人员配置和交付日期等进行估计。

主要的**其他估算方法**如下。

① PERT 估算法。计划评审技术 PERT(Program Evaluation an Review Technique)是20世纪50年代末美国海军部开发北极星潜艇系统时为协调3000多个承包商和研究机构而开发的一种技术。理论基础是假设项目持续时间和整个项目完成时间是随机的,且服从某种概率分布。PERT 可估计整个项目在某个时间内完成的概率。对于软件每个部分产生3个规模估算量:最低规模、最可能的规模、可能最高规模,利用公式计算各软件部分的期望规模和标准偏差,在计算法中,如果将规模换作人月数,则得出的是软件总的工作量。也可根据经验将代码行数转换为人月数。

② 专家判定法。专家判定法是请多位专家根据经验和对项目理解对项目工作量做出估算,然后采取求中值、平均值、召开小组会议等方法合成。

③ 经验公式法。除了上述软件的经验估算模型外,还可用整体公式:

$$E = A + B \times S^C$$

其中,E:以人月表示的工作量;

A、B、C:经验导出的系数;

S:主要的输入参数(通常是 LOC、FP 等)。

④ 类比法。类比法是将当前项目和以前做过的类似项目比较,通过比较获得其工作量的估算值。该方法需要软件开发组织保留有以往完成项目的历史记录。应用类比法的前提是确定了比较因子,即提取了软件项目的特性因子,以此作为相似项目比较的基础。常见的比较因子有软件开发方法、功能需求文档数及接口数等。具体使用时需结合软件开发组织和软件开发项目的特点加以确定。类比估算既可以在整个项目级上进行,也可以在子系统级上进行。该方法的缺点是无法弄清以前的项目究竟在多大程度上代表了新项目的特性。

2. 软件项目进度估算

(1) 定额估算法。定额估算法是比较基本的估算项目历时的方法,公式为:$T=Q/(R\times S)$。其中,T 表示活动的持续时间,可以用小时、日、周、月等表示;Q 表示活动的工作量,可以用人月、人天等单位表示;R 表示人力或设备的数量,可以用人或设备数等表示;S 表示开发(生产)效率,以单位时间完成的工作量表示。此方法适合规模比较小的项目,比如说小于10000LOC或者说小于6个人月的项目。此方法比较简单,而且容易计算。

(2) 经验公式法。经验导出模型是根据大量项目数据统计而得出的模型,经验导出模型为:$D=a\times E^b$。其中,D 表示月进度;E 表示人月工作量;a 是 2~4 之间的参数;b 为 1/3 左右的参数,它们是依赖于项目自然属性的参数。经验导出模型有几种具体公式(如 CoCoMo 模型为:$D=2.5E^b$,b 在 0.32~0.38 之间),这些模型中的参数值有不同的解释。经验导出模型可以根据项目的具体情况选择合适的参数。

(3) PERT 与 CPM。关键路径法(Critical Path Method,CPM)是一种网络图方法。利用网络顺序图的逻辑关系和加权历时估算来计算项目历时,每个活动历时采用加权平均的算法:$(O+4M+P)/6$。其中,O 是活动(项目)完成的最小估算值,或者说是最乐观值;P 是活动(项目)完成的最大估算值,或者说是最悲观值;M 是活动(项目)完成的最大可能估算值。计算出每一个活动的单一的、最早和最晚开始和完成日期后,然后计算网络图中的最长路径，便得到项目总的完成时间估计。

8.3.2 软件项目进度安排

1. 软件项目进度安排的内容

对于具体的**进度安排与管理**，主要包括以下几个方面。

1）估算开发工期

对项目建设工期（时间）估计和预算的估计，可按下列步骤进行。

① 将待开发系统按阶段分割为若干基本活动，如系统规划、系统分析、系统设计、系统实施、系统测试、系统切换等，基本活动可再次分割为若干子活动，如系统规划可分割为调研收集、数据可行性研究、系统规划报告三项子活动。

② 分别估算各子活动的工期及费用预算（构造项目建设工期估计和预算分摊估计表）。

③ 构造项目开发活动网络图通过该网络图计算得到项目的最早完成时间，即工期。

2）项目进度安排

软件项目进度安排方式。软件开发项目的进度安排有两种方式：一是系统最终交付日期已经确定，软件开发部门必须在规定期限内完成；二是系统最终交付日期只确定了大致的年限，最后交付日期由软件开发部门确定。

进度安排的**基本工作内容**包括如下。

① 划分任务。将软件项目划分为若干可管理的活动，用软件过程模型进行定义，因此，需对软件研发过程和产品指标要素进行具体分解。

② 确定相互依赖性。确定软件项目各个具体研发活动和任务之间的相互依赖性。以便于安排具体哪些任务顺序执行、哪些任务并行执行。

③ 分配时间。为每个具体研发任务分配合适的工作量，确定开始时间和结束时间。需考虑各任务间的相互关联和研发人员的能力等情况。

④ 确认工作量。确保项目划分中各任务的参与人员的数量和工作量，进行合理分配。

⑤ 定义责任。指定各个具体研发任务的责任人及其具体职责范围和指标要求。

⑥ 定义可交付物。各任务输出是一产品或其一部分，确定将哪些工作产品组合为可交付物。

⑦ 定义里程碑。经过评审并确认后的可交付物才能成为里程碑。工作中需要为每个或每组研发任务指定一个阶段性的项目里程碑，便于进行阶段性验收和质量检查与管理。

⑧ 处理好进度与质量之间的关系。在软件工程项目中，在工程进度压力下赶任务，其成果很容易以牺牲产品质量为代价，应当一定处理好进度与质量之间的关系。

如果安排考虑不当，就会使实施进度落空，导致市场机会的丧失，用户不满，也会导致成本的增加。因此，在考虑进度安排时，应将工作量与花费时间联系起来，合理分配工作量，利用进度安排的有效分析方法严密监控软件开发的进展情况，使软件开发进度不拖延。

软件项目安排需要随着项目的进展逐步求精。编制前先要进行软件过程调整和任务分解。

2. 软件过程调整完善

软件过程指软件研发和维护实施中的阶段、技术、方法、实践及相关产物(计划、文档、模型、代码、测试用例和手册等)的集合。过程定义了活动的时间、人员、工作内容和达到目标的路径。使用过程可以增加成功的机会,并能较好地预测项目的结果。较流行并获得认可的元过程模型有统一过程模型 RUP、敏捷过程模型等。在应用中,软件企业或组织通常会通过企业自身的实践选择和定义适合所选的过程模型,经过定义的过程模型涵盖了本企业执行项目的成功实践,是集体的智慧和经验总结。例如,微软公司根据本公司的经验就定义了其独特的软件开发过程模型。软件企业或组织在开发项目前,还要针对项目的特点对过程进行调整完善。过程调整完善指对企业标准过程进行添加、删除和修改,使其更适于实现当前项目的目标。为了有效地使用企业制定的标准过程,需要提供一些调整完善指南,包括过程修改的条件、类型和允许的偏差。如果企业的标准过程调整指南规定某些文档是可选的,则项目经理就可在这些文档中选择适用的文档。过程调整是项目计划中的首要任务,在计划评审时要特别予以重视。

3. 任务分解落实

软件项目有开发任务、管理和过程改进任务,每项任务应分解给相关的项目组,再由项目组分解落实到人。任务分解既有质和量的要求,又有进度和费用方面的约束;既可按功能划分,也可按流程划分,分解方法和标准依据软件过程、项目特点、项目团队约束和项目经理经验而定。软件设计上的分层结构,通常成为任务分解结构(Work Breakdown Structure,WBS)的依据。任务分解的结果可采用清单或/和图表的形式表达,如图 8-3 所示。进行**任务分解**的**基本步骤**一般如下。

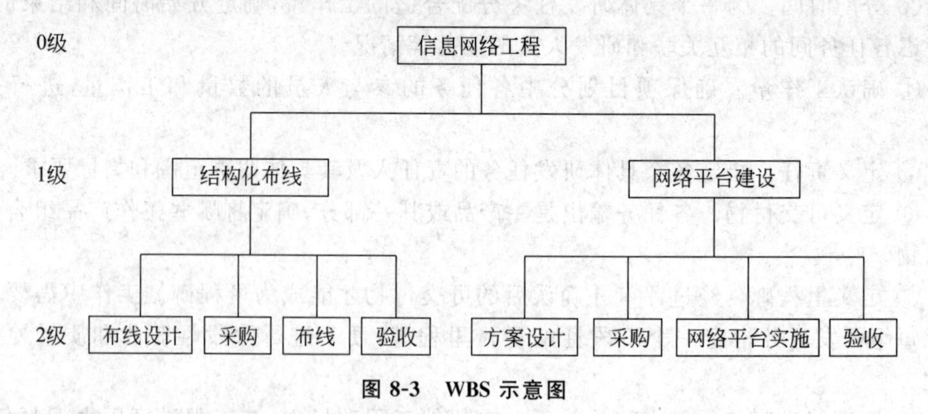

图 8-3 WBS 示意图

(1) 确定任务分解标准及要求。

(2) 将项目逐级分解为组成要素。

(3) 确认分解的底层每一子项是否适合项目团队分工,是否有交付成果,可否能作为进度和费用估计依据。

(4) 验证分解底层的每一子项的必要性、充分性和清晰性。验证正确后,为分解结果建立一套编号系统。

任务分解的结果对应一系列特定的活动，每项活动都有任务的具体目标、任务执行的人员组织、任务开始和结束时间。活动是这些元素逻辑上的统一体，有时也称活动为任务。设 A、B 为两种活动，则 A、B 两种活动之间的关系有 4 种情况。

① 开始→结束：表示 A 活动开始时，B 活动结束。

② 开始→开始：表示 A 活动开始时，B 活动也开始。

③ 结束→结束：表示 A 活动结束时，B 活动也结束。

④ 结束→开始：表示 A 活动结束时，B 活动开始。

其中，最后一种是最常见的逻辑关系，前面活动称为后面活动的前导活动，后面活动称为前面活动的后继活动。活动之间关系的依据是任务间的依赖关系，如需求分析一定要在软件设计之前完成，编码测试活动一定是在编码任务之后执行等。里程碑要作为项目活动排序的一部分，以确保项目到时能达到里程碑的要求。在对活动的人力、费用和时间进行计划安排以前，需要先对活动的时间与费用进行估算。

4. 安排计划的编排与优化

为了科学地编排和清晰地表达任务安排计划，常采用下列**图示方法**。

1）甘特图

甘特图(Gantt Chart)又称为横道图，如图 8-4 所示，是活动进度与日历表的对照图。用水平线段来表示活动的工作阶段，其中线段的长度表示完成任务所需要的时间，起点和终点分别表示任务的开始和结束时间。在甘特图中，任务的完成标准是交付相应文档和通过评审。甘特图清楚地表明了项目的计划进度，并能动态反映当前开发进展状况，其不足之处在于不能表达出各任务之间复杂的逻辑关系。

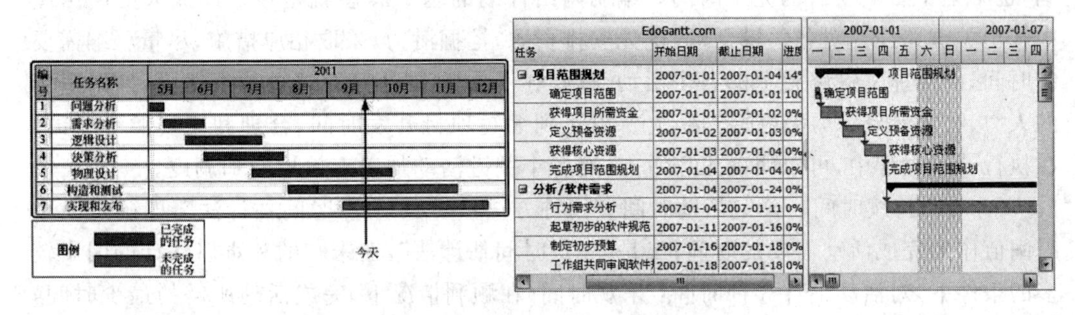

图 8-4　用甘特图描述项目进展

2）网络图

网络图是用网络分析的方法编制的进度计划图。主要可以描述每个活动及其之间的逻辑关系。计划评审技术 PERT 和关键路径法 CPM 都采用网络图表示项目的活动。网络图有多种表示法，常用的有单代号法（优先图法，Precedence Diagram Method，PDM）和双代号法（箭线图法，Arrow Diagram Method，ADM）。单代号法用节点表示活动，用箭线指向表示活动先后逻辑关系（见图 8-5）。双代号法用箭线表示活动，用箭线前后节点指向活动的前导活动和后继活动（见图 8-6）。不同的表示法只是表示形式不同，实质并无大的差别。网络图常用术语包括如下。

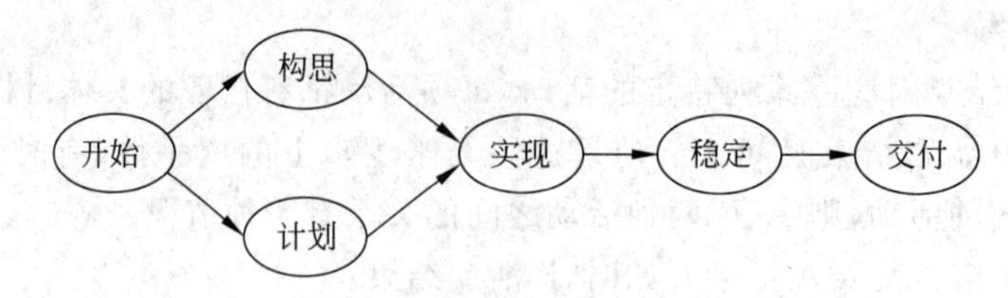

图 8-5　单代号网络图示意图

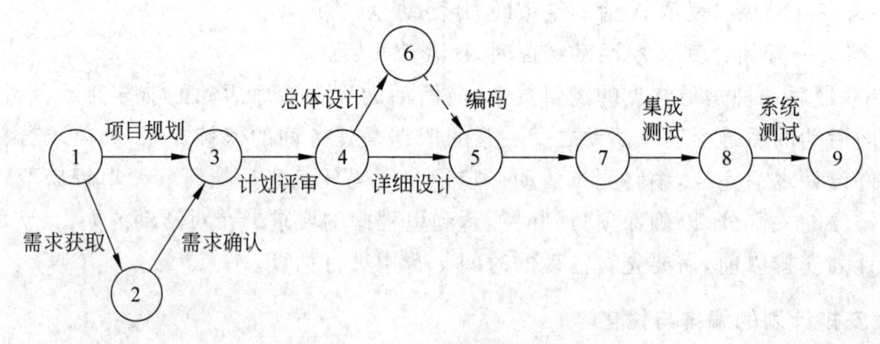

图 8-6　双代号网络图示例图

① 路径与关键路径。在网络图中,从始点开始,按照各个活动的顺序,连续不断地到达终点的一条通路称为**路径**。需要时间最长的路径称为**关键路径**。

② 关键活动。关键路径上的活动称为**关键活动**。如果能缩短关键活动所需的时间,就可以缩短项目的完工时间。而缩短非关键路径上的各个活动所需要的时间,不能使项目完工时间提前。即使是在一定范围内适当地延长非关键路径上各个活动所需要的时间,也不至于影响项目的完工时间。**编制网络计划的基本思想**就是在一个庞大的网络图中找出关键路径。对各关键活动,优先安排资源,挖掘潜力,采取相应措施,尽量压缩需要的时间;而对非关键路径上的各个活动,只要在不影响项目完工时间的条件下,抽出适当的人力、物力等资源,用在关键活动上,以达到缩短项目开发时间,合理利用资源等目的。在执行计划过程中,可以明确工作重点,对各个关键活动加以有效控制和调度。

③ 活动持续时间。确定活动时间有两种方法:一是"一点时间估计法",即确定一个时间值作为完成活动需要的时间;二是"三点时间估计法",在未知的和难以估计的因素较多的条件下,对活动估计 3 种时间:乐观时间(在顺利情况下,完成活动所需的最少时间,常用符号 a 表示)、最可能时间(在正常情况下,完成活动所需的时间,常用符号 m 表示)、悲观时间(在不顺利情况下,完成活动所需的最多时间,常用符号 b 表示),并按以下公式计算活动时间:

$$T = (a + 4m + b)/6$$

④ 最早/晚开始时间与结束时间。活动的最早结束时间=活动最早开始时间+活动持续时间;活动的最早开始时间=所有前导活动最早结束时间中最晚的一个;最早开始时间和最早结束时间要从初始活动开始逐次向后计算;项目最后一个活动的最早结束时间也是项目的结束时间,同时也是该活动的最晚结束时间。从项目的最后活动逐次向前计算,活动的最晚开始时间等于活动的最晚结束时间减去持续时间;最晚结束时间等于所有

后继活动最晚开始时间中最早的一个。活动的最晚开始时间和最早开始时间的差值就是其缓冲时间。在 PERT 图的关键路径中，各活动的缓冲时间均为 0。

⑤ 网络优化。对给定的软件项目绘制网络图，即可得到一个初始的进度计划方案。但通常还要对此方案进行调整和完善，确定最优计划方案。时间优化可采取技术措施，缩短关键活动的持续时间；或采取组织措施，充分利用非关键活动的总时差，合理调配技术力量及人、财、物等资源，缩短关键活动的持续时间。时间-费用综合优化研究可使项目交付时间短、费用少；或在保证既定交付时间的条件下，所需费用最少；或在限制费用的条件下，交付时间最短。在进行时间-费用优化时，需要计算在采取各种技术组织措施后，项目不同的交付时间所对应的总费用。使项目费用最低的交付时间称为**最低成本日程**。编制网络计划，无论是以降低费用为主要目标，或以尽量缩短项目交付时间为主要目标，都要计算最低成本日程，从而提出时间-费用的优化方案。网络优化的思路与方法应贯穿网络计划的编制、调整与执行的全过程。

讨论思考

(1) 怎样进行软件项目的进度估算?

(2) 软件项目的进度安排包括哪些方面?

(3) 甘特图的用法及绘制步骤有哪些?

8.4 软件项目的过程管理

软件项目管理的实施主要是指对软件项目管理主体内容的具体执行过程。为了完成软件项目计划，需要进行认真执行落实与实施。在项目实施中的关键是对软件项目的过程管理，主要包括软件项目的需求管理、质量管理、配置管理和风险管理等。

8.4.1 软件项目需求管理

(1) 软件项目需求管理的内容。**软件项目需求管理**是指软件需求分析阶段，与需求获取相关的组织、记录、跟踪、查找项目需求开发及变更过程和结果等活动，使客户和项目团队在需求上保持一致。由于软件项目的多数失败是由于需求问题导致的，因此，软件项目的需求管理对项目的成功极为重要。主要包括对需求开发过程的管理、需求开发提交物的管理和需求变更管理等方面。通常，软件项目的需求开发过程，需要经历需求获取、需求分析、需求规格编写、需求验证 4 个往复确认的阶段。软件需求过程管理对整个软件工程作用极为关键，与其他过程的关系如图 8-7 所示。

(2) 需求过程管理。需求获取的**主要目的**是从宏观上认定并把握用户的具体需求和趋势，深入调研分析现有的组织架构、业务流程、系统环境等，从而捕获、开发和修订用户的需求等。需求分析包括提炼、分析和仔细审查已收集到的需求，为最终用户所看到的系统建立一个概念模型，以确保所有的风险承担者都明白其含义并找出其中的错误、遗漏或其他不足的地方。分析员通过评价来确定是否所有的需求和文档都达到要求。通常，分析用户需求与获取需求并行进行，主要以建立图表模型的方式描述用户的需求，为客户和

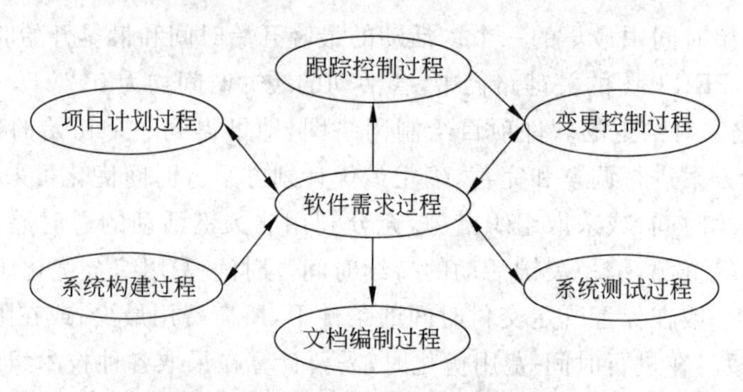

图 8-7　软件需求过程与其他过程的关系

不同参与方提供一个交流的渠道。软件需求规格说明阐述一个软件系统必须提供的功能、性能等所要考虑的限制条件,应尽可能完整地描述系统预期的外部行为和用户可视化行为。文档的编制是为了使用户和开发者对软件的初始规定有一个共同的理解,成为整个开发工作的基础。任何所期望的功能等需求未写入需求规格说明,则将不能作为合同或协议的一部分且不能在产品中出现。需求验证是为了确保需求说明准确、无二义性并完整地表达系统功能以及必要的质量特性。经过验证的需求规格说明得到用户认可后并签字,以确定需求通过验证。在项目设计前验证需求可极大减少项目后期的返工。需求验证由客户代表和开发人员共同参与,对提交后的需求规格说明进行验证,分析需求的正确性、完整性及可行性等。项目设计与实现都以所获取的用户需求为重要基础、依据和目标,程序员根据需求编写用户手册,质量管理人员根据需求确定合格标准,测试人员根据需求设计测试用例。

(3) 需求变更管理。在软件项目开发过程中,由于业务、技术和运行环境等因素的变化,需求变更在所难免,所以先应确定需求变更控制过程并建立需求变更控制组织机构,然后对每一需求变更的请求进行需求变更影响分析并决策,还要建立需求基准版本和需求控制版本文档,维护需求变更的历史记录,跟踪每项需求的状态及所有受需求变更影响的工作产品并衡量需求稳定性。随着软件系统广度以及复杂程度的增加,传统手工管理方法越来越不能满足软件需求管理的要求。市场上出现了许多的商业需求管理工具。这些工具可简化需求分析管理的过程,促进项目开发组成员的交流,最终提高软件需求管理的效率和质量。

8.4.2　软件项目质量管理

软件质量是研发企业或机构的根本和生命线,优良的质量和服务才能拥有更强的市场竞争力。一旦出现软件质量问题,轻者需要更大的投入弥补,重者造成极为重大损失,以往很多沉痛教训应以为戒。

1. 质量管理主要内容

软件质量是指与软件产品满足各种需求(包括隐含需求)的能力相关特征的总和。

质量管理**主要内容**包括 3 个过程:质量计划制订、质量保证和质量控制。例如,Web 系统及应用 WebApp 的质量管理内容如图 8-8 所示。

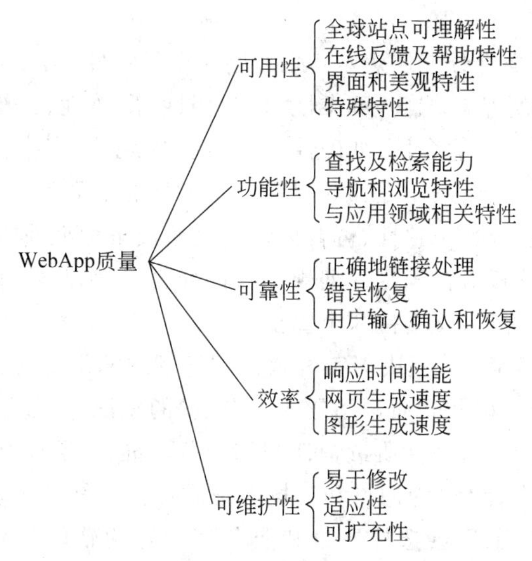

图 8-8　WebApp 的质量管理内容

(1) 质量计划。质量计划是质量管理(质量计划编制、质量保证和质量控制)的第一过程域,主要确定项目的范围、中间及最终产品,明确这些产品的相关规定、标准,确定可能影响产品质量的技术要点,并找出可确保高效满足相关规定、标准的过程方法,描述完成其产品前所应进行的软件质量保证活动。质量计划还应确定需要监控的关键元素,设置合理的见证点、停工待检点,并制定质量目标。编制质量计划需要参考质量手册、产品描述、质量体系和以往统计数据,通过收益、成本分析和流程设计等工具制定实施方略,其内容全面反应客户的需求,为质量员有效工作提供指南,为项目相关人员在项目中实施质量保证和控制提供依据,为实施质量管理奠定基础。

(2) 质量保证。质量保证是贯穿整个项目全生命周期的有计划和有系统的活动,经常性地针对整个项目质量计划的执行情况进行评估、检查与改进等工作,向管理者、顾客或其他方提供信任,确保项目质量与计划保持一致。

(3) 质量控制。质量控制是对阶段性的成果进行测试及验证,为质量保证提供参考依据,并为提高项目质量及时进行优化及调整。

在软件实施项目中,质量保证对应于技术评审与过程检查,质量控制对应于软件测试等工作,全面软件质量管理模型:制订质量计划→缺陷跟踪→技术评审→软件测试→过程检查→软件过程改进,即提高软件技术水平和规范化水平。

2. 项目质量管理的标准及原则

在软件项目实施过程中,由于受到片面追求项目效益进度和成本两大主要因素的影响,一些 IT 企业只顾短期利益,重效益进度及成本,轻质量管理的问题时有发生,致使软件质量管理与产品开发差别很大。要想彻底解决质量问题,最根本的办法是从源头做起:从项目开始就重视产品质量,并认识到质量、进度、成本相辅相成,绝不可忽略任何一项。过分重视质量,必然会耽误进度、加大成本投入,甚至会失去市场机会;过分抢进度、节约成本又会降低质量,将会严重影响企业信誉并丧失软件市场。CMM 软件能力成熟度模型在9.2节中介绍。

软件项目的**质量标准**可分三层表示：第一层为质量特性，第二层为质量子特性，第三层称为度量。质量特性包括功能性、可靠性、易使用性、高效性、可维护性、可移植性6个方面，质量子特性有21项：适合性、准确性、互用性、依从性、安全性、成熟性、容错性、可恢复性、可理解性、易学习性、操作性、时间特性、资源特性、可分析性、可变更性、稳定性、可测试性、适应性、可安装性、一致性、可替换性。这些质量标准通常在项目的质量计划中指定，若这些质量特性及其组合满足计划规定的标准要求，则此软件产品的质量就高。

搞好软件项目质量管理，应坚持3个**重要原则**。

(1) 牢固树立质量意识，并坚决落实。软件质量管理的重要性已经逐渐被IT企业认可，牢固树立“质量高于一切”和“质量问题人人有责”的意识，关键是要落实到具体的项目整个研发过程和每个环节中，坚持质量责任制和规范标准，专兼职结合、层层把关。

(2) 坚持用户至上的宗旨，为用户和市场严把质量关。软件产业的开始发展，已经成为客户的买方市场，客户永远会选择质量和服务都良好的软件产品。为此，必须尊重客户、重视市场需求，把客户真正放在“上帝”的位置上，严把质量关。

(3) 建立规范的质量保证体系，逐步使软件开发进入良性循环状态。一定要建立规范的质量保证体系，同时将规范体系进行认真贯彻落实。切忌急功近利、急于求成。

3. 项目质量管理方法

中国软件企业实施项目的现状：竞争大、工期短、任务重、利润低。难以对所有项目经常进行全面、深入、细致的质量管理，只能根据每个项目的实际要求程度、进度和成本等具体情况进行合理安排，在具体实施中，在确保关键目标的情况下最大限度地提高质量。

在全面软件质量管理模型中，质量管理有三大类：技术评审、过程检查、软件测试，项目实施中的软件质量管理主要围绕这三方面开展。由于一些项目实施中无专门质检员，则应更多地组织技术评审和过程检查，并由软件测试人员承担一些质量保证工作。

(1) 项目实施中的技术评审。技术评审可将一些软件缺陷消灭在编码之前，特别是一些需求分析、架构设计方面的缺陷。在项目实施中，为了节省时间应优先对一些重要环节进行技术评审，这些环节主要有项目计划、需求分析、软件架构设计、数据库逻辑设计、系统概要设计等。在时间和资源允许情况下，可适当增加评审内容及具体事项。技术评审内容、重点及方式如表8-4所示。

表8-4 项目实施中技术评审

评审内容	评审重点与意义	评审方式
项目计划	重点评审进度安排是否合理，否则进度安排将失去意义	整个团队相关核心人员共同进行讨论、确认
架构设计	架构决定了系统的技术选型、部署方式、系统支撑并发用户数量等诸多方面，这些都是评审重点	邀请客户代表、领域专家进行较正式地评审
数据库设计	主要是数据库的逻辑设计，这些既影响程序设计，也影响未来数据库的性能表现。	进行非正式评审，在数据库设计完成后，可将结果发给相关技术人员，进行“头脑风暴”方式的评审

续表

评审内容	评审重点与意义	评审方式
系统概要设计	重点是系统接口的设计。接口设计得合理，可以大大节省时间，尽量避免很多返工。	设计完成后，相关技术人员一起开会讨论
⋮	⋮	⋮

(2) 项目实施中的过程检查。在软件项目实施中，容易出现项目延期问题，因此项目实施中的过程检查重点是“进度检查”。在实际工作中，很多项目都是启动一段时间后就开始不停地加班，使整个团队处于长期疲惫状态，导致工作效率低下，忽略质量及项目计划。对此，最好是不断地检查项目计划与实际进度是否存在偏差，若存在偏差则应及时找出根源并消除，以免问题不断放大。质量目标是项目在质量方面所追求的、可测量的目的。质量管理主要监控分布在项目开发不同阶段的关键事项。

(3) 项目实施中的软件测试。软件测试在项目质量管理中工作量最大。由于项目实施中的不规范和疏忽等，都需要通过软件测试把好最后关口。软件测试侧重以下4项工作。

① 测试用例设计。在软件测试中，设计测试用例很关键，应根据计划及进度及侧重点，优先设计核心应用模块或主要业务相关的测试用例，基本目标是列出测试重点，如同“测试大纲”，并对测试起指导作用。

② 功能测试。软件应先从功能上满足用户需求，所以，功能测试是质量管理工作中的重中之重。功能测试在产品试运行前一定要认真完成，若“让用户执行测试”，后果很严重。

③ 性能测试。经常容易被忽略，应充分认识到运行较慢的软件用户仍难以接受。可根据用户对软件性能的具体需求进行测试，系统软件和银行、电信等特殊行业的应用软件对性能要求较高，应尽早进行，更易于早解决问题。

④ 缺陷管理。缺陷跟踪与管理工作也常被忽略或遗忘，直到客户发现。在项目实施中应利用一些工具进行缺陷管理与跟踪，保证任何缺陷都能得到妥善的解决。

项目质量管理工作非常复杂，存在很多难以控制的因素，如人为因素、测试环境及工具与技术方法等。在项目实施中，更好地利用现有资源尽可能地提高质量。

8.4.3 软件配置管理

软件配置管理(Software Configuration Management，SCM)是对产品进行标志、存储和控制，以维护其完整性、可追溯性及正确性而为软件开发提供的一套管理办法和活动原则。在软件项目实施过程中，由于项目庞杂且业务、技术、规模等变化，管理不当就会出现以下问题：开发人员未经审批修改代码或文档；人员跳槽易造成企业的软件核心技术泄密；找不到某个文件的历史版本或无法重新编译某个历史版本，维护工作十分困难；软件系统复杂、动态因素多等特性无法按期完成，而影响整个项目的进度或导致项目失败；曾经解决的缺陷在新版本中又再现错误；开发团队，特别是分处异地的开发团队难于协同或交流，可能造成部分工作重叠或不一致，并导致系统集成难。软件配置管理可较好地解决这些问题。**软件配置管理要素**如下。

(1) 软件配置项。软件配置项是指软件配置管理的对象。一个软件配置项是一个特定的、可文档化的工作产品集,其产品由生存期产生或使用,每个项目的配置项可能有所不同。表 8-5 列出了一些可以作为软件项目配置的配置项。

表 8-5　软件配置项的分类、特征和举例

分类	特　征	举　例
环境类	软件开发环境及软件维护环境	编译器、操作系统、编辑器、数据库管理系统、开发工具(如测试工具)、项目管理工具、文档编辑工具
定义类	需求分析及定义阶段完成后得到的工作产品	需求规格说明书、项目开发计划、设计标准或设计准则、验收测试计划
设计类	设计阶段结束后得到的产品	系统设计规格说明、程序规格说明、数据库设计、编码标准、用户界面标准、测试标准、系统测试计划、用户手册
编码类	编码及单元测试后得到的工作产品	源代码、目标码、单元测试数据及单元测试结果
测试类	系统测试完成后的工作产品	系统测试数据、系统测试结果、操作手册、安装手册
维护类	进入维护阶段以后产生的工作产品	以上任何需要变更的软件配置项

(2) 基线。对已正式通过复审和批准的规格说明,可作为进一步开发的基础,且只能通过正式的变化控制过程改变。软件开发过程中,需求分析、设计、测试都应在完成时建立基线,由于基线定义可将软件开发中所有需加以控制的配置项分为基线配置项和非基线配置项两类。**常用的 3 种基线**是功能基线、分配基线和产品基线。**功能基线**指在软件需求分析和定义阶段结束时,经正式评审且批准的软件设计规格说明中对被开发软件的规格说明;经项目委托和承办单位签字同意的协议书或合同中,所规定的对被开发软件的规格说明;由下级申请经上级同意或直接由上级下达的项目任务书中,所规定的软件规格说明。**分配基线**是指在软件需求分析阶段结束时,经正式评审和批准的软件需求规格说明。**产品基线**是指在软件组装与系统测试阶段结束时,经正式评审和批准的有关所开发软件的全部配置项的规格说明。

(3) 配置管理机构。**软件配置管理委员会**(Software Configuration Control Board,SCCB)是实现有序、及时和正确处理软件配置项的基本机构,主要负责评估变更、批准变更申请、在生存期内规范变更申请流程、对变更进行反馈和与项目管理层沟通。对于一个新的变更申请,先应依据配置项和基线,将相关的配置项分配给 SCCB,由其根据技术、逻辑、策略、经济的和组织的角度,以及基线的层次,评估基线的变更对项目的影响,并决定是否变更。

配置管理的基本过程包括配置管理计划、配置项标志及跟踪、配置管理环境的建立、基线变更管理和配置状态统计等。通常,配置管理至少要包括配置管理计划、配置项标志、配置项控制、状态状况报告和配置项审核 5 项活动。其中,配置管理计划是进行配置活动的基础,制订切实可行的配置管理计划是配置成功的重要保证措施之一。配置项标志包括识别相关信息的需求(如配置管理的目的、范围、目标、策略和程序);与配置项所有者一起识别和标志配置项、有效的文档、版本及相互关系以及在配置管理数据库中记录配置项。配置项控制建立程序和文档标准,以确保只有被授权及可辨别的记录和可追溯的历史记录才有效。状况报告记录并报告配置项和修改请求的状态,收集关于产品构件的重要统计信息,主要是为了确保数据的永久状态。配置项审核对配置管理数据库中记录的配置项进行审验,确认产品的完整性并维护构件间的一致性。

在典型的软件项目中,配置管理组织一般包括项目经理、软件配置控制委员会、软件配置小组和开发人员等。各组织机构的职责如表 8-6 所示。

表 8-6. 配置管理组织职责

组织机构	责任	职责
项目经理	负责整个软件项目的研发活动,根据 SCCB 的建议,批准配置管理的各项活动并控制它们的进程	• 制定和修改项目的组织结构和配置管理策略 • 批准、发布配置管理计划 • 决定项目起始基线和开发里程碑 • 接收并审阅 SCCB 的报告
软件配置控制委员会(SCCB)	管理软件基线,承担变更控制的所有责任	• 授权建立软件基线和标志配置/配置单元 • 代表项目经理和受基线影响的质量保证组、配置管理组、工程组、系统测试组、合同管理组、文档支持组等小组的利益 • 审查和审定对软件基线的更改 • 审定由软件基线数据库中生产的产品和报告
软件配置小组(SCM 小组)	负责协调和实施项目	• 创建和管理项目的软件基线库 • 制定、维护和发布 SCM 计划、标准和规程 • 标志置于配置管理下的软件工作产品集合 • 管理软件基线的库的使用 • 更新软件基线 • 生成基于软件基线的产品 • 记录 SCM 活动 • 生成和发布 SCM 报告
开发人员	负责开发任务	• 根据组织内确定的软件配置管理计划和相关规定,按照软件配置管理工具的使用模型来完成开发任务

配置管理的工具分为 3 个级别:第一个级别为入门级工具,仅有版本控制功能;第二个级别为项目级配置管理工具,在版本管理的基础上增加变更控制、状态统计的功能;第三个级别为企业级配置管理工具,在项目级配置管理的基础上又增加了过程管理功能。在建立配置管理实施方案时,一定应根据各自的管理需要,选择合适的工具,构建一个最适合的管理平台。

8.4.4 软件项目风险管理

软件项目风险管理是指对软件项目可能出现的风险,进行识别、评估、预防、监控的过程。其目的是通过风险识别、风险分析和风险评价认识项目的风险,并在此基础上利用各种措施、管理方法、技术和手段对其风险进行有效的处理与控制,及时解决风险事件及后果,以最小的成本保证项目总体目标的实现。软件项目风险随条件和因素而动态变化,通过改变、选择、控制与风险密切相关的条件及因素可避免或降低风险。用户需求、开发技术、运行环境和其他有关因素的改变,交付时间、总体成本、研发人员、软件质量、选用技术方法与工具等,有关风险在开发过程中都不可避免。软件项目的风险管理是按照风险计划对项目进行全过程的管理,主要包括风险识别、风险估算、风险评价、风险处理与监督。

1. 风险识别

进行风险管理的首要任务是进行风险识别(辨识)。**风险识别**是寻找可能影响项目的风险和确认风险特性的过程。风险的基本性质有客观性、不确定性、不利性、可变性、相对性和风险与利益的对称性。风险识别的**任务**是:辨识或预测项目面临的风险,揭示风险和风险来源,以文档及数据库的形式记录风险,设法避免或处理风险。需要识别内在风险及外在风险。为了识别特定性风险,应检查项目计划(预算、进度、资源分配)及软件范围说明,分析可能是影响因素的项目特性。从范围上,风险分为项目风险、技术风险和商业风险 3 种,其**特点**如下。

(1) 项目风险。项目风险是指可能出现的预算、进度、人力(人员及组织)、资源、客户、需求等方面问题,以及对软件项目的影响。威胁着项目计划及实施,有可能拖延项目进度,增加项目的成本。项目风险的因素还包括项目的复杂性、规模、结构的不确定性。

(2) 技术风险。技术风险包括可能出现的设计、实现、接口、验证和维护等方面的问题。而且,规约的二义性、技术的不确定性、超新技术及方法的采用也是风险因素。主要威胁着开发项目的质量、进度、实施、成本和交付。

(3) 商业风险。商业风险主要指与市场、商业和预算等有关的风险。主要威胁开发项目的生存及发展能力。危及项目产品及企业影响。**主要的商业风险**,包括 5 个方面。

① 市场风险。开发了一个无人真正需要的优秀软件产品或系统。

② 策略风险。开发的产品不再符合公司的整体商业策略。

③ 营销风险。销售部门不知道如何去推销这种软件产品。

④ 管理风险。由于重点的转移或人员的变动而失去了高级管理层的支持。

⑤ 预算风险。没有得到预算或人力上的保证。

其中,有些风险是可以预料的,有些很难预料。为了帮助全面了解软件开发过程中存在的风险,Boehm 建议设计并使用各类风险检测表标识各种风险。**人员配备风险检测表**内容如下。

a. 投入研发的人员是最优秀的吗?

b. 按技术特点对人员做了合理的组合吗?

c. 投入的人员足够吗?

d. 研发人员能够自始至终参加软件开发吗?

e. 研发人员能够集中全部精力投入软件开发吗?

f. 研发人员对自己的工作有正确的目标吗?

g. 项目的成员接受过必要的培训吗?

h. 研发人员的流动能保证项目的连续性吗?

上述问题可以选用 0～5 来回答。完全肯定取值 0,完全否定取值 5,中间情况分别取值 1～4。值越大表示风险越大。人员配备风险检测表可用于估算人的因素对软件项目带来的风险。

风险识别的输入是软件项目的任务分配结构 WBS、任务分配表(Statement Of Work,SOW)、项目相关信息、项目计划假设、历史项目数据,其他项目经验文件、评审报告、公司目标等。风险识别输出是风险列表。风险识别的常用方法有风险条目检查表、Delphi 法、情景分析法、会议法等。

2. 风险估算

风险估算也称为风险预测,主要从风险发生的可能性(概率)和风险发生所产生的后果两个方面评估风险。通常进行 4 项**风险预测工作**。

(1) 建立一个尺度或标准来反映风险发生的可能性。

(2) 描述风险的后果及可能范围。

(3) 估算风险对项目及产品的影响。

(4) 指明风险预测的整体精确度,以免产生误解。

通常,以风险检测表度量各种风险。尺度定义可用布尔值、定性或定量的方式。一种方法是使用定量的概率尺度,其值分别为极罕见的、罕见的、普通的、可能的、极可能的。可估计风险出现的概率(如概率为 90%,即极可能的风险)。还可将多个开发人员对某个项目的风险估计进行平均后作为评估结果。之后,根据已掌握的风险对项目的影响系数,给风险加权,并将它们安排到一个优先队列中。风险造成影响的因素有 3 种:风险的表现、风险的范围和风险的时间。风险的表现指风险可能带来的问题。风险的范围则组合了风险的严重性(严重的程度)与其总的分布(对项目的影响多大,对用户的损害多大)。风险的时间则考虑风险的影响开始时间及持续时间。

3. 风险评价及计划

在风险评价分析中,经常使用三元组$[r_i, l_i, x_i]$描述风险。其中 r_i表示风险,l_i表示风险发生的概率,x_i表示风险产生的影响,$i=1,2,\cdots,m$,i 是风险序号,表示软件项目共有 m 种风险。软件开发过程中,由于性能下降、成本超支或进度延迟,都会导致项目被迫停止,所以,多数软件项目的风险分析都需要给出相互关联的性能、成本、进度这 3 种典型的风险参考量。当软件项目的风险参考量达到或超过某一临界点时,软件项目就可能被迫终止。性能下降、成本超支或进度延迟等还可构成一些风险组合。如项目投入成本的增长应与进度相匹配,当项目投入的成本与项目拖延的时间超过某一临界点时,项目也应终止进行。

风险影响及风险概率从风险管理的角度看,起着不同的作用。一个具有高影响但发生概率很低的风险因素不应花费太多的管理时间。而高影响且发生概率为中到高的风险,以及低影响但高概率的风险,应该首先考虑。

风险计划是设计如何进行风险管理活动的过程,实际是一个风险管理方案(预案)。包括界定项目组织及成员风险管理的行动方案,选择合适的风险管理方法,确定风险判断的依据。降低风险的主要策略是回避风险、转移风险、损失控制和承担风险。回避风险也称为替代战略。排除特定风险常依靠排除风险根源。转移风险是有意识地将损失或相关的财务后果转嫁给保险机构/分包商等承担。损失控制指风险发生前消除风险可能发生的根源并减少风险事件的概率,在风险事件发生后减少损失的程度。承担风险是一种由项目组织承担损失的措施。在整个项目实施中都应将管理风险的程序记录在方案中。除了记录风险识别和量化程序的结果,还应记录包括:处理风险负责人,如何保留初步风险识别和风险量化的输出项,预防性计划如何实施。

4. 风险处理和监控

风险分析的目的是建立应对处理及监控风险的策略。一个有效的策略必须考虑3个问题:风险避免、风险监控、风险管理及意外事件计划(预案)。风险处理是指利用某些技术,如原型化、软件自动化、软件心理学、可靠性功能学,以及某些项目管理方法等设法避免或转移风险。与每一风险相关的三元组(风险描述、风险发生概率、风险影响)是建立风险应对处理及避免或消除步骤的重要基础。

软件项目组若对风险采取主动的方法,则避免风险永远是最好的策略,可以通过建立一个风险缓解计划达到。例如,频繁的人员流动被确定为一个项目风险 r_i,基于以往的历史和管理经验,人员流动的概率 l_i 为70%(相当高),而风险影响 x_i 的估计值如下。

项目开发时间若增加15%,则总成本将增加12%。可见高的流动率对于项目成本及进度有严重影响。为了缓解此风险,必须建立一种策略降低人员流动。**采取的策略**如下。

(1) 深入调研研发人员流动的原因(如工作条件、报酬、竞争等)。

(2) 项目开始前,针对上述原因制定措施并列入已拟订的应对处理计划中。

(3) 项目启动后,做好研发人员流动的准备,采取措施保证工作的连续性。

(4) 对项目进行有效组织,使研发人员都了解有关研发活动的信息。

(5) 制定文档标准,并建立相应的机制以确保文档的及时建立。

(6) 对所有工作进行详细评审,使得更多的研发人员熟悉该项工作。

(7) 对于每个关键的研发人员,都应培养一个后备人员。

在项目实施过程中,认真做好风险监控。时刻监控风险过程及主要风险因素,及时掌握风险正在变高/低的信息。主要监控五项因素:项目组成员对项目压力的一般态度;项目组的凝聚力,沟通交流情况;项目组成员彼此之间的关系及和谐程度;与报酬和利益相关的潜在问题及影响;项目组成员在公司外兼职工作的可能性。

项目管理者还应监控风险缓解步骤有效执行情况。例如,风险缓解步骤要求"制定文档的标准,并建立相应的机制以确保文档能被及时建立"。

关键的研发人员若离开项目组,属于保证工作连续性的机制。项目管理者应该仔细地监控这些文档,以保证文档内容正确,当新员工加入该项目时,能提供必要的信息。这些风险处理步骤带来额外的项目成本,可对风险处理带来的成本/效益进行分析。

实际上,整个软件项目风险的80%,即可能导致项目失败的80%潜在的因素,可由仅具有最高项目优先级的20%已识别风险来说明。因此,对某些不属于关键的风险可进行识别、估算、评价,但不必写入风险应对处理计划。风险处理步骤要写进风险应对处理与监控计划中。此计划记述了风险分析的全部工作,并作为整个项目计划的一部分为项目管理人员所使用。制订出风险处理和监控计划,且项目已开始实施,风险监控随即展开。

风险监控是一种项目追踪活动，项目中所发生的问题基本上总能追踪到许多风险事项。风险监控的另一项任务是要将"责任"分配到项目中去。风险分析需要占用许多有效的项目计划工作量并增大成本，但为避免或减少更大损失却很值得。在风险管理过程中常借助一些工具和方法，常用的工具和方法如表8-7所示。

表8-7 风险管理过程中常用的工具和方法

风险管理步骤	所使用的工具、方法
风险识别	头脑风暴法、面谈、Delphi法、核对表、SWOT技术
风险量化	风险因子计算、PERT估计、决策树分析、风险模拟
风险应对计划制订	回避、转移、缓和、接受
风险监控	核对表、定期项目评估、挣值分析

讨论思考

(1) 软件项目需求管理的内容有哪些？

(2) 软件项目质量管理的内容及标准是什么？

(3) 软件项目配置管理主要包括哪些活动和过程？

(4) 如何进行软件项目风险评价和计划？

8.5 软件项目监控与验收

软件项目监控是对项目实施情况进行跟踪、度量、检查评审并与目标对比和调控的过程。监控需要跟踪项目实施的全过程，并及时反馈与调控。软件项目的收尾是对项目执行后期的验收、提交文档和总结等工作。

8.5.1 软件项目监控过程

在项目执行过程通常通过设置偏差的警戒线和底线的方法来控制项目，警戒线和底线可以以时间和阶段成果为标志。到达警戒线后应该执行应急措施，警戒线以上应该设置必要的解决或缓解问题的活动。底线本身是一种预测，预测可能的拖延时间。建立偏差的准则要因项目而异，对于风险高、有很大不确定性的项目，接受偏差的准则应高些。**项目监控的基本过程**如下。

(1) 建立软件项目监控标准。

(2) 建立项目监控和报告体系，确定监控数据。

(3) 收集、度量和分析执行结果，并与计划比较，同时对项目发展进行估算和决策。

(4) 当结果超过警戒线时调整项目，必要时修正计划或终止项目。

(5) 控制反馈，如果修正计划，应该通知有关人员和部门。

基准计划是优化后并批准的计划，是项目实施考核的依据。项目监控是对项目所有过程进行监控，包括规模、进度、成本、质量、风险等环节。为了跟踪项目的进展，必须建立相应的报告系统。建立项目报告体系的首要任务是项目信息跟踪采集。要根据项目计划中规定的跟踪频率和步骤对项目管理、技术开发和质量保证活动进行跟踪采集。从跟踪采集过程看,首先要建立采集对象,例如,变更、范围、进度、成本、资源、风险等;跟踪采集的外部对象包括法律法规、市场价格、外汇牌价等。一般要根据项目的具体情况选择采集对象。如果项目比较小,可以集中在进度、成本、资源、质量等内部因素。当项目比较大时,才考虑外部因素。项目经理根据采集的项目数据进行分析,以保证项目按照计划实施。项目监控的工作量应该合理适度,否则会占有过多的资源和成本。对于小项目,项目经理可完成其中的大部分工作;但对于大型项目,往往需要指定相关的人员协助项目经理完成。

8.5.2 软件项目监控内容及方法

软件项目监控包括范围监控、进度监控、成本监控、质量监控和风险监控等。

1. 软件项目范围的监控

项目跟踪是项目控制的前提和条件,项目监制是项目跟踪的目的和服务对象。项目范围的跟踪,输入是软件项目的计划、实际执行过程中的范围和控制标准。在项目范围控制过程中,通过与计划的需求规格比较,范围若有变化,出现增加/修改/删除部分需求范围问题,就应通过范围变更控制系统实现变更,以保证项目范围在可接受的范围内进行。在监控范围变更时,应避免出现范围蔓延(Scope Creeping)和镀金(Gold-plating)。前者是指在客户要求下,没经过正常的范围变更规程(见图 8-9)要求而致使项目范围扩大。后者指在范围定义的工作内容以外,主动增加的额外工作,这些扩大或额外工作不能得到经济补偿,却要承担风险。

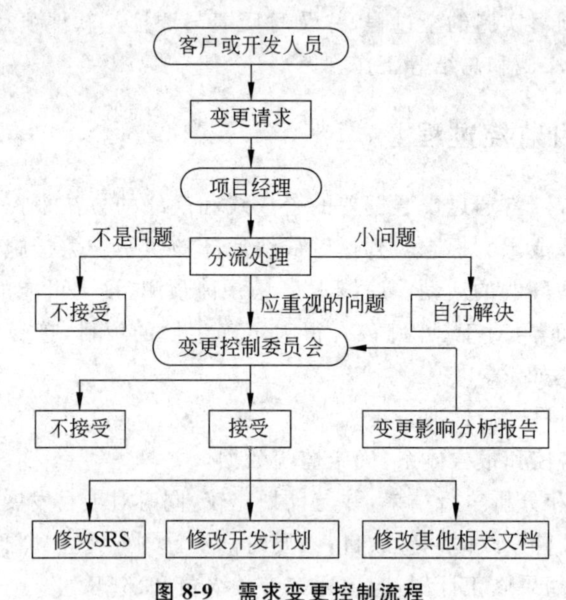

图 8-9 需求变更控制流程

2. 软件项目进度成本和资源的监控方法

进度、成本和资源是项目监控的重要内容。通过跟踪采集的进度、成本、资源等数据，与原基准计划进行比较，对项目的进展情况进行分析、估算和控制，以保证项目在可控的进度、成本、资源内实施。常用的方法有图解控制法、挣值分析法等。

① 图解控制法。图解控制法是利用表示进度的甘特图、表示成本的累计费用曲线图和表示资源的资源载荷图，共同对项目进行分析监控的过程。甘特图可以看出计划中各项任务的开始和结束时间，还可看出计划进度和实际进度的比较结果。累计费用曲线是项目成本累计图，将项目各个阶段的费用进行累计，可得到平滑的、递增的计划成本和实际成本的曲线。资源荷载图显示项目生存期的资源消耗情况，此图围住的面积代表某段工作时间的资源消耗。

② 挣值分析法。挣值分析法也称为已获取价值分析法，是对项目进度、成本进行绩效评估的有效方法，传统的项目性能统计是将实际的值与计划的值比较，计算差值并判断差值大小。实际执行情况不一定如此简单，若实际完成的任务量超过计划，则实际花费可能会大于计划成本，却不能说成本超了。因此，应计算实际完成工作的价值，即已获取的价值，以避免只用实际值与计划值进行简单减法所产生的误解。

在安排进度时，对研发人员的要求通常是先紧后松，先有一定的紧张感，然后在实施的过程中做适度的调节，预防过度的紧张。对前阶段管理或客户的进度沟通，通常则是先松后紧，为项目留出一定的余地，然后在实施过程中紧密控制，保证进度的偏差在可控范围内。若偏差超出一定的范围，则应提出变更申请，对进度或成本等基准计划进行变更。

3. 软件项目质量的监控

在软件开发过程中，应及时跟踪项目的质量，测定质量标准，决定是否接受、返工或放弃。项目质量监控的方法包括质量度量、控制图法、趋势分析法等。质量度量主要有两类：预测型和验收型。预测型度量是在软件开发过程中，运用定量或定性方法对软件质量的评价值进行估计，以便得到软件质量较精确的估算值。而验收型度量是在软件开发各阶段的检查点，对软件的要求质量进行确认性检查的具体评价，相当于对预测型度量的一种确认，对开发过程中的预测进行评价。质量度量方法主要有两种：一种是属于定量度量的尺度度量，适用一些可直接度量的特性(如缺陷率等)；另一种是属于定性度量的二元度量，用于可间接度量的质量特性(如使用性、灵活性等)。常可制定检查表来实现质量度量。现在还难以精确地定量评价软件的质量，通常可采取由几位软件专家进行打分评价。评分时可对各阶段的质量指标列出检查表，并列出质量指标应达到的标准。再根据评分结果，对照评估指标，检查各指标特性达到质量标准的情况。控制图法是一种图形的控制方法，可显示软件质量随时间变化的情况，在此法中标识出质量控制的偏差标准。趋势分析法是指运用数字技巧，以过去成果预测未来的产品。常用于监测 3 个绩效：技术绩效，即指出或纠正的错误及缺陷；成本和进度绩效，即各阶段已完成有明显变动的活动。

4. 软件项目风险的监控

由于很难准确识别所有风险和发生的概率，所以，必须对项目风险进行监控。在项目实施中，根据情况变化，定期维护风险计划，及时更新风险清单，对风险进行调整及重新排序,并更新风险的解决方案,这些活动均应包含在项目计划中。以便经常提醒这些风险,居安思危。风险清单应向所有研发人员公开,增强风险意识,及时通报项目进展和风险信息。风险监控过程是:实施和监控风险管理计划,保证风险计划的执行,评估削减风险的有效性;并针对一个预测的风险,监视其发生情况,确保合理使用风险消除步骤。监视剩余风险并识别新的风险,收集可用于将来的风险分析信息。项目经理应及时监控按照项目计划安排的各项工作及进展情况,如配置管理、人员管理、团队的工作热情等,保证项目的顺利进行。

8.5.3 软件项目评审

对软件项目进行评审是项目监控的一个主要手段。通过项目阶段性评审,可以明确项目的执行状况,并确定管理措施。评审时,应对项目计划的实施情况进行评价,确认计划中各项任务的完成情况,重新评估风险,更新风险表,查明各项质量、配置活动情况和团队的沟通情况等,给出当前项目执行情况的结论。

1. 评审过程及种类

项目评审包括评审准备、评审过程和评审报告 3 个过程。按照评审活动的类型,可将项目评审分为 5 种:商务评审、技术评审、管理评审、质量评审和产品评审等。技术评审对象主要是规范和设计,而管理评审关注的是项目计划和报告。

2. 评审准备

评审准备主要是确定评审内容、发送评审资料和审阅评审资料的过程。评审准备要点包括评审物、评审目的、评审方式、评审规范及标准、评审议程、评审负责人、评审进入条件和完成标志,评审参加人员的姓名、角色及责任、评审地点、评审时间安排、评审争议的解决方式和评审报告分发的对象(包括人员、角色和职责)等。

3. 评审过程及目的

评审过程可以分为定期评审、阶段评审和事件评审。定期评审主要是根据项目计划和跟踪采集的数据定期对项目实施的状态进行评审,跟踪项目的实际结果和实施情况,检查任务规模合理性、项目进度保证情况、资源调配合理性、责任落实情况等。根据数据分析结果和评审情况,及时发现项目计划实施情况,评审相关责任落实情况,对于出现的问题及时采取有效措施。

阶段评审是指对计划规定的里程碑阶段点所进行的阶段性的评审。目的是检查这一重要阶段的计划实施情况,检查产品与计划的偏差,并对项目风险进行分析处理,完善、调整和细化项目计划,对下段工作进行决策及必要的修正。阶段评审通常采用会议评审形式。

事件评审是指在项目进展过程中,为及时解决出现的一些较大意外事件所进行的评审。主要根据事件报告对该事件进行评审,目的是通过分析事件性质和影响范围,讨论事件处理方案并判断该事件是否影响项目计划,必要时采取纠正措施,从而保证整个项目的顺利进行。

评审结束后需要以评审报告的形式将评审的结果进行发布。评审报告根据评审记录整理,并向有关人员报告并归档。若出现问题,就应提交一个问题跟踪列表,由项目经理关注和跟踪。

8.5.4 软件项目收尾与验收

"编筐编篓全在收口"表明软件项目收尾和验收阶段的重要性。当项目的目标已经实现或明确看到该项目的目标无法实现时,项目都应该进入收尾验收阶段。

1. 软件项目的收尾

通常,当软件项目通过最后的测试阶段后,就进入一个正式的收尾过程。项目收尾不仅是整个软件项目的结束,也是最后阶段各项工作的关键时期,完成项目最后的工作,整理并提交文档,兑现对用户及项目干系人的承诺,经过最后评审验收项目,总结经验教训并为以后项目提供重要财富。一些软件企业在经历众多项目后,容易重视项目的开始与过程,忽视项目收尾工作,这也影响了收尾阶段的工作和项目管理水平的提高。

对未能实施成功的项目收尾工作也应当予以重视,不成功项目的收尾工作比成功项目的收尾更难,也非常重要,因为这样的项目的主要价值就是项目失败的经验教训,因此要通过收尾将这些经验教训认真进行总结,以免以后项目重蹈覆辙。

项目收尾工作包括:对最终软件产品进行具体的评审验收、费用决算、形成项目档案、总结经验和教训、兑现合同及规定其他事项等。另外,对项目干系人也要开个总结表彰会并做一个合理的安排,不能简单地打发处理了之。项目收尾的形式,主要根据项目的规模和影响力决定,通常通过召开发布会、总结表彰会、评审验收会、公布绩效评估等形式来进行,明确内容和事项,注重实际效果。一些重大及特殊项目还需要对项目进行收尾审计。

2. 软件项目的验收

验收项目可以是正常完成的项目,也可能是未全部完成或失败的项目,通常为前者情况。软件项目验收是指将项目应交付的成果和文档提交给客户的过程,或是取消项目的过程,也是项目团队总结经验、吸取教训、收集整理资料和数据,以进行调整改进的过程。软件项目验收过程的完成,表明项目团队和项目利益相关者可以终止对本项目所承担的责任和义务,并按照合同或规定从项目中获取相应的权益。

软件项目验收的过程,主要包括以下4项。

① 评审项目验收计划。通常,项目验收计划包含在整个项目计划中,只是在项目即将结束时,需要评审和修订。软件项目验收计划主要包括:项目结束要达到的目标;项目结束的责任人;项目结束程序;项目结束的工作分解等。

② 项目团队验收自查。软件项目验收自查工作内容,主要包括:根据软件项目质量计划和质量标准进行软件产品的验收自查,检验产品需求指标的完成情况及完成的程度;费用决算是指对从项目开始到项目结束全过程所支付的全部费用进行核算,编制项目决算表;合同终结整理并存档;资料验收,主要检查项目过程中的所有文件是否齐全,然后进行归档。

③ 项目最终评审。软件项目的最终评审,主要包括:评审实现项目目标各项指标要

求情况,项目进度计划执行情况,预算决算成本支出情况,技术路线方式方法运用情况、过程管理及文档情况、项目实施过程中出现的突发问题及解决措施,对特殊成绩或事项的讨论和认识,回顾客户和上层技术及管理人员的评论,从该项目的实施中得到的经验和教训等事项。

④ 项目验收。根据规定组织评审验收,并办理移交手续。

⑤ 项目总结和资料归档。软件项目组研发人员应当在项目完成后,写出一个"项目总结报告",总结在项目实施中技术方法和管理的具体经验和教训,遇到的难点及解决方法,以后如何避免和改进等。认真总结成功的经验和失败的教训,为以后工作提供宝贵财富和依据。最后,应对软件项目过程文件及数据进行审定,将有用的过程数据分类放入信息库以便过程改进。

【案例 8-4】 微软公司开发出 IE 浏览器,为了在世界市场上成为主流产品,先用较短的开发周期开发出产品并推向市场,产品发布后,再根据用户的反应和竞争对手的情况推出下一个版本,这种小周期迭代开发的过程以及对整个计划方案的持续回顾,适应了不断变化的需求,保证了项目的成功开发。IE 1.0 在 1994 年推出,1996 年初推出了 IE 2.0,年末推出了 IE 3.0,1997 年推出了 IE 4.0,1999 年推出 IE 5.0,到了 2001 年 IE 6.0 推出后,市场上已经找不到强大的对手了,至此,微软公司已取得绝对胜利。

项目验收的组织构成包括项目接收方、项目开发团队和项目监理人员。由于项目类型、性质和规模的不同,项目验收的组织构成也不同,如对一般小型服务性项目,只由项目接收人验收;甚至对内部项目,只由项目经理验收。项目验收程序根据项目的规模、性质、特点不尽相同,对大型软件项目,由于验收环节较多、内容繁杂,因而验收的程序也相对复杂;对一般软件开发项目或咨询等小项目,验收也相对简单一些。软件项目验收**一般过程**如图 8-10 所示。

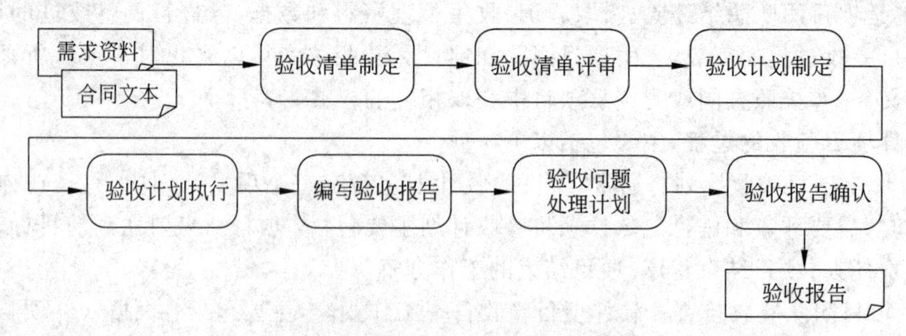

图 8-10 软件项目验收一般过程

项目验收完成后,如果验收的结果符合项目目标规定的标准、相关合同条款和法律法规,参加验收的项目团队和项目接收方人员应在事先准备好的验收文件上签字,表示接收方已正式认可并验收全部或部分阶段性成果。通常,这种认可和验收可附有条款,如软件开发项目在移交和验收时，可规定若在使用中发现软件有问题，软件使用者仍可要求该软件项目开发方协助解决。验收委员会在进行正式全部验收工作后，有关负责人应在项目验收鉴定书中签名和意见。

通常，当项目验收通过后，项目团队将项目成果的所有权交给项目接收方。项目移交完毕后，项目接收方有责任对整个项目进行管理，有权对项目成果进行使用。这时，项目团队与项目业主的项目合同关系基本结束，项目团队的任务转入对项目的支持和服务阶段。

讨论思考

(1) 为什么要对项目的执行过程进行监控?

(2) 项目收尾的主要工作有哪些?

(3) 项目验收的标准、依据及结果是什么?

8.6 实验八 软件项目管理应用

1. 实验目的

(1) 掌握项目管理软件 Microsoft Project 的操作界面。

(2) 掌握 Project 2013 的基本操作，并学会运用 Project 模板快速创建项目。

2. 实验设备及环境

(1) 实验室内每位学生一台计算机。

(2) 安装操作系统 Windows 及 Microsoft Project 2013。

3. 实验内容与步骤

(1) 使用 Project 2013 中所自带的其中一个模板，进行添加任务、删除任务、修改任务、验证任务等操作，以制订出符合本开发小组需要的计划(若原有项目计划，则进行调整、修改、补充和完善)。

(2) 使用 Project 2013 中的“项目向导”制订项目计划。

(3) 画出计划中的甘特图等图表。

(4) 写出“项目开发总结报告”，包括以下内容。

1. 引言

2. 实际开发结果

2.1 产品

2.2 主要功能和性能

2.3 基本流程

2.4 进度

2.5 费用

3. 开发工作评价

3.1 对生产效率的评价

3.2 对产品质量的评价

3.3 对技术方法的评价

3.4 出错原因的分析

4. 经验与教训

4. 实验学时

实验学时：2学时(课外增加4～6学时,用于测试工具下载及测试等)。

5. 实验结果

提交内容：

(1) 软件项目计划书,项目启动阶段已经做过项目计划,提交修改调整过的计划。

(2) 项目开发总结报告(含图表)等资料。

6. 报告内容

在上述实验的基础上,画出计划中的甘特图等图表,并按照实验内容及步骤中的具体内容及格式要求写出"项目开发总结报告"。

实验报告还要求包括本次实验的小结。

【提示】 对照上述实验目的、实验要求、实验内容、实验步骤等方面的完成情况,进行认真具体总结。

附：Project 2013应用简介

微软公司的Project 2013已成为全球公认的优秀的项目管理软件,在IT、软件开发、通信、机械制造、产品研发、设备大修、工程建设、工程设计、大型活动、房地产建设中有着广泛的应用,无论在外资企业还是国内的工程建设和IT高科技企业中,Project已经被很多企业要求员工掌握和应用的项目管理工具,学习Project不仅可以提高员工的个人项目管理能力,而且对企业业务管理效率提升和项目执行力的贯彻有很大的帮助。

(1) 项目范围管理。利用Project 2013的项目分解功能,用户可方便地对项目进行分解,并可以在任何层次上进行信息的汇总。

(2) 项目进度管理。Project 2013提供了多种进度计划管理的方法,如甘特图、日历图、网络图等,利用这些方法,可以方便地在分解的工作任务之间建立相关性,使用关键路径法计算任务和项目的开始,完成时间,自动生成关键路径,从而对项目进行更有效的管理。

Project 2013包含了项目管理中多方面重要的技术和方法,可以对整个项目的计划、进度、资源进行综合管理和协调,改善项目管理的过程,提高管理水平,最终实现项目的目标。

1. 启动或退出Project 2013

运行"开始"→"所有程序"→Microsoft Office→Microsoft Office Project 2013菜单命令,即可启动Project 2013,操作的基本工作界面如图8-11所示。

2. 使用Project 2013工具栏

启动Project后,在操作界面中菜单栏的下方会出现两个默认的工具栏：一个是"常

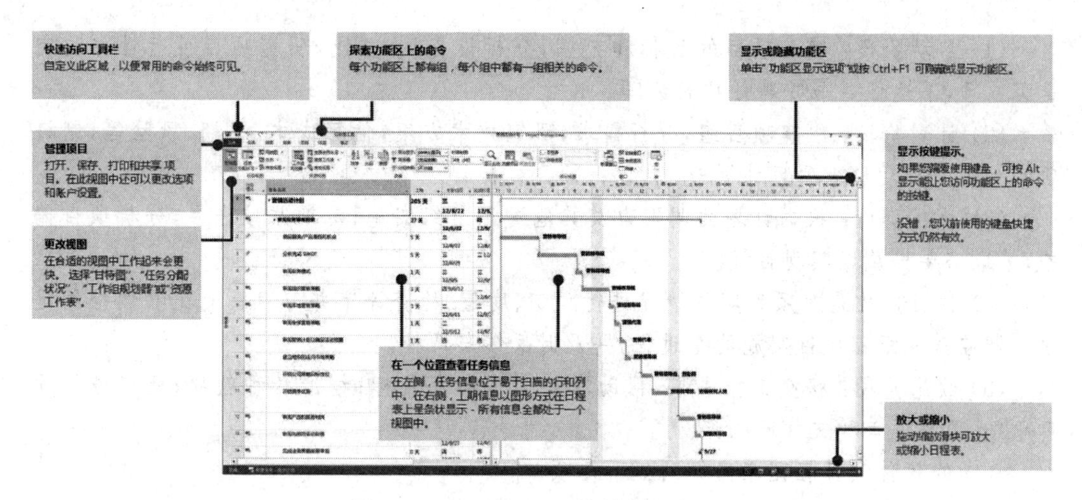

图 8-11　Project 2013 的基本工作界面

用"工具栏，另一个是"格式"工具栏。

除了"常用"工具栏和"格式"工具栏外，Project 还提供了其他几个工具栏，它们是 Visual Basic、Web、跟踪、绘图、任务窗格、协作、资源管理、自定义窗体、PERT 分析、比较项目版本、分析、欧元货币转换器、网络图和项目向导工具栏。

3. 使用 Project 2013 数据编辑栏

数据编辑栏位于屏幕的上部，"常用"工具栏的下方。单击选择单元格，插入点会自动显示在数据编辑栏中。这时可以输入新的文字或编辑已有的文字，只要在数据编辑栏文本任意位置单击即可。

4. 使用 Project 2013 任务窗格

任务窗格是 Office 应用程序中提供常用命令的窗口。任务窗格作为一个特殊工具栏，默认显示在工作窗口的左侧，其上部的弹出菜单中包括"开始工作"、"搜索结果"、"帮助"、"新建项目"和"共享工作区"5 个命令，选择不同命令，任务窗格中显示不同内容。

5. 使用 Project 2013 视图栏

因为单个视图难以显示出项目的全部信息，即很难将任务工期、任务之间的链接关系、资源配置情况、项目进度情况等方面的信息全部在一个视图中显示出来，所以 Project 提供了多种视图来显示项目信息。

视图栏共有 9 个视图图标，单击视图栏底部的向下箭头可以看到其他更多的视图。

如果视图栏没有出现，选择"视图"→"视图栏"菜单命令或者从工作区的右键快捷菜单中选择"视图栏"命令，即可显示视图栏；再次执行该命令可隐藏视图栏。

8.7 本章小结

软件项目管理对于软件工程的成败和质量至关重要。软件项目管理过程及各阶段的主要任务如下。

(1) 启动阶段：确认项目的目标和范围，分析投资/收益比，研究项目可行性并决定是否立项，下达任务书并聘任项目经理。

(2) 计划阶段：组建项目组，分析需求，研究技术方案，估算成本、工期、风险等，制订项目计划。最后形成项目计划书。

(3) 执行阶段：根据计划协调人力及其他资源组织实施；定期监控进展，分析项目偏差，采取必要措施以实现目标。

(4) 项目监控是对项目实施情况进行跟踪、度量、检查评审并与目标对比和调控的过程。监控需要跟踪项目实施的全过程，并及时反馈与调控。

(5) 收尾阶段：移交工作成果，帮助客户实现商务目标；结清各种款项；还应进行项目总结、项目评审和文件归档。

成功的软件项目管理应当做到如下几项。

(1) 具有精明强干优质高效的研发团队。

(2) 定义项目成功的标准。

(3) 制订计划并适时评估、修订和提高计划能力。

(4) 逐级分解任务。

(5) 掌控项目的质量目标、人员、成本和进度等关键要素。

(6) 尽量购买现成模块或适当的外包。

(7) 使用高效工具。

(8) 公开、公正地统计跟踪项目实施状态。

(9) 及时决策继续、调整或停止。

(10) 确定产品有限的最低发布标准。

8.8 练习与实践八

1. 填空题

(1) 项目是为了创造一个唯一的________或提供一个唯一的________而进行的________的努力。

(2) 软件项目启动过程的主要任务是确定项目的目标、________和________，并进行________分析和可行性研究，如果符合企业的________则确定立项。

(3) 软件项目估算的内容主要有软件________估算、________估算、________估算和________估算。

(4) 风险就是损失的可能性。风险具有两大属性：________和________。可能性是风险发生的________，损失是指预期与后果之间的________。

(5) 项目监控就是为了保证项目能够按照预先设定的目标发展。监控是一个________过程，项目跟踪是项目控制的________，项目控制是项目跟踪的________。

2. 选择题

(1) 项目管理通过一个__①__的、__②__的柔性组织，运用相关的知识、技术、__③__

和手段，对项目进行高效率的计划、组织、指导和__④__，以优化项目目标的实现。

可供选择的答案：

A. ①标准　②长期　③方法　④管理

B. ①临时性　②专门　③工具　④控制

C. ①长期　②专门　③方法　④管理

D. ①标准　②兼职　③数据　④设计

(2) 从管理过程角度看，软件项目管理可分为项目启动、项目__①__、项目__②__、项目__③__和项目__④__5个阶段。

可供选择的答案：

A. ①需求分析　②组织实施　③监控　④交付

B. ①计划　②组织实施　③监控　④验收

C. ①运行　②组织　③监控　④接受

D. ①设计　②实施　③监控　④运行

(3) 软件项目启动过程的主要任务是确定项目的__①__、约束和自由度，并进行__②__分析和可行性研究，如果符合企业的__③__则确定立项。立项的__④__是正式下达项目任务书。

可供选择的答案：

A. ①范围　②可行性　③利益　④决策

B. ①目标　②投资/效益　③商业目标　④标志

C. ①目标　②设计　③利益　④原则

D. ①需求　②需求　③目标　④标志

(4) 关键路径上的活动称为__①__活动。如果能够缩短关键活动所需的时间，就可以__②__项目的完工时间。而缩短__③__路径上的各个活动所需要的时间，不能使项目完工__④__提前。

可供选择的答案：

A. ①规范　②交付　③标准　④签入

B. ①规范　②交付　③非关键　④时间

C. ①关键　②缩短　③标准　④日期

D. ①关键　②缩短　③非关键　④时间

(5) 在软件项目的开发过程中必须及时跟踪项目的质量计划完成情况，测定__①__是否达到要求的__②__。通过质量跟踪的__③__来判断项目执行过程的质量情况，决定产品是否可以__④__，还是需要返工或者放弃。

可供选择的答案：

A. ①文档　②需求　③标准　④签入

B. ①质量手册　②原理　③规范　④交付

C. ①产品　②质量标准　③结果　④接受

D. ①软件　②质量　③数据　④运行

3. 简答题

(1) 软件项目计划有哪些步骤？

(2) 软件项目开发团队都有哪些角色？MSF 怎样组织开发团队？

(3) 软件需求包括哪几个层次？需求开发分哪几个阶段？

(4) 什么是过程？对软件企业而言过程有哪些好处？

(5) 什么是配置管理？简述配置管理过程。

(6) 项目验收的条件是什么？项目验收要经历哪些过程？

4. 实践题

(1) 使用多种方法估算一个软件项目的规模和工作量，分析出现差异的原因。

(2) 使用 Project 等工具，完成一个软件项目的任务分解及计划安排。

(3) 对一个软件项目进行风险评估，列举前十项风险，并提出应对方案。

CHAPTER

第9章 软件工程新技术及体系

IT技术的快速发展，形成了很多新理论、技术和方法，如面向服务的计算（Service-Oriented Computing，SOC）、云计算技术和B/C（Browser/Cloud）架构，而互联网的快速发展和数据量的爆炸性增长，催生了大数据技术。对软件开发规律认识的深化导致出现统一过程、微软过程、敏捷过程等更有效的过程模型；软件团队开发能力的改进、评价和等级划分出现了能力成熟度集成模型。现代软件工程发展形成了多种特色鲜明的软件工程体系和形式化方法等，促进了软件工程理论、技术、方法和工具的高度融合与集成。

教学目标

- 掌握软件开发新技术的概念、特点及应用。
- 掌握能力成熟度集成模型CMMI及评估方法。
- 了解常见的现代软件工程体系及形式化方法。

9.1 软件工程新技术

【案例9-1】 为解决空气质量问题，环保部门需要对环境进行监测、播报、分析污染原因并采取措施。安装传感器以采集数据，建立数据中心，开发环境数据分析软件并公布信息。为应对突发事件或环境可能会偶遇的极其严重的污染情况，数据中心的基础设施需要的性能较高，平时用不上，会造成重复开发和资源浪费。为此环保总部需要建立一个计算平台，开发环境数据分析软件并提供相应的服务；各地环保部门可按需申请相应资源，调用环境数据分析服务。此方案应用了云计算技术和面向服务的计算技术。环保部门还希望通过收集的数据对空气污染的原因进行分析、对将来的空气情况进行预测等，用到了大数据技术。

9.1.1 面向服务的计算

1. 面向服务的计算概述

以Web服务为中心的新的计算模式称为**面向服务的计算**，简称**服务计算**。构件技术使软件研发可以采用“搭积木”方式，有效缩短了软件开发周期并降低成本。由于构件依赖于开发的技术平台，不同的组织机构或部门可能采用不同的技术开发构件，部署在不同的平台上，不同构件之间无法进行有效互操作，另外，由于没有足够时间对公共基础功能进行抽象、提炼，很多开发出的公共基础功能构件与应用相关，无法在其他系统中重用，使得基于构件的“搭积木”式的快速软件生产方式难以实施。要在全球经济市场中保持足够的竞争力，现代机构必须能够随需应变，包括快速调整原有业务或推出新业务，与合作伙伴进行通力协作，信息系统能够快速集成互连互通等，在此背景下，Web 服务（Web Service）应运而生。

W3C 对 **Web 服务的定义**是：Web 服务是为支持网络环境下可互操作的机器对机器交互的软件系统。它的接口具有机器可处理的格式，特别是 Web 服务描述语言 WSDL (Web Service Description Language)，其他系统与该服务的交互通过其接口中描述的简单对象访问协议 SOAP（Simple Object Access Protocol）进行，消息的传递通常使用 HTTP，以及与其他 Web 相关标准相结合的 XML 序列化。其主要特点如下。

(1) 自描述。Web 服务使用 WSDL 描述其接口，在客户端和服务器端不需要增加额外的描述。

(2) 自包含。Web 服务包含了足以支持其执行的所有信息，在客户端不需要附加软件，只需支持 HTTP 和 XML 即可。

(3) 平台、语言独立。Web 服务不依赖于具体平台和语言。不管是 Windows 平台或 Linux 平台上的 Web 服务，其实现技术是基于.NET 还是基于 J2EE，都能相互操作。

(4) 基于开放标准。Web 服务所采用的标准都是开放的，包括 SOAP、HTTP 等。

(5) 可组合、易集成。可以把简单的 Web 服务按一定的业务逻辑组合成更大、更复杂的 Web 服务，也可以根据需要将已有的应用程序功能包装成 Web 服务并暴露出来，供其他应用程序调用，从而实现简单易行的跨平台集成。

(6) 动态性。Web 服务支持运行时的动态发现及加载，支持业务的随需应变。

(7) 松散耦合。Web 服务的接口定义是中立的，独立于底层平台及实现服务的编程语言；在服务调用层面，解耦了服务端和客户端，服务请求者无须知道服务提供者的具体实现技术细节，仅采用消息传递的方式通过标准的 Internet 协议实现调用。

(8) 良好的可重用性。由于 Web 服务是平台、语言无关的，开发好的 Web 服务，可以无障碍地重用到后续的应用程序开发中。

面向服务的计算是一种以服务为基本单元，以服务组合来快速构建(分布式)应用程序的新型计算模式。其**最主要的特点**是支持跨平台异构应用的互操作、松耦合、良好的可重用以及(动态)可组合特性，使得分布式应用系统能够快速构建、集成、协作及演化，并具有快速响应业务变化所需要的敏捷性、灵活性和可演化性。因此，服务计算被誉为标识分布式计算和信息集成领域进步的一个里程碑，其**主要用途**是：①构建需要跨平台的异构软件；②实现跨平台、异构软件间的互操作及快速集成；③以服务组合的方式支持业务敏捷性。

2. 面向服务的架构和设计原则

软件架构(Software Architecture)是软件系统的蓝图，描述构成软件系统的抽象构件及构件之间的关系。**面向服务的架构**(Service-Oriented Architecture,SOA)是采用面向服务计算模式进行软件开发的软件架构,代表了一种开放的、松耦合的、可组合的软件设计范型。IBM SOA Foundation 白皮书中对 SOA 的定义如下:SOA 是一种用于创建企业 IT 体系结构的架构风格,该架构风格利用面向服务的原则实现将业务与支持业务的信息系统更紧密地联系在一起的目标,即 IT 与业务对齐。采用 SOA 架构的优势如下。

(1) 松耦合、模块化。采用 SOA 架构的信息系统提供服务级别的封装和复用,服务之间是松散耦合的,能够更快地更新、演化,以适应业务需求的变化。

(2) 利用现有资源、易于集成。通过将现有资源(代码、构件、数据等)封装成服务的方式,可以充分利用现有资源,既可以实现基于遗留系统的新信息系统的快速构建,缩短开发时间,也可以较容易地进行现有系统的集成实现业务协作。

(3) 随需应变。业务需求发生变化时,可以通过对既有服务进行重新编排与组合,快速构建新的服务及应用系统以及时响应业务变化。

(4) 增加重用、降低成本。构建新的应用系统时,可以使用已有的服务、通过服务封装使用遗留系统,从而大大缩短应用开发时间、降低成本,有效保护遗留系统投资。

(5) 提高 IT 与业务的一致性。SOA 倡导从业务设计出发推导出信息系统设计,设计的服务与业务内容之间有明确的对应关系,当业务需求发生改变时,信息系统能够通过重新组合现有服务,进行部分服务演化或添加部分服务实现快速响应,使 IT 与业务有较好的一致性。

Web 服务是实现 SOA 中服务的最主要的技术方式,应用 Web 服务实现 SOA 的经典架构模型如图 9-1 所示。该模型包含如下 3 种参与者。

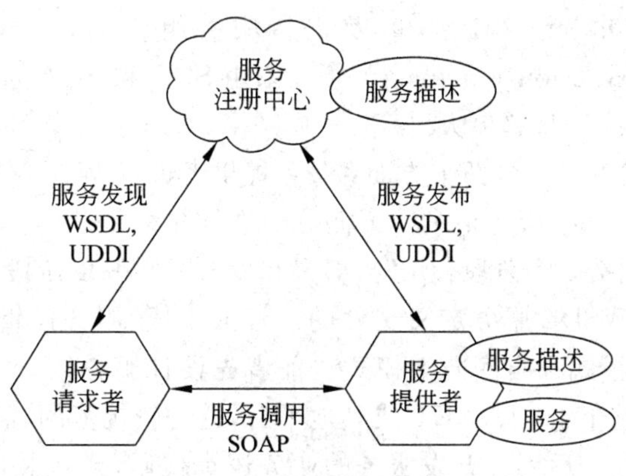

图 9-1 SOA 经典架构模型

(1) 服务提供者:负责创建服务,并发布该服务到服务注册中心,以便潜在用户发现、使用该服务。在接收到来自服务请求者的服务调用请求后,执行该服务,并返回结果。

(2) 服务注册中心:也称为服务发现代理,负责维护所有已注册服务的服务描述信息,供服务请求者进行服务查找。

(3) 服务请求者:首先通过搜索服务注册中心的服务描述信息寻找合适的服务,然后向该服务的提供者发送服务调用请求消息。

采用 SOA 架构的信息系统,其设计原则继承并发展了传统软件设计技术,主要包括如下规则。

(1) 业务和IT对齐。用以解决传统应用中IT难以不变样地实现业务需求,更难以迅速响应业务需求变化的问题。主要方法:把服务作为最核心的概念,要求设计的服务必须有明确的业务含义,并描述服务在各方面的规约,包括功能逻辑契约、运营契约和商业契约等。

(2) 在各阶段的设计和构建过程中保持灵活性。服务粒度的灵活性尤其需要斟酌。一种方法是设计抽象粗粒度的服务,通过服务实现层次的变更来适应更广泛的需求;另一种方法是设计适当粒度的服务,通过组合不同的服务来适应不同的业务需求,当然,也可通过快速的重新组合来快速响应新的业务需求或业务的变化。

(3) 松散耦合。保证IT各部分快速变更、演化的独立性。包括3个层次:服务契约上,要求接口描述采用中立、标准的语言(如WSDL),独立于具体的实现;服务调用层面上,采用开放的协议标准(如SOAP),避免使用与实现技术相关的接口进行调用,保持服务调用的平台、技术无关性;在服务实现层面上,采用隔离关注、构件化设计方法保持业务架构、技术架构中各元素的清晰边界。

3. 面向服务计算的软件开发方法

由于Web服务具备的诸多优势,很多著名厂商推出了自己的以Web服务方式发布的商业应用,如Google的Google Docs,Amazon的AWS (Amazon Web Services) 等,服务访问量呈快速递增趋势。同时,支持Web服务、SOC和SOA的编程模型也陆续诞生,如微软公司的WCF (Windows Communication Foundation),Sun公司的JAX-WS,Apache的CXF等;支持企业级SOA应用的SCA (Service Component Architecture) 和SDO (Service Data Objects) 技术,以及支持服务组合的业务流程描述语言BPEL (Business Process Execution Language) 等。采用SOC和SOA进行软件开发及访问使用Web服务的机构、人群日趋庞大。

SOC的软件开发主要包含两个方面:服务提供者进行Web服务开发并发布、服务请求者查找服务并发出Web服务请求。下面分别进行介绍。

Web服务开发包括3个阶段:开发、部署和发布。在**开发阶段**,根据业务需要进行服务设计与开发,包括WSDL服务定义文件的设计或生成、服务逻辑代码的实现。有两种开发模式:自顶向下模式和自底向上模式。前者先设计服务接口定义WSDL,再实现服务的业务逻辑,可以基于Java、.NET或其他平台,适合较规范的、需要预先定义好标准接口的场景,如服务外包。后者先开发服务的业务逻辑代码,或包装已有的应用为服务,再自动生成服务接口定义WSDL,适合企业的自主服务开发。在**部署阶段**,绑定Web服务的传输协议,确定服务的可访问终端地址 (endpoint address),生成部署文件。在**发布阶段**,将Web服务描述文件公开供潜在用户调用,可注册到服务注册中心,也可通过Web提供服务的WSDL链接。

在服务发布之后,服务请求者可以通过服务注册中心或者服务提供者本身发现该服务,并发出调用请求。通常服务请求者是个程序,比如人们日常在QQ上查看天气情况,就是QQ调用天气预报部门提供的天气预报服务返回的结果。服务调用方式可从不同的角度进行划分。

从**调用方式**看，服务调用可以分为两种：静态调用和动态调用。

从**服务组装方式**看，服务请求可以分为：①在程序中直接调用；②通过服务组合进行调用，即依据一定的业务逻辑将已有服务组合成更大粒度的组合服务(业务流程)，并使用标准的服务组合描述语言进行描述，如 BPEL，然后通过支持该描述语言的执行引擎(如 jBPM)进行解析调用。前者业务逻辑还是隐藏在代码中，而后者实现了业务逻辑与实现的分离，能更好地支持业务敏捷性，快速响应市场和业务的变化，因此服务组合是实现 SOA 的重要技术基础。在程序中直接调用服务的方式可以是静态调用或动态调用，服务组合的执行通常属于动态调用，需要在运行时解析执行定义文件中服务。

9.1.2 云计算技术

1. 云计算技术概述

随着计算机网络技术的快速发展、电子商务的普及和经济全球化，人们的工作和生活方式发生了极大改变。企业开始采用以数据中心为业务运营平台的信息服务模式，数据中心变得更为重要和复杂，信息产业本身需要更为彻底的技术变革和商业模式转型，云计算技术由此应运而生。云计算是一项里程碑式的技术，因其实现了科学技术、商业模式、社会知识的创新，云计算也称为第三次 IT 革命。

云计算的发展依赖于两个方面条件的成熟：技术变革和商业模式转型。云计算的支撑技术主要包括虚拟化技术、并行计算和分布式计算。商业模式的转型主要是将包括硬件在内的计算机资源作为服务来提供，并可按需进行购买或租用。下面分别进行介绍。

虚拟化技术是实现云计算最重要的基石，IT 资源的逻辑抽象和统一表示的实现，使云计算平台可以提供弹性的虚拟化资源并可计量。20 世纪 60 年代时，IBM 公司在大型机上实现多个操作系统而提出该技术，希望能服务更多的用户，后因廉价计算机的出现而淡出。20 世纪 90 年代，为了提高服务器的利用率，降低运行成本，VMWare 等厂商开始尝试虚拟化技术。直到 Intel 公司推出的 VT 技术从硬件上支持虚拟化指令，打破了性能瓶颈，且存储和网络领域的虚拟化技术也获得长足发展，虚拟化技术趋于成熟。

并行计算和分布式计算技术让云计算具有在大规模机器群上实现快速的大数据处理的能力。并行计算指在时间上或空间上利用多种计算资源来协同求解一个计算问题的过程，通过将被求解的问题进行分解并由独立的处理机完成计算任务以提高处理速度。并行计算在 20 世纪 70 年代和 80 年代应用广泛，各类并行编程模型也得到推广，但并不能解决那些需要非常巨大的计算能力才能在可接受时间内完成计算的问题。为解决此类问题，20 世纪 80 年代初，提出了分布式计算的概念，即通过将应用分解成很多相互独立的部分并分配给多台计算机进行处理来提高计算效率。但分布式计算横跨多个不同的计算机，计算复杂，且没有统一的编程模型，应用有限。2003 年之后，Google 公司为解决大数据存储和快速处理等问题，陆续提出了可靠的分布式文件系统、简单实用的分布式计算模型和结构化数据表，形成了新型的分布式架构。该架构的出现，标志着并行计算和分布式计算技术趋于成熟。

在商业模式转型方面。21 世纪初，**效用计算**提出将主机资源基于网络出租给用户，按资源使用量计费；**应用服务平台**提出采用应用外包的模式，将系统迁上网络出租给用户。限于当时的网络条件及自动化部署管理能力,这两种技术未能大力发展,分别为后来的基础设施即服务 IaaS (Infrastructure as a Service)、软件即服务 SaaS (Software as a Service) 奠定了基础。2006 年,Amazon 最先引入虚拟化技术实现用户共享基础设施,以提高复用、降低成本,并向互联网开发商和中小型企业提供弹性的基础资源服务,发展迅速,即后来的 IaaS。Salesforce 提出了多租户架构和技术,使用户可以共享应用平台和数据库,服务提供速度更快,而成本大幅下降,即 SaaS。同时,互联网上的应用服务也演化成了通过网络平台服务进行开发与托管,即 PaaS。这三大服务的发展与广为用户接受,促进了云计算商业模式趋于成熟。

维基百科给出**云计算**的定义是:云计算是一种通过 Internet 以服务的方式提供动态可伸缩的虚拟化资源的计算模式。

美国国家标准与技术研究院的**云计算定义**为:云计算是一种按使用量付费的模式,该模式提供可用的、便捷的、按需的网络访问,进入可配置的计算资源共享池(资源包括网络、服务器、存储、应用软件、服务),这些资源能够被快速提供,只需投入很少的管理工作,或与服务供应商进行很少的交互。

简单来说,可以认为云计算是一种计算模型,一种按使用量付费的弹性商业模式,一种一体化的共享服务平台,其**主要特点**如下。

(1) 超大规模,计算力超强。云平台通常具有几十万甚至上百万台服务器,规模超大,计算能力超强。

(2) 虚拟化的资源池。云平台提供的是虚拟化的资源,而不是物理资源。

(3) 基于网络的访问。云计算建立在互联网的基础上,资源存在某处,而非固定,必须通过网络访问。

(4) 弹性、高可伸缩性。云资源可动态申请、释放。

(5) 服务可计量、按量付费。用户使用的服务可以分时段量化,只需按使用量付费。

(6) 极其廉价而高可靠。云平台通常建立在大规模廉价机器上,自动化管理,并通过将数据中心建立在能源丰富的地区降低能源成本,因此成本低。同时,由于用户数量巨大且种类多,易于实现整体负载的均衡平稳,资源利用率大幅提升。因此,云平台的性价比极高。再通过多副本容错、计算节点同构可互换等措施实现基于廉价机器的云平台的高可靠性。

2. 云计算体系结构

从不同角度,对云计算的体系结构理解不同,主流云计算平台通常提供 3 种服务:基础设施即服务、平台即服务和软件即服务,用户可按需使用服务并按用量付费,为此,云计算平台需要提供用户管理和资源管理等服务,对用户使用资源的情况进行统计、计费。从云平台提供的服务、管理角度出发,给出如图 9-2 所示参考体系结构。该体系结构分为 5 层:云计算基础架构层、云计算应用开发平台层、云计算软件层、管理层和 SOA 层。

(1) 云计算基础架构层又可分为基础设施层、资源池层和基础架构管理层,其中,基础设施层包括计算机、存储器、网络设施等硬件设施;资源池层通过虚拟化技术提供基础设施的虚拟资源池,包括虚拟机、虚拟存储、虚拟网络、虚拟安全、计算集群和存储集群;基础架构管理层则包含虚拟化资源管理、分布式存储和分布式计算等组件,实现对底层分

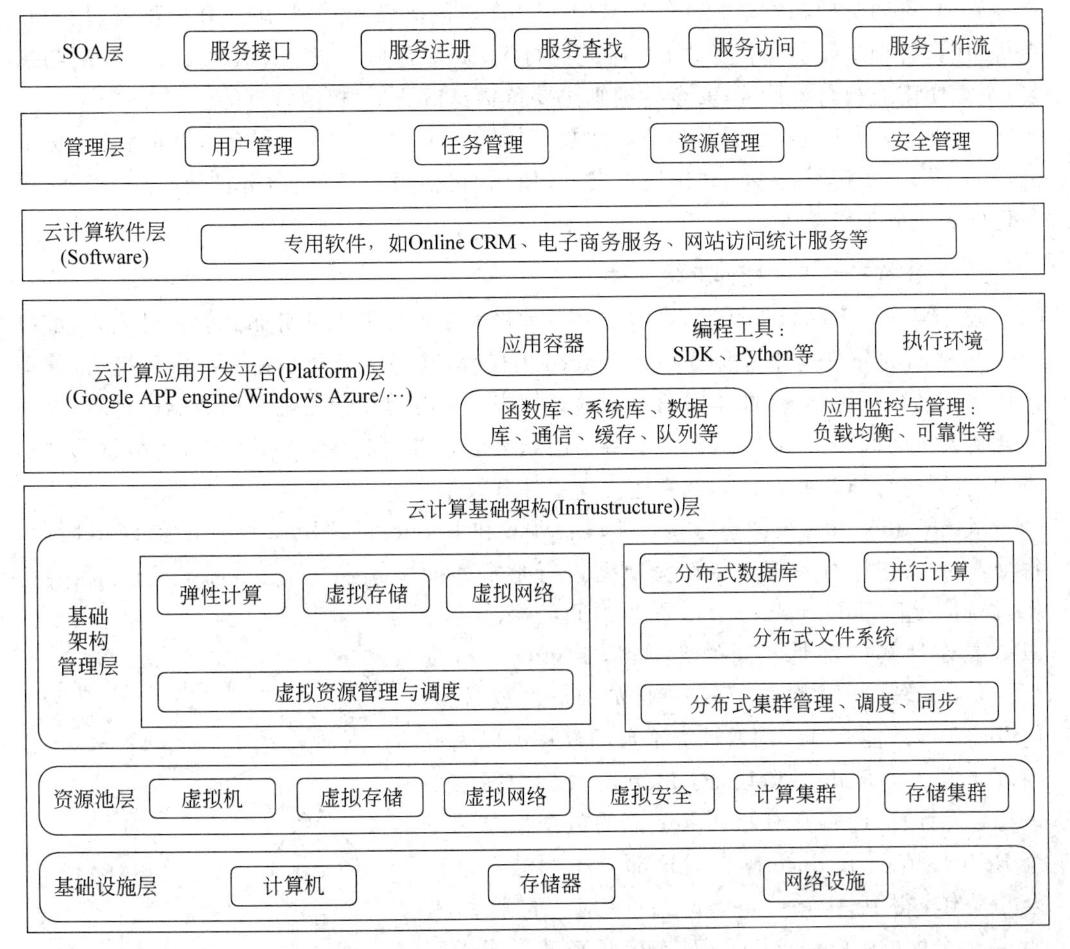

图 9-2　云计算分层体系结构

布、复杂的软/硬件资源的管理和抽象，支持弹性计算、数据的分布式存储、并行计算。

云计算基础架构层是云计算平台的基础，也是核心，一方面此层可为云计算应用开发平台、云计算软件提供存储和计算支持，如 Google 的 APP 引擎便是在其分布式文件系统 GFS、分布式计算框架 MapReduce 和分布式结构化数据表 Bigtable 等基础服务的基础上提供的应用开发平台；另一方面，此层中的资源可以经 SOA 层封装成服务对外提供，包括存储服务、计算服务等，即基础设施即服务 IaaS，也是云计算平台最重要的应用之一。

(2) 云计算应用开发平台层在云计算基础架构层的基础上，为用户提供应用程序开发平台、运行环境及应用监控与管理等，如 Google 的 APP 引擎，微软公司的 Windows Azure，可归于这一层，以平台服务的方式提供给外部开发者，即 PaaS。在这一层，用户可以专注于应用程序的开发，资源整合协同由平台负责，无须用户过多考虑，但用户必须使用特定的编程环境及其支持的编程模型，自主性有所下降。

(3) 云计算软件层是由云计算平台提供商对外提供的专用软件，如 Amazon 的电子商务服务和网站访问统计服务等，这些软件经 SOA 层封装成服务对外提供，即 SaaS。

(4) 管理层负责对用户使用云平台所提供的服务时所需进行的管理，包括用户管理、任务管理、资源管理和安全管理等。其中用户管理包括账号管理、用户环境配置、用户计费等;任务管理主要负责任务调度、任务执行等;资源管理负责负载均衡、故障检测与恢复、资源使用监视与统计等;安全管理则主要负责身份认证、权限管理等。

(5) SOA 层负责将云计算的基础设施(计算、存储力等)、开发平台、软件封装成标准的 Web 服务,暴露服务接口以供用户发现、使用,包括服务接口、服务注册、服务查找、服务访问和服务工作流等。

3. 云计算环境下的软件开发方法

云计算环境下的软件开发,本质上是一种极大规模集群上的分布式软件开发,当前以 Google 提出的分布式计算框架 MapReduce 为代表,其基本思想是在大数据环境下,移动计算比移动数据更划算,即尽量通过本地计算来完成存储于该机器上的数据的计算,而无须耗费大量时间去移动数据,再把这些中间结果汇总得到最终结果,既节省了数据移动的时间,也通过分布式并行计算极大地提高了计算效率。

MapReduce 计算框架包含两个阶段:Map 和 Reduce,如图 9-3 所示。在 Map 阶段,每个 Map 操作针对一部分待计算数据进行指定的操作,得到一组<key,value>对,称为中间结果。每个 Map 操作计算的都是不同的数据,因此可以并行进行。在此阶段,开发者需要仔细考虑如何分割数据、如何设计 key 才能充分利用云计算平台的计算力以完成高效计算。在 Reduce 阶段,对 Map 阶段的中间结果进行汇总计算,即将具有相同 key 值的数据汇总到一个 Reduce 节点,Reduce 操作对这部分中间结果进行合并操作,得到一个<key,value>对。再将所有 Reduce 产生的<key,value>对连接起来就形成了完整的结果集。同样地,每个 Reduce 所处理的 Map 中间结果是互不交叉的,可以分布到不同的 Reduce 节点上并行执行。

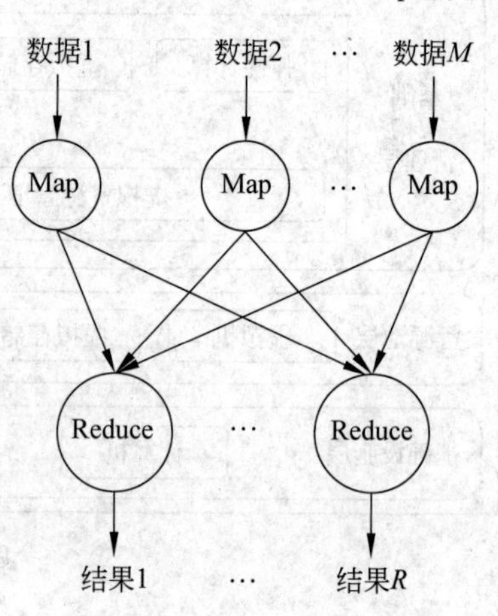

图 9-3 MapReduce 运行模型

4. B/C 模式

20 世纪 90 年代成熟起来的 C/S (Client/Server)模式,引入了服务器端和分层的思想,使系统可以分层管理,简化了软件开发、降低了维护成本并增强了可扩展性;而开发和管理工作向服务器端转移,使分布的数据处理成为可能。但 C/S 结构软件的平台相关性、客户端软件的专用性,导致其开发效率低,安装、维护的成本很高;其数据库信息的使用局限于局域网范围内。

随着互联网的发展及 HTML 的出现,Web 发展为主流的信息交互方式,更多的信息获取与分享通过浏览器进行,即 B/S (Browser/Server)模式。典型的三层结构的 B/S 系统如图 9-4 所示。第一层客户机是一个通用的浏览器,是用户与整个系统的接口。第二层是 Web 服务器,负责启动相应进程响应处理请求,并动态生成一串嵌入处理结果的 HTML 代码,返回给客户端的浏览器。若客户机提交的请求包括数据的存取,则 Web 服务器与 DB 服务器协同完成其处理。第三层数据库服务器,负责协调不同的 Web 服务器发出的 SQL 请求,并管理数据库。

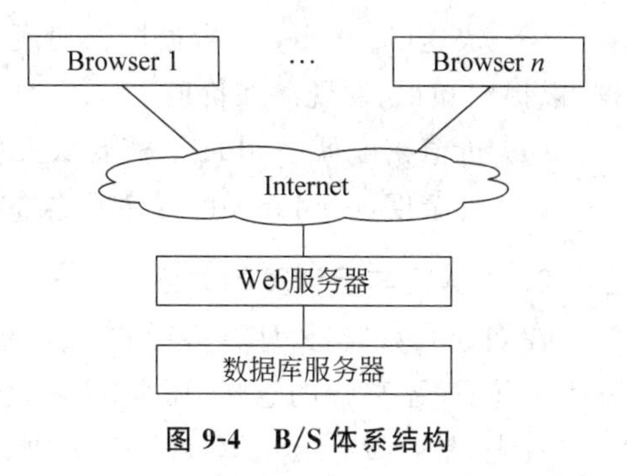

图 9-4 B/S 体系结构

B/S 模式的主要优点如下:①客户端采用通用的浏览器,极大简化了软件的安装过程,降低了维护、升级成本;②可适用于任何网络结构;③具有更好的可扩展性——只需增加客户机,连接到服务器端即可。若服务器的负载过大,可增加服务器并在各服务器间均衡负载。但因为 B/S 模式在互联网环境下,其处理速度和数据安全性不如 C/S 模式。因此,有些场景下可采用 B/S+C/S 混合的模式,如核心处理部门采用 C/S 模式,外部用户采用 B/S 模式,隐私、机密的数据存储在内网服务器上等。

随着 Web 2.0 技术的发展,信息的产生和交互模式发生了改变,交互形式更加丰富,如博客、微博、微信等,用户规模不断扩大,互联网数据量呈爆炸式增长,为解决海量数据的存储及快速处理问题,互联网巨头公司不断研究分布式架构以提高计算效率。随着虚拟化、分布式计算、并行计算及 IaaS、PaaS、SaaS 商业模式的成熟,云计算技术开始趋于成熟,越来越多的服务可以通过互联网提供,人们通过浏览器可以从数以万计的庞大服务器集群上获得数据、服务及应用能力,软件架构模式也从 B/S 模式发展成了浏览器/云 B/C 模式。

B/C 模式与 B/S 模式最大的不同,是后台服务器不再是几台服务器,而是数以万计的服务器集群,数据以分布式数据库的方式存储于分布式文件系统上,基于超大规模的服务器集群的计算遵循某种分布式并行计算框架,如 MapReduce,提供超强的计算力。

9.1.3 大数据技术

1. 大数据技术概述

近年来,由于互联网、云计算、移动互联网和物联网的迅速发展,越来越多的人们连入互联网,每天接收信息,产生信息,逛朋友圈、下订单、晒生活、晒运动、晒旅行等,每天,淘宝、亚马逊的订单以百万计,微博、微信、Twitter 的信息数以千万计。同时,无处不在的 RFID、摄像头和各类数量庞大的无线传感器网络每时每刻都在产生着数据,数量惊人且持续增长。到 2015 年,全球数据总量已达到惊人的 7900EB,人们很快就淹没在了大量的、快速增长的数据的海洋中。各界对大数据的关注度也一路飙升,在 2015 年,其百度指数的最高关注度一度达到了 7000,无疑是当前最热的领域之一。

那么,什么是大数据?**大数据**指的是海量数据集,其规模巨大到无法通过目前主流的计算机、软件工具在可接受时间内获取、存储、管理及处理。目前,业界普遍认为大数据应该具备如下 4V+1C 特征。

(1) 数据量大(Volume):存储的数据量大,通常达到 PB 级别,分析的计算量大。

(2) 多样(Variety):数据的来源及格式多样,包括结构化数据、半结构化甚至非结构化数据,如音频、视频等。

(3) 快速(Velocity):数据增长速度快,且越新价值越大,这便要求能够快速处理数据,以提取知识、发现潜在价值。

(4) 价值密度低(Value):需要从大量数据中挖掘其潜在价值。

(5) 复杂度(Complexity):对数据的处理和分析的难度大。

2. 大数据与云计算的关系

在如今大数据、云计算盛行的年代,经常听到人们将大数据和云计算相提并论,有点秤不离砣、砣不离秤的意味,那么,两者之间是否是相互依存,不可分离的关系呢?

首先,是否没有云计算,就无法处理大数据?是的,随着数据量的快速增长,普通的服务器集群已经难以在可接受时间内完成数据的处理。云计算技术的三大基石:Google的GFS、MapReduce和Bigtable,就是Google为解决其搜索、Maps、Gmail等业务所面临的巨大数据的存储及快速处理的问题而研发的简单、高效的技术。可见,大数据离不开云计算。

反过来,没有大数据是否就不需要云计算了?不是的。大数据是云计算的一种很重要的应用,为云计算的发展提供应用驱动力。但除了大数据处理,云计算还提供其他服务,包括IaaS、PaaS和SaaS等。Amazon最初提出的AWS是为了给互联网公司及中小型企业提供商业服务,包括计算服务及存储服务等,按需计费,即后来的IaaS。云计算不仅是一种计算模型,也是一种按需付费的商业模式。从研究重点上看,大数据相关研究更关心如何根据具体问题特点设计出高效的算法;而云计算则更关注弹性计算、负载分配、安全机制、降低成本等方面的问题,所以,就算没有大数据,依然需要云计算。

3. 大数据相关技术

如前所述,云计算技术是大数据处理的基础,大数据处理中亟须解决的问题为如何将海量数据可靠地存储到极大规模的存储集群上,并能有效支持海量数据的快速分析、查询,相应地,其核心技术包括分布式存储和分布式并行计算,首先,在底层要有可靠、可扩展的分布式文件系统,其次,在此文件系统的基础上设计高效的分布式并行计算框架,可以是批处理式的,也可以是支持交互的实时的或半实时的框架;以及支持结构化、半结构化数据有效组织的分布式数据库。下面简要介绍几种当前比较流行的大数据技术。

(1) Hadoop。Hadoop是Apache组织研发的Google云计算技术的开源实现,是当前工业界、学术界使用得最为广泛的大数据技术,其核心组件HDFS、MapReduce、HBase分别对应Google云计算技术的GFS、MapReduce和Bigtable。Hadoop的基本思想是数据分布式存储在HDFS文件系统的各个节点上,计算时,尽量使用本地计算,即把计算程序分发到各个数据存储节点进行本地运算,称为Map阶段,经过洗牌把Map阶段输出的中间结果进行排序汇总,将具有相同key值的中间结果集发送到相同的计算节点进行合并计算,称为Reduce阶段,再把Reduce节点的结果连接起来即获得最终结果。通过移动MB级别的计算程序,避免TB级别数据的移动,不仅节省了大量的网络带宽和数据搬移时间,还充分利用了超大规模集群超强的分布式并行计算力。

(2) Storm、Dremel。随着互联网及移动互联网的发展,用户越来越期待实时的数据交互,Hadoop (MapReduce) 批处理式的计算模型显现出其局限性。为解决这个问题,

Twitter 推出一种基于流的运算框架 Storm，该框架采用增量处理的方式，对持续流入的数据流进行增量处理，给出增量计算结果。Google 也于 2010 年公布了其支持实时的交互式查询系统 Dremel[7]，为用户提供 BigQuery 服务，其技术核心为嵌套列存储及其无损数据表示——基于重复深度和定义深度的数据结构，以及基于该数据存储方法的高效的数据编码和数据重组方法。

(3) Spark、PowerDrill。对 Hadoop 的另一项改进，则是充分利用内存以提高计算效率。一种方法是，把分布式计算的中间结果存放在内存中，避免大量的磁盘读写和资源的申请过程。如 UC Berkeley AMP Lab 于 2010 年开始研发的分布式运算框架 Spark，极大提高了迭代计算的效率，更适用于数据挖掘和机器学习等需要多次迭代的 Map/Reduce 算法。另一种方法则是 Google 的内存大数据分析系统 PowerDrill，通过数据分块，将最常用的值组织成一个块，以在查询中尽可能地略去不需要的块；通过列存储、行重排、压缩算法以减少数据在内存中的占用，从而可以加载尽可能多的数据。

(4) NoSQL 数据库。现实中，很多数据之间是松散、扁平的，没有严格的关系，大多以键值对的方式存储，数据量大而形式多样。NoSQL 数据库指的是不仅仅有 SQL，存储的数据不需要严格定义主键及模式，可支持大量半结构化、非结构化的数据在未清洗的情况下直接存储，能更好地支持快速处理大量、多样化数据的需求。当前较流行的 NoSQL 数据库有 HBase 等，及在其上运行 SQL 的工具，如 Hive，可将 SQL 语句转化成 MapReduce 任务执行。

讨论思考

(1) 什么是 Web 服务？Web 服务具有哪些特点？

(2) SOA 经典架构模型包含哪几个部分？

(3) 什么是云计算技术？其特点如何？

(4) 云计算架构包含哪些部分？

(5) 什么是大数据？大数据具有哪些特点？与云计算是什么关系？

*9.2 能力成熟度集成模型

9.2.1 CMMI 概述

1. CMMI 的由来

能力成熟度集成模型 CMMI(Capacity Maturity Model Integrated)是美国国防部规定的一种衡量软件企业或组织开发能力的度量标准。规定只有达到 CMMI 一定等级的公司才有参加美国国防软件项目竞标的资格，现在此度量标准已得到世界公认。我国也鼓励企业进行 CMMI 等级评估，许多软件工程项目招标也看重承包商的 CMMI 等级。CMMI 由美国卡内基梅隆大学软件工程研究所(Software Engineering Institute，SEI)开发，1991 年发布了 CMM 1.0 版，CMMI 的前身称为 CMM。目前，CMMI 已应用到评估机构评估一个软件企业或组织的软件开发能力成熟度等级；软件采购方用于考察软件承包方软件项目承包能力;软件企业或组织用于持续改进自身软件开发能力。

2. CMMI 表示方法及要求

CMMI 有两种表示方法。

(1) 连续模型。用于衡量软件组织在特定项目上的能力,在接受评估时可选择所希望评估的项目进行评估。反映的内容较窄,仅表示软件组织在该类或类似项目的实施能力等级。

(2) 阶段模型。主要用于衡量软件组织整体的成熟度,即项目实施综合实力。软件组织如能达到某一等级阶段,则所做的绝大部分项目都可达到该阶段要求。

CMMI 中的各项要求,都来自于成功企业的最佳实践。尽管 CMMI 提供的实践不能针对所有情况,但 CMMI 能系统性地提供大量的实践(22 个过程域),对于项目或组织的选择或参考很重要。CMMI 定义了能力成熟度级别,既可在单个过程域上提高,也可系统地在多个过程域上进行阶梯式提升,都可作为组织或项目能力提升的重要指导方法。CMMI 提供能力成熟度评估,可帮助企业或组织找出自身的弱点进行改进。

9.2.2 CMMI 能力成熟度级别

CMMI 以 5 个级别分别代表软件团队能力成熟度的等级,级别较大的机构表明其成熟度较高,软件综合开发能力较强。主要级别如下。

(1) CMMI 一级(执行级)。在执行级水平上,软件组织对项目具体执行目标及必要的事项很明确。对于由于完成任务的变化调整及偶然因素,软件组织难以保证在实施同类项目时仍然能够完成任务,项目实施成功性主要取决于实施人员。

(2) CMMI 二级(管理级)。在所有第一级要求都达到要求的基础上,软件组织在项目实施上能够遵守既定的计划与流程,有资源准备、职责分工明确,对项目相关的实施人员进行了相应培训,对整个流程有监测与控制,并联合上级单位对项目与流程进行审查。二级水平的软件组织对项目有一系列管理程序,可避免软件组织完成任务的随机性,保证了软件组织实施项目的成功率。

(3) CMMI 三级(明确级)。在所有第二级要求都达到的基础上,软件组织能够根据自身的特殊情况和自定标准流程,将这套管理体系与流程予以制度化。软件组织不仅能够在同类项目上成功,也可在其他项目上成功。科学管理成为软件组织的一种文化和财富。

(4) CMMI 四级(量化级)。在所有第三级要求都达到基础上,软件组织的项目管理实现数字化。通过数字化技术实现流程稳定性、管理的精度,降低项目实施的质量波动。

(5) CMMI 五级(优化级)。在所有第四级要求都达到基础上,软件组织能够充分利用信息资料,对软件组织在项目实施的过程中可能出现的次品予以预防。能够主动地改善流程,运用新技术,实现流程的优化。

对于上述 5 个级别,各级别都是更高一级的基石,上较高层的台阶必须先达到或超过所有下层的台阶的所有级别的要求。

9.2.3 CMMI 的评估及应用

1. CMMI 的评估

软件企业或组织对 CMMI 级别的评估,可按照 CMMI 的具体要求进行。采取自行评估或外请评估,评估结果应得到外界认可,应由 SEI 认证的主任评估师和评估师进行评估,并依评估结果颁发相应证书。SEI 要求主任评估师应具有 10 年以上软件工程经验,评估组的成员必须平均具有 6 年以上软件工程经验,评估组累计不少于 25 年工程经验,项目组的工程经验要覆盖软件开发的全生命周期,每个生命周期阶段要有 2 个人具有实践经验,至少一个成员要有 6 年以上的管理经验,评估组累计要有 10 年以上管理经验,才能进行合格评估。

对于企业或组织的 CMMI 级别的评估,CMMI 二级及其以上的每一级别都包含了一些过程域 PA(Process Area),若要达到 CMMI 某个级别的要求,就要达到该级别及其以下所有 PA 的要求。PA 是要做好软件开发的某一个方面;如项目策划、技术方案、配置管理等。CMMI 共有 22 个 PA,这些 PA 在 CMMI 中各级的分布详见表 9-1。

表 9-1　CMMI 的过程域分布

CMMI 等级		关注焦点	PA(过程域)
1	执行级	项目规划及计划	相关要素
2	管理级	基本的项目管理	需求管理、项目策划、项目监督和控制、供方合同管理、度量和分析、过程和产品质量保证、配置管理(7 个)
3	明确级	过程标准化	需求开发、技术方案、产品集成、验证、确认、组织级过程定义、组织级过程聚焦、组织级培训、集成项目管理、风险管理、决策分析和方案(11 个)
4	量化级	定量管理	组织级过程性能、定量项目管理(2 个)
5	优化级	持续的过程改进	组织级创新和实施、因果分析和方案(2 个)

为满足 PA 的具体要求,将 PA 分解为几个**目标** (Goal),只有满足所有目标的要求,才能达到 PA 的要求。每个目标又包含几个**实践**(Practice),只有这些实践都做到,才能达到该目标要求。其中**目标**又分为**特定目标**(SG)和**通用目标**(GG),相应的实践也分为**特定实践**(SP)和**通用实践**(GP)。**特定目标**表明软件项目在该过程域的活动成功后的特点,而**特定实践**则将目标分解成一组与过程相关的活动。如"项目策划"是 CMMI 二级 7 个过程域之一,其特定目标有 3 项,特定实践有 14 项,通用目标有 5 项,通用实践有 17 项,详见表 9-2 和表 9-3。

表 9-2　项目策划的特定目标和特定实践

特定目标	特定实践(14 项)
SG 1 建立估计值	SP 1.1-1 估计项目的范围 SP 1.2-1 建立对工作产品和任务属性估计值 SP 1.3-1 定义项目的生存周期 SP 1.4-1 确定工作量和成本估计值

续表

特定目标	特定实践(14项)
SG 2 制订项目计划	SP 2.1-1 建立预算和进度计划表 SP 2.2-1 识别项目风险 SP 2.3-1 制定数据管理计划 SP 2.4-1 制定项目资源计划 SP 2.5-1 制定所需知识技能计划 SP 2.6-1 制定共同利益者参与计划 SP 2.7-1 建立项目计划
SG 3 获得对计划的承诺	SP 3.1-1 评审影响项目的计划 SP 3.2-1 协调工作和资源等级 SP 3.3-1 获得对计划的承诺

表 9-3 项目策划的通用目标和通用实践

通用目标	通用实践(17项)
GG 1 达到特定目标	GP 1.1 完成基本实践
GG 2 将已管理过程制度化	GP 2.1 制定组织方针 GP 2.2 策划过程 GP 2.3 提供资源 GP 2.4 职责分配 GP 2.5 人员培训 GP 2.6 管理配置 GP 2.7 识别并吸纳共同利益者 GP 2.8 监督并控制过程执行 GP 2.9 客观评价遵循情况 GP 2.10 与高层管理者一起评审状态
GG 3 将已定义过程制度化	GP 3.1 建立已定义过程 GP 3.2 搜集改进信息
GG 4 定量管理过程制度化	GP 4.1 制定过程的量化目标 GP 4.2 稳定子过程的性能
GG 5 将优化过程制度化	GP 5.1 保证过程的持续改进 GP 5.2 纠正造成问题的根本原因

为了评估所有的**实践**,CMMI 规定了 3 种软件过程改进评估方法 SCAMPI A、SCAMPI B 和 SCAMPI C。其中 SCAMPI A 需要提供 3 种证据:直接书面证据、间接书面证据和访谈证据。其中直接书面证据必不可少,包括文档和使用的工具等,必须写出相应的文档,以证明实施了某个**实践**。间接证据和访谈证据至少有一个,这样才能证明这个**实践**已达到。CMMI 1.2 版中**实践**的总数超过 400 个。若进行一个四级评估的企业,评估时先要看是否达到二级要求,然后是三级、四级要求。若要达到五级要求,就须证明所有这 400 多个**实践**都已达到要求。

2. CMMI 的应用

CMMI 是一个庞大的过程元模型,自发布以来在世界软件界产生了巨大影响,已成为业界公认的评估标准，获取其证书成为一个企业或组织能力和形象标志，否则难以获得国外项目，甚至也难以在国内一些项目的竞标中获胜。CMMI适合企业操作，避免了某些管理体系只重理论而忽视实践的缺陷。在我国随着媒体的宣传和政府的支持，许多企业引入了CMMI咨询和认证，对于整个软件行业的管理提升及研发效率提高起到很大促进作用。但也有一些企业引入CMMI体系后，只注重一些形式上的开发流程和文档模板，在管理上并无实质性改进。对于CMMI，业界一直存在着两种看法：有的认为CMMI执行过度，得不偿失；也有的认为过于通用，实用价值不大。但还是得到多数人的认同，并根据需要进行应用。

讨论思考

(1) CMMI有什么用途？CMMI的5个级别分别是什么？

(2) CMMI连续模型和阶段模型各自适应哪一种过程改进要求？

*9.3 软件工程新体系

9.3.1 IBM Rational软件工程体系

IBM Rational软件工程体系是现代软件工程发展的一个经典实例，主要特征之一是理论、技术、方法和工具大范围的集成。主要以统一建模语言(Unified Modeling Language，UML)和统一过程(Rational Unified Process，RUP)而知名，并具有较完善的软件工具集，支持软件工程的需求分析、设计与构造、软件质量、软件配置管理、过程与项目管理、部署管理等各阶段，鉴于前面已经概述业界应用主流部分，在此仅对体系予以简介。

1. RUP准则

IBM Rational将软件工程最佳实践概括为统一过程RUP，主要遵循以下6条准则。

(1) 重视架构。RUP注重早期的开发和健壮的体系结构基线，重视面向服务架构(SOA)中重用和应用的组件架构。提供一套使用新旧构件定义体系结构的系统化方法，可设计直观、便于修改、促进有效重用的弹性结构。

(2) 迭代开发。开发复杂的软件系统，需要通过一系列细化和渐进的反复过程。RUP迭代开发方法，通过经常性地生成可执行版本使最终用户不断介入和反馈减少风险。由于各迭代过程都有可执行的软件版本，开发团队可通过这些版本进行检查确认，使项目按时交付。迭代方法使软件需求、特性和日程安排的调整更加合适便捷。

(3) 用例驱动。RUP一个用例就是系统的一个功能，如通过订货系统及浏览器与商家约定送货时间。用例将一个复杂的庞大系统分割为多个小单元，并以每个小单元为对象进行开发。用例贯穿整个软件开发生命周期：需求分析过程中对用例进行描述，系统设计中对用例进行分析与设计，实现时对用例进行编码，测试过程中针对用例进行测试检验。

(4) 图形建模。UML是可视化软件建模的基础。运用其图形符号可对软件进行可视化建模,捕获体系结构和构件的构架与行为,并隐藏细节,图形化表达软件的异同,观察各元素配合一起的方法,确保构件模块、设计和实现的一致性,促进交流沟通。

(5) 逐步求精。软件质量可根据功能、性能和可靠性等需求进行验证,RUP可对这些要素进行计划、设计、实现、执行和评估,经过测试每次迭代的结果确保质量不断改进。采用客观的度量和标准测试软件质量,质量活动以全体成员行为贯穿于整个软件开发过程中。

(6) 控制变更。RUP使用软件配置和项目管理工具控制需求、版本和进度等变更,通过管理变更保证每个修改是必需、可接受的且可被跟踪,并通过隔离修改和控制修改为每个开发者建立安全的工作区。

2. Rational 团队

Rational将软件开发团队的成员划分为多种角色,各成员可以承担一至多个角色,每个角色都规定了具体的任务、业务范围和职责,主要包括如下。

(1) 项目经理(Project Manager)。负责管理软件开发过程,包括计划、管理和分配资源,确定优先级,协调用户和客户交流互,并通过一系列活动确保项目工作产品的完整性和质量。

(2) 分析人员(Analyst)。负责确定和描绘客户的具体需求,引导和协调用户对业务需求进行收集和确认,组织并文档化系统需求,负责向开发团队传达需求。

(3) 架构师(Architect)。理解系统的业务需求,创建合理完善的系统体系架构,并选择主要的开发技术,包括识别和文档化系统的重要架构——系统的需求、设计、实现和部署视图。数据库架构师负责详细的数据库设计,包括表、索引、视图、约束、触发器、存储过程等。

(4) 开发人员(Developer)。负责设计和实现可执行的程序代码,并测试所开发的组件,分析运行情况,修改代码错误。有时还进行创建软件体系架构或用快速应用开发工具建模。

(5) 测试人员(Tester)。主要制订测试计划并按计划进行测试。包括功能性和非功能性的测试。也可编写或用测试工具完成测试任务,以提高工作效率和质量等。

(6) 部署人员(Deployment Manager)。获取构件或系统并其安装在运行环境中。

Rational软件开发团队根据具体研发任务选定不同的角色,各角色都可从下述的IBM Rational软件交付平台中找到各自的适用工具。

3. 软件架构视图与交付平台

RUP采用4+1视图方法实现软件架构,如图9-5所示。其中,逻辑视图是面向对象设计时的对象模型;开发视图主要描述软件在开发环境下的静态组织;处理视图主要描述系统的并发和同步设计;物理视图侧重描述软件如何映射到硬件,反映系统在分布方面的设计;场景视图可将这4个视图有机地进行联系,既可描述一个特定的视图内的构件关系,也可描述不同

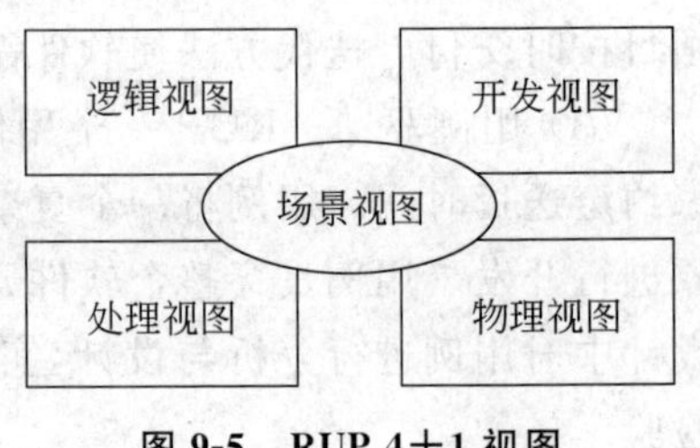

图9-5 RUP 4+1视图

视图间的构件关系。

Rational 软件交付平台如图 9-6 所示，可用其工具创建和维护软件开发过程，各产品既可集成一起使用，也可分别使用；可在 Windows、UNIX 和大型机平台上使用，也能支持绝大多数语言和集成开发环境(IDE)。在该交付平台中，需求分析方面的工具有助于团队对需求问题的划分、捕获、管理、建模和用户交互，有助于定义数据库架构及合并整个项目生命周期内的反馈信息。支持设计和构建阶段的工具适用于多种开发语言环境和平台，可用于创建和维护 Web 服务及 J2EE 应用程序的 IDE，用于架构和设计建模、模型驱动开发、快速应用程序开发、组件测试和运行时分析等。软件质量保证方面的工具可使开发团队加速发现和诊断质量问题，确保软件开发、质量保证和 IT 操作之间清晰通信。软件配置管理方面的工具有版本控制、发布管理、缺陷和变更跟踪及工作流管理等，有助于提高生产效率、改善运营效率和降低成本，还可提供最新项目状态信息、精确估计所需资源并综合项目计划，促进团队高效协作。

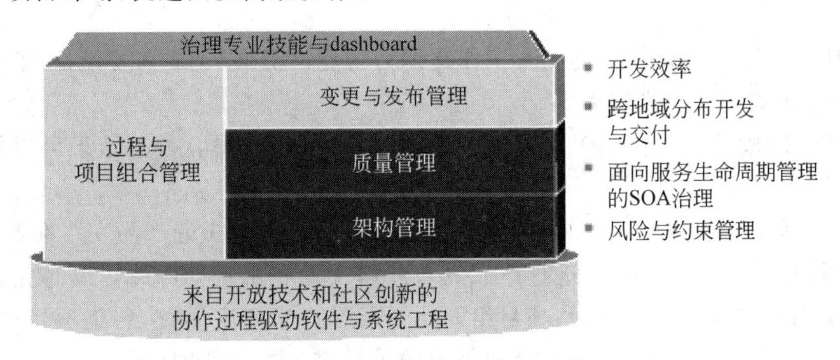

图 9-6 Rational 软件交付平台

IBM Rational 软件交付平台 V7 版本由桌面产品和团队产品两部分组成，其中，桌面产品提供支持全球跨地域分布开发团队更好地实现和管理软件交付及系统架构的最新特性，并改进生命周期质量。团队产品可提供针对闭环软件交付、灵活的跨分布式团队集成测试管理，以及扩展的全球开发支持等方面的新技术和增强功能。

9.3.2 微软软件工程体系

微软公司根据自身的实践抽象出一套软件工程模型、准则和经验，称为微软解决方案框架(Microsoft Solution Framework，MSF)。该框架具有强大且完整的工具、技术和方法的支持，MSF 及所有元素统称为微软软件工程体系。该体系主要包括 MSF 过程模型、MSF 团队模型、MSF 基本原则、协同开发环境 VSTS、开发工具 VS STUDIO 和编程语言 C# 3.0 等。

1. MSF 过程模型

MSF 过程模型将瀑布模型中基于里程碑的规划优势与螺旋模型中增量迭代的长处结合在一起，形成构思、计划、开发 、稳定和发布 5 个阶段迭代改进、螺旋上升的流程，如图 9-7 所示。下面分别简述各阶段的主要工作。

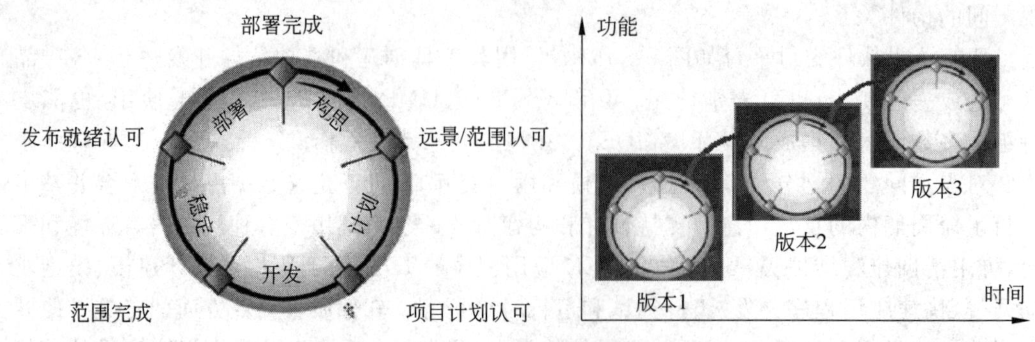

图 9-7 MSF 过程模型

(1) 构思阶段(Envisioning)的主要任务是明确项目的任务、目标和范围。主要工作有创建核心团队、充分和客户沟通、项目筹备、提交项目与范围文档、编写风险管理文档等。

(2) 计划阶段(Planning)的主要工作是编写功能说明书、完成概要设计、编写工作计划、制定费用预算和制定进度表等。

(3) 开发阶段(Developing)实现整个解决方案代码和文档编写,结果可提供给用户试用。

(4) 稳定阶段(Stabilizing)完成所有代码的优化和测试,做好产品发布准备。

(5) 部署阶段(Deploying)进行产品发布并解决发布出现的问题。发布完成后将项目移交给运营和支持人员。之后,项目组开始进行客户满意度调查,召集项目评审会,评价、总结整个项目过程,并进入该产品现版本的维护过程。必要时,进入下一个版本开发过程。

MSF 过程模型将一个项目分为多个版本完成,可有效地降低项目风险。在开发中,MSF 过程模型采用计划开发、阶段评审和小周期迭代的开发流程,既能控制项目的进度,又能适应不断变化的需求,有力地促使项目的成功开发。MSF 过程模型的基本元素是阶段和里程碑。每一阶段团队集中精力做某一类事情,每个阶段的结束都代表了项目的进展和团队工作重心的变化。比如"开发阶段"结束后,团队就不再允许增加新的功能,除非有充分理由的"变更请求"。团队用里程碑来确定当前阶段的目标是否已经实现,检查该阶段所有工作是否结束并同步各个角色的进度。里程碑标志阶段的结束,团队在此时应该转移工作的重心,并以新的视角来看待下一阶段的目标,上一阶段产生的各种交付物将成为下一阶段的起始点。

MSF 支持两种开发模式:敏捷开发模式和 CMMI 开发模式。**MSF 敏捷开发模式**的特点是:更强调与用户的交流;所有角色都有责任防止缺陷发生并确保缺陷得到修复;保证项目质量能够达到"随时可用";精简开发环节和提交物,直奔主题。团队成员之间的交流简明扼要,不写多余的文档。**MSF 的 CMMI 开发模式**能帮助团队加速达到 CMMI 第三级,即"明确级"阶段。但是 MSF 过程模板只实现了 CMMI 第三级所要求的大部分过程域,因此,它并不能保证团队自动获得第三级的评估。

2. MSF 团队模型

微软的软件开发团队实行矩阵式交叉管理，纵向垂直管理与汇报关系为：产品总经理→部门经理→小组长→组员；横向管理为产品特性项目组，每个产品特性项目组负责开发一个组件，大的产品特性项目组通常要拆分成小的子项目组。产品特性项目组成员职能划分为6种角色，如图9-8所示，各角色的职责如表9-4所述。

图 9-8　MSF 团队模型

表 9-4　MSF 团队模型中各角色的职能与职责

角　色	工作目标	职　　能	职　　责
产品管理	满足客户需求	市场与业务价值开发、代表客户、产品计划	作为客户代表驱动项目和方案设想，管理客户需求说明，开发和维护业务案例，管理客户期望，驱动产品特征、日程表、资源权衡决策，管理市场开发、产品宣传和公共关系，开发、维护和执行交流计划
程序经理	交付满足项目约束的解决方案	项目管理、方案体系结构规划、过程保证、管理服务	驱动开发过程以期按时交付产品，管理产品规格说明书，项目构架，促进小组内部的交流和商议，维护项目日程表和报告项目状态，驱使关键的权衡决策的实现，开发、维护和执行项目总规划和日程表，驱使和管理风险评估及风险管理
开发	根据规格说明创建解决方案	技术咨询、实现构架和设计、应用程序开发、基础结构开发	指定物理设计的特征，估算完成每个特征所需的时间和精力，构建每个特征并监督其实现，准备部署时使用的产品，为小组提供技术主题的专门知识
测试	产品发布前所有质量问题都得到识别和处理	测试规划、测试执行、测试报告	确保了解所有缺陷，决定测试策略和制订计划，执行测试
用户体验	提高用户使用效率	技术交流、培训、国际化可用性易用性管理、用户界面设计	在项目小组充当用户角色，管理用户需求说明，设计和开发性能支持系统，驱动可用性和用户性能增效的权衡决策，为用户提供帮助文档，开展和提供用户培训

续表

角 色	工作目标	职 能	职 责
发布经理	进行平滑的部署及日常运行	基础结构、支持、操作、业务发布管理	作为各种操作、支持与交付渠道的拥护者,管理所得,管理产品部署,驱使可用性和可支持性权衡决策,管理各种操作、支持和交付渠道之间的关系,为项目小组提供后勤支持

MSF 团队模型的特点是项目组小型化、多元化,各角色地位对等,在同一地点办公,熟练掌握相关的技术,相辅相成,以产品发布为中心,共同参与设计、管理、决策和分享产品前景,但各自又有足够的不同授权和责任。项目组可按职能或产品特性灵活划分,人员也可按照一定的原则兼任多个或不同的角色,表 9-5 是角色兼任匹配表。MSF 团队的各个角色利益有一定的冲突,MSF 团队模型的核心是,成功的项目必须平衡处理各种利益相关人(stake holder)完全不同且常常对立的质量观点。除了项目的各个角色之外,MSF 团队模型还可以推广到包括操作、业务和用户等外部因素。在对立中寻找共同利益,在冲突中达到平衡。

表 9-5 角色兼任匹配表

——	产品管理	程序管理	开发	测试	用户体验	发布管理
产品管理	——	不推荐	不推荐	可以	可以	不一定
程序管理	不推荐	——	不推荐	不一定	不一定	可以
开发	不推荐	不推荐	——	不推荐	不推荐	不推荐
测试	可以	不一定	不推荐	——	可以	可以
用户体验	可以	不一定	不推荐	可以	——	不一定
发布管理	不一定	可以	不推荐	可以	不一定	——

3. MSF 开发基本原则

Microsoft 将开发经验总结为下述 8 条基本原则。

(1) 推动开放式沟通。软件项目开发的各种信息尽量保存并对团队所有人公开,保证团队成员畅所欲言、及时反馈。但对牵涉技术机密、安全性等信息则采取一定的保护措施。

(2) 为共同目标工作。项目团队成员对正研发的软件有经过讨论通过的一致目标,目标明确无二义性且可指导每天工作,必须通过努力才能达到。

(3) 充分授权和信任。项目团队中所有成员都得到充分的授权,在职权范围内按照各自承诺完成任务,充分信任其他同事也能实现各自承诺。同样用户也认为团队能兑现承诺,并进行相应规划。在授权后,还应为手下的成功提供各种必要的帮助。

(4) 各司其职,对项目共同负责。项目团队各尽其责。同时,各个角色互相配合,对项目最终的成功负责。由于各角色的工作互相渗透、互相依赖,所以鼓励团队成员相互协作。

(5) 专注于提供商业价值。软件项目源于商业目的，需要重视市场和用户，没有商业上的成功，再好的技术也没用。一个项目的商业价值只有在它成功地发布和运行后才能体现。

(6) 保持灵活，随需应变。软件项目针对的现实世界、客户需求在变化，对技术的掌握在更新，对系统的了解在深化，团队人员也会发生变动，要求团队保持灵活，随需应变。

(7) 注重质量及效益。重视质量并非不惜一切代价追求最高质量标准，提高质量需要成本，注重投资效率和时机。投资是长期的，要注重长线收益。

(8) 交流总结经验。重视经验、总结经验和分享经验，但不能教条死板地沿用过去经验。项目结束时，系统地总结团队的经验和教训，同时也客观评价团队的一些特性和开发过程管理，促使团队成员以客观、向前看、解决问题的心态进行总结，避免主观臆断或相互指责。

4. 团队协同开发平台与工具

微软的团队协同开发平台称为 VSTS (Visual Studio Team System)，主要帮助开发团队各角色提高工作效率和更有效地合作与沟通，并通过开发过程中的每个步骤提高软件质量。该平台是一款商品化产品，包含一个服务器软件 TFS (Team Foundation Server) 和一组客户端软件。其中，TFS 是系统的中心，具有项目管理、工作项跟踪、版本控制、报告与业务智能、构建管理和流程指南等团队服务功能。TFS 可与 Microsoft Office 集成，业务分析师和项目经理就可用 Excel、Project 等熟悉的应用程序对其进行访问，团队其他角色能够以 Web 方式访问项目资源和功能。客户端软件包含有 Team Suite 工具集，为架构、设计、开发、测试等团队成员提供了工具，在软件开发的每个步骤，团队成员都可利用这些工具进行协作。

9.3.3 敏捷软件工程体系

敏捷开发是一种以人为核心，迭代、循序渐进的开发方法。在软件开发过程中，经常面对快速变化带来的新问题，并被不断增加的繁杂步骤、规则和文档所困扰。一些专家通过研究揭示出软件工程具有某些反传统工程学的特征和规律，结成敏捷联盟发表异于传统开发方法的敏捷宣言，从实践经验中概括出敏捷过程、技术和方法，并自发地形成了一套以“敏捷”为特征的软件工程体系。精简了软件开发环节和产物，围绕软件开发的主题，具有快速响应变化能力，可让开发团队摆脱上述困扰。主要包括敏捷宣言(Agile Manifesto，AM)、敏捷原则(Agile Principles，AP)、敏捷过程(Agile Process，AP)、敏捷团队(Agile Teams，AT)、敏捷建模(Agile Modeling，AM)、特征驱动软件开发(Feature Driven Development，FDD)、自适应软件开发(Adaptive Software Development，ASD)、极限编程技术 XP 等。

1. 敏捷宣言及原则

敏捷软件工程体系的核心思想可概括为以下敏捷宣言。

- 个体和交互胜过 过程和工具
- 可以工作的软件胜过 面面俱到的文档

- 客户合作胜过 合同谈判
- 响应变化胜过 遵循计划

敏捷联盟认为,上述各右项虽然也有价值,但是左项具有更大的实际意义和价值。

敏捷联盟定义的敏捷原则,包括以下12条。

(1) 最优先要做的是通过尽早的、持续的交付有价值的软件使客户满意。

(2) 即使到了开发后期,也欢迎改变需求。敏捷过程利用变化为客户创造竞争优势。

(3) 经常交付可运行的软件,交付间隔从几周到几个月,交付时间间隔越短越好。

(4) 在整个项目开发期间,业务人员和开发人员尽量天天在一起工作与交流。

(5) 围绕被激励的个体构建项目,提供所需的环境和支持,并信任他们能够完成工作。

(6) 在团队内部,最有效果和效率的传递信息方法就是面对面的交谈。

(7) 首要的进度度量标准是研发的软件。

(8) 敏捷过程提倡可持续的开发速度。团队和用户应保持长期恒定的开发速度。

(9) 不断地关注优秀的技能和好的设计以增强敏捷能力。

(10) 尽量简单——只做必需的,这是艺术。

(11) 最好的构架、需求和设计出于自组织团队。

(12) 团队会不定期地进行反省和调整,以求更有效地工作。

2. 敏捷过程模型

敏捷过程模型是渐进型开发的过程,将开发阶段的4个活动:分析、设计、编码和测试结合在一起,消除了软件过程中不必要的步骤和提交物,在全过程中采用迭代增量开发、反馈修正和反复测试的策略。敏捷软件开发生存周期划分为用户故事、体系结构、发布计划、交互、接受测试和小型发布6个阶段,如图9-9所示。其中"用户故事"代替了传统模型中的需求分析,由用户用自己领域中的词汇准确地表达其需求而无须考虑任何软件开发技术细节。

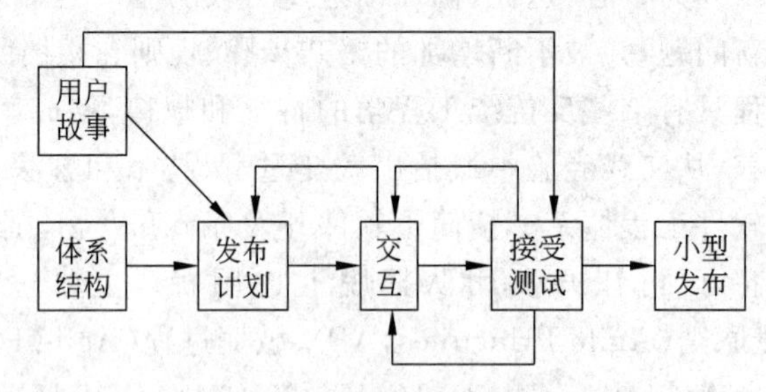

图9-9 敏捷过程模型

敏捷过程遵循以下简便易行规则。

(1) 有计划地开发。计划持续且循序渐进。每两周开发人员为下两周候选特性估算成本,客户可根据成本和价值等要素选择要实现的特性。

(2) 小版本发布。每个版本既要尽可能小,又要能满足尽可能多的需求。

(3) 用隐喻(Metaphor)沟通。由于开发人员对用户业务术语不熟,而软件开发术语用户又不易理解，开始应先明确双方都能理解的隐喻以免歧异，对一些抽象概念达成一致。

(4) 简单设计。设计应保持兼容当前系统功能且尽量简单，能通过所有的测试，没有重复，既能表达设计思想，又能用尽量少的代码实现。

(5) 测试驱动开发(Test-Driven)。研发人员先应制定所接任务的测试用例，完成任务的标志是能确保全部测试用例正确，所有测试用例都应保留并应用到下一步的集成测试中。

(6) 勇于重构。用重构方法改进蜕化代码，保持代码尽量简洁且有表达力。

(7) 结对编程(Pair Programming)。代码应由两程序员并坐一起在同一台机器上构建。

(8) 持续集成。经常保持系统完整集成，当一段新代码嵌入(Check in)后，应与原来已经嵌入的代码完全集成一起。

(9) 代码集体所有。任何结对的程序员都能改进任何代码，无人对任何一个特定的模块或技术独占，都可参与任何相关方面的开发。

(10) 规范编码。系统中所有代码，如同一人单独完成。

(11) 用户现场参与 (On-Site Customer)。用户参与研发，编写需求并为各迭代提供反馈。

(12) 每周工作40小时。不拖拉，不轻易加班，小版本设计也可在单位时间内完成。

敏捷过程模型不过分强调分析和设计，编码开始较早，认为运行的软件比详细文档更重要。其核心思想是沟通、简单、反馈和勇气。成员之间经常进行沟通，在尽量保证质量前提下力求过程和代码的简单化；客户、开发人员和最终用户的具体反馈意见可提供更多机会调整设计，保证把握正确的开发方向；信息则应坚持上述沟通、简单、反馈和重构的原则。

3. 敏捷设计方法

由于敏捷团队预先设计较少，不用成熟的初始设计。主要依靠应变获取活力、循序渐进，注重保持设计尽量简洁，并采用较多单元测试和验收测试进行支持。既保持了设计的灵活性，又易于理解。团队利用这种灵活性，持续改进设计，使每次迭代得到的设计和系统都合适。为了改进软件设计，敏捷采取了面向对象的设计原则，主要包括如下。

(1) 单一职责原则(SRP)。对于单独一个类，应仅有一个引起其变化的原因。

(2) 开放-封闭原则(OCP)。软件实体应是可以扩展，不宜过于封闭。

(3) 替换原则(LSP)。子类型应当可以替换其基类型。

(4) 依赖倒置原则(DIP)。抽象不应该依赖于细节，细节应该依赖于抽象。

(5) 接口隔离原则(ISP)。不应强迫用户依赖于不用的方法。接口属于客户，不属于它所在的类层次结构。

(6) 重用发布等价原则(REP)。重用的粒度就是发布的粒度。

(7) 共同封闭原则(CCP)。包中所有类对于同一类性质的变化应共同封闭。一个变化若对一个包产生影响，则将对该包中的所有类产生影响，而对于其他包无任何影响。

(8) 共同重用原则(CRP)。一个包中的所有类可共同重用。如果重用了包中的一个类,那么就要重用包中的所有类。

(9) 无环依赖原则(ADP)。在包的依赖关系图中不允许存在环。

(10) 稳定依赖原则(SDP)。朝着稳定的方向进行依赖。

(11) 稳定抽象原则(SAP)。包的抽象程度应与其稳定程度一致。包可用作包容一组类的容器,通过将类组织成包,可在更高层次抽象上理解设计。也可通过包管理软件的开发和发布,目的是根据一些原则划分应用程序中的类,然后将划分后的类分配到包中。

敏捷设计是一个持续地应用原则、模式及实践改进软件结构和可读性的过程。致力于保持系统设计在任何时间都尽可能简洁,富有表现力。当软件开发需求变化时,设计出现不良征兆。当软件中出现下面任何一种症状时,表明软件正在出现问题,就应进行重构。

① 僵化性:系统很难改动,改一处就要改多处。

② 脆弱性:改一处会牵动多处概念无关的地方出问题。

③ 牢固性:很难解开系统的纠结,使之成为一些可重用的组件。

④ 粘滞性:做正确的事比做错误的事要难。

⑤ 不必要的复杂性:设计中含有不具任何直接好处的基础结构。

⑥ 不必要的重复性:设计中含有重复结构,而该结构本可用单一的抽象统一。

⑦ 晦涩性:很难阅读和理解,不能很好地表达意图。

4. 极限编程实践

极限编程(eXtreme Programming,XP)是最著名且最重要的一种敏捷过程模型,其实践遵循敏捷过程模型的绝大部分易行规则,包括简单设计、结对编程、测试驱动、勇于重构/改进、持续集成、代码集体所有、规范编码和系统隐喻,在此基础上,修改或增加了一些实践过程中总结的规则,包括如下。

(1) 团队组织。项目的所有参与者围绕客户代表一起工作在一个开放的场所中。团队没有专家,只有特殊技能的参与者,每人各尽其能,各守其职。

(2) 计划策略。开发者评估客户要求特性的难度,客户根据评估的成本和价值来选择要实现的特性,计划安排每两周迭代一次,每次迭代都形成可运行的软件系统。

(3) 客户测试。但凡实现的特性都要附带验收测试程序,可供客户自行测试并能验证该特性可否接受。

(4) 速度可持续。非常努力又能持久才有获胜的希望,要将项目看作马拉松长跑。

在建筑行业,常由设计院完成设计,然后由建筑公司按照设计施工。支持敏捷方法者认为这一过程很难适应软件开发,软件项目若不编程几乎无法有效设计,且在开发过程中需求变化很难避免。传统工程学总是尽量减少或控制系统变化,但在软件开发中无法避免变化,为解决这种变化,敏捷软件工程体系采用迭代式、循序渐进的开发方法。但对典型的外包软件开发,拿到设计做编码,不适合使用敏捷开发。拥护敏捷的人很多,许多企业或机构都用这一方法,甚至 IBM Rational 也为 RUP 团队提供敏捷策略,而 Microsoft 则直接用 MSF 支持敏捷过程,认为敏捷开发将是未来主流方法。

讨论思考

(1) 什么是 IBM Rational 软件工程体系?

(2) 什么是微软软件工程体系?

(3) 敏捷设计方法具体有哪些?

*9.4 形式化方法及其软件工程体系

传统的软件工程主要使用自然语言进行交流和思考,容易出现语义含糊和歧义的问题,又无法进行严格的检查和验证,因而错误易于隐藏并扩展漫延。为此一些专家试图在软件工程中引入形式化方法,以使语义准确、清晰而无歧义,并可使用自动化方法进行检查验证、分析推理及语义推导。下面分别介绍软件工程形式化方法及其软件工程体系。

9.4.1 形式化方法

1. 形式化方法概述

软件工程中的形式化方法是指将软件工程建立在数学概念和语言的基础上,以使语义准确、清晰且无歧义,并可用自动化或半自动化的工具对开发过程各阶段的成果进行检查和分析。在形式化方法中,可将数学方法运用在以下 3 个方面:一是规范描述采用数学的形式和语义记法,形成软件形式化规范,以描述软件的规格、设计及实现;二是分析推理采用数学方法对软件形式化规范进行分析和推理,以研究它的各种静态和动态性质;三是实现代码运用数学方法从抽象的高层描述出发,按照语义逐步推导出更接近实现的、包含更多细节的规范,经过逐步精化,最终得到可正确运行的程序。由此可见,形式化方法中,软件需求文档可转换到可执行代码,无须程序人员编写程序,也不需要通过执行代码的方式做测试和调试。表 9-6 列举了该方法的两个实例,其中巴黎地铁 14 号线自动驾驶系统 1998 年投入运行,巴黎 Roissy 机场自动穿梭车 2006 年投入运行。

表 9-6 工业形式化软件开发实例简况

项 目 概 要	巴黎地铁 14 号线	巴黎 Roissy 机场穿梭车
线路全长	8.5km	3.3km
停站数	8 个	5 个
列车间距时间	115s	105s
列车速度	40km/h	26km/h
列车数	17 列	14 列
旅客数	350000/d	2000/h
实际运行时间	1998 年	2006 年

实际上,在多种软件和计算机规范中已采用了形式化描述方法,如 RBAC 2004 规范和 W3C 的 WSDL 2.0 规范都采用了形式化规范语言 Z 来描述,XPath 2.0 Formal

Semantics采用了结构化操作语义。在常规软件实践中也早已融入了许多形式化方法的元素,例如,UML中就包含着大量形式化方法的研究成果。

2. 形式化开发过程

纯粹应用形式化方法开发软件其过程可以划分为3个阶段。

(1) 阶段1:获取抽象模型。从软件需求文档中逐步抽取出问题的细节构造系统的抽象模型,并从中抽取其中需要证明的定理(不变式维持定理)加以证明;通过逐步求精最终构造出一个完整的抽象模型,并证明其中所有的不变式定理。

(2) 阶段2:获取具体模型。用更接近计算机实现的数据结构代替抽象的结构,证明新的具体模型是抽象模型的"精化"。用工具自动生成一组"精化关系定理",证明这些定理,通过逐步求精最终得到一个可以直接实现的具体模型。

(3) 阶段3:获取可执行代码。将具体模型翻译为可执行代码。

通过上述途径最终可得到构造正确的可执行代码(相对于软件需求规范而言)。

3. 形式化方法分类

形式化方法的本质是用数学来描述目标软件系统属性。不同的形式化方法其数学基础不同,有的以集合论和一阶谓词演算为基础(如Z和VDM),有的则以时态逻辑为基础。根据表达方法的不同,形式化方法可以分成下面5类。

(1) 基于模型的方法。通过明确定义状态和操作来建立一个系统模型(使系统从一个状态转换到另一个状态)。用这种方法虽可以表示非功能性需求(诸如时间需求),但不能很好地表示并发性,如Z语言、VDM、B方法等。

(2) 基于逻辑的方法。用逻辑描述系统预期的性能,包括底层规约、时序和可能性行为。采用与所选逻辑相关的公理系统证明系统具有预期的性能。用具体的编程构造扩充逻辑从而得到一种广谱形式化方法,通过保持正确性的细化步骤集来开发系统,如ITL(区间时序逻辑)、区段演算(DC)、hoare逻辑、模态逻辑、时序逻辑、TAM(时序代理模型)等。

(3) 代数方法。通过将未定义状态下不同的操作行为相联系,给出操作的显式定义。与基于模型方法相同的是,没有给出并发的显式表示,如OBJ、Larch族代数规约语言等。

(4) 过程代数方法。通过限制所有容许可观察的过程间通信表示系统行为。此类方法允许并发过程的显式表示,如通信顺序过程(CSP)、通信系统演算(CCS)、通信过程代数(ACP)、时序排序规约语言(LOTOS)、计时CSP(TCSP)、通信系统计时可能性演算(TPCCS)等。

(5) 基于网络的方法。由于图形法易于理解,而且非专业人员也能够使用,因此这是一种通用表示法。该方法采用具有形式语义的图形语言,为系统开发和再工程带来特殊的好处,如Petri图、状态图等。

4. Z语言

Z语言以经典集合论和一阶谓词为基础,运用schema(模式)结构来描述一个规约的状态空间和操作。Z规约由一系列schema组成,每个schema定义一个抽象的对象或操作,并用谓词判定描述给出新的对象或操作的语义约束。schema可以组合成新的

schema,因此,软件系统可用 schema 分层构成。schema 为规约提供了演算手段,通过这种演算,无论多大的系统其规约都可以通过一个个小的部分来构成。Z 语言用 schema 及其演算对目标软件系统的结构和行为特征进行抽象描述,其中状态模式对结构特征进行抽象描述,操作模式对行为特征进行抽象描述,这是一种颇具特色的有效的形式化方法。

【案例 9-2】 在计算机操作系统中,创建文件时需获取未用的存储块,为此需要维持一个未用块池并保持对当前已用块的跟踪。删除文件时块被释放并加入到块队列中以等待进入未用块池。对于块处理子系统而言,存在未用块集合、已用块集合以及返回块队列,其数据不变式用自然语言表达为:一个块不能同时标记为未用和已用;返回块队列是当前已用块集合的子集;已用块和未用块的集合构成文件块总集;返回块队列中没有重复的块号。未用块集合中没有重复的块号;已用块集合中没有重复的块号。块处理子系统的操作包括将一已用块集合加到返回块队列尾;从返回块队列前移走一已用块集合放到未用块集合中;检查块队列是否为空。

第一个操作的前置条件是:将要加入的块必须在已用块集合中,后置条件是:这个块集合已被加入到队列尾部。第二个操作的前置条件是:队列中必须至少有一项,后置条件是:块已被加到未用块集合中。最后一个操作即检查返回块队列是否为空的操作没有前置条件,这意味着不管状态具有什么值,操作总是有定义的。后置条件是:如果队列为空返回 true,否则返回 false。

根据 Z 语言约定,输入的变量如果不形成状态的一部分,则以问号结尾。这样,Ablocks? 作为一个输入参数应以问号结尾。

有专家认为,软件开发正从朴素、非形式的设计方法向着更严格、更加形式化的方向转变。实际上,是否使用形式化方法则需从多方面考虑,经验表明,在首次使用形式化方法时,培训和咨询是成功关键,但二者和支持工具成本都很高。通常在开发关系到重大安全的关键软件部件或出于商业原因不允许出错的软件部件时,才会考虑使用形式化方法。形式化方法和非形式化方法互有长短,取长补短将产生更佳效果。例如,用形式化方法可对系统需求文档进行一致的、简洁的、无二义的描述,在以自然语言注释则更能增强对系统的理解。形式化规约擅于描述功能和数据,但对问题的时序、控制和行为等方面却难于表示,有些元素如人机界面等最好用图示法刻画。形式化方法不能代替良好团队组织、优秀的项目计划和彻底的测试,也不能保证软件复用,但可作为创建可复用构件库的一种手段或途径。

*9.4.2 净室软件工程体系

净室软件工程体系采用形式化方法,主要基于数学和统计学,面向工作组,追求以经济的方式生产高质量的软件。“净室”一词源自半导体生产。在半导体产品制造过程中,生产是在洁净的环境和严谨的工艺中进行的,从而避免了产生产品缺陷。净室软件工程体系的每个开发步骤都是“净”的,最后得到“净”的产品,不像其他方法那样先制作一个有问题的软件,然后通过反复地测试和修改完善。净室理论由数学家 Harlan Mills 等人于20世纪80年代初提出,20世纪80年代中期,IBM公司的 Richard Linger 负责实施一个净室软件项目,其结果显示出卓越的质量水平,从此净室软件工程体系得到了业界的认同。

1. 净室开发过程

净室方法使用增量软件模型,每个软件增量通过如下9个净室开发阶段来实现。

(1) 增量计划:拟订增量项目计划,包括每个增量的功能、大小以及净室开发进度表。要保证通过认证的增量被及时集成。

(2) 需求收集:为每个增量开发一个用户功能需求规格。

(3) 盒式规约:运用盒式规约来描述功能,在每一个细化级别上分离行为、数据及过程。

(4) 形式化设计:净室设计是对盒式规约进行自然无缝扩展。在一个增量内,盒式规约"黑盒"是被递进地求精为类似于体系结构的"状态盒"和过程的"清晰盒"。

(5) 正确性验证:净室小组对设计及代码进行一系列严格的正确性验证。验证从盒式规约开始,然后逐步移向设计细节和代码。

(6) 代码生成、检查和验证:将盒式规约转换为合适的程序设计语言,然后用走查或检查技术保证代码和盒结构语义相符性及代码语法正确性,之后,对源代码进行正确性验证。

(7) 统计性测试:分析软件的项目级使用情况,由用户用的"概率分布"设计测试用例。

(8) 统计测试数据:根据设计的有限数量的测试用例进行测试,并统计测试结果。

(9) 认证:完成验证、检查、测试并修正所有错误后,开始进行增量集成前的认证工作。

净室软件工程体系上述9个开发阶段通过相互独立的小团队来实现。可以看出,净室方法使用了一个独特的净室生命周期,它运用盒式规约表示需求和设计,基于数学进行软件设计并对模型进行形式化证明,基于统计进行测试和软件可靠性认证。在传统软件开发中,错误是作为事实而接受的,因此必须进行多次测试和调试,这些活动既耗钱又耗时,而且还可能导致更多的错误。在净室软件工程体系中,单元测试和调试被正确性验证及基于统计的测试所替代,这些活动格外凸显出净室方法与众不同之处。

2. 净室功能规约

净室软件工程体系采用盒式规约,一个"盒"在某个细节层次封装系统或系统的某些方面。上层盒可通过逐步求精被层层细化为一系列底层的盒,每个盒自成一体。盒有3种类型,即黑盒、明盒和状态盒。

1) 黑盒

黑盒根据一组规则对特定事件做出某种反应,可表示系统或系统某部分。黑盒规约表示了对触发和反应的抽象,如图9-10所示。输入(触发)S的序列S^*,通过函数f变换为输出(反应)R。对简单的软件部件而言,f可以是一个数学函数,但一般情况下并非数学函数，这时就需要通过形式化语言来描述。黑盒封装数据及操作，与类的层次一样，黑盒规约可以分层展示，其中低层盒继承其上层盒的属性。

2) 状态盒

状态盒是状态机的一种简单通用化，封装状态数据和操作，即通过盒式规约表示输入、输出和黑盒的历史变化状态数据。状态是某种可观测到的系统行为模式，当进行处理时，一个系统对事件(触发)做出反应从当前状态转变到新状态，当转变进行时，可能发生某个动作。状态盒使用数据抽象来确定这种状态的转变及转变产生的动作(反应)。状态盒可与黑盒结合使用，外部的输入(激发)S，与内部系统状态 T 共同作用于黑盒，结果输出 R、T，如图 9-11 所示。

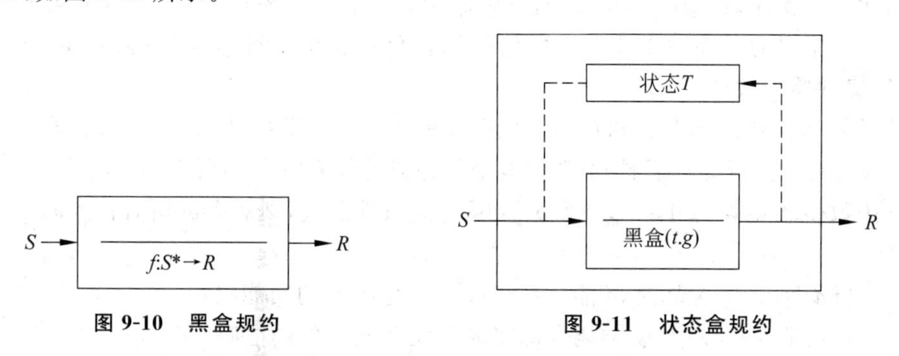

图 9-10 黑盒规约　　**图 9-11 状态盒规约**

状态盒可用数学描述为:

$$g: S^* \times T^* \to R \times T$$

其中，g 是和特定状态 t 连接的子函数。当整体考虑时，状态-函数对(t, g)定义黑盒函数。

3) 明盒

明盒(清晰盒)定义状态盒的过程结构，原状态盒中的子函数由结构化编程所替代。例如，当图 9-12 黑盒中的 g 被细化为一个选择结构时，就成为以图 9-12 所示的明盒。明盒可以进一步细化为更低层的明盒，在细化的同时，也对盒规约的正确性进行形式化验证。

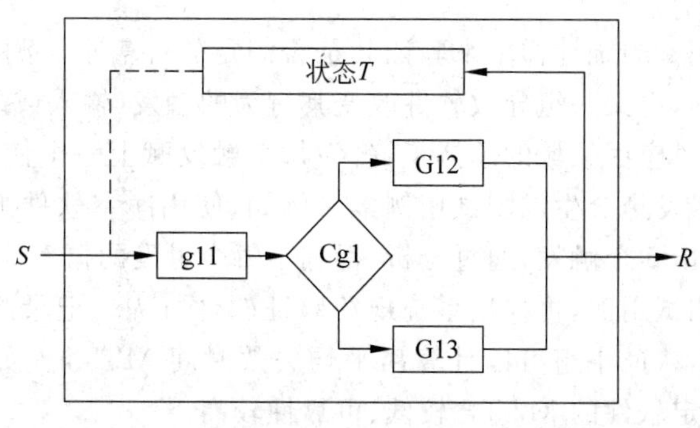

图 9-12 明盒规约

3. 净室设计验证与测试

1) 净室设计的精化及验证

净室设计主要使用自顶向下、逐步细化的结构化方法，由顶层的盒逐步细化到底层的盒。在细化过程中，盒中函数表示为逻辑连接词(如 if-then-else)和子函数构成的结构，这样不断地细化下去，直至所有标识出来的子函数可以用程序设计语言直接表示。对于数据则通过数据封装、信息隐蔽等手段封装为一组由子函数提供服务的抽象体。同时还要将一组通用的正确性条件附加到结构化程序设计上，每精化一步，也同时进行正确性验证。验证状态盒规约时要验证每个规约与其父辈黑盒规约定义的行为相一致；对清晰盒规约的验证也要保证与其父辈状态盒一致。验证由整个净室团队参与，这样可使实施验证本身产生错误的可能性更小。下面给出结构化编程中3种基本结构(顺序、条件和循环)的正确性验证条件。

若函数 f 为被精化为 g 和 h 两个依次顺序执行的子函数，则对 f 的所有输入的正确性验证条件是：执行 g 以后再执行 h，能全部完成且仅完成 f 的所有功能吗？

若函数 p 被精化为 if $<c>$ then q else r 的条件形式，则对 p 的所有输入的正确性验证条件是：

(1) 当条件$<c>$为真时，q 能全部完成且仅完成 p 的功能吗？

(2) 一旦条件$<c>$为假，r 能全部完成且仅完成 p 的功能吗？

若函数 m 被精化为循环，则对 m 的所有输入的正确性条件是：

(1) 循环能保证正常结束吗？

(2) 退出循环以后能全部完成且仅完成 m 的功能吗？

由于结构化编程仅限定为3种基本结构，所以正确性验证是有限的，即使程序有无限的执行路径，也可以在有限步骤内完成验证。在净室团队验证设计和代码时，团队全体认同会使得生产的软件几乎没有或根本没有任何缺陷。每个软件系统无论多大均可精化为更小的子系统，其中高层的正确性验证与低层的验证方法相同，虽然高层的验证可能需要更多的时间，但并不需要更多的理论。基于函数验证的理论使得净室方法比单元测试更有效、更快捷。

2) 净室测试

净室通过测试用例的统计样本来验证其是否满足软件需求。测试前，先分析软件每个增量的规约(黑盒)，定义一组导致软件改变其行为的触发(输入或事件)，通过和用户交流、建立使用场景和对应用领域的总体了解，为每个触发赋上一个使用概率，再按照使用的概率分布为每个触发集合生成测试用例集。例如，使用净室软件工程体系开发了一个软件增量，已经标识出5个触发，通过分析，得到了每个触发的概率。

测试小组执行测试用例，再根据系统规约验证软件行为。记录测试时间及测试间隔时间，利用间隔时间，认证小组可以计算出平均失效时间 MTTF。如果一个长的测试序列测试正常，则可判定软件的 MTTF 较低、可靠性较高。

3) 净室认证

认证是指在净室软件工程体系中，通过使用平均失效时间 MTTF 来度量软件构件和完整增量的可靠性。对于软件构件来说，认证不仅能在本净室项目中起作用，也可通过与构件及其使用的场景、触发、以及概率分布一起存储和发布，来扩大受益面。认证需要经过以下5个步骤：创建使用场景；刻画使用轮廓；从轮廓中生成测试用例；执行测试，记录并分析失败数据；计算并认证可靠性。

净室软件工程的认证需要创建3个模型：

（1）取样模型：软件测试执行m个随机测试用例，如果没有错误发生或只有少于指定数量的错误发生，则认证通过。值m用数学方式导出以保证能够达到需要的可靠性。

（2）构件模型：对由多个构件组成的系统进行认证，构件模型使得分析员能够确定每个构件在完成前失效的概率。

（3）认证模型：设计并认证系统的整体可靠性。

通过使用上面3个模型对测试结果进行计算，净室认证小组就得到了交付软件所需要的信息，包括认证所需的MTTF。基于使用模型的统计测试和认证提供了软件产品和过程质量的度量标准，由于该方法基于规范而非基于代码，因而能够在工程早期阶段应用，更有价值。

讨论思考

（1）形式化方法分为哪几类？

（2）形式化方法有什么优点和缺点？其发展前途如何？

（3）净室软件工程体系有什么优点和缺点？同其他软件工程体系有哪些根本不同？

（4）净室软件工程体系的测试有什么特点？

9.5 本章小结

本章概述了现代软件开发的新技术，以及现代软件工程体系，CMMI、MSF、敏捷及其形式化方法都有其各自的特色和明确的适用范围。在一些价值观、原则和实践做法上，既存在着明显的区别，又相互借鉴互补。IBM Rational软件工程体系是现代软件工程发展的一个经典实例，其中主要特征之一是理论、技术、方法和工具大范围的集成。CMMI的初衷是为了制定一个评估标准，判断软件承包商的软件能力成熟度，后来更多的企业用于改进自身管理。MSF则是微软公司软件开发经验的总结和提炼，具有极强的实用性和微软特色。敏捷软件工程体系强调小周期增量开发、人为因素和软件产品本身，简化开发过程中可精简的步骤和产物，直奔软件开发主题，反映了人们对重载过程反省。微软公司多年来的主要业务是开发面向大众商品软件而非专用的软件项目，MSF更多地从公司角度考虑为提高商业价值而规范软件开发过程，强调按时发布和持续改进，注重进化和改变。形式化方法多出自资深的数学家，严谨和专业使得该方法开发出的软件具有更高的质量，但要进行大规模的工业化应用则需要对开发团队进行严格的专业训练和开发过程指导。

9.6 练习与实践九

1. 填空题

(1) 应用CMMI,评估机构可以________软件组织的软件能力成熟度等级,软件采购方能够用于________软件承包方软件项目开发能力,软件组织也可以用它持续________自身软件开发能力水平。

(2) 在RUP 4+1视图中,________视图是面向对象设计时的对象模型。________视图描述软件在开发环境下的静态组织。________视图描述系统的并发和同步方面的设计。________视图描述软件映射到硬件方面的设计。________视图描述构件间的关系。

(3) MSF过程模型将________模型中基于里程碑的规划优势与________模型中增量迭代的长处结合一起,形成构思、________、开发、________和发布5个阶段迭代改进、螺旋上升的流程。

(4) 形式化方法的本质是用________方法来描述软件系统,不同的________方法其数学基础不同。在净室软件工程中,单元测试和调试被正确性________和基于________的测试所替代,这些活动使得净室方法与众不同。

(5) 敏捷宣言宣称:个体和交互胜过过程和________,可以工作的软件胜过面面俱到的________,客户合作胜过________,响应变化胜过________。

2. 选择题

(1) 如要达到CMMI某个__①__的要求,就要达到该级别及其以下所有__②__的要求。如果要达到某个过程域的要求,就要达到该过程域每个__③__的要求。如果要达到某个目标的要求,就需要证明该目标所有的__④__都做到位了。

可供选择的答案:

A. ①目标　②过程域　③实践　④级别
B. ①级别　②过程域　③目标　④实践
C. ①过程域　②实践　③目标　④原则
D. ①需求　②级别　③目标　④标志

(2) IBM Rational软件工程体系以__①__和__②__而闻名,同时具有较为完善的软件工具集,支持__③__、设计与构造、软件质量、软件配置管理、过程与项目管理、__④__等软件工程各个阶段。

可供选择的答案:

A. ①统一建模语言　②统一过程　③需求分析　④部署管理
B. ①统一过程　②统一建模语言　③规范　④需求分析
C. ①产品　②需求分析　③统一过程　④统一建模语言
D. ①需求分析　②统一过程　③统一建模语言　④运行

(3) 微软公司的软件开发团队实行__①__交叉管理,纵向垂直管理与汇报关系为:产品总经理→部门经理→小组长→组员;横向管理为产品特性__②__,产品特性项目组成员职能划分为 6 种___③___,各角色地位___④___。

可供选择的答案:

A. ①对等	②过程	③组员	④平凡
B. ①矩阵式	②项目组	③角色	④对等
C. ①产品	②对等	③项目组	④崇高
D. ①项目组	②角色	③语言	④非凡

(4) 敏捷过程模型是一个___①___开发过程,消除了开发中不必要的___②___和提交物。它将开发活动:分析、设计、编码和测试___③___在一起,全过程采用___④___开发、反馈修正和反复测试的策略。

可供选择的答案:

A. ①迭代增量	②过程	③组织	④平凡
B. ①矩阵式	②项目组	③迭代	④对等
C. ①产品	②增量	③增量	④项目
D. ①渐进型	②步骤	③结合	④迭代增量

(5) 在形式化方法中,规范描述采用数学的形式和___①___记法;分析推理采用数学方法对软件形式化___②___进行分析和推理;代码实现运用数学方法从___③___逐步推导出___④___的程序。

可供选择的答案:

A. ①对等	②规约	③规约	④一般
B. ①符号	②描述	③文档	④源代码
C. ①语义	②规范	③高层描述	④可正确运行
D. ①数学	②文档	③符号	④汇编

3. 简答题

(1) 怎样证明达到了 CMMI 的某个级别?

(2) IBM Rational、MSF、敏捷、形式化方法有哪些相同方面和不同方面?

(3) 你喜欢采用哪一种软件开发方法? 说出其理由。

(4) 列表对比 MSF 和敏捷软件工程的过程模型及团队模型。

(5) 简述形式化方法开发步骤及采用的技术。

4. 实践题

(1) 应用 IBM Rational 或 MSF 开发一个软件项目,如库存商品信息系统。

(2) 应用敏捷软件工程体系开发一个软件项目,如学生选课系统。

CHAPTER

第10章 WebApp开发综合案例

WebApp即基于Web的应用软件的开发和应用拓展到各种终端，其研发技术方法和应用在软件工程中极为常用且重要，已经成为各行业及现代信息化建设中的核心和关键。通过实际Web应用软件在整个开发过程案例的实际介绍，深入联系WebApp研发的实际，"教学做练用一体化"且"产学研用结合"效果更佳，为具体综合应用及课程设计与毕业设计提供更好的参考借鉴作用。

教学目标

- 了解Web工程的概念及与传统软件工程的区别。
- 理解WebApp的概念、特点和开发过程。
- 掌握WebApp的分析、设计和测试方法。
- 掌握WebApp综合开发方法及课程设计。

10.1 WebApp项目开发概述

随着计算机网络及通信技术的快速发展，Web技术在各行业和手机等多种终端的广泛应用，对广大机构和用户的业务、工作和生活产生了深远的影响。很多传统的信息技术及方法和数据库系统正在被移植到互联网上，以电子商务为典型代表的WebApp应用更加普及深入。

【案例10-1】 开发一个Web商品进销存信息系统，为计划、采购、销售、库存和管理提供方便，实现进销存信息资源优化，有效地提高工作效率。采用C/S结构的基于Web Service的进销存系统，选择Visual Studio 2015与SQL Server 2014开发环境，以C#编程语言完成，按照软件工程方法，首先对系统进行需求分析，在进行系统的总体设计的基础上进行编程实现。.NET平台内建立对Web Service的支持，包括Web Service的构建和使用，可在应用程序集成或其他场合被重用。系统总体的功能有商品基本计划、采购、销售、库存、查询、统计、增删改和相关管理等。

10.1.1 WebApp 的特点及类型

1. WebE 的概念及与传统项目的区别

1998 年 Yogesh Deshpande 和 Steve Hansen 提出了 **Web 工程**(简称 WebE)的**概念**,是指按计划进行的网络综合性工作。WebE 作为一门新兴的学科,提倡使用过程和系统的方法来开发高质量的基于 Web 的系统。使用合理的、科学的工程和管理原则,用严密的和系统的方法来开发、发布和维护基于 Web 的系统。基于 Web 的系统和应用简称 WebApp,不同于其他计算机软件,而是基于 Web 的系统与"页面排版和软件开发、市场和预算、内部交流和外部联系以及艺术和技术间"综合作用的产物。

WebE 与传统软件工程的区别,主要体现在 6 个方面,如表 10-1 所示。

(1) WebApp 强调信息的含量,传统软件工程则强调系统功能的完善。

(2) WebApp 关注视觉和感觉,传统的软件界面则奉行"简单为美"原则。

(3) 多数 WebApp 是数据驱动,传统的软件开发多是功能驱动或过程驱动。

(4) WebApp 适应不同的用户,传统软件系统的用户群体则常圈定在某个范围之内。

(5) WebApp 通常需要在短期内开发完成,很难用传统软件工程中的形式化方法和测试技术。

(6) WebE 要求技术、艺术和科学在更大范围内相互结合。

表 10-1 WebApp 与传统软件项目的区别

比较内容	传统项目	小型 WebApp 项目	大型 WebApp 项目
需求收集	严格的	受限制的	严格的
技术规格说明	模型、规格说明健全	总体描述	UML、模型、规格说明健全
项目持续时间	以月或年为度量单位	以天、周或月为度量单位	以月或年为度量单位
测试和质量保证	致力于取得质量目标	致力于风险控制	重视所有的 SQA 活动
风险管理	明确的	内部的	明确的
可交付使用的期限	18 个月或更长	3～6 个月或更短	3～12 个月或更短
发布过程	严格的	快速的	严格的
发布后客户的反馈	需要大量的主动工作	在用户交互中自动获得	自动获得及由请求反馈获得

2. WebApp 的主要特点

WebApp 的主要特点具有以下 8 个方面。

(1) 网络密集性(Network intensiveness)。网络汇集 Web 中多因素,服务多客户群需求变化。

(2) 并发性(Concurrency)。可能有大量用户同一时刻使用 WebApp,最终用户使用模式差异很大。

(3) 无法预测的负载量(Unpredictable load)。WebApp 的用户访问量每天都随机变化,很难预测。

(4) 性能敏感性(Performance sensitive)。用户等待过久就可能放弃使用WebApp转向其他应用。

(5) 高可用性(High availability)。通常,用户基本都希望在任何时候都可异地进行有效访问。

(6) 数据驱动(Data driven)。WebApp的主要功能是以超媒体表示文本、图形、音频和视频内容。并常用于访问数据库中的信息,如电子商务、金融和证券等应用。

(7) 内容敏感(Content sensitive)。在很大程度上,内容的质量和艺术性决定了WebApp的质量。

(8) 持续演化(Continuous evolution)。WebApp持续地演化,与传统按一规定时间间隔发布并进行演化的应用软件不同。有些WebApp,以分钟为单位更新。WebApp驱动持续演化过程的特征如下。

① 即时性。基于Web的应用具有其他软件都没有的即时性。开发者应想办法做好计划、分析、设计、编码、测试,以适应WebApp开发时间紧的要求。

② 安全性。由于WebApp以网络访问可达,为了保护敏感的内容并提供安全的数据传输,在整个支持WebApp的基础设施和应用加强安全措施。

③ 美观性。观感是使WebApp具有吸引力的主要因素。Web软件开发使艺术和技术在更大范围内更好地结合。美工可能和技术设计对成功应用同等重要。

知识拓展:WebApp的开发具有3个特点:WebApp常以增量的方式进行开发;经常发生变化;期限较短。因此,整个WebE过程也与这些特点相适应。

3. WebApp的主要应用类型

在WebApp中,**主要应用类型**如下。

(1) 信息型。利用网站的简单导航和链接提供信息资源。

(2) 交互型。通过聊天室、公告牌或即时消息等进行信息传递。

(3) 面向事务型。用户提交一个由WebApp完成的请求,如下订货单。

(4) 面向服务型。应用程序向用户提供服务,如帮助用户确定抵押支付。

(5) 门户型。应用程序引导用户到链接的其他应用信息或服务。

(6) 数据库访问型。用户查询某大型数据库并提取信息。

(7) 数据仓库型。用户查询一组大型数据库并提取信息。

(8) 用户输入型。基于表格的输入是满足通信需要的主要机制。

(9) 可定制型。用户定制电子期刊等内容以满足特定需要。

(10) 下载型。用户通过网站从合适的服务器下载信息。

10.1.2 WebApp的开发任务、过程和方法

WebApp的分散性和交互性,使其开发遵从一定的开发规范、技术标准和流程,以保证整个开发团队协调一致工作,提高开发效率,提升项目质量。WebApp开发需要过程模型、适合WebApp开发特点的技术和方法。过程、技术(工具)和方法称为**WebE的三要素**。

1. WebApp 的开发任务和过程

1）WebApp 的主要开发任务

通常，WebApp 的**主要开发任务**包括：①对需求问题进行调研分析可行性、具体主要问题定义及陈述交流；②立项并制定项目协议/合同及具体的研发计划/方案；③需求分析；④设计体系结构、导航、接口；⑤使用 Web 开发工具实现 WebApp；⑥测试及发布；⑦文档及验收。

2）WebE 过程及 WebApp 开发流程

根据 WebE 的特点，可构建 WebE 过程框架，如图 10-1 所示。

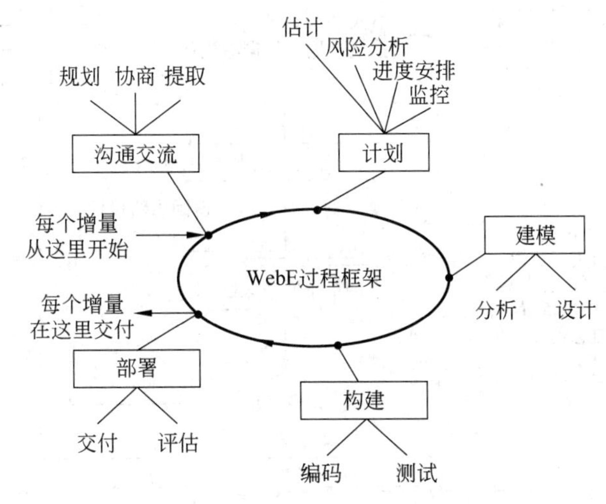

图 10-1 WebE 开发过程框架

（1）沟通交流(Communication)。在 WebE 过程中，沟通交流有 3 种 WebE 活动：规划(Formulation)、提取(Elicitation)和协商(Negotiation)。规划确定 WebApp 的业务和组织环境，确认利益相关者，预测业务需求或环境等潜在变化，并定义 WebApp 和其他业务应用、数据库和功能间的集成。提取是一个涉及所有利益相关者的需求收集，目的是用收集的最有价值的信息描述所要解决的问题及其基本需求。另外，识别不确定的领域和可能发生的变更等，通常都需协商调解。

（2）计划(Planning)。做出由一个任务定义和一个时间表组成的 WebApp 增量式项目开发计划。

（3）建模(Modeling)。软件项目和设计应与 WebApp 开发相适应，然后并入 WebApp 建模活动中。

（4）构建(Construction)。利用 Web 工具和技术构建已建模的 WebApp，并可快速测试暴露设计问题及时调整及修改。

（5）部署(Deployment)。将 WebApp 配置成适合运行的环境，交给终端用户。并通过评估提供反馈。

在实际开发过程中，WebApp 开发的目标是按时、保质、保量完成预期交付软件。通常 WebApp 开发采用增量的迭代模型，WebApp 的开发流程与传统软件开发项目的过程大致类似,具体 WebApp 开发流程如图 10-2 所示。主要包括洽谈、签订协议/合同、需求分析、系统分析、系统规划、数据库设计、页面制作及程序开发、整体测试、发布、跟踪和维护等过程。

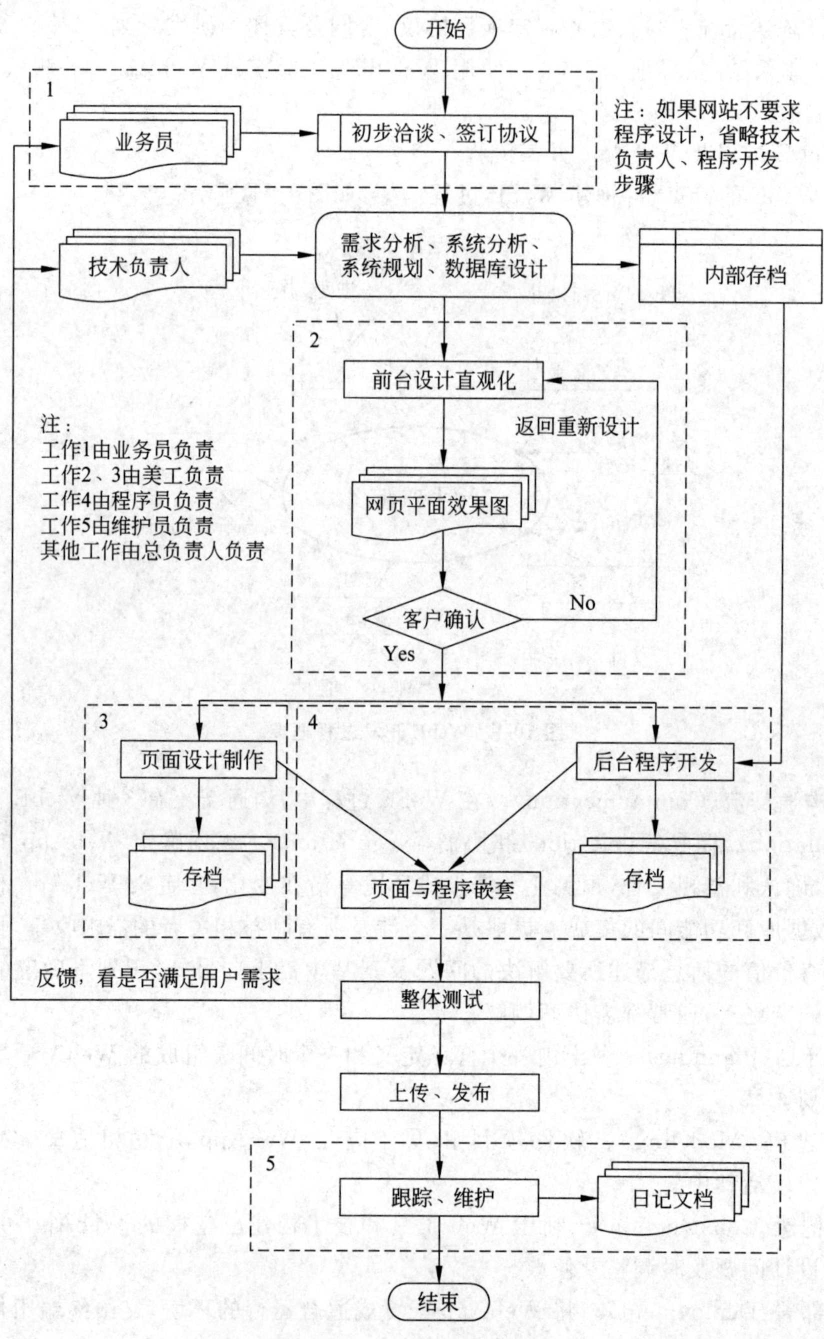

图 10-2 WebApp 开发流程

2. WebApp 主要开发技术及方法

1) 技术和工具

开发 WebApp 的技术,建立高质量的 WebApp,需要以下 **3 种技术**。

(1) 基于部件(构建)的开发。由于 WebApp 的广泛应用,采用部件复用技术可更好地开发具有各种特点的 WebApp。可选用的部件技术标准有 OMA(对象管理组织)的 CORBA、微软公司的 COM/DCOM、Sun 公司的 Java Beans。

(2) 安全性技术。开发基于 Web 的应用必须考虑安全性问题,可以通过网络基础结构、安全协议、密码技术、防火墙等技术,提供有效的安全措施。

(3) Internet 标准 HTML 和 XML。随着 WebApp 的快速发展和广泛应用,已研发出大量的技术工具。包括内容描述和建模语言(如 HTML、VRML、XML)、编程语言(如 Java)、基于构件的开发资源(如 CORBA、COM、ActiveX、.NET)、浏览器、多媒体技术、网站创建工具、数据库连接工具、保密工具、服务器及其实用程序、网站管理及分析工具、界面及美观设计工具和开发平台等。

2) WebE 方法

WebE 方法包括一组技术性任务,使 Web 工程师理解并把握 WebApp 的特点,从而开发出高质量 WebApp。通常,**WebE 方法**主要有以下 5 种。

(1) 交流方法。确定一种可以便于 Web 工程师和所有 WebApp 投资者(如终端用户、商业客户、问题域专家、内容设计者、团队领导、项目经理)交流的方法。

(2) 需求分析方法。需求分析方法为理解下面问题提供了基础:WebApp 要发布的内容,为终端用户提供的功能,以及各类用户通过 WebApp 导航时所需的交互模式。

(3) 设计方法。设计方法包括一系列表现 WebApp 内容、应用和信息结构、界面设计及浏览结构的设计技术。

(4) 测试方法。测试方法包括对内容和设计模式的正式技术评审,以及一系列包括构件级和体系结构问题的测试技术,包括导航测试、可用性测试、安全性测试和配置测试。

10.1.3 WebApp 需求分析

1. WebApp 需求分析的任务

WebApp 的**需求分析**有 **3 个任务**:表述问题、收集需求和分析建模,在表述问题期间主要确定 WebApp 的目的和目标,并定义用户种类。收集需求主要通过调研等确定具体功能、内容、界面等需求,并以分析建模进行具体描述。主要进行 **4 种分析**:①内容分析,确认提供的所有内容,包括文本、图形、声频、视频数据,可用数据建模方法描述各数据对象;②交互分析,描述用户与 WebApp 交互的方式;③功能分析,详细描述具体操作和功能;④配置分析,描述所处的环境和基本体系结构。

分析重点是解决 3 个重要问题:①表达或处理的信息内容;②为最终用户提供的功能;③WebApp 表达内容和执行功能时,表现的行为,可将问题的回答表示为分析模型的一部分。此模型由信息驱动,其信息包含在开发的用例中。对用例描述分析,确定可能的分析类及与各类相关的操作和属性。WebApp 所表示的内容是确定的,执行的功能从用例描述中抽取。最后,实现具体的需求,以便建立支持 WebApp 的环境和基本设施。

2. WebApp 需求分析模型

WebE 需求分析需要借助模型进行描述。根据自身特点将**分析模型**分为内容分析、交互分析、功能分析、配置分析和导航关系分析。模型本身包含结构元素和动态元素,结构元素确定分析类和内容对象,用于创建满足供利益者要求的 WebApp;动态元素描述结构元素之间和最终用户的相互作用。

1) 内容分析模型

对 WebE 基础的内容进行分析。内容模型包含结构元素,为 WebApp 的内容需求提供重要的视图。其结构元素包含内容对象(如文本、图形图像、照片、视频图像、音频),其内容对象是 WebApp 的一部分。另外,内容模型还包括所有分析类——用户可见的实体,当用户与 WebApp 交互时,这些实体被创建或操作。分析类包含描述其属性,实现类所需要的行为的操作和允许此类与其他类通信的协作。

WebApp 将已有信息(称为内容)介绍给用户。内容的类型和形式很复杂,内容开发可能发生在 WebApp 实现前、构建中或 WebApp 投入运行后的较长一段时间。在各种情况下,都通过导航链接合并到 WebApp 的总体结构中。内容对象可能是一产品的文本描述、一篇新闻文章、一张运动照片、公司标志、一个演讲视频,或一个音频插曲。通过检查直接或间接引用内容的场景描述,可从用例中抽取出内容对象。通过分析每个用例可得到分析类。所以,通过仔细检查为 WebApp 所开发的用例,可得到内容模型。

2) 交互分析模型

交互分析主要解决用户与系统之间的交流、传输与互相通信问题,**交互模型**由 4 种元素组成:用例、顺序图、状态图、用户界面原型。

(1) 用例。用例是 WebApp 的交互模型中处于支配地位的元素。当分析、设计和构造大型复杂的 WebApp 时,描述 100 个或更多的用例是很平常的。但是,其中有一小部分用例描述了不同种类(角色)的最终用户和系统之间的主要交互;而其他用例则细化了交互,提供了指导设计和构造的必要分析细节。

(2) 顺序图。UML 顺序图提供了用户动作与分析类之间协作行为的速记表示法。由于分析类是从用例描述中抽取出来的,因此有必要确保已定义类与描述系统交互的用例之间的可追溯性。顺序图提供了用例中描述的行为与分析类(结构实体)之间的连接关系。

(3) 状态图。发生交互时,UML 状态图提供 WebApp 动态行为的另一种表示法。像在 WebE(或软件工程)中使用的大多数建模表示法一样,可在不同的抽象层次上表示状态图。状态图中指明状态转移所需要的事件,进入某一状态的显示信息,在某状态内显示或发生的信息和引起状态转移的退出条件。

(4) 用户界面原型。用户界面的布局、表示的内容、实现的交互机制,以及用户与 WebApp 连接上的总体美感都与用户满意度和总体接受能力密切相关。用户界面原型的创建是一种设计活动,可在分析模型的创建期间进行。对界面较早评估,易于满足最终用户的需求。WebApp 开发工具种类多、功能强,最好用工具创建界面原型。原型应实现主要导航链接,以构造方式表现总体界面。

3）功能分析模型

功能模型描述 WebApp 的两个处理元素，各元素代表过程抽象的两个不同层次。

（1）用户可观察到由 WebApp 传递给最终用户的功能。

（2）分析类中实现与类相关的行为的操作。

用户可观察到的功能包括直接由用户启动的任何处理功能，如一个金融网站可执行多种功能，要使用分析类中的操作才能完成，从最终用户的角度看，这些功能是可见的结果。

在过程抽象的更低层次，分析模型可描述由分析类操作所执行的处理。其操作操纵类属性，并参与类之间的协作来完成所需要的行为。可用 UML 的活动图表示处理细节。

4）配置分析模型

客户端软件提供的基础设施，使用户可从所在位置访问。通常，浏览器用于显示从服务器下载的内容和功能。应针对各种浏览器特性及配置（配置模型的部分详细说明），对 WebApp 进行彻底测试。

有时配置模型是服务器端和客户端的属性列表。对更复杂的 WebApp，多种配置的复杂性（如多服务器间的负载分配、高速缓存的体系结构、远程数据库、同网页上服务于不同对象的多个服务器）可能对分析和设计产生影响。在必须考虑复杂配置体系结构的情况下，可使用 UML 部署图。

5）关系导航分析模型

上述分析模型确定了内容元素、功能元素及用户执行交互的方式。由分析发展成设计时，这些元素就变成了 WebApp 体系结构的一部分。在 Web 应用中，不同体系结构的元素可相互链接，链接数目的增多使导航的复杂性增加，因而需要在内容对象与用户所需功能之间建立适当的链接。

关系导航分析（Relationship-Navigation Analysis，RNA）提供一系列分析步骤，主要分析各网页之间的关系。可通过对用户的分析和对页面单元的分析进行。RNA 提供一种系统技术，可用于决定一个应用系统的关系结构，帮助发现应用领域内的所有潜在有用关系，并用链接实现。RNA 也在这些链接上帮助确定合适的导航结构。**RNA 方法**可以分成 5 步。

（1）用户分析。确定不同的用户种类，并建立适当的用户层次。

（2）元素分析。明确内容对象和最终用户感兴趣的功能元素。

（3）关系分析。描述 WebApp 具体各种元素之间的关系。

（4）导航分析。检查用户访问单个元素和成组元素的方式方法。

（5）评估分析。考虑与实现早期定义的关系有关的实际问题。

RNA 确定了在分析模型中所定义的内容元素和功能元素之间的关系，并建立了在整个系统中定义恰当的导航链接的需求。提出一系列问题可帮助建立关系，并确定对导航产生影响的特征。

知识拓展：创建一个完整的分析模型需要几种分析活动：①内容分析确定完整的内容范围；②交互分析描述用户和 WebApp 的交互行为；③功能分析定义对 WebApp 的内容所进行的操作，描述独立于 WebApp 的内容而却对最终用户很有必要的其他处理功能；④配置分析描述 WebApp 所处的环境和基础设施；⑤关系导航分析确定在分析模型中所定义的内容元素和功能元素之间的关系。

10.1.4 WebApp 设计方法

1. WebApp 设计的目标要求

WebApp 设计的目标要求，主要包括 7 个方面。

(1) 简单性。设计者不宜给用户提供"过多的东西"，其实详尽的内容、完美的视觉效果、插入的动画、大量网页等并非越多越好，最好是尽量做到适度和简单。

(2) 一致性。内容构造应一致(例如，在所有相关文档中，文本格式和字体风格；图形统一的外观、颜色配置和风格)。美观设计应在 WebApp 各部分保持统一。体系结构设计应建立可保持一致的超媒体结构的模板。界面设计应定义一致的交互、导航和内容显示模式。

(3) 相符性。通过设计建立 WebApp 的相符性。美观、界面和导航设计，应与构造的系统保持相符。

(4) 健壮性。用户期待与需求相关的健壮内容和功能，这些元素若有遗漏或不足，很可能会失败。

(5) 导航性。导航应简单一致，以直观和可预测方式设计。用户不搜索导航链接和帮助就可使用。

(6) 视觉吸引。WebApp 最具有视觉效果、最生动、最具有审美感。应注重设计特性对视觉吸引的影响，如内容的外观、界面设计、颜色协调、文本布局、图片和其他媒体、导航机制等。

(7) 兼容性。WebApp 应用于不同的环境，如不同的硬件、Internet 连接类型、操作系统、浏览器等，应注意互相兼容问题。

2. WebApp 的设计活动

WebApp 设计可分为 **6 种活动**：构件设计、体系结构设计、导航设计、内容设计、美观设计和界面设计。每种设计都影响整体质量，可用金字塔表示，如图 10-3 所示，均由分析建模阶段所获信息驱动。构件设计用于开发实现功能构件所需的详细处理逻辑；体系结构设计用于确定所有超媒体的结构；导航设计对所有功能，描述内容对象之间的导航流程；内容设计对各内容，定义布局、结构和轮廓，建立内容对象之间的关系；美观设计描述其外观和美感；界面设计描述用户界面的结构和组织形式。

图 10-3　WebApp 设计金字塔模型

1) 构件设计

WebApp 经过发展逐渐形成为模板化功能化。其处理功能主要包括：数据库查询及其他操作；与外部企业系统的数据接口；用户的注册和认证。为了重复利用这些功能，应设计和构建一些程序构件，同普通软件在形式上一致。利用构件技术，可以便于组建各种 WebApp。

2）体系结构设计

体系结构的设计主要定义 WebApp 超媒体结构、设计模式、设计模板、内容设计。设计模式为解决某些问题的一般性方法，如在 WebApp 中处理数据功能时，可用体系结构和构件级设计模式。超文本级的设计模式着重导航特征的设计，允许用户以流畅的方式在 WebApp 内容间移动。

体系结构的设计与 WebApp 的目标、内容、导航原则紧密相关。**体系结构**主要分为 4 种：线性结构、网格结构、层次结构和网状结构。

（1）线性结构。当内部交互可预测顺序时，Web 内容串形相连，常选择线型结构。这种结构简单，但缺乏灵活性，如图 10-4 所示。

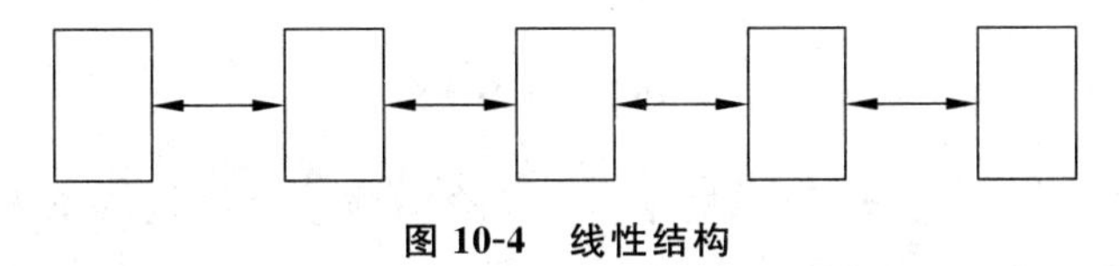

图 10-4　线性结构

（2）网格结构。当 WebApp 内容可分类地组织成二维或更高维时，可采用网格结构，如图 10-5 所示。这种结构有很大灵活性，但也容易带来混乱。

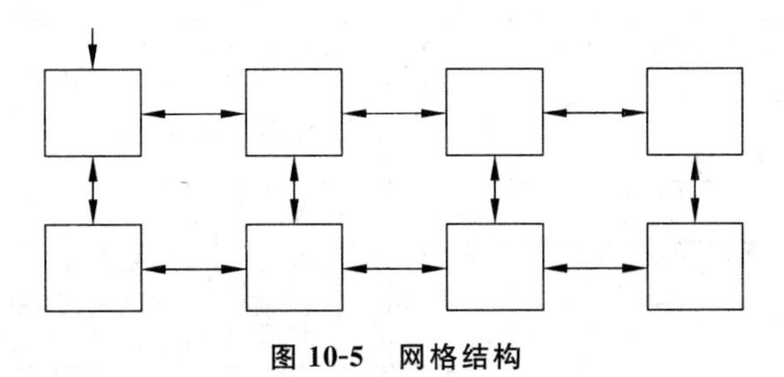

图 10-5　网格结构

（3）层次结构。如图 10-6 所示是最常见的体系结构。其结构可设计成使控制流水平地穿过垂直分支（超文本分支）的方式。在此结构中左边展示的内容可由超文本链接其他分支的内容，实现内容快速导航。

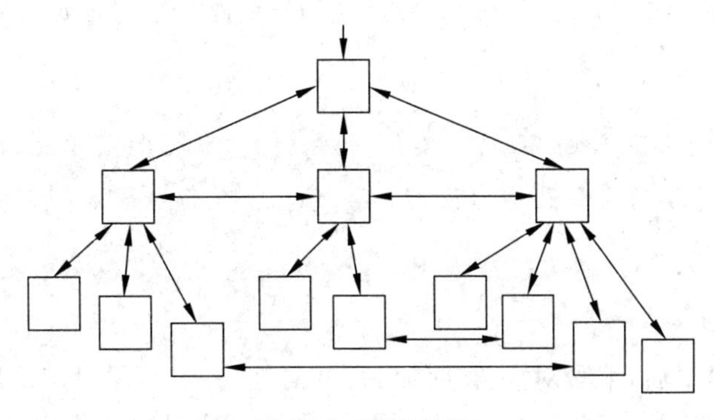

图 10-6　层次结构

(4) 网络结构。网络结构如图 10-7 所示,在很多方面类似于面向对象系统的体系结构。对结构构件(网页)进行设计,使构件可将控制传递(以超文本链接)到系统中的其他部件,使导航相对灵活。

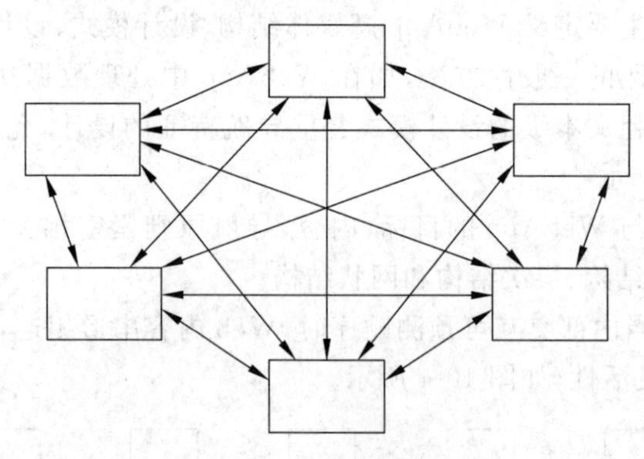

图 10-7　网络结构

上述 4 种类型的体系结构,可以根据需要组合形成复合结构。总体结构可能为层次的,部分结构为线性或网络结构。结构设计的目标是使 WebApp 的结构和展示的内容及实现的过程相匹配。其中的 3 种类型不同的体系结构比较如表 10-2 所示。

表 10-2　不同的体系结构比较

体系结构	线性结构	网格结构	层次结构
特点	结构比较固定 Web 内容一维化	Web 内容多维化	最常见的结构
优点	简单	有极大的灵活性	有较大的灵活性
缺点	灵活性不高	很容易带来混乱	易混乱
例子	订单	大型网站	普通网站

3) 导航设计

导航设计的**主要过程**为:①识别用户角色,不同的用户角色可获得不同的内容和服务,如注册客户、特权客户可获得不同级别的信息和服务;②为每一类用户角色确定访问目标;③为每类用户的每个访问目标设计最佳的导航路径。导航设计还要解决使用各种辅助手段使导航更容易方便。

注意:在导航设计时,应为同类用户建立一个语义导航单元,以便后继的管理。还应建立合适的导航约定和帮助。让用户方便理解页面中图形和按钮的作用,也可借助声音等媒体提示。

4) 内容设计

对内容对象建模后,编写对象传递的信息并对其格式化,尽量满足用户需求。常以所提供信息的概要描述和内容对象的类型说明来设计内容对象。将内容对象"分块"设计,集成的内容对象的数量与用户需求、网络连接的下载速度和滚动次数有关。

5）美观设计

美观设计又称为美工(学)设计，包括颜色配置、几何图案设计、文字大小字体和位置、图形使用等。在布局及设计中，主要考虑全局颜色配置、字体、字号、风格、样式、补充媒体(音频、视频、动画)的使用，以及其他美观元素。网页可用于支持非功能性美观设计、导航特征、信息内容及指导用户使用"空间"，在设计时应进行布局规划。在**设计布局**时，主要**基本原则**如下。

(1) 巧用空间。若网页空间排太满，用户寻找有用信息或要素时不便，造成不舒适的视觉混乱。

(2) 重视内容。典型网页 80%应是用户浏览内容信息，剩余的资源设计导航和其他要素。

(3) 顺序组织布局元素。从左上到右下是绝大多数用户浏览网页的习惯，可先安排高优先级内容。

(4) 组织导航、内容和功能。按用户操作习惯或熟悉的查找方式及模式，安排导航、内容和功能。

(5) 不要以滚动条扩展空间。多数用户不喜欢用滚动条。应减少或以多页显示网页内容。

(6) 浏览器窗口大小。应考虑布局元素所占可用空间比重，不应在布局中定义固定的窗口大小。

6）界面设计

界面设计包括屏幕布局、交互模式定义和导航机制描述。具有吸引力的好界面，不仅给用户深刻的第一印象，吸引潜在用户并可减少再工程或修改。可让用户进一步使用导航和内容等，更好理解网站内容和服务，界面不一定奢华，但应结构化，美观，易用，便捷，直观一致，便于浏览并显示当前网站或工程路径。界面设计应考虑 3 个方面：用户目前位置、操作及可导向的目标。并注重 6 项**基本原则**。

(1) 页面速度。通常用户等待一个页面显示时间不会超过 20s，否则可能关闭此页面或离开。

(2) 页面正确。用户难以忍受有错误或简陋的页面，可导致用户对整个 WebApp 不感兴趣。

(3) 菜单和界面风格统一。用户习惯的操作菜单和界面，不宜突然大变，以免让用户感觉不适。

(4) 链接指示明显。应提供用户浏览页面后，容易找到的明确离开当前页面的方式。

(5) 界面功能清晰。美观但意图含混不清的图像或图标，不如简单的界面及按钮操作功能便利。

(6) 常用表格等工具。表格可将相应的页面内容和框架固定，方便以后进行相应的美化。

10.1.5 WebApp 测试技术和方法

WebApp 的测试、确认和验收很重要，与传统软件不同，从用户角度不仅要测试安全性和可用性，检查和验证是否按照设计要求运行，而且还要评价系统在不同浏览器端的显示情况。由于 Internet 和 Web 媒体的不可预见性使 WebApp 测试较难，需要以新的技术方法测试和评估复杂的 WebApp。Web 应用的发布周期以天甚至以小时计算，所以必须处理测试更短，并从测试传统的 C/S 结构和框架环境到测试快速多变的 WebApp。应先测试最终用户所见内容和界面，再对体系结构及导航设计等方面进行测试。最后，转到测试技术能力，WebApp 基础设施及安装或实现方面。**WebApp 测试过程**，如图 10-8 所示。

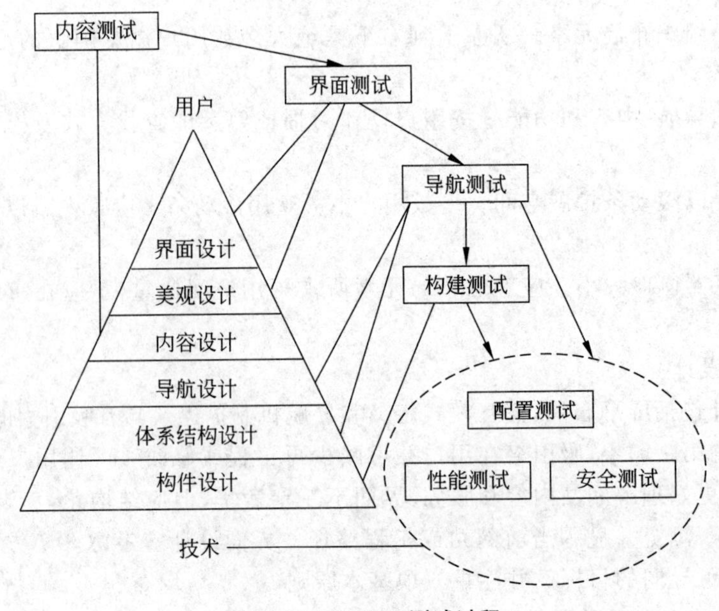

图 10-8　WebApp 测试过程

1）内容测试

用于检验 WebApp 提供信息的正确性、准确性和相关性。信息的正确性指信息的可靠性非误传，避免误解与纠纷；准确性指是否有语法或拼写错误。可用文字处理软件测试，如 word 的“拼音与语法检查”功能；相关性指在当前页面是否可找到当前浏览信息的“相关文章列表”。

内容测试的目的是发现内容方面的错误。除了检查静态内容，还应检测从数据库所维护的数据中导出的动态内容。通常，可能发生两种错误：数据一致性错误和输出错误。前者主要是由用户提交的表单信息不当造成的，而后者主要是由网速或程序设计问题等引起的，可分别进行测试。

2）界面测试

界面测试的总体策略是：①发现与特定的界面机制相关的错误；②发现界面实现导航语义方式的错误、功能性错误或内容显示错误。用户与 WebApp 以界面机制交互，**测**

试的主要内容如下。

(1) 链接测试。链接是 WebApp 的一个主要特征,链接测试可分为 3 个方面: ①测试所有链接是否按指示确实链接到指定页面; ②测试所链接的页面是否存在; ③保证无孤立的页面,即无链接指向该页面。测试可用工具自动进行,在集成测试阶段完成,即在所有页面开发完成后进行链接测试。

(2) 表单测试。用户提交信息常用表单形式,如用户注册、登录、信息提交等。应测试提交操作的完整性,以校验提交给服务器的信息的正确性。

(3) Cookies 测试。Cookies 常用于存储用户信息和用户在某应用系统的操作,应检查 Cookies 的工作情况。测试内容包括 Cookies 是否起作用,是否按预定的时间保存,刷新对 Cookies 的影响等。

(4) 客户端脚本测试。当脚本运行时,用黑盒测试发现处理中的问题。还要测试脚本本身。

(5) 动态 HTML 测试。确保动态显示正确,兼容性测试,使动态 HTML 在支持 WebApp 环境中工作正常。

(6) 弹出窗口测试。确保弹出窗口大小和位置合适;不覆盖原始的 WebApp 窗口;美观设计与界面的美观设计相一致;附加到弹出窗口上的滚动条和其他控制机制正确定位,并具有所需功能。

(7) CGI 脚本测试。黑盒测试的重点集中在数据的完整性(当数据被传递给 CGI 脚本)和脚本处理。此外,进行性能测试,确保服务器端的配置符合 CGI 脚本多重调用的处理要求。

(8) 流动内容测试。检测流动数据是最新的,且显示正确,能够无错误地暂停,并很容易重新启动。

(9) 界面机制的应用。测试是否与界面机制定义的功能和特性清单相符合。

3) 性能测试

性能测试用于发现性能方面的问题,其产生原因是: 服务器端资源缺乏、不合适的网络带宽及数据库数量,不完善或不当的操作系统能力,功能设计不当,可能导致客户-服务器性能下降的其他软硬问题。

性能测试的**目的**: ①了解系统如何对负载(用户的数量、事务数量或总的数据量)做出反应; ②收集度量数据,这些数据将促使修改设计,从而使性能大改善。

性能测试策略,包括以下 3 个方面。

(1) 连接速度测试。测试用户连接到 WebApp 的带宽、速度、上网方式、下载时间、响应时间等。

(2) 负载测试。测量 Web 系统在某一负载级别上的性能、访问用户数量、处理请求情况等。

(3) 压力测试。压力测试是测试系统的限制和故障恢复能力,即测试 WebApp 会不会崩溃,在什么情况下会崩溃。压力测试的区域包括表单、登录和其他信息传输页面等。

4) 构件级测试

构件级测试也称为功能测试,通过集中测试,试图发现 WebApp 功能方面的错误。

每个功能都是一个软件模块,可用黑盒技术对其进行测试。构件级测试用例常受表单级的输入驱动。一旦定义了表单数据,用户就可选择按钮或其他控制机制启动运行。典型的测试用例设计方法有3种:等价划分类、边界值分析和路径测试。每个构件级测试用例详细说明了所有的输入值和由构件提供的预期的输出。可以将测试过程中产生的实际输出数据记下,以供将来的支持和维护阶段参考。

注意:WebApp功能的正确运行,在很多情况依赖于与数据库的正确接口。数据库可能位于WebApp的外部,所以,数据库测试是构件测试中不可缺少的一部分。

5)导航测试

导航描述了用户在一个页面内操作的方式。主要检测WebApp是否易于导航?导航是否直观?Web系统的主要部分是否可通过主页存取?Web系统是否需要站点地图、搜索引擎或其他的导航帮助?在一页面上放太多信息常起到相反效果。导航测试的目的始终是确保在WebApp上线前发现导航功能方面的错误。**测试**每个导航都执行了**预期功能**。

(1)导航链接。测试WebApp中内部、外部及特定网页链接,确保选择链接时获得正确内容和功能。

(2)重定向。当改变URL、目标地址或链接时,应用重定向链接,显示提示信息,并将导航重定向。

(3)书签。通过测试,确保当创建一个书签时能够抽取出有意义的页标题。

(4)框架和框架集。框架包含特定的网页内容,且框架和框架集间可以嵌套,应对导航和显示机制进行内容的正确性、合适的布局和大小、下载性能和浏览器性能方面的测试。

(5)站点地图。对入口进行测试,确保链接引导用户到达合适的内容和功能。

(6)内部搜索引擎。内部搜索引擎允许用户在WebApp中搜索关键字,查找所需内容。搜索引擎测试确认搜索的精确性和完备性、搜索引擎的错误处理特性及高级的搜索特性。

6)配置测试

配置的可变性和不稳定性是测试的重要因素。**主要测试**常用客户端和服务器端配置,确保用户在所有配置中的体验一样,并将特定于特殊配置的错误分离出来。

在服务器端,设计配置测试用例验证所计划的服务器配置(即WebApp服务器、数据库服务器、操作系统、防火墙软件、并发应用系统)支持WebApp,测试目的是发现与配置有关的错误。配置测试应考虑服务器配置的每个构件。在客户端,配置测试更多地集中在WebApp与配置的兼容性,这些配置包括下面构件的改变:硬件、操作系统、浏览器软件、用户界面构件、插件和连接性。除了这些构件,其他配置变量包括网络软件、ISP的难以预测的变化及并发运行的应用系统。

7)安全性测试

安全性测试将一系列设计的测试合并,模拟攻击WebApp及其环境中的弱点,验证其安全性。WebApp的**安全性测试区域**主要包括如下。

(1) 测试有效和无效的用户名和密码,大小写敏感性、次数限制,是否可不登录直接浏览等。

(2) WebApp 是否有超时的限制,即用户登录后在一定时间内不操作,是否要重新登录才能正常使用。

(3) 日志文件至关重要。需要测试相关信息是否写进了日志文件,是否可追踪。

(4) 使用安全套接字时。测试加密是否正确,检查信息的完整性。

(5) 服务器端的脚本常成为黑客利用的安全漏洞,应测试无授权可否在服务器端放置和编辑脚本。

测试网站的数据安全能力和抗攻击能力,主要包括如下。

(1) 网站网络环境安全测试。主要检查网络环境数据保密程度和对网络病毒的防御能力,如无线网段中数据的安全情况,网络防火墙对如 DoS 之类行为的抗攻击能力。

(2) 系统软件安全测试。系统软件安全测试包括对 Web、数据库服务器等设备的有关补丁、服务、目录和文件访问控制、用户数据保护等方面的测试。

(3) 客户端应用程序安全测试。测试用户录入数据的机密性、表单发送功能的约束、下载组件的运行安全。

(4) 服务器端应用程序安全测试。测试应用程序的执行许可、缓冲区溢出情况、扩展符号、数据机密性等。

(5) 防御能力测试。防御能力测试包括物理设备攻击、入侵阻拦能力、入侵检测能力、系统审计跟踪能力等测试。

注意:安全测试是 WebApp 测试最重要的环节之一,也是网站运行过程中出现问题最多的地方,需要借助大量测试工具和多种测试方法。

10.1.6 WebApp 项目管理

WebE 是一项复杂的技术活动,涉及多方人员的参与,且常并行工作。为了避免混乱、挫折和失败,必须制订计划、考虑风险,建立进度表并跟踪控制。

1) 构建 WebApp 项目团队

开发大型的 WebApp 需要有一个具有强有力的团队,开发人员所具有的技能和知识层次结构可组成一个由管理、技术和人员交流技能构成的三维技能空间。管理技能包括调整、规划和将 Web 系统与已经存在的信息系统集成;技术技能包括计算、网络和 Internet 通信;人员交流技能包括图形设计、布局、人员通信、表达技能等。**开发人员**可分为 6 类:Web 决策人员(如项目经理)、内容提供人员、Web 开发人员、Web 发布人员、Web 支持人员、Web 管理人员,其结构如图 10-9 所示。其成员可属于不同类别,分别承担不同的任务。

(1) Web 决策人员。指领导层人物,对开发起决策作用。

(2) 内容提供人员。指提供信息内容的各类人员。

(3) Web 开发人员。包括系统设计、程序设计、界面设计、测试等技术人员。熟悉 B/S

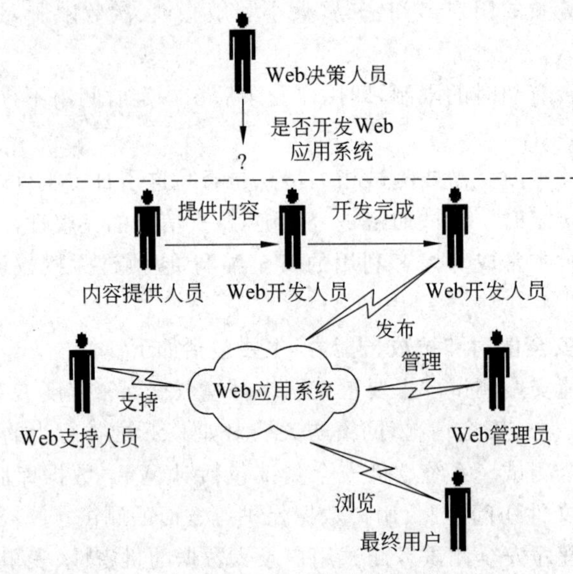

图 10-9 Web 项目团队结构

关系、用户需求、组织需求和软硬件资源的规格等。

(4) Web 发布人员。任务是传输内容到一个 Web 站点上。一个 Web 发布者需要在数据库交互、HTML 操作、B/S 功能性、服务器端的应用、CGI 及多媒体应用方面有特殊技能。

(5) Web 支持人员。主要任务为：WebApp 更新、维护、控制站点超量、访问统计等。

(6) Web 管理员。Web 管理员常称为“站长”,其任务是进行 Web 网络管理,记录文件版本、数据库操作、安全和存取权限、通过 CGI 程序或类似的扩展程序进行服务端操作等。

2) 软件项目管理原则

进行 WebApp **项目管理的指导原则**主要有 6 项。

(1) 启动项目。主要任务包括主要分析活动、WebApp 的概要设计、应开发出的粗略项目进度表、明确签约组织和供应商间的监督和交互的规程。启动项目包括外包项目。

(2) 选择外包供应商。应掌握 Web 供应商的情况：遵纪守法及诚信,满足技术、进度和成本的能力,有效沟通的能力,过去成功的项目、样板及首席工程师和经验等。

(3) 评估报价的正确性和估算的可靠性。几乎无历史数据,且 WebApp 范围的易变性,估算具有风险。

(4) 理解所期望或实现的项目管理程度。与项目管理任务(由供应商和签约方共同完成)相关程度直接与 WebApp 的规模、成本和复杂度成正比。对大型复杂项目应制定详细进度表。双方一同承担、评估、监控风险。以书面形式明确质量保证和变更控制的机制。建立双方高效沟通的方法。

(5) 确定开发进度。WebApp 开发进度较短,期间任务安排应精细,双方达成一致并认识进度偏差。

(6) 管理范围。在开发过程中,其范围很有可能变更,所以 WebE 过程模型应是可修改的和增量的。

3）配置管理

对于 WebApp 配置管理，主要**注重解决 4 个问题**：内容、人员、可伸缩性和关联控制。

（1）内容。WebApp 包含大量各种内容，较难合理配置并组织其庞杂内容及建立合适配置控制机制。

（2）人员。通常 WebApp 开发继续以一种特别方式进行，任何涉及 WebApp 的人员均可创建内容。

（3）可伸缩性。严格配置控制机制的程度应于应用规模成正比。由于系统、数据库和站点等互连，简单的 WebApp 随着规模和复杂度增长，小的改动可能导致产生较多问题及影响。

（4）关联控制。本着谁拥有 WebApp 谁负责原则，涉及对与 WebE 关联的管理和控制活动有重要影响。

Web 配置管理尚处发展中，传统的软件配置管理过程可能较麻烦，多数管理方法较难适应于 WebE。

10.2 Web 商品进销存信息系统

10.2.1 系统需求分析

1. 系统开发的背景

随着信息化社会经济发展方式的转变，企业面临着激烈竞争，改善内部及整个供应链各环节的管理、调度及资源配置，迅速适应客户新需求和市场新机遇成为决定性因素。企业是充分利用资源（人、财、物、信息和时间），创造价值的机构，WebApp 可对这些资源进行计划、调度、控制、衡量、改进的管理技术和支持。商品进销存是企业供销的重要部门，是 WebApp 主要组成部分。开发和使用合理的 WebApp，有效地控制存储、检索和资源有效利用，有助于让产、供、销、财务形成一个统一的整体，从而使企业处于全面受控状态，压缩投资规模，加快资金周转，降低产品成本和不必要的原料和在商品积压。

商品进销存管理是企业经营管理中的重要环节，也是企业取得效益的关键。在原陈旧的业务信息管理的情况下，多种资源信息独立、无法及时更新交互，部门之间的通信也经常不畅通，销售人员很难及时准确了解客户需求及供货要求，目前的生产状况和市场的需求很难正确反映到生产中去，同企业的生产部门也难完成准确的生产计划及实施。在激烈竞争的市场中极为不利，企业 Web 商品进销存信息系统由此启动调研和研发。

2. 系统的可行性分析

WebApp 项目研发的目的：利用计算机网络和数据库技术，使企业生产、库存和销售能够有利结合起来，产销存衔接，提高企业的效率和效益。先调查系统要完成什么样的功能以及市场上相关系统的功能和特点，才能使设计的系统要有特色才是软件的关键所在。在翔实调研分析的基础上，由此分析确定的项目及要求，并为进一步进行具体需求分析奠定基础，**主要任务**如下。

(1) 技术性。建立的系统能够解决实际中的关键技术问题，能够在短期内显现出其明显优点。

(2) 经济性。主要是成本费用及市场效益，根据现有条件和可能提供的条件，可分阶段实现。

(3) 整体性。既要考虑现状，又要考虑长远发展的需要，最终要形成一个完整的 Web 信息系统。

(4) 功能需求。明确所开发软件在职能上应具体做些什么，以及具体指标要求。

(5) 性能需求。确定所开发软件的技术性能指标，如存储容量限制，运行时间限制等。

(6) 安全保密性。工作在不同环境下的软件对其安全要求不同。

(7) 用户界面需求。系统与用户界面的友好性，是用户方便愉快且有效使用软件的关键之一。

(8) 环境需求。搞清软件系统运行时所处环境的要求，如硬件采用什么机型，数据通信接口等，软件采用什么支持系统运行的系统软件。

3. 系统功能需求分析

经过多次需求调研，对 Web 商品进销存信息系统的业务流程进行分析。商品订购和库存的变化通常是通过商品入库、订购、出库操作来进行。系统对每个入库操作均要求填写订货单或入库单，对每个出库操作均要求填写出库单，网上订购则更直接，通过订购系统在网上直接下单。在完成订货或出入库操作后，可进行增加、删除和修改数据记录等操作，直到确认结算。用户可随时进行各种查询、统计、报表打印、账目核对等工作，也可用图表等形式反映查询结果。

1) 需求问题提出

以前，企业通过手工或单机维护"数据表"管理进货与库存等数据。使用中遇到很多问题，包括：

(1) 文件级共享，共享性差，安全性低。

(2) 实时性差，"数据表"中的内容只有及时保存后，其他计算机才能读到，不允许两个以上的人同时更新库存文件。

(3) 查询、统计等操作不方便。

(4) 根本不能实现 Web 网上订购功能。

经过充分了解原"数据表"工作模式，多次深入实际调研后，基本了解了企业 Web 商品进销存信息系统对数据与处理的需求。系统主要处理的数据包括商品与进货的入/出库信息；商品与进货的实时库存信息；商品与进货月明细库存信息(如包括每商品每天的入出库信息)；商品与进货月区段统计表(包括累计月初值、月入库、月出库、月末库存值等情况)；商品与进货月末累计统计表(包括累计入库、累计出库、月末库存值等情况)；工具库存信息。网上订购需要有用户一次订购信息(包括订购明细信息)；月份的设定信息(如某月从某日到某日的信息等)；其他还包括从安全性与权限控制考虑的各级别用户信息等。总体而言，输入入出库信息后，能得到库存、各种统计、汇总、分类信息等，Web 用户能查阅库存信息,决定网上订购量等。

2) 功能需求分析

在数据库服务器及 SQL Server 2014 中,创建商品进销存管理数据库,在数据库上建立各关系模式对应的库表,并确定主键、索引、参照完整性、用户自定义完整性等。

(1) C/S 模式实现的库存管理系统功能需求。

① 对各原始数据表实现输入、修改、删除、添加、查询、打印等基本操作。

② 方便及时多用户地录入商品、进货、工具等入出库单数据。

③ 方便查阅、核对入出库单数据,并能方便维护商品、进货、工具等入出库单的原始数据。

④ 以组合方式快速查阅商品、进货、工具等入出库单原始数据。

⑤ 按一键完成对库存、按月或分日对商品、进货的统计。

⑥ 自动产生商品或进货的实时库存。

⑦ 以树型结构或表格方式方便查阅各类各种商品或进货的实时库存。

⑧ 由分类统计值,反查其明细清单。

⑨ 将主要表或查询信息按需导出到"数据表"中,支持原有手工处理要求,导出到"数据表"的数据能用于保存或排版打印等需要。

⑩ 分级别用户管理。

⑪ 月份设定与统计管理。

⑫ 高级管理员的管理操作,如系统数据的备份与恢复、系统用户的维护、动态 SQL 命令操作、系统日志查阅等。

⑬ 系统设计成传统的 Windows 多文档多窗口操作界面,要求系统具有操作方便、简捷等特点。

⑭ 用户管理功能,包括用户登录、注册新用户、更改用户密码等功能。

⑮ 其他人们认为子系统应有的查询、统计功能。

⑯ 要求所设计系统界面友好,功能安排合理,操作使用方便,并能进一步考虑子系统在安全性、完整性、并发控制、备份恢复等方面的功能要求。

(2) B/S 模式实现的网上订购系统功能需求。

① 实现网上用户的注册与登录,登录用户的管理。

② 方便查阅(如分页查询)商品及库存信息,方便商品选购。

③ 实现基本的购物车功能。

④ 完成订购、实现网上支付过程,并自动产生订购明细数据,产生商品 Web 销售对应的出库记录;自动更改商品库存。

⑤ 事后可查阅个人的历史订单及明细数据。

⑥ 具有商务网站的基本功能,如网站公告、系统简介、个人的用户信息维护、找回密码、联系、友情链接等。

⑦ 要求 Web 网页系统运行稳定、可靠,操作简单、方便。

3) 库存管理系统 C/S 模式要求

基于以上系统涉及的处理数据,C/S 模式实现的库存管理系统具体涉及的问题如下。

(1) 方便及时多用户地录入商品、进货、工具等入出库单数据。

(2) 方便查阅、核对入出库单数据,并方便维护商品、进货、工具等入出库单原始数据。

(3) 以组合方式快速查阅商品、进货、工具等入出库单原始数据。

(4) 按一键完成对库存、按月或分日对商品、进货的统计。

(5) 自动产生商品或进货的实时库存。

(6) 以树型结构或表格方式方便查阅各类各种商品或进货的实时库存。

(7) 由分类统计值,反查其明细清单。

(8) 将主要表或查询信息按需导出到“数据表”中,支持原有手工处理要求,导出到“数据表”的数据能用于保存或排版打印等需要。

(9) 分级别用户管理。

(10) 月份设定与统计管理等。

4) 业务流程及数据流图

在认真调查分析有关信息需求的基础上,通过对Web订购子系统的业务流程图分析,可得到其中“网上订购”部分的数据流图,如图10-10所示。

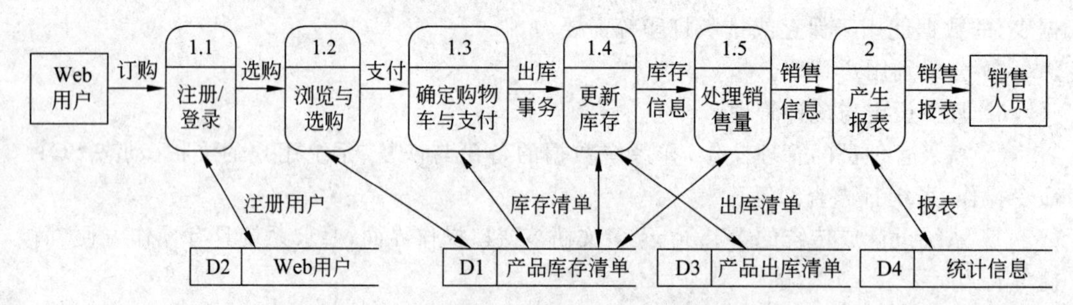

图10-10 Web订购子系统中“网上订购”数据流图

库存管理业务处理的商品库存管理子系统的业务流程图如图10-11所示,从而得到数据流图。

5) 系统数据字典

数据流图主要用于描述数据与处理的关系,数据字典则是系统中各类数据描述的集合,是进行详细的数据收集和数据分析所获得的主要成果。数据字典通常包括数据项、数据结构、数据流、数据存储和处理过程5个部分。以下用数据字典卡片的形式来举例说明。

(1) “商品入库单”数据结构。

名字:商品入库单。

别名:商品生产量。

描述:每天生产或加工车间,以入库单形式来记录其产量,并登记入库。

定义:商品入库单=入库单号+类别+规格+材质+单位+生产车间+成本+日期+入库值+经办人。

位置:保存到入出库表或打印保存。

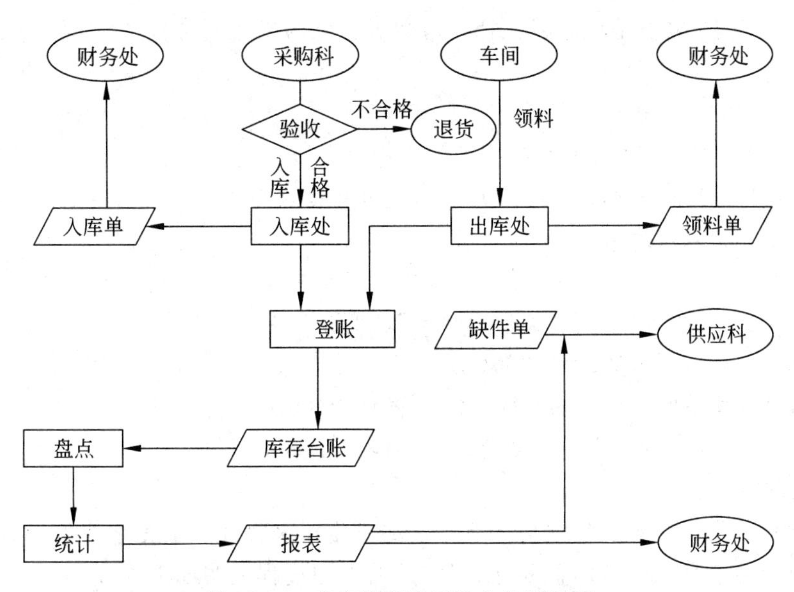

图 10-11 库存管理子系统业务流程图

(2)“商品入库单”数据结构之数据项。

名字：入库单号。

别名：序号。

描述：唯一标识某商品入库的数字编号。

定义：整型数。

位置：商品入库表、商品入出库表。

名字：类别。

别名：商品类别名。

描述：商品的第一大分类名。

定义：字符型汉字名称，汉字数≤3。

位置：商品入库表、商品入出库表。

商品库存表、各统计表，以及其他数据项的定义略。

(3) 数据流。

数据流是数据结构在系统内传输的路径。前面已画出的数据流图能较好地反映出数据的前后流动关系，除此外还能描述为(以“入库单数据流”来说明)。

数据流名：入库单数据流。

数据流来源：管理员接收事务。

平均流量：每天几十次。

说明：“商品入库单”数据结构在系统内的流向。

数据流去向：库存处理事务。

高峰期流量：每天上百次。

(4) 数据存储。

数据存储是数据结构停留或保存的地方，也是数据流的来源和去向之一。可以是手

工文档或手工凭单,也可是计算机文档。对数据存储的描述通常包括(以入库表数据存储为例):

数据存储名:入库表。

说明:入库单数据,作为原始数据需要保存与备查。

编号:入库单为唯一标识,顺序整数,从 1 开始每次增加 1。

输入的数据流:入库单数据流,来自生产车间。

输出的数据流:出库单数据流,用于销售部门销售。

数据结构:“商品入库单”、“商品出库单”、“商品库存”。

数据量:一天,100×100=10000(B)。

存取频度:每小时存取更新 10～20 次,查询≥100 次。

存取方式:联机处理、检索与更新、顺序检索与随机检索。

(5) 处理过程。

处理过程的具体处理逻辑一般用判定表或判定树来描述。数据字典中只需要描述处理过程的说明性信息,如“实时商品库存计算”的处理过程说明如下。

处理过程名:实时商品库存计算。

说明:随着入库单、出库单的不断输入,要能实时计算出当前各商品的库存。

输入:入库单数据流,来自生产车间;出库单数据流,来自销售部门销售。

输出:计算出各商品当前库存。

处理:商品库存计算的功能就是实时计算商品库存,处理频度:每小时 20～40 次,每当有入库单数据流或出库单数据流发生都要引发库存计算事务,计算库存涉及的数据:每小时 4～10KB,希望在发生入库或出库信息时实时计算库存。

通过以上几个例子说明了数据字典的基本表示方法,只是起到引导的作用。完整、详尽的系统数据字典是在需求分析阶段,充分调研、分析、讨论的基础上建立,并将在数据库设计过程中不断修改、充实、完善的,是数据库应用系统良好设计与实现的基础与保障。

6) 具体处理的主要数据

B/S 模式实现的网上订购系统的具体处理的主要数据要求如下。

(1) 可以实现网上用户的注册与登录,登录用户的管理。

(2) 方便查阅(如分页查询)商品及库存信息,方便商品选购。

(3) 实现基本的购物车具体功能。

(4) 完成订购、实现网上支付过程,并自动产生订购明细数据,产生商品 Web 销售对应的出库记录;自动更改商品库存。

(5) 事后能查阅个人的历史订单及明细数据。

(6) 具有商务网站基本功能:网站公告、系统简介、用户信息维护、找回密码、联系、友情链接等。

C/S 与 B/S 两类系统共用同一个数据库,数据间紧密依赖、密切关联与联动,数据库则集中存放在企业服务器上的 SQL Server 2012 的 DBMS 中。

7) 系统需要管理的实体信息

(1) Web 订单:序号、品名、订单号、日期、数量、款式、总额、支付方式、地址、电话、

E-mail 等。

(2) Web 用户表：用户编号、用户名、口令、E-mail、地区、地址、邮编、电话、用户级别、其他。

(3) 商品年月设置：品名、年月、起始日期、终止日期、创建标志、生成次数、已结转、已删除等。

(4) 商品入库单：序号、品名、类别、规格、数量、款式、单位、生产车间、成本、日期、入库值、经办人、处理标记等。

(5) 商品出库单：序号、品名、类别、规格、数量、款式、单位、发货去向、单价、日期、出库值、经办人、处理标记等。

(6) 商品实时库存：类别、品名、规格、数量、款式、商品入库、商品出库、商品库存、图片、图片文件、单价、折扣率、商品说明、序号等。

(7) 进货年月设置：品名、年月、起始日期、终止日期、创建标志、生成次数、已结转、已删除等。

(8) 进货入库单：序号、品名、规格、厂家、产地、单价、数量、款式、日期、入库值、经办人等。

(9) 进货出库单：序号、品名、规格、厂家、领用部门、单价、数量、款式、日期、出库值、经办人、处理标记等。

(10) 进货实时库存：品名、数量、款式、规格、入库量、出库量、库存量、图片等。

(11) 工具库存：序号、分类、厚度、乘、宽度、库存数量、备注等。

(12) 系统用户：用户编号、用户姓名、口令、等级等。

另外，还有本系统需要管理的实体联系信息，主要包括：

(1) Web 订单与商品库存间的"Web 订单明细"联系要反映订单号、商品编号、订购量等。

(2) "月累计库存"联系要反映年月、类别、规格、产量、销量、商品库存等。

(3) "商品月区段库存"联系要反映年月、类别、规格、期初值、产量、销量、期末值等。

(4) "月商品明细库存"(不同月份属性个数也不同)联系要反映年月、类别、规格、单位、发货去向、期初值、期末值以及 1 号、2 号……31 号等。

(5) "进货累计库存"联系要反映年月、规格、产地、入库量、出库量、库存量等。

(6) "进货月区段库存"联系要反映年月、规格、产地、期初值、入库、出库、期末值等。

(7) "进货月区段库存 2"联系要反映年月、规格、产地、期初值、入库、出库、期末值等。

(8) "月进货明细库存"(不同年月属性个数也不同)联系要反映年月、规格、单位、产地、期初值、期末值以及 1 号、2 号……31 号等。

10.2.2 系统设计

1. 数据库概念结构设计

Web 数据库在 WebApp 中占有极重要的地位，数据库结构设计的好坏将直接对 WebApp 的效率以及实现的效果产生影响。合理的数据库结构设计可提高数据存储的效率，保证数据的完整和一致。同时，合理的数据库结构也将有利于程序的实现。根据实体联系分析可以画出基于 Web 进销存信息系统的 E-R 图，如图 10-12 所示。

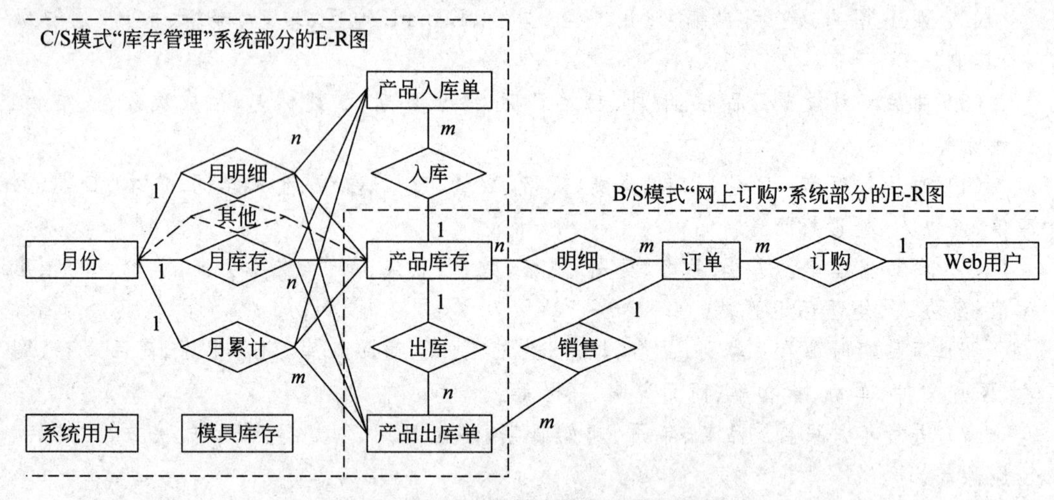

图 10-12 Web 进销存信息系统 E-R 图

由实体之间的联系，可画出各实体的 E-R 图，如图 10-13～图 10-18 所示。可建立相应关系数据表。

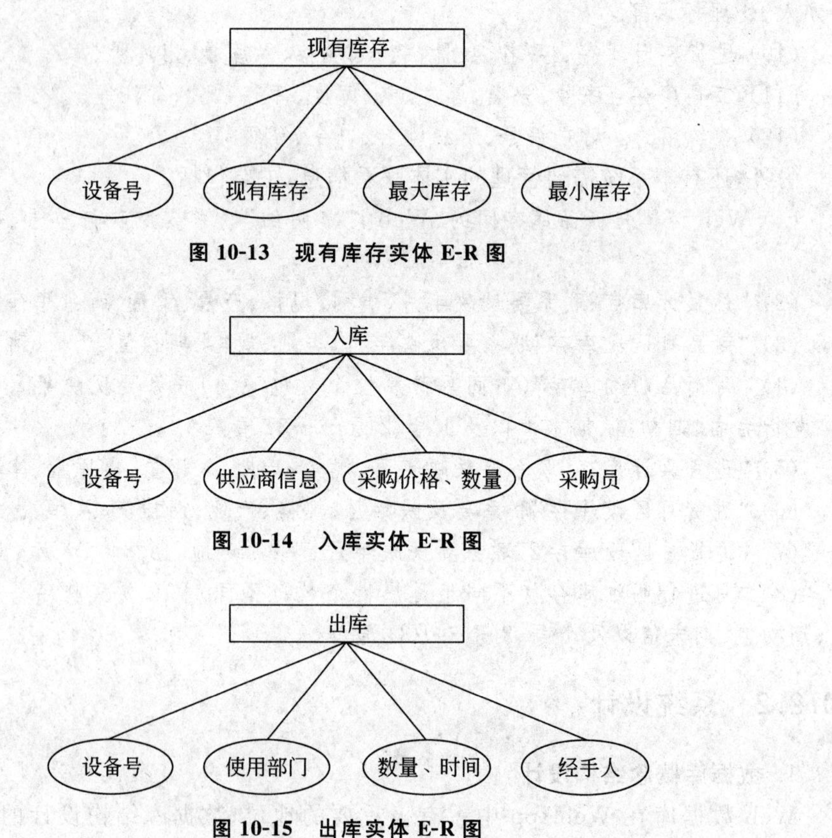

图 10-13 现有库存实体 E-R 图

图 10-14 入库实体 E-R 图

图 10-15 出库实体 E-R 图

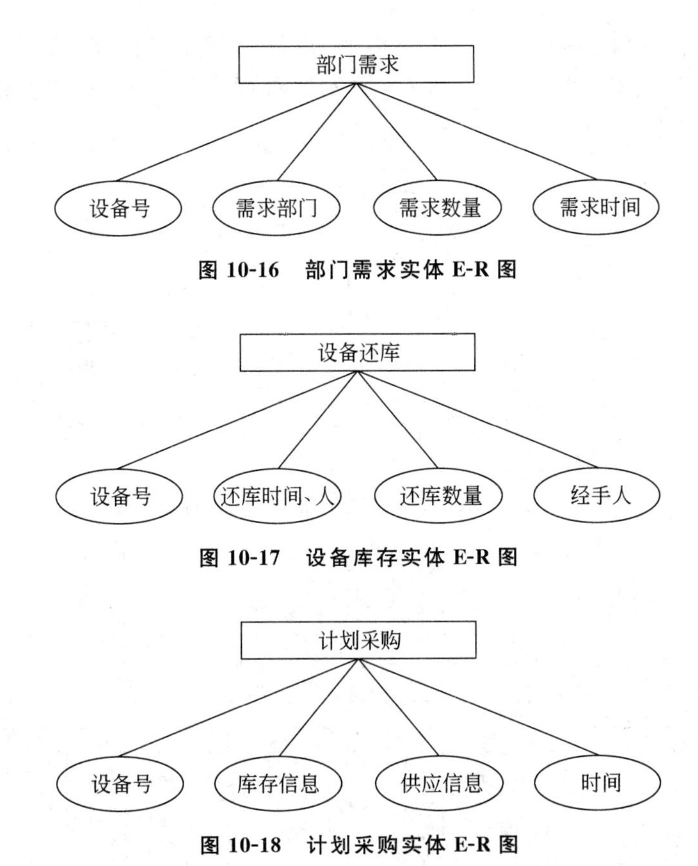

图 10-16 部门需求实体 E-R 图

图 10-17 设备库存实体 E-R 图

图 10-18 计划采购实体 E-R 图

实体与实体间的关系 E-R 图，如图 10-19 所示。

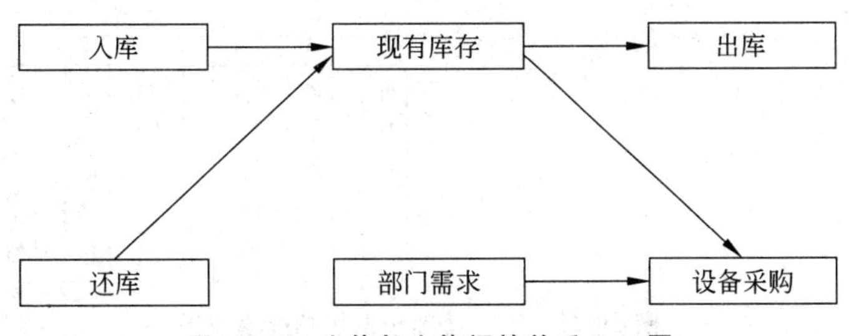

图 10-19 实体与实体间的关系 E-R 图

2. 系统功能模块设计

(1) 主要功能模块。库存系统包含 6 个主要功能模块(子系统)，即系统模块、入库业务管理模块(库存管理子系统)、出库业务管理模块、退料业务管理模块(还库业务管理模块)、盘点业务管理模块(报表输出)、需求管理模块。对于每个功能模块，都包含数据录入、编辑、查询、统计、打印、应急、帮助等功能。

(2) 开发步骤。开发一个典型数据库应用程序，需要 3 个步骤：数据库设计、GUI 用户界面设计和业务逻辑实现。后面将具体介绍相关步骤，GUI 设计通常需要和业务逻辑交替进行。

对 Web 网上订购子系统的功能进行集中、分类,按照结构化程序设计的要求,可得出子系统的功能模块图,如图 10-20 所示,而库存管理子系统各项功能模块如图 10-21 所示。

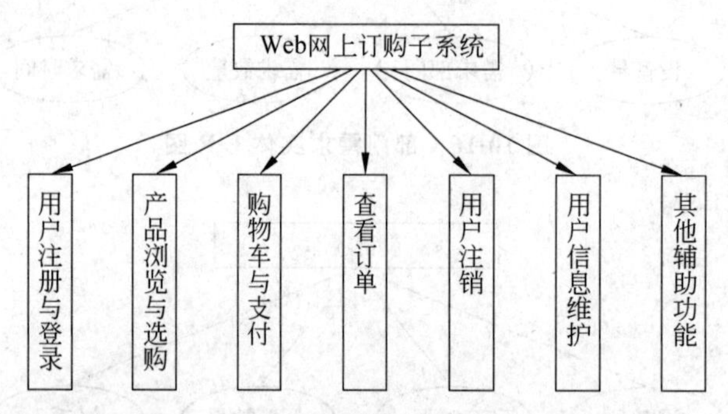

图 10-20 Web 网上订购子系统一级功能模块图

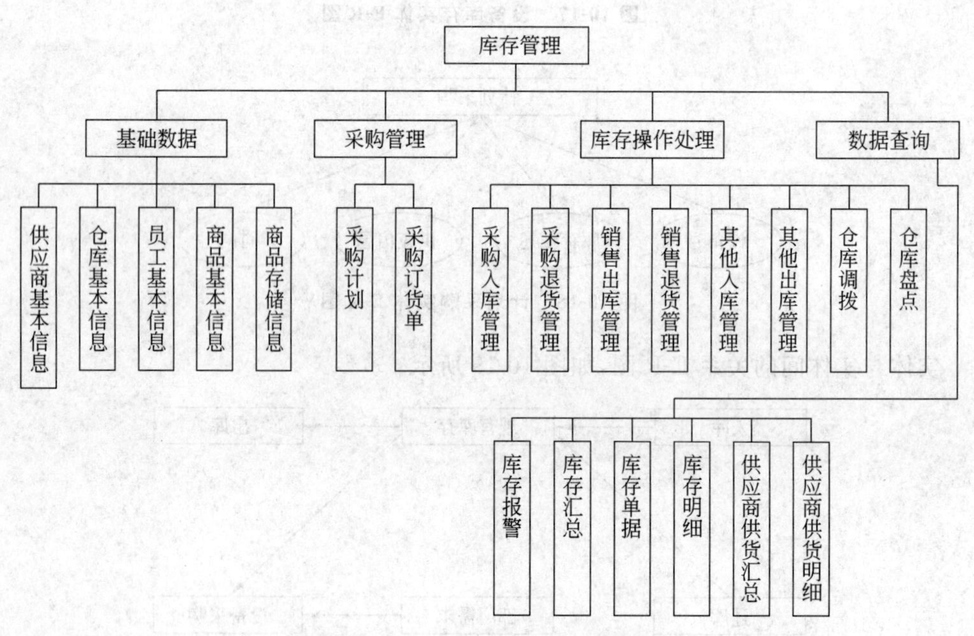

图 10-21 库存管理子系统功能模块图

(3) 操作流程设计。

网上订购系统运行时通常可以按照如图 10-22 所示的操作流程进行操作。

(4) 数据库设计。

按照实体-联系图转化为关系模式的方法,本系统共使用到至少 23 个关系模式(含 4 个辅助关系),在此只给出 23 个表名:产品年月设置表(tccpny)、月累计库存表(tccptj)、月份区段库存表(tccpkctj)、月产品明细库存表(tccpkc200412)、产品入出库表(tccprck)、产品实时库存表(tcplsskc)、Web 用户表(webuser)、Web 订单明细表(weborderdetails)、Web 订单表(weborders)、坯料年月设置表(tcplny)、月份区段库存表 1(tcplkctj)、月份区段库存表 2(tcplkctj2)、坯料月累计库存表(tcpltj)、月坯料明细库存表

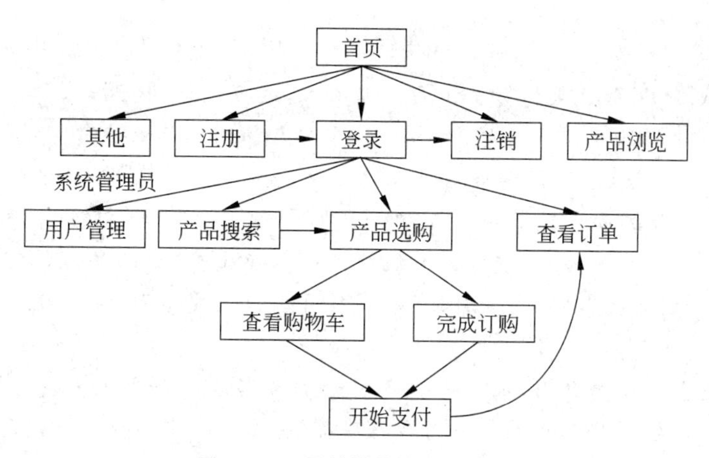

图 10-22　网站操作流程示意图

(tcplkc200412)、坯料入出库表(tcplrck)、坯料实时库存表(tccpsskc)、系统参数表(tcsyspara)、系统用户表(users)、系统日志表(logs)、模具库存表(tcmjkc)、Web 支付方式表(Webpaydefault)、Web 购买折扣表(webdiscount)、Web 即时信息表(webmessage)。数据库库表关系图如图 10-23 所示。

注意:表索引对性能的影响以及是否采用,需要通过实际系统的运行比较进行判定。

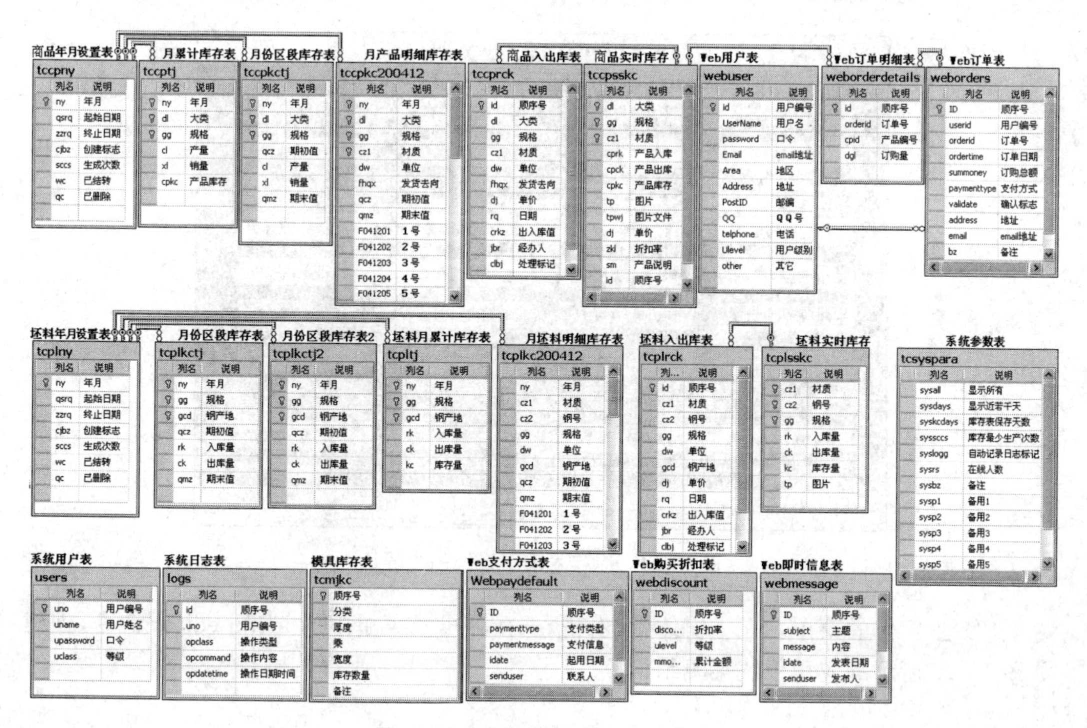

图 10-23　系统数据库库表关系图

注意：创建数据库后，可为后续窗体模块、Web 网页模块的设计与调试做准备，需要整体加载数据，加载数据可由界面手工录入，也可设计执行插入命令集表数据，在准备数据过程中应注意如下问题。

(1) 尽量用真实数据，录入数据时可能发现一些结构设计的不足之处，尽早更正。

(2) 表内或表之间设置了系统的完整性约束规则，如外码、主码等，所以，加载数据时，可能有时序问题，如在生成“商品月统计表”前，应先在“商品年月设置表”中先录入该月的数据记录，因为“商品月统计表”中的年月属性值要参照“商品年月设置表”中的年月属性值。

(3) 尽量全面加载数据，准确反映各种表数据与表数据间的关系，便于模块设计时，程序的充分调试。全部加载后，对数据库备份，因测试中频繁更改或无意损坏数据，建立完整的测试数据很费时。

其他方面的详细设计及图表等，由于篇幅有限不再赘述。

10.2.3 系统实现

1. 主窗体及其菜单

(1) 库存管理子系统的主窗体。以库存管理子系统为例，采用了多文档界面，为此需在本系统项目中添加一个多文档窗体，命名为 frmmain。在主窗体中，可加入主菜单、工具栏与状态栏等，如图 10-24 所示。

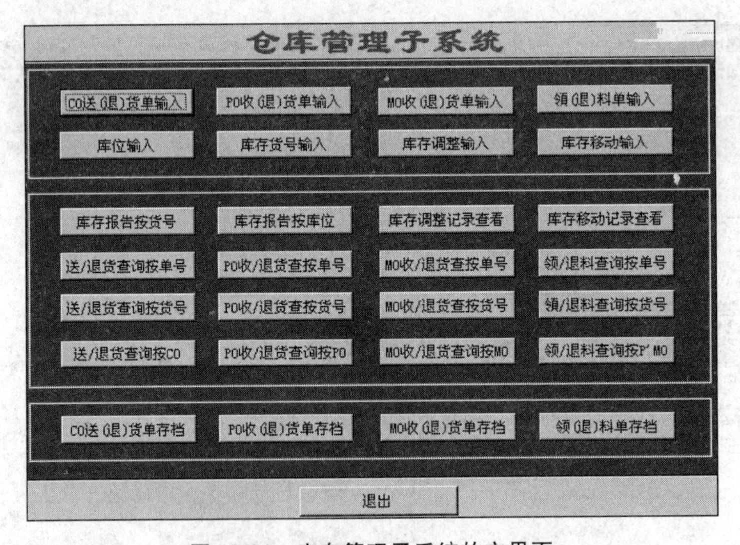

图 10-24　库存管理子系统的主界面

(2) 主窗体的菜单。在主窗体中，右击，选择弹出式菜单中的 menu editor 命令，创建如图 10-25 所示的应用系统菜单结构。

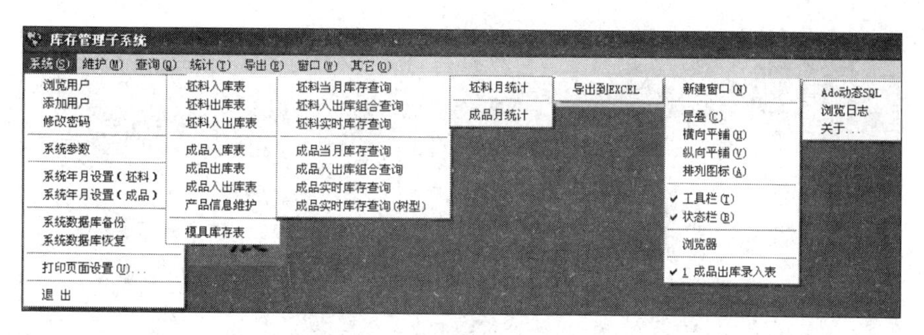

图 10-25　库存管理主窗体菜单

2. 主要模块的实现

1）商品出库或入库录入模块

企业商品的采购入库录入窗口的运行界面(只列出子窗口，以下同)，如图 10-26 所示。出库或入库录入组合查询窗口如图 10-27 所示。

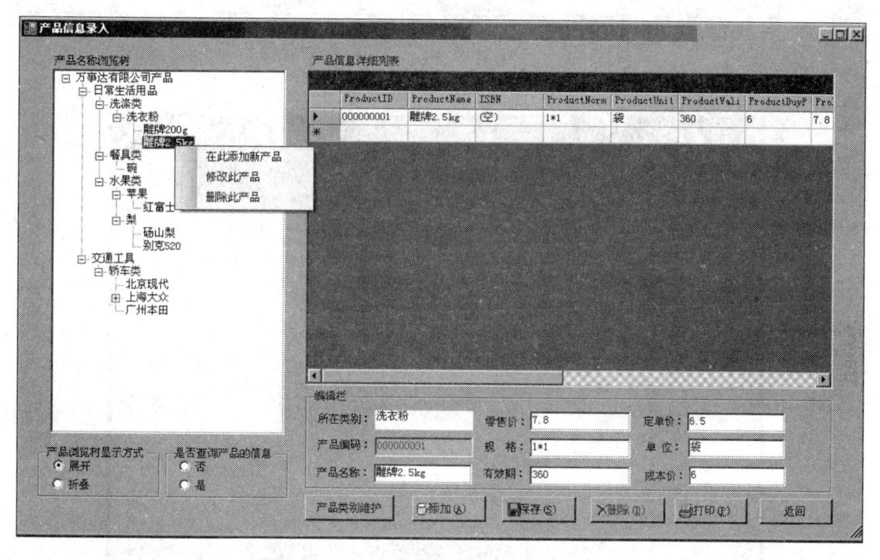

图 10-26　商品采购入库录入窗口

商品出入库录入窗口，以表格形式提供对入库或出库单的录入、修改、删除等维护原始单据数据的功能。功能设计操作简单又直观，具体包括录入或添加数据时总是从数据最后一行的下面空白行进行，系统设计成具有继承功能，连续录入时空白行上会出现上次输入的记录值，只要修改几个不同列的值，新的一行就录入完成了；选中某行后，单击“删除”按钮能直接删除输错的记录(需要有相应的权限)；修改非常直观，光标定位到某行某列直接修改即可；为了减少日积月累后大量数据的加载与显示，可以通过左下的“显示全部”复选框控制是显示全部还是近一个月的单据数据；当多用户同时录入时，单击“刷新”按钮能及时查看其他录入者最新录入的数据。

商品出入库数据录入后，除了能在录入窗口中查找到出入库原始数据外，还可以通过如图 10-28 商品出库或入库组合查询窗口进行更有效的查询。

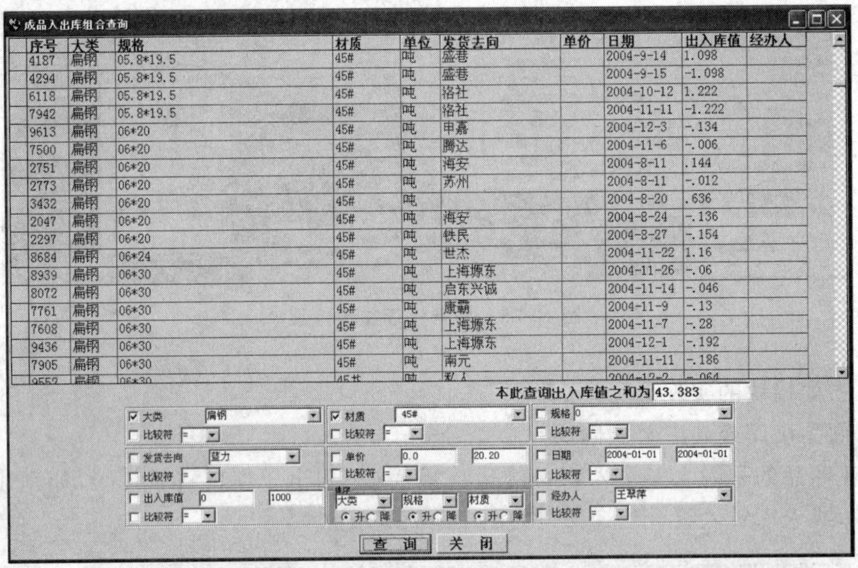

序号	大类	规格	材质	单位	发货去向	单价	日期	出入库值	经办人
4187	扁钢	05.8*19.5	45#	吨	盛巷		2004-9-14	1.098	
4294	扁钢	05.8*19.5	45#	吨	盛巷		2004-9-15	-1.098	
6118	扁钢	05.8*19.5	45#	吨	洛社		2004-10-12	1.222	
7942	扁钢	05.8*19.5	45#	吨	洛社		2004-11-11	-1.222	
9613	扁钢	06*20	45#	吨	申嘉		2004-12-3	-.134	
7500	扁钢	06*20	45#	吨	腾达		2004-11-6	-.006	
2751	扁钢	06*20	45#	吨	海安		2004-8-11	.144	
2773	扁钢	06*20	45#	吨	苏州		2004-8-11	-.012	
3432	扁钢	06*20	45#	吨			2004-8-20	.636	
2047	扁钢	06*20	45#	吨	海安		2004-8-24	-.136	
2297	扁钢	06*20	45#	吨	铁民		2004-8-27	-.154	
8684	扁钢	06*24	45#	吨	世杰		2004-11-22	1.16	
8939	扁钢	06*30	45#	吨	上海塬东		2004-11-26	-.06	
8072	扁钢	06*30	45#	吨	启东兴诚		2004-11-14	-.046	
7761	扁钢	06*30	45#	吨	康霸		2004-11-9	-.13	
7608	扁钢	06*30	45#	吨	上海塬东		2004-11-7	-.28	
9436	扁钢	06*30	45#	吨	上海塬东		2004-12-1	-.192	
7905	扁钢	06*30	45#	吨	南元		2004-11-11	-.186	

图 10-27　商品出库或入库组合查询窗口

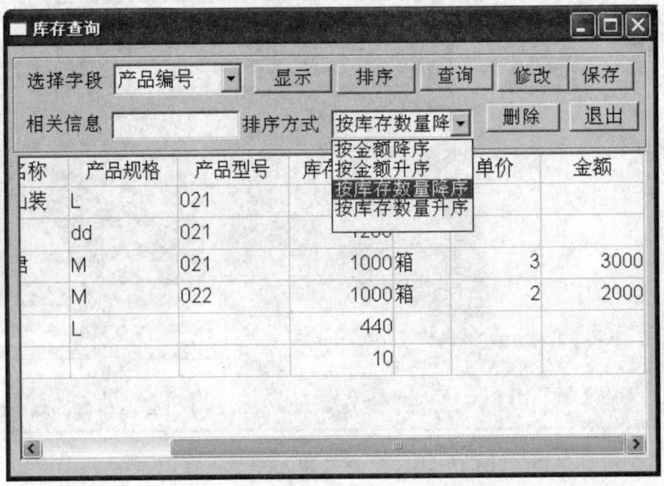

名称	产品规格	产品型号	库存		单价	金额
山装	L	021				
	dd	021	1200			
君	M	021	1000	箱	3	3000
	M	022	1000	箱	2	2000
	L		440			
			10			

图 10-28　商品明细库存生成与查询模块运行界面

2）商品月明细库存生成与查询模块

商品月明细库存生成与查询模块的运行界面如图 10-29 所示，模块实现简述：利用组合条件实现查询，能方便并快速地查找到信息。本功能窗体被设计成上下两部分，上部分数据网格控件显示查到的记录；下部分组合 3 种条件，每个条件能指定独立的比较运算符以形成条件表达式，当单击“显示”按钮时，程序能组合你的各选择条件形成最终组合条件以查询并显示记录；而“生成并显示”按钮能完成商品月明细库存的及时生成；选择网格数据的某行（代表某商品）与某列（代表某天等），再单击“详细”按钮，能弹出窗体显示相应数据对应的入出库原始记录，以便对原始数据的查阅与核对。图 10-29 窗口上使用到的主要控件如下。

DataGrid1 数据网格控件，显示并操作商品出入库表中的原始数据；cmdsc 命令按钮，生成商品月明细库存并全部显示；cmddisplay 命令按钮，组合查询商品月明细库存数据；Check1 复选框数组(0-2)，条件选中复选框；Chk 复选框数组(0-2)，关系比较运算符选中复选框；cbocp 组合列表框(0-2)，关系比较运算符组合列表框；cbodl 组合列表框，商品类别组合列表框；cbogg 组合列表框，商品规格组合列表框；cboczl 组合列表框，商品材质组合列表框。

商品月明细库存"生成并显示"与"显示"两按钮实现功能的程序代码(应注意 ADO 对象的创建与使用、SQL 命令的使用)参阅相应程序。

系统年月设置表控制着商品月明细库存的天数范围及对月明细库存表的创建、生成、结转、删除等管理功能，图 10-28 及图 10-29 所示的窗口简明地实现了这些功能。

系统年月设置表（针对成品）

年月	起始日期	终止日期	已创建?	生成次数	已结转?	表已删除?
200406	2004-6-1	2004-6-30	是	7	否	否
200407	2004-7-1	2004-7-31	是	20	否	否
200408	2004-8-1	2004-8-31	是	267	否	否
200409	2004-9-1	2004-9-30	是	193	否	否
200410	2004-10-1	2004-10-31	是	200	否	否
200411	2004-11-1	2004-11-30	是	187	否	否
200412	2004-12-1	2004-12-31	是	19	否	否
200501	2005-1-1	2005-1-31	是	2	否	否
200502	2005-2-1	2005-2-28	否	0	否	否
200503	2005-3-1	2005-3-31	否	0	否	否
200504	2005-4-1	2005-4-30	否	0	否	否
200505	2005-5-1	2005-5-31	否	0	否	否
200506	2005-6-1	2005-6-30	否	0	否	否
200507	2005-7-1	2005-7-31	否	0	否	否
200508	2005-8-1	2005-8-31	否	0	否	否
200509	2005-9-1	2005-9-30	否	0	否	否

第一 上一 下一 末一 日期检测

创建库存表 结转 删除库存表 退出

图 10-29 系统年月设置表的控制功能

3) 商品实时库存计算与组合查询模块

商品实时库存计算与组合查询模块的运行界面如图 10-30 所示。模块实现简述：本功能窗体设计成上下两部分，上部分数据网格控件显示查到的库存记录；下部分可组合 6 种条件。当单击"显示"按钮时，程序能组合各选择条件以查询并显示记录；"计算库存"按钮能重新统计计算出库存(要说明的是，由于通过对商品出入库表设置添加、修改、删除触发器来自动更新商品实时库存，为此"计算库存"按钮是很少需要使用的)；选择网格数据的某行(代表某种商品)，再单击"详细"按钮，能弹出窗体显示相应商品的入出库原始记录，以便对原始数据的查阅与核对。商品实时库存树型查询窗体如图 10-31 所示。

4) 商品进销存统计模块

商品进销存统计模块的运行界面如图 10-32 所示，模块主要实现商品进货、销售、库存和结余统计(主要包含月产量、销量及结余等)与显示，及商品库存统计(主要包含期初值、生产量、销售量、销量及期末值等)与显示功能。

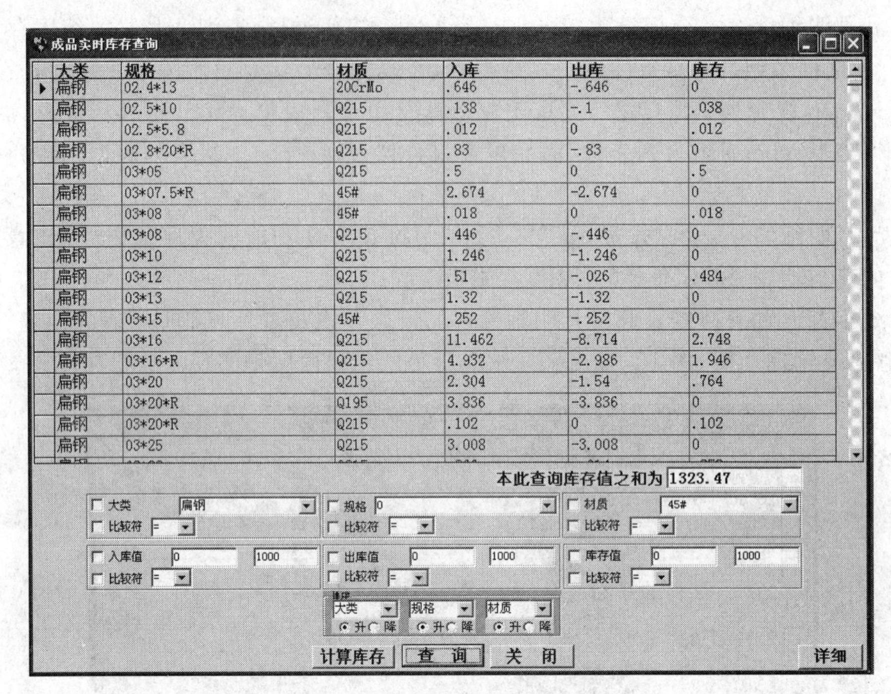

图 10-30 商品实时库存组合查询窗体

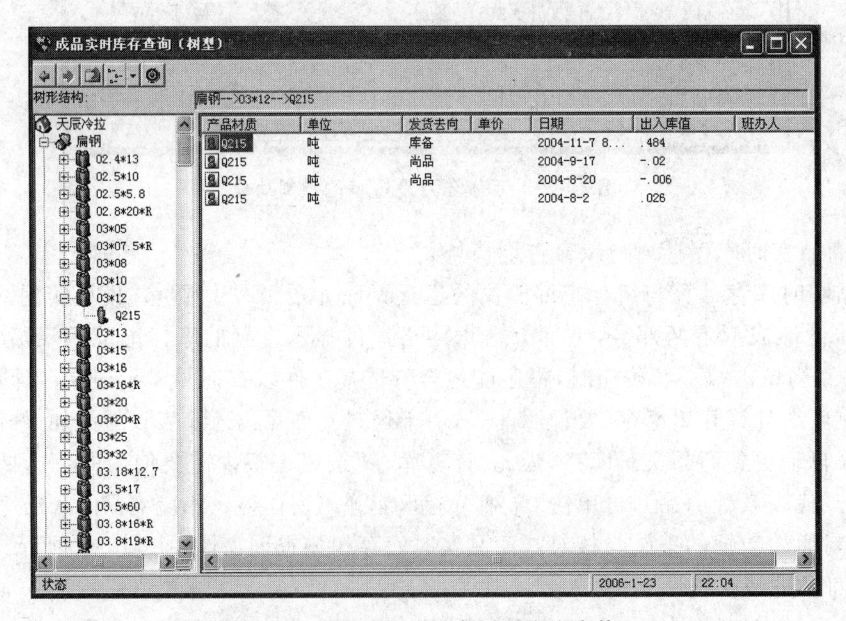

图 10-31 商品实时库存树型查询窗体

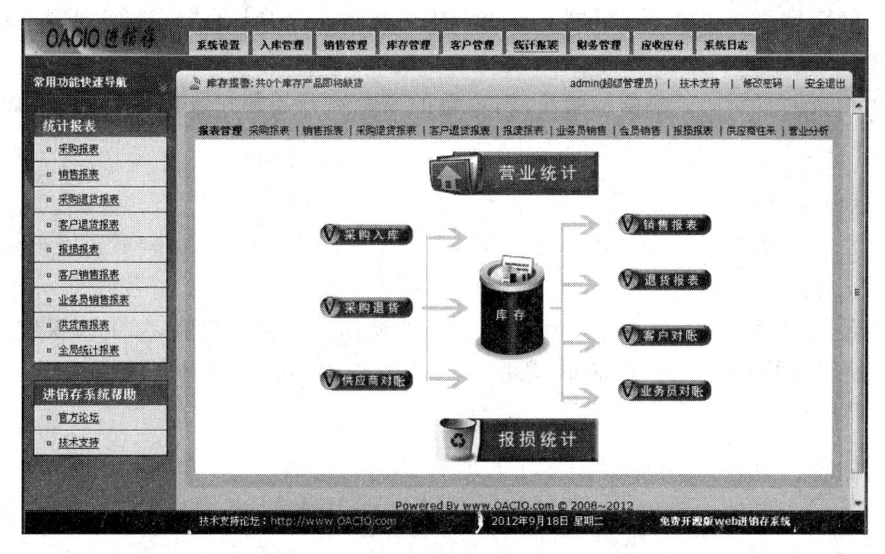

图 10-32　商品进销存统计报表窗口

知识拓展："月结余统计"按钮通过不断调用 SQL 命令来完成统计功能，其大体算法是：先删除该月结余统计数据，再将商品入库原始数据统计到月结余统计表中，然后对商品出库数据加入到统计表中，程序实现参见代码。"月库存统计"实际是月间断库存统计，间断关心月初值、月生产量及月销售、月末库存值，其统计方法与"月结余统计"方法类似，在此主要利用存储过程进行实现。

10.3　Web 图书商城信息系统

10.3.1　可行性分析

1. 技术可行性

建立 Web 图书商城信息系统(简称 Web 书城)的技术方面，从计算机及网络硬件及软件资源方面都可行。在软件开发方面，本系统是一个基于 ASP、VBScript 和 SQL Server 2014 的 Web 应用程序。目前 ASP、VBScript 和 SQL Server 2012 相结合的 Web 开发技术已经非常成熟，估计利用现有的技术完全可以达到功能目标。考虑到开发期限较为充裕，预计可在规定期限内完成开发。运行方面，目前企业网络设施比较完善、网络资源充分，网络中心机房和服务器，可很方便地运行 Web 图书商城信息系统。

2. 经济可行性

(1) 费用支出。费用支出主要包括 3 个方面：

① 在基建投资上，可以利用现有设备，不必进行另外的硬件设备投资。

② 其他一次性支出，包括软件设计和开发费用。

③ 经常性支出，包括软件维护费用每年数万元。

(2) 经济效益。主要是通过网上售书产生经济效益,同时可进一步实现网上售书自动化,减少人力投资和办公费用,极大提高企业效率。

(3) 投资回收周期。根据经验算法,收益的累计数开始超过支出的累计数的时间为2年。

3. 社会可行性

(1) 法律方面的可行性。新系统的研制和开发都是选用正版软件,不会侵犯他人、集体和国家的利益,不会违反国家的政策和法律。

(2) 使用方面的可行性。由于师生计算机的使用水平普遍提高,加上新系统界面友好,适合使用者的习惯,使操作简单,数据录入迅速、规范、可靠,统计正确,制表灵活,适应力强,容易扩充。

4. 结论

经过以上及其他方面的调研及可行性分析,表明Web图书商城信息系统项目研发是可行的。

10.3.2 软件需求分析

Web图书商城是高质量、快捷方便的购书方式。Web图书商城不仅可用于图书的在线销售,也有音碟、影碟的在线销售和相关广告宣传与链接导航。而且网站式的书店对图书的管理更加合理化、信息化、现代化。售书的同时还具有书籍类商品管理、购物车、订单管理、会员管理等功能,非常灵活的网站内容和文章管理功能。

开发一个Web图书商城,采用结构化设计分析方法,该系统包括前台购书和后台管理两大模块,后台管理模块又包括分类录入书籍(以及书籍的相关信息,如名称、页数、摘要、目录等)和管理前台用户;前台管理模块包括用户登录,查询、浏览书籍,以及购书功能。本网站的所有会员都可以特价买书,新用户可以通过注册成为本网站的会员,并可以定购书籍和查询订单。

1. 系统功能需求

开发图书管理信息系统的具体功能如下。

(1) 浏览功能:所有人员都可以浏览图书馆的图书信息。

(2) 读者注册:读者在借书之前需要办理借书证,获得登录系统密码。

(3) 借还功能:合法借书者可以借/还图书和杂志。

(4) 借书管理:管理员可以进行注册更改注销借书者信息等维护工作。

(5) 读者登录系统,通过系统完成续借和预约图书及杂志功能。

(6) 统计功能:包括对读者借书情况、图书情况的统计功能。

2. 系统结构分析

Web图书商城管理系统的结构,可以划分为两个部分,如图10-33所示。

系统前台管理:主要是用户或会员进行查看图书、选书、购书等基本操作。

系统后台管理:主要是系统管理员对会员的管理,整理购书单完成发送货,书库存的

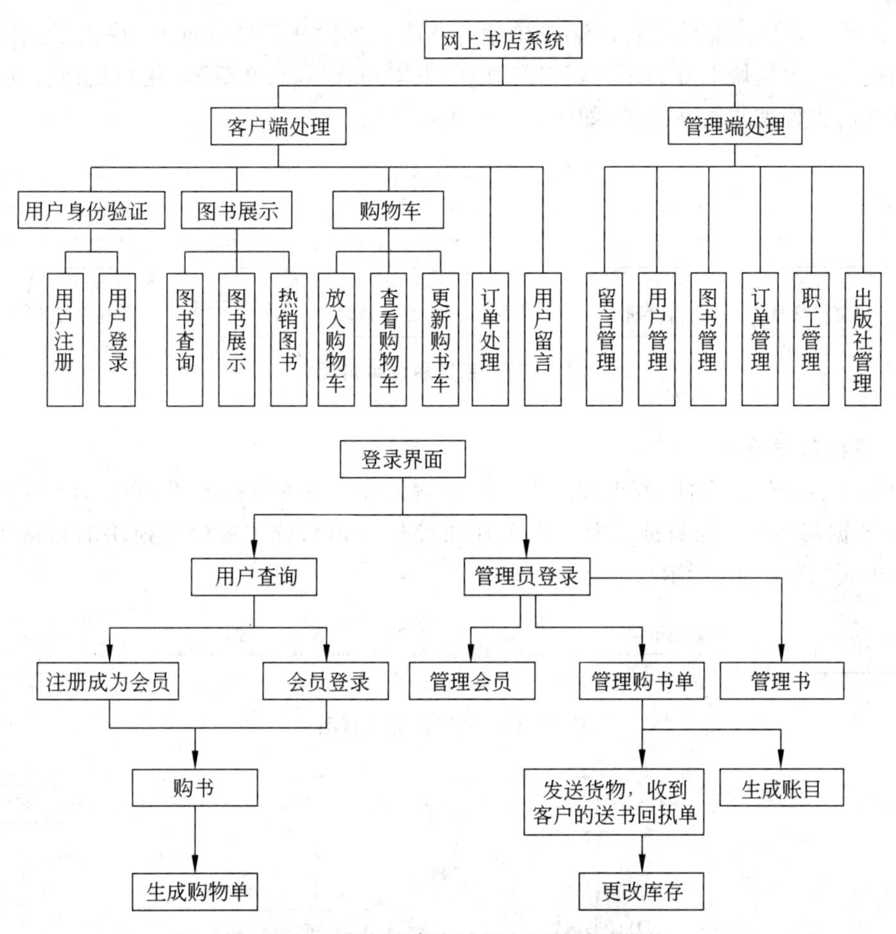

图 10-33　Web 图书商城信息系统功能结构

动态管理，对网站的维护和更改等操作。

(1) 系统前台。前台作为与用户直接交互的界面，在考虑功能的同时，也要考虑操作的简洁和方便，目的是让大多数不太懂计算机操作的客户，也能轻松地享受电子商务带来的便利，如图 10-34 所示。

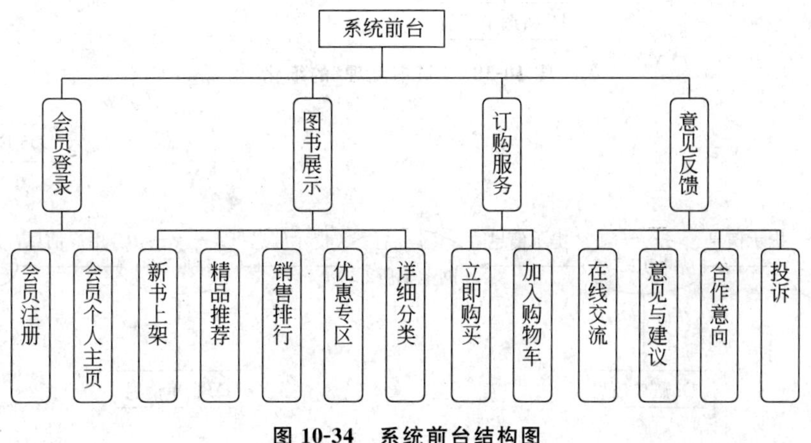

图 10-34　系统前台结构图

(2) 系统后台。本系统后台管理在考虑书店管理操作简便的同时,提供了强大的书店管理模式。大模块上分为用户资料管理、图书资料管理、订单管理、用户反馈管理、物流管理以及广告管理与网站维护,如图 10-35 所示。

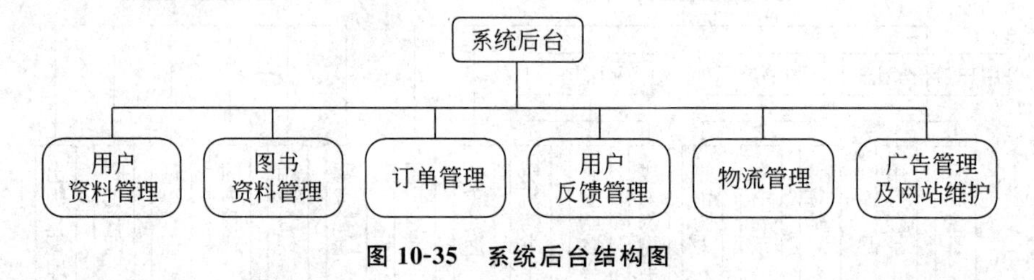

图 10-35　系统后台结构图

3. 系统数据流图

由加工、数据流、文件、源点和终点 4 种元素组成的系统数据流图,分别为顶层数据流图、0 层数据流图和 1 层数据流图。Web 图书商城管理系统主要处理模块的数据流程图如图 10-36～图 10-40 所示。

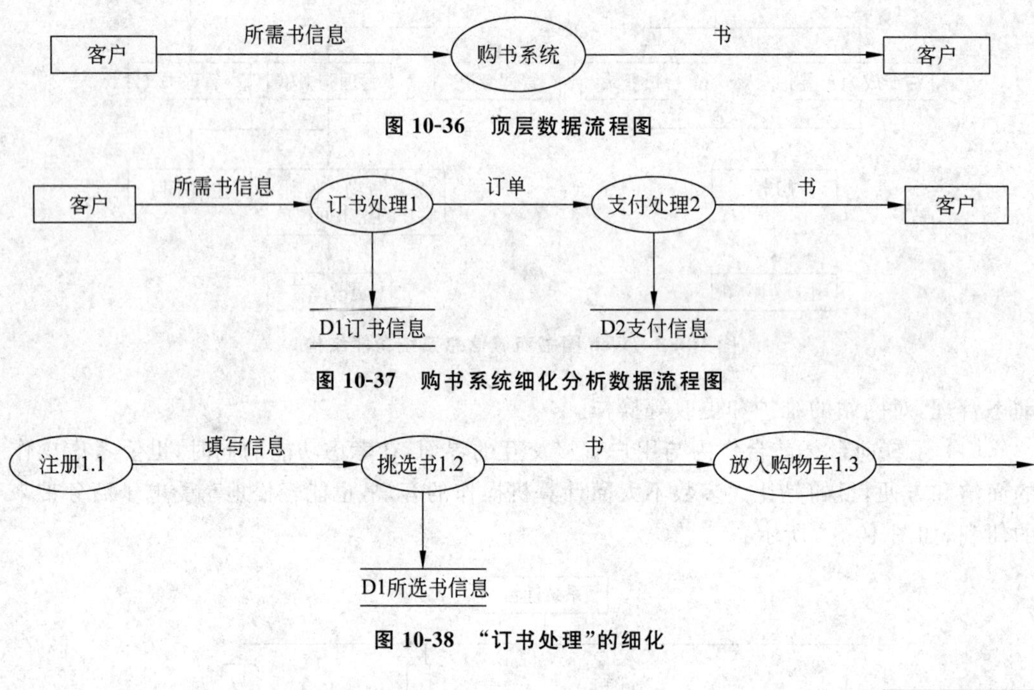

图 10-36　顶层数据流程图

图 10-37　购书系统细化分析数据流程图

图 10-38　“订书处理”的细化

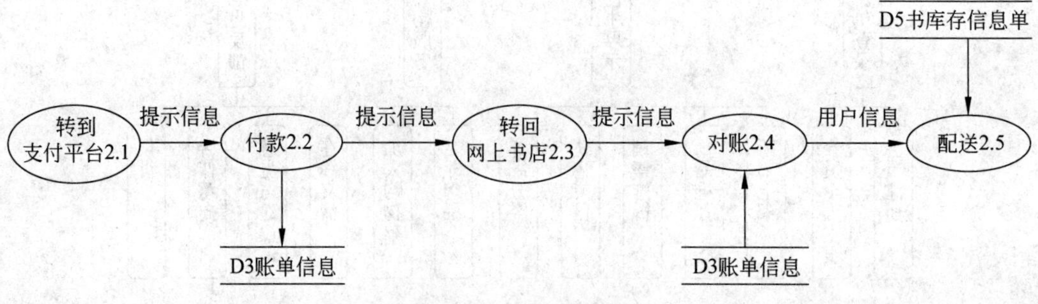

图 10-39　“支付处理”的细化

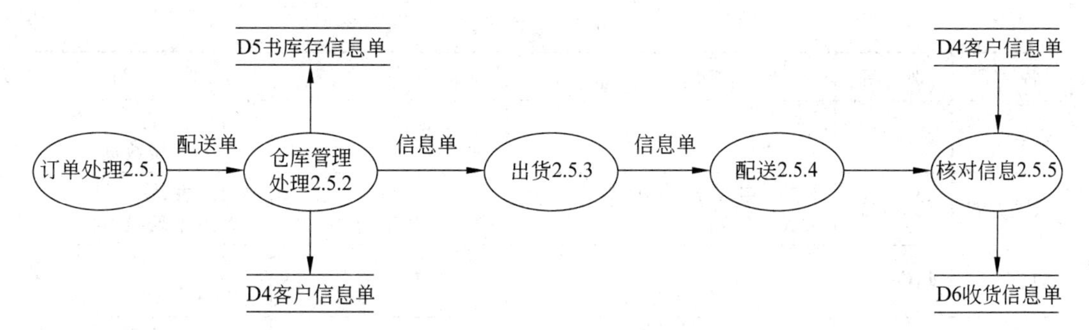

图 10-40 “配送”的细化

4. 软件系统数据字典

以下仅以图 10-41 和图 10-42 中订书处理的 1 层数据流图为例，其相对应的数据字典是数据源点及汇点描述、加工逻辑词条描述、数据流名词条描述、数据文件词条描述。

网上图书销售的数据字典，主要通过以下几个部分进行描述。

（1）数据存储。3 个数据表的数据存储如表 10-3 所示。

表 10-3 数据表的数据存储

名 字	别 名	描 述	定 义	位 置
用户表	会员表	记录会员的个人基本情况	用户表＝会员 id＋姓名＋联系方式＋家庭住址＋登录密码	Web 书城数据库
管理员表	管理员表	记录会员的个人基本情况	管理员表＝管理员 id＋职位＋联系方式＋姓名＋登录密码	Web 书城数据库
图书表	图书表	记录所卖书的基本信息	图书表＝图书 id＋名称＋出处＋作者＋出版日期	Web 书城数据库

（2）数据结构。3 个数据表的数据结构如表 10-4 所示。

表 10-4 数据表的数据结构

名 字	别 名	定 义	位 置
会员 id	会员号，编号	会员 id＝会员申请日期＋会员个人编号 会员申请日期＝8{数字字符}8 会员个人编号＝5{数字字符}5	用户表
管理员 id	管理员号，管理员编号	管理员 id＝部门编号＋职工个人编号 部门编号＝2{数字字符}2 职工个人编号＝5{数字字符}5	管理员表
图书 id	图书号，图书编号	图书 id＝种类编号＋编号 种类编号＝2{数字字符}2 编号＝5{数字字符}5	图书表

（3）数据元素。用户表、管理员表和 Web 图书商城数据库的数据元素如表 10-5 所示。

表 10-5　数据元素

名字	别名	描述	定义	位置
姓名	昵称		1{字符}8	用户表、管理员表 Web书城数据库
联系方式	联系方式	手机、电子邮件或电话联系方式	12{数字型} 12|8{数字型}8	用户表、管理员表 Web书城数据库
职位	职位		1{汉字}4	用户表、管理员表 Web书城数据库
密码	登录密码		6{字符}6	用户表、管理员表 Web书城数据库
出处	出版社		1{汉字}15	图书表 Web书城数据库
作者	编辑者		1{汉字}4	图书表 Web书城数据库

5. 实体-联系图

Web图书商城的实体-联系(E-R)图,如图10-41所示。

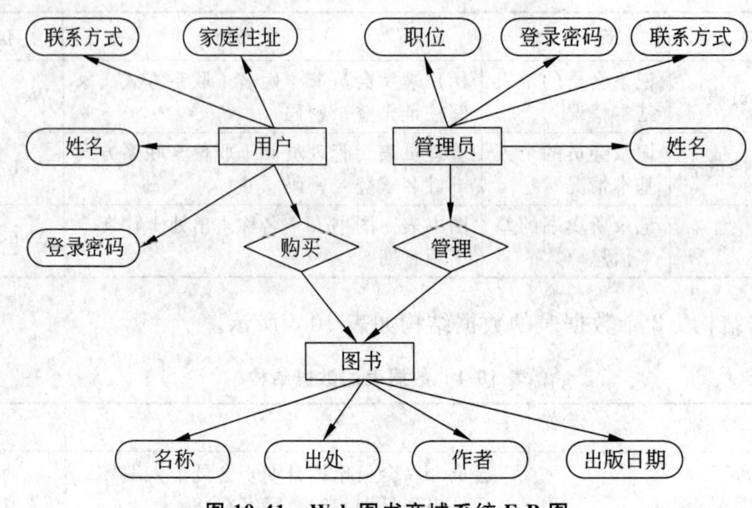

图 10-41　Web图书商城系统E-R图

6. 状态转换图

Web图书商城的状态转换图,如图10-42所示。

10.3.3　软件设计

1. 子系统设计

1) 子系统功能

(1) 提供全面、详细的图书购物入口,实现轻松快捷购买。

(2) 通过不同分类进行导航,使读者能用最方便、最快捷的方式找到需要的图书。

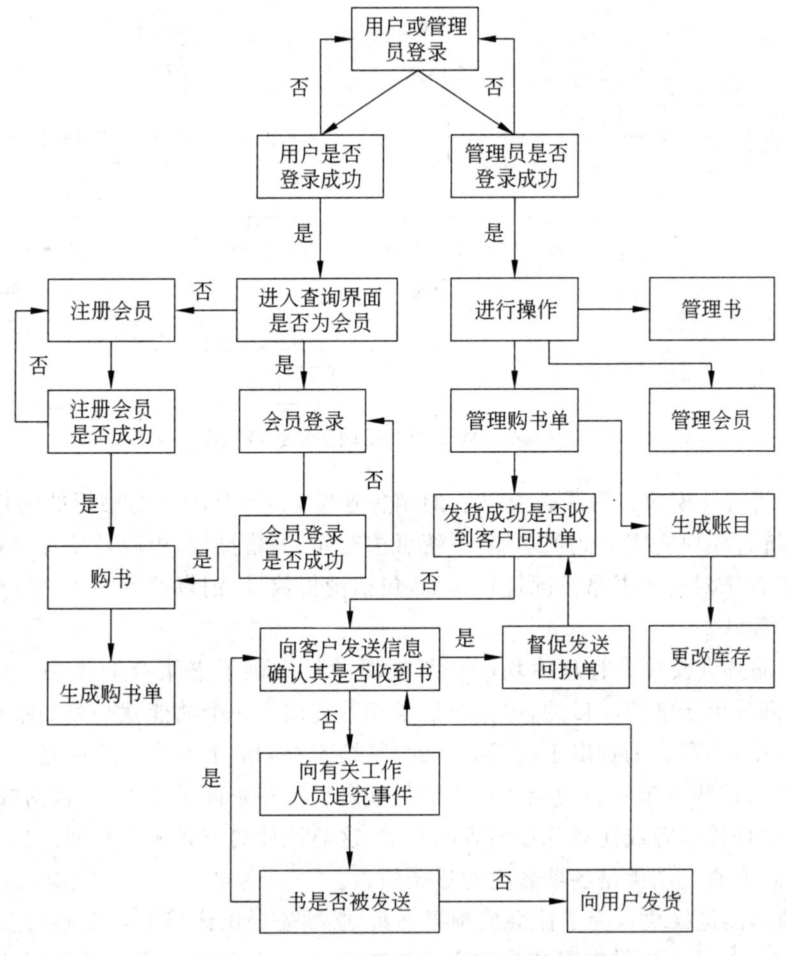

图 10-42　Web 图书商城系统状态转换图

(3) 提供图书购物所需的各种工具与网站,满足人们的图书购买需求。

(4) 公平公正。大站、专站、小站排列顺序分明,公平公正的图书网址 TOP 排行榜。

2) 子系统流程图

经过系统需求分析,可以设计并画出 Web 图书商城子系统流程图,如图 10-43 所示。

3) 子系统模块设计

(1) 书籍管理模块。该模块主要负责管理本系统所有销售书籍信息。主要功能包括添加、删除、修改以及查找信息,并且包括商品高级查询子模块,该模块将在下面介绍。只有管理员才具有对书籍信息进行修改的权利,商品管理是 Web 图书商城系统的核心,Web 图书商城可对书籍价格的调整以及对新书的添加等都在这部分完成。

(2) 用户管理模块。该模块负责管理所有 Web 图书商城的用户信息。主要功能包括添加、删除、修改以及查找用户信息。用户将被分为两类:管理员和会员。会员类型的转换也将在用户管理中实现,管理员可以管理所有用户信息,而会员只能对个人私有的信息进行维护。

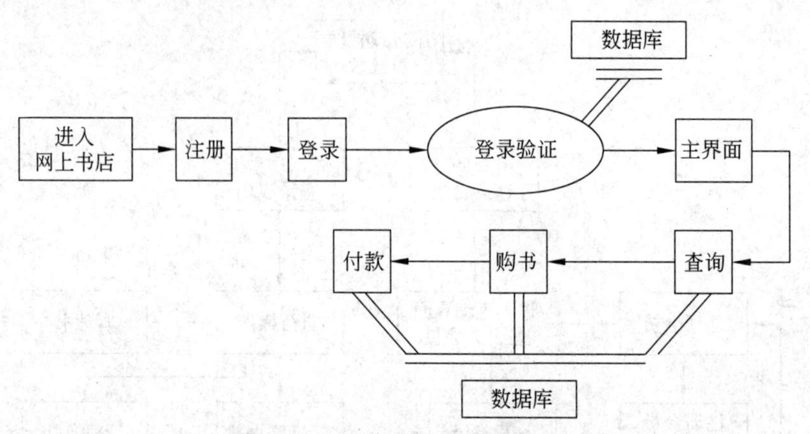

图 10-43 Web 图书商城子系统流程图

(3) 销售统计模块。为了查看书店的销售业绩,必须对所有的书籍的销售情况进行汇总,销售统计模块将完成此项功能,系统可按时间、书籍类型、出版日期等内容或任意几项内容的组合来对所售书籍情况进行添加,包括销售数量、销售额等。该统计模块是一个相当完整的模块。

(4) 商品查询模块。管理模块和销售模块中都提供了书籍查询模块。在管理模块中,书籍查询是出于维护的目的,也就是说紧接着查询下一个功能就是商品维护功能。而在销售模块中,书籍查询是出于购买的目的,紧接着查询的下一个功能应是对书籍的购买操作或是个人的购书车添加功能。对于商品查询提供多条件组合查询,包括按时间、书籍类型、出版日期等内容或任意几项内容的查询,这与统计的方式相当相似。只是添加结果是一个总体,而查询结果是各项各类的逐条信息。

(5) 商品浏览模块。为了让会员购买书籍,必须先提供让其了解书籍信息,然后做出购买的决定。在首页提供有限的最新商品的销售信息,如果会员需要分类了解书籍信息,系统为每个分类都提供了详细的分类书籍信息提供页,会员可以选择是否购买或者放入购物车以供将来选择参考。

(6) 购物车模块。电子商务站点的核心就是购物车。会员可在此区域内建立个人的订单,只要选择各种需求的商品,并添加到个人的预购信息栏中即可。通常,该过程被形象地称为“向车中添加项目”,如同在超市购物一样。随时有权将商品从购物车中取出(删改),或到前台结账。

2. 数据结构设计

(1) books 表。数据结构的 books 表如表 10-6 所示。

(2) user 表。数据结构的 user 表如表 10-7 所示。

3. 网站模块及界面设计

1) 网站模块接口

网上书店的网站模块及其接口如图 10-44 所示。

表 10-6 books 表

字段名称	数据类型	
newID	自动编号	
bookname	文本	
bookauther	文本	
bookxjzs	文本	
bookcontent	备注	
image	文本	
money	文本	

表 10-7 user 表

字段名称	数据类型	
userid	自动编号	
nc	文本	用户昵称
username	文本	用户名
password	文本	用户密码
repwd	文本	确认密码
Email	文本	电子邮件

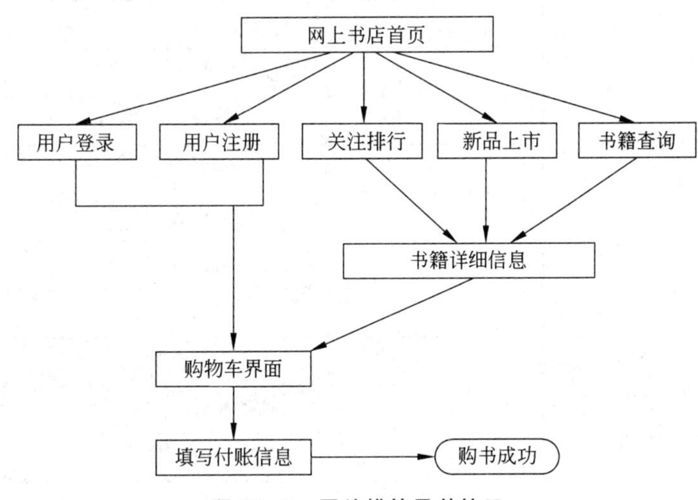

图 10-44 网站模块及其接口

2）界面设计

（1）Web 图书商城界面设计构思。实际上，Web 图书商城属于一个电子商务系统，集中了新书入库、上架、供应、销售、物流、资金流和相关信息流，有多种类型，其中最常见的是在互联网上建立虚拟商场，为客户提供一种新的购物方式。由于互联网这种媒体的特殊性，网上购书和传统的购物方式在许多方面有很大差别，可以极大地吸引大多数 Web 客户重复访问的站点具有以下共同的特征：浏览查询便捷，高质量的信息内容，经常更新，有新意及吸引力，折扣较大，节省费用，响应时间短，易于操作和使用，节省购书时间等，好的链接设计同时还应注意保持界面的一致性和美观。

（2）界面功能设计。根据上述 Web 图书商城的界面设计思路及购物流程可以进行页面设计。一般的 Web 图书商城主要功能界面，应分成用户和管理员两个部分，主要功能界面包括书店的主界面、书籍浏览、书籍查询、书籍修改、书籍添加、书籍详细介绍、加入购书车、用户注册、用户登录与退出、确认与结账、用户管理、管理员管理等界面，如表 10-8 所示。

表 10-8　Web 图书商城系统界面总体表

<table>
<tr><td colspan="2">书店模块</td></tr>
<tr><td colspan="2">书店的主界面</td></tr>
<tr><td colspan="2">书籍查看</td></tr>
<tr><td colspan="2">畅销书籍</td></tr>
<tr><td colspan="2">新书上架</td></tr>
<tr><td colspan="2">书籍详细介绍</td></tr>
<tr><td rowspan="7">用户</td><td>用户登录</td></tr>
<tr><td>用户注册</td></tr>
<tr><td>找回密码</td></tr>
<tr><td>用户注销</td></tr>
<tr><td>购物车</td></tr>
<tr><td>查看购物车</td></tr>
<tr><td>支付金额</td></tr>
<tr><td rowspan="8">管理员</td><td>后台主界面</td></tr>
<tr><td>后台用户管理</td></tr>
<tr><td>前台用户管理</td></tr>
<tr><td>前台用户详细信息</td></tr>
<tr><td>书籍分类管理</td></tr>
<tr><td>书籍查看</td></tr>
<tr><td>书籍修改</td></tr>
<tr><td>书籍添加</td></tr>
</table>

10.3.4　软件实现

鉴于篇幅有限,主要概要简介界面的实现。

1. Web 图书商城主界面

Web 图书商城主界面如图 10-45 所示。

在主页面用户可以登录、注册、找回密码、查询书籍等。单击相应的超链接即可。

2. 书籍查询

书籍查询可按书名、作者、出版社等关键字进行查询,在输入框中输入相应的信息,单击“搜索”按钮即可,转到相应的书籍。Web 图书商城书籍查询界面如图 10-46 所示。

3. 畅销书籍

畅销书籍页面,可以分门别类地列出大量最近最受欢迎的各种书籍信息,通过单击即

图 10-45　Web 图书商城页面

图 10-46　书籍查询界面

可查询浏览。

4. **最新书籍**

最新书籍页面是最近新添的书籍，可以让用户了解最近新书。

5. **书籍详细介绍**

书籍详细介绍页面是对图书的详细介绍，包括书名、作者、价格、评论。

6. **用户登录**

在用户登录时要输入用户名、密码，还有验证码。如果信息合法，则进入登录成功页面。用户注册及会员登录界面如图 10-47 所示。

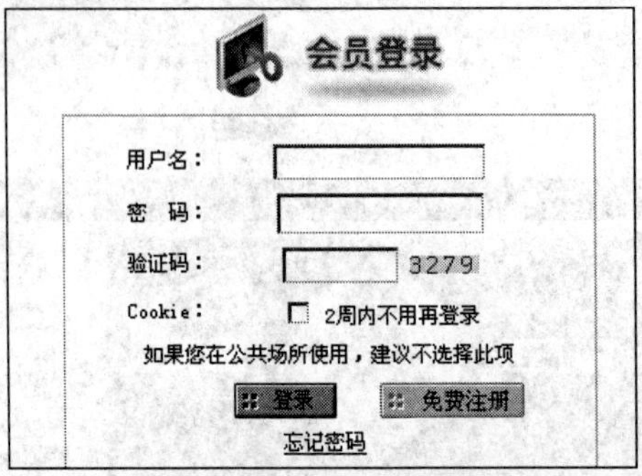

图 10-47　用户注册及会员登录界面

7. 登录成功

用户登录成功后,会在登录窗口上显示“***用户,欢迎您!”的提示。

8. 登录失败

如果登录失败,会弹出对话框提示密码错误,会提示用户重新登录。

9. 找回密码

用户要找回密码,需要回答问题或向注册的邮箱/手机发送信息,重新输入找回的密码。

10. 用户注册

用户注册,需要输入用户名、密码、确认密码、电子邮箱、问题、问题答案,然后进行提交。

11. 查看购物车

查看购物车,可查看书籍的数量及总价等,也可删除或重新购物,最后经过确认付款结账,如图 10-48 所示。

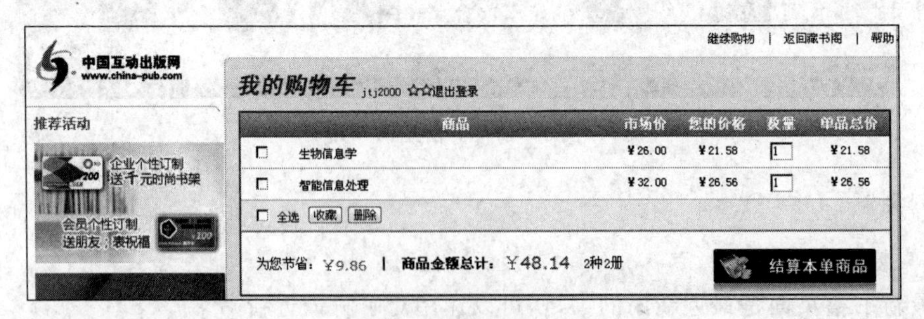

图 10-48　查看购物车

12. 后台主界面

在后台主界面,管理员单击相应的链接就可以进行管理,包括书籍管理、用户管理、分类管理。

13．后台用户管理

后台用户管理可以删除管理员，添加管理员。

14．前台用户管理

在前台用户管理页面中，管理员可以查看用户详细信息、删除用户、查找用户，如图 10-49 所示。

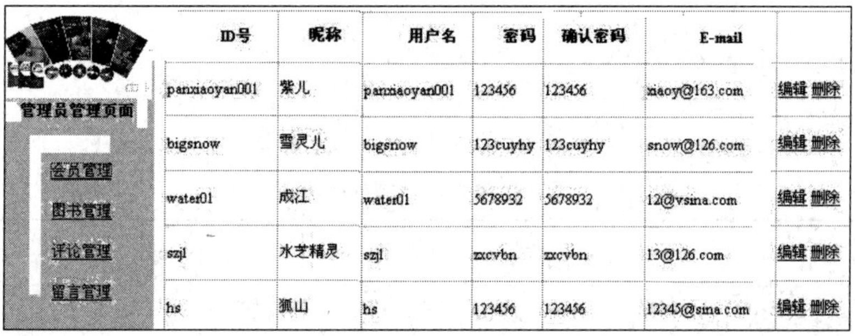

ID号	昵称	用户名	密码	确认密码	E-mail	
panxiaoyan001	紫儿	panxiaoyan001	123456	123456	xiaoy@163.com	编辑 删除
bigsnow	雪灵儿	bigsnow	123cuyhy	123cuyhy	snow@126.com	编辑 删除
water01	成江	water01	5678932	5678932	12@vsina.com	编辑 删除
szjl	水芝精灵	szjl	zxcvbn	zxcvbn	13@126.com	编辑 删除
hs	狐山	hs	123456	123456	12345@sina.com	编辑 删除

图 10-49　前台用户管理

15．书籍分类管理

在书籍分类管理页面中，可以对已有的分类进行修改、删除，还可以添加书籍分类，如图 10-50 所示。

图 10-50　书籍分类管理

16．书籍查看

在书籍查看页面中，可以对书籍进行修改，删除操作。

17. 书籍添加

可在数据库中添加书籍,管理员可以添加新书。

由于篇幅有限,其他内容不再赘述。

10.4 课程设计任务书及评价

10.4.1 课程设计任务书

"软件工程课程设计"任务书

(Software Engineering)

课程代码:J20081023	总学时数:12(2周)	学分:1.5
适应专业:软件工程、计算机科学与技术、网络工程等专业		实验地址:技术中心808
编写/执笔:张××(副教授/博士)	部门:计算机学院	编写日期:2015.12

1. 课程设计目的

"软件工程课程设计"是一门独立开设的针对应用系统开发过程的实践课程,使学生进一步加深理解并综合运用软件工程化的思想、知识、技术和方法,提高综合运用软件工程化的思想、技术和方法开发实际应用软件的素质和能力。体会出用软件工程开发方法与一般程序设计方法的不同之处,在对所开发的系统进行软件计划、需求分析、设计的基础上,实现并测试实际。并通过一系列规范化软件文档的编写和系统实现,具备实际软件项目分析、设计、实现和测试的基本动手能力。

(1) 掌握软件工程设计的基本方法,熟悉软件工程设计的步骤。

(2) 通过设计实际应用系统课题,进一步熟悉软件工程技术,提高动手能力,提高分析问题和解决问题的能力。

(3) 掌握基本"C/S结构"数据库应用系统开发的软件工程方法。

2. 课程设计内容及组织

课程设计是"软件工程"课程教学的一个重要的综合实验环节,通过课程设计,使学生掌握用软件工程方法实现应用系统开发的全过程,培养学生开发软件工程项目的实际动手能力。本课程设计特别给出如下12个选题作为实例,仅供参考选用,由学生分组选择(每组3～5人)。其他题目,可由学生小组协商设计确定。

(1) 网上订货发货信息系统。

(2) 工资信息管理系统。

(3) 仓库信息管理系统。

(4) 小型超市零售信息系统。

(5) 班级信息管理系统。

(6) 网吧计费信息管理系统。

(7) 机房管理信息系统。

(8) 机票预定信息系统。

(9) 酒店客房信息管理系统。

(10) 影碟出租零售信息系统。

(11) 学生宿舍管理信息系统。

(12) 学生科创活动管理信息系统。

3. 课程设计要求

要求学生掌握软件工程的基本概念、基本方法和基本原理,为将来从事软件的研发和管理奠定基础。每个学生加入一个小组并选择一个小型应用软件项目,按照软件工程的生命周期,完成软件计划、需求分析、软件设计、编码实现、软件测试及软件维护等任务,并按要求编写出相应的文档。具体的方法可以选用传统的软件工程方法或者面向对象的方法,开发环境和工具不限。

(1) 基本掌握设计课题的基本步骤和方法。

(2) 掌握应用系统开发的全过程。

(3) 根据课题的具体实际要求进行上机调试。

(4) 基本掌握应用系统开发相关文档的编制。

4. 进度计划及安排

软件工程课程设计的工作量较大,必须按照进度计划及安排按时完成各阶段的任务,如表 10-9 所示。

表 10-9　进度计划表

序号	设计(实验)内容	完成时间	备　注
1	软件计划、软件需求分析、软件设计,制订出软件测试计划,软件测试用例	第 1 周	要求上机前做好充分的文档准备
2	各模块录入、编码、编译及单元测试	第 2 周的第 1、2 天	
3	联调及整体测试	第 2 周的第 3、4 天	
4	验收,学生讲解、演示、回答问题	第 2 周的第 5 天	

5. 系统开发环境

课程设计开发环境,可以参考如下。

(1) 服务器端: Windows /NT Server;SQL Server 2012。

(2) 客户端: Windows 8;SQL Server 2012 Client。

(3) C/S 开发工具：Delphi 或 C++ Builder 或 VB。

(4) 网络协议：TCP/IP。

6. 本课程与相关课程的关系

(1) 先修课程：高级程序设计语言、数据库系统原理等。

(2) 后续课程：不同专业有所不同(略)。

7. 成绩考核

“软件工程课程设计”实践课程的成绩考核采用应用系统设计文档、应用系统程序开发两者综合评定成绩，其中，应用系统设计文档占 60%；应用系统程序开发占 40%。

提交的文档规范，内容完整工作量大，文档逻辑性强、正确，按后面的“软件工程课程设计”实验报告评分表评价占 60%；系统验收、讲解、答辩占 25%；出勤、参与情况、团队合作、学习态度等占 15%。坚决杜绝抄袭现象，如果发现一律按零分计算。

提交文档及程序具体要求如下。

(1) 应用系统设计文档。提交“课程设计报告”(电子文档和打印稿各一份，并注明本人负责的部分内容)包括 4 个部分文档：软件计划书、软件需求规格说明书、软件设计说明书、软件测试计划，要求文档格式规范、逻辑性强、图表规范。

对于传统的设计方法，包括：①系统需求分析、数据库设计工作及相关文档；②系统功能的概要设计和详细设计部分的设计文档。

对于面向对象的设计方法，包括：①面向对象的系统分析与设计工作及相关文档；②系统对象设计和领域设计部分的设计文档；③测试文档(各种方法都要求)：包括测试计划和测试分析报告。要求每人提供自己完成部分的电子版和打印稿各一份。

(2) 应用系统程序开发。采取上机检验、程序清单和测试文档相结合的方式确定。其中：

① 上机检验：每组可选派一人演示、讲解并答辩交流。

② 程序清单：要求每人提供自己完成部分的程序清单，且程序清单有一定的设计风格(如适当的程序注释、锯齿状的程序缩进格式、程序变量命名规范等)。

8. 教材及参考文献

略。

10.4.2 课程设计报告评价

由于课程设计报告评价数量较大，致使浪费很多教师的宝贵时间和精力，为了方便教师对“软件工程课程设计”报告进行简单“选项式”评价，可以参考以下量化评价表。

“软件工程课程设计”实验报告评分表

<table>
<tr><td>姓名</td><td colspan="2"></td><td>专业班级</td><td colspan="2"></td><td>学号</td><td colspan="2"></td></tr>
<tr><td>题目</td><td colspan="8"></td></tr>
<tr><td>标准</td><td>分数</td><td>得分(√)</td><td>标准</td><td>分数</td><td>得分(√)</td><td>标准</td><td>分数</td><td>得分(√)</td></tr>
<tr><td rowspan="12">报告规范，符合要求</td><td rowspan="4">20</td><td rowspan="4"></td><td rowspan="12">报告较规范，基本符合要求</td><td rowspan="2">17</td><td rowspan="2"></td><td rowspan="12">报告不规范，不符合要求</td><td>11</td><td></td></tr>
<tr><td>10</td><td></td></tr>
<tr><td rowspan="2">16</td><td rowspan="2"></td><td>9</td><td></td></tr>
<tr><td>8</td><td></td></tr>
<tr><td rowspan="4">19</td><td rowspan="4"></td><td rowspan="2">15</td><td rowspan="2"></td><td>7</td><td></td></tr>
<tr><td>6</td><td></td></tr>
<tr><td rowspan="2">14</td><td rowspan="2"></td><td>5</td><td></td></tr>
<tr><td>4</td><td></td></tr>
<tr><td rowspan="4">18</td><td rowspan="4"></td><td rowspan="2">13</td><td rowspan="2"></td><td>3</td><td></td></tr>
<tr><td>2</td><td></td></tr>
<tr><td rowspan="2">12</td><td rowspan="2"></td><td>1</td><td></td></tr>
<tr><td>0</td><td></td></tr>
<tr><td rowspan="3">工作量大，报告完整</td><td>20</td><td></td><td rowspan="3">工作量适中，报告较完整</td><td>17</td><td></td><td rowspan="3">工作量较小，报告不完整</td><td>14</td><td></td></tr>
<tr><td>19</td><td></td><td>16</td><td></td><td>13</td><td></td></tr>
<tr><td>18</td><td></td><td>15</td><td></td><td>12</td><td></td></tr>
<tr><td rowspan="8">文档逻辑性强、正确，语言流畅</td><td rowspan="2">20</td><td rowspan="2"></td><td rowspan="8">文档逻辑性较强，无明显错误，文字表述较流畅</td><td rowspan="2">16</td><td rowspan="2"></td><td rowspan="8">文档有逻辑性，有明显错误，语言表述不顺畅</td><td>12</td><td></td></tr>
<tr><td>11</td><td></td></tr>
<tr><td rowspan="2">19</td><td rowspan="2"></td><td rowspan="2">15</td><td rowspan="2"></td><td>10</td><td></td></tr>
<tr><td>9</td><td></td></tr>
<tr><td rowspan="2">18</td><td rowspan="2"></td><td rowspan="2">14</td><td rowspan="2"></td><td>8</td><td></td></tr>
<tr><td>7</td><td></td></tr>
<tr><td rowspan="2">17</td><td rowspan="2"></td><td rowspan="2">13</td><td rowspan="2"></td><td>6</td><td></td></tr>
<tr><td>5</td><td></td></tr>
<tr><td>实验报告成绩</td><td colspan="2"></td><td colspan="2">评分教师签字</td><td colspan="4"></td></tr>
</table>

评价时间：201　年　月　日

10.5 本章小结

WebApp的开发应用非常广泛,其技术方法在软件工程中极为重要,成为各行业及信息化建设中的核心和关键。WebE正在不断发展和完善过程中,其技术方法更新很快。本章主要介绍了基于WebApp的特点、类型和与传统软件工程项目的不同点,可以了解WebE的概念及与传统软件工程的区别,并简单介绍了WebApp的概念、特点、开发过程和技术方法,WebApp开发需要过程模型、适合WebApp开发特点的技术和方法。过程、技术(工具)和方法称为WebE的三要素。针对WebE的开发过程及WebApp具体开发流程步骤,介绍了WebApp的分析、设计、测试方法和WebApp项目管理等方面的内容和方法。

最后,结合实际应用案例介绍了WebApp综合开发方法,以及软件工程课程设计任务书和评价方法,包括课程设计目的、内容及组织、要求、进度及安排、成绩考核等。

APPENDIX

附录A 练习与实践习题部分参考答案

第1章　部分参考答案

1. 填空题

(1) 程序(指令)　文档(+服务)

(2) 系统软件　支撑软件　应用软件

(3) 系统方法

(4) 软件开发和维护

(5) 工程的概念、原理、技术和方法

(6) 实现软件的优质高产

(7) 软件开发技术和软件工程管理

2. 选择题

(1) B　(2) D　(3) A　(4) C　(5) B

第2章　部分参考答案

1. 填空题

(1) 软件可行性分析

(2) 值得去开发　其中的问题能否解决

(3) 需求分析　设计

(4) 技术　经济　社会

(5) 功能　性能　限制条件

(6) 开发的风险　资源的有效性　技术

(7) 成本-效益分析　公司经营长期策略　开发所需的成本和资源　潜在的市场前景

(8) 合同　责任　侵权

(9) 研究正在运行的系统　建立新系统的高层逻辑模型

(10) 所建议系统的技术可行性分析　系统的经济可行性分析　社会因素可行性分析

(11) 开发成本　比较和权衡

(12) 货币的时间价值　投资回收期　纯收入

(13) 投资回收期　纯收入

(14) 实施计划　人员组织及分工

(15) 经济效益　投资

(16) 无形效益　有形效益

(17) 编写可行性报告

(18) 因使用新的系统而增加的收入　使用新的系统可以节省的运行费用

(19) 经济角度

(20) 系统流程图

(21) 需求分析和设计

(22) 确定项目的规模和目标

2. 选择题

(1) A　(2) B　(3) B　(4) D　(5) D

(6) D　(7) A　(8) A　(9) C　(10) D

第 3 章　部分参考答案

1. 填空题

(1) 结构化语言、判定表、判定树

(2) 数据流、数据项、数据存储、基本加工

(3) 需求规格说明书

(4) 信息流动

(5) 图形符号

2. 选择题

(1) D　(2) C　(3) C　(4) D　(5) A

(6) D　(7) B　(8) C　(9) D

第 4 章　部分参考答案

1. 填空题

(1) 概要设计

(2) 模块化

(3) 详细设计说明书

(4) 弹出式菜单

(5) 图形显示

2. 选择题

(1) D　(2) C　(3) B　(4) B　(5) C

第 5 章　部分参考答案

1. 填空题

(1) 方法或服务

(2) 类　对象

(3) 类　对象　继承　消息通信

(4) 外部实体　事物　事件　角色　场所或位置　组织机构　结构

(5) 相同特征和行为

2. 选择题

(1) B　(2) C　(3) C　(4) B　(5) D

第 6 章　部分参考答案

1. 填空题

(1) 计算机　工具

(2) 面向机器的语言　面向问题的语言

(3) 20 世纪 50 年代　20 世纪 60 年代末

(4) 特点　逻辑思路等

(5) 自顶向下策略　自底向上策略

2. 选择题

(1) A　(2) B　(3) D　(4) C　(5) C

第 7 章　部分参考答案

1. 填空题

(1) 发现软件的错误

(2) 白盒法　系统的模块功能规格说明

(3) 功能

(4) 预期输出结果

(5) 适应性维护

2. 选择题

(1) B　(2) B　(3) C　(4) D　(5) C

第 8 章　部分参考答案

1. 填空题

(1) 产品　　服务　　临时性

(2) 约束　　自由度　　投资/效益　　商业目标

(3) 规模　　工作量　　成本　　进度

(4) 可能性　　损失　　概率　　差异

(5) 反馈　　前提和条件　　目的和服务对象

2. 选择题

(1) B　(2) B　(3) B　(4) D　(5) C

第 9 章　部分参考答案

1. 填空题

(1) 评估　　考察　　改进

(2) 逻辑　　开发　　处理　　物理　　场景

(3) 瀑布　　螺旋　　计划　　稳定

(4) 数学　　形式化　　验证　　统计

(5) 工具　　文档　　合同谈判　　遵循计划

2. 选择题

(1) B　(2) A　(3) B　(4) D　(5) C

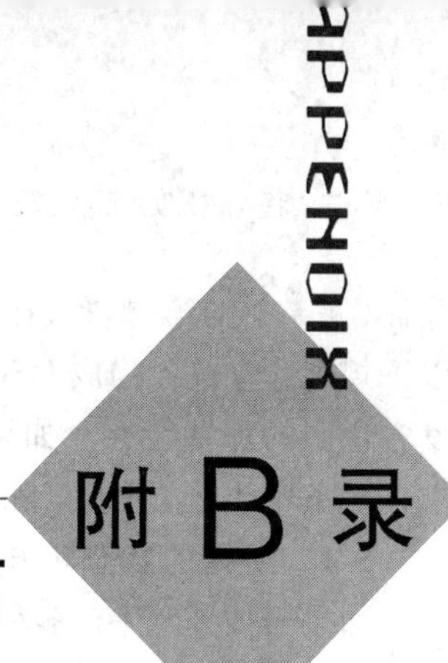

软件工程部分文档编写指南

B.1 软件需求规格说明(SRS)

说明：

(1)“软件需求规格说明(SRS)”描述对计算机软件配置项 CSCI 的需求，及确保每个要求得以满足的所使用的方法。涉及该 CSCI 外部接口的需求可在本 SRS 中给出，或在本 SRS 引用的一个或多个“接口需求规格说明(IRS)”中给出。

(2) 这个 SRS，可能还要用 IRS 加以补充，是 CSCI 设计与合格性测试的基础。

1. 范围

1.1 标识

本部分应包含本文档适用的系统和软件的完整标识，(若适用)包括标识号、标题、缩略词语、版本号和发行号。

1.2 系统概述

本部分应简述本文档适用的系统和软件的用途，它应描述系统和软件的一般特性；概述系统开发、运行和维护的历史；标识项目的投资方、需方、用户、开发方和支持机构；标识当前和计划的运行现场；列出其他有关的文档。

1.3 文档概述

本部分应概述本文档的用途和内容，并描述与其使用有关的保密性或私密性要求。

1.4 基线

说明编写本系统设计说明书所依据的设计基线。

2. 引用文件

本部分应列出本文档引用的所有文档的编号、标题、修订版本和发行日期，也应标识不能通过正常的供货渠道获得的所有文档的来源。

3. 需求

本部分应分以下几条描述 CSCI 需求，也就是构成 CSCI 验收条件的 CSCI 的特性。CSCI 需求是为了满足分配给该 CSCI 的系统需求所形成的软件需求。给每个需求指定项目唯一标识符以支持测试和可追踪性。并以一种可以定义客观测试的方式来陈述需求。如果每个需求有关的合格性方法(见第 4 章)和对系统(若适用，子系统)需求的可追踪性(见5中的第(1)条)在相应的章中没有提供,则在此进行注解。描述的详细程度遵循以下规则:应包含构成CSCI验收条件的那些CSCI特性,需方愿意推迟到设计时留给开发方说明的那些特性。如果在给定条中没有需求的话,本部分应如实陈述。如果某个需求在多条中出现,可以只陈述一次而在其他条直接引用。

3.1 所需的状态和方式

如果需要CSCI在多种状态和方式下运行,且不同状态和方式具有不同的需求,则要标识和定义每一状态和方式,状态和方式的例子包括空闲、准备就绪、活动、事后分析、培训、降级、紧急情况和后备等。状态和方式的区别是任意的,可以仅用状态描述CSCI,也可以仅用方式、方式中的状态、状态中的方式或其他有效方式描述。如果不需要多个状态和方式,不需人为加以区分,应如实陈述;如果需要多个状态或方式,还应使本规格说明中的每个需求或每组需求与这些状态和方式相关联,关联可在本部分或本部分引用的附录中用表格或其他的方法表示,也可在需求出现的地方加以注解。

3.2 需求概述

3.2.1 目标

(1) 本系统的开发意图、应用目标及作用范围(现有产品存在的问题和建议产品所要解决的问题)。

(2) 本系统的主要功能、处理流程、数据流程及简要说明。

(3) 表示外部接口和数据流的系统高层次图。说明本系统与其他相关产品的关系,是独立产品还是一个较大产品的组成部分(可用方框图说明)。

3.2.2 运行环境

简要说明本系统的运行环境(包括硬件环境和支持环境)的规定。

3.2.3 用户的特点

说明是哪一种类型的用户,从使用系统来说,有些什么特点。

3.2.4 关键点

说明本软件需求规格说明书中的关键点(例如,关键功能、关键算法和所涉及的关键技术等)。

3.2.5 约束条件

列出进行本系统开发工作的约束条件。例如,经费限制、开发期限和所采用的方法与技术,以及政治、社会、文化、法律等。

3.3 需求规格

3.3.1 软件系统总体功能/对象结构

对软件系统总体功能/对象结构进行描述,包括结构图、流程图或对象图。

3.3.2 软件子系统功能/对象结构

对每个主要子系统中的基本功能模块/对象进行描述,包括结构图、流程图或对象图。

3.3.3 描述约定

通常使用的约定描述(数学符号、度量单位等)。

3.4 CSCI能力需求

本部分应分条详细描述与CSCI每一能力相关联的需求。“能力”被定义为一组相关的需求。可以用“功能”、“性能”、“主题”、“目标”或其他适合用来表示需求的词来替代“能力”。

3.4.x（CSCI 能力）

本部分应标识必需的每一个 CSCI 能力，并详细说明与该能力有关的需求。如果该能力可以更清晰地分解成若干子能力，则应分条对子能力进行说明。该需求应指出所需的 CSCI 行为，包括适用的参数，如响应时间、吞吐时间、其他时限约束、序列、精度、容量（大小/多少）、优先级别、连续运行需求和基于运行条件的允许偏差：（若适用）需求还应包括在异常条件、非许可条件或越界条件下所需的行为，错误处理需求和任何为保证在紧急时刻运行的连续性而引入到 CSCI 中的规定。在确定与 CSCI 所接收的输入和 CSCI 所产生的输出有关的需求时，应考虑在本文 3.5.x 给出要考虑的主题列表。

对于每一类功能或者对于每一个功能，需要具体描写其输入、处理和输出的需求。

1）说明

描述此功能要达到的目标、所采用的方法和技术，还应清楚说明功能意图的由来和背景。

2）输入

包括：

（1）详细描述该功能的所有输入数据，如输入源、数量、度量单位、时间设定和有效输入范围等。

（2）指明引用的接口说明或接口控制文件的参考资料。

3）处理

定义对输入数据、中间参数进行处理以获得预期输出结果的全部操作。包括：

（1）输入数据的有效性检查。

（2）操作的顺序，包括事件的时间设定。

（3）异常情况的响应，例如，溢出、通信故障、错误处理等。

（4）受操作影响的参数。

（5）用于把输入转换成相应输出的方法。

（6）输出数据的有效性检查。

4）输出

（1）详细说明该功能的所有输出数据，例如，输出目的地、数量、度量单位、时间关系、有效输出范围、非法值的处理、出错信息等。

（2）有关接口说明或接口控制文件的参考资料。

3.5　CSCI 外部接口需求

本部分应分条描述 CSCI 外部接口的需求。（如有）本部分可引用一个或多个接口需求规格说明（IRS）或包含这些需求的其他文档。

外部接口需求，应分别说明：

（1）用户接口。

（2）硬件接口。

（3）软件接口。

(4) 通信接口的需求。

3.5.1　接口标识和接口图

本部分应标识所需的 CSCI 外部接口，也就是 CSCI 和与它共享数据、向它提供数据或与它交换数据的实体的关系。(若适用)每个接口标识应包括项目唯一标识符，并应用名称、序号、版本和引用文件指明接口的实体(系统、配置项、用户等)。该标识应说明哪些实体具有固定的接口特性(因而要对这些接口实体强加接口需求)，哪些实体正被开发或修改(从而接口需求已施加给它们)。可用一个或多个接口图来描述这些接口。

3.5.x(接口的项目唯一标识符)

本部分(从 3.5.2 开始)应通过项目唯一标识符标识 CSCI 的外部接口，简单地标识接口实体，根据需要可分条描述为实现该接口而强加于 CSCI 的需求。该接口所涉及的其他实体的接口特性应以假设或"当[未提到实体]这样做时，CSCI 将…"的形式描述，而不描述为其他实体的需求。本部分可引用其他文档(如数据字典、通信协议标准、用户接口标准)代替在此所描述的信息。(若适用)需求应包括下列内容，它们以任何适合于需求的顺序提供，并从接口实体的角度说明这些特性的区别(如对数据元素的大小、频率或其他特性的不同期望)。

(1) CSCI 必须分配给接口的优先级别。

(2) 要实现的接口的类型的需求(如实时数据传送、数据的存储和检索等)。

(3) CSCI 必须提供、存储、发送、访问、接收的单个数据元素的特性，如：

① 名称/标识符。

a. 项目唯一标识符。

b. 非技术(自然语言)名称。

c. 标准数据元素名称。

d. 技术名称(如代码或数据库中的变量或字段名称)。

e. 缩写名或同义名。

② 数据类型(字母数字、整数等)。

③ 大小和格式(如字符串的长度和标点符号)。

④ 计量单位(如米、元、纳秒)。

⑤ 范围或可能值的枚举(如 0～99)。

⑥ 准确度(正确程度)和精度(有效数字位数)。

⑦ 优先级别、时序、频率、容量、序列和其他的约束条件，如数据元素是否可被更新和业务规则是否适用。

⑧ 保密性和私密性的约束。

⑨ 来源(设置/发送实体)和接收者(使用/接收实体)。

(4) CSCI 必须提供、存储、发送、访问、接收的数据元素集合体(记录、消息、文件、显示和报表等)的特性，如：

① 名称/标识符。

a. 项目唯一标识符。

b. 非技术(自然语言)名称。

c. 技术名称(如代码或数据库的记录或数据结构)。

d. 缩写名或同义名。

② 数据元素集合体中的数据元素及其结构(编号、次序、分组)。

③ 媒体(如盘)和媒体中数据元素/数据元素集合体的结构。

④ 显示和其他输出的视听特性(如颜色、布局、字体、图标和其他显示元素、蜂鸣器以及亮度等)。

⑤ 数据元素集合体之间的关系,如排序/访问特性。

⑥ 优先级别、时序、频率、容量、序列和其他的约束条件,如数据元素集合体是否可被修改和业务规则是否适用。

⑦ 保密性和私密性约束。

⑧ 来源(设置/发送实体)和接收者(使用/接收实体)。

(5) CSCI 必须为接口使用通信方法的特性,如:

① 项目唯一标识符。

② 通信链接/带宽/频率/媒体及其特性。

③ 消息格式化。

④ 流控制(如序列编号和缓冲区分配)。

⑤ 数据传送速率,周期性/非周期性,传输间隔。

⑥ 路由、寻址、命名约定。

⑦ 传输服务,包括优先级别和等级。

⑧ 安全性/保密性/私密性方面的考虑,如加密、用户鉴别、隔离和审核等。

(6) CSCI 必须为接口使用协议的特性,如:

① 项目唯一标识符。

② 协议的优先级别/层次。

③ 分组,包括分段和重组、路由和寻址。

④ 合法性检查、错误控制和恢复过程。

⑤ 同步,包括连接的建立、维护和终止。

⑥ 状态、标识、任何其他的报告特征。

(7) 其他所需的特性,如接口实体的物理兼容性(尺寸、容限、负荷、电压和接插件兼容性等)。

3.6 CSCI 内部接口需求

本部分应指明 CSCI 内部接口的需求(如有的话)。如果所有内部接口都留待设计时决定,则需在此说明这一事实。如果要强加这种需求,则可考虑本文档的 3.5 给出的一个主题列表。

3.7 CSCI 内部数据需求

本部分应指明对 CSCI 内部数据的需求,(若有)包括对 CSCI 中数据库和数据文件的需求。如果所有有关内部数据的决策都留待设计时决定,则需在此说明这一事实。如果要强加这种需求,则可考虑在本文档的 3.5.x.c 和 3.5.x.d 给出的一个主题列表。

3.8 适应性需求

(若有)本部分应指明要求CSCI提供的、依赖于安装的数据有关的需求(如依赖现场的经纬度)和要求CSCI使用的、根据运行需要进行变化的运行参数(如表示与运行有关的目标常量或数据记录的参数)。

3.9 保密性需求

(若有)本部分应描述有关防止对人员、财产、环境产生潜在的危险或把此类危险减少到最低的CSCI需求,包括:为防止意外动作(如意外地发出"自动导航关闭"命令)和无效动作(发出一个想要的"自动导航关闭"命令)时失败CSCI必须提供的安全措施。

3.10 保密性和私密性需求

(若有)本部分应指明保密性和私密性的CSCI需求,包括CSCI运行的保密性/私密性环境、提供的保密性或私密性的类型和程度、CSCI必须经受的保密性/私密性的风险、减少此类危险所需的安全措施、CSCI必须遵循的保密性/私密性政策、CSCI必须提供的保密性/私密性审核、保密性/私密性必须遵循的确证/认可准则。

3.11 CSCI环境需求

(若有)本部分应指明有关CSCI必须运行的环境的需求。例如,包括用于CSCI运行的计算机硬件和操作系统(其他有关计算机资源方面的需求在下条中描述)。

3.12 计算机资源需求

本部分应分以下各条进行描述。

3.12.1 计算机硬件需求

本部分应描述CSCI使用的计算机硬件需求,(若适用)包括各类设备的数量、处理器、存储器、输入输出设备、辅助存储器、通信/网络设备和其他所需的设备的类型、大小、容量及其他所要求的特征。

3.12.2 计算机硬件资源利用需求

本部分应描述CSCI计算机硬件资源利用方面的需求,如最大许可使用的处理器能力、存储器容量、输入输出设备能力、辅助存储器容量、通信/网络设备能力。描述(如每个计算机硬件资源能力的百分比)还包括测量资源利用的条件。

3.12.3 计算机软件需求

本部分应描述CSCI必须使用或引入CSCI的计算机软件的需求,例如,包括操作系统、数据库管理系统、通信/网络软件、实用软件、输入和设备模拟器、测试软件、生产用软件。必须提供每个软件项的正确名称、版本、文档引用。

3.12.4 计算机通信需求

本部分应描述CSCI必须使用的计算机通信方面的需求,例如,包括连接的地理位置、配置和网络拓扑结构、传输技术、数据传输速率、网关、要求的系统使用时间、传送/接收数据的类型和容量、传送/接收/响应的时间限制、数据的峰值、诊断功能。

3.13 软件质量因素

(若有)本部分应描述合同中标识的或从更高层次规格说明派生出来的对CSCI的软件质量方面的需求,例如,包括有关CSCI的功能性(实现全部所需功能的能力)、可靠性(产生正确、一致结果的能力)、可维护性(易于更正的能力)、可用性(需要时进行访问和操作的能力)、灵活性(易于适应需求变化的能力)、可移植性(易于修改以适应新环境的能力)、可重用性(可被多个应用使用的能力)、可测试性(易于充分测试的能力)、易用性(易于学习和使用的能力)以及其他属性的定量需求。

3.14 设计和实现的约束

(若有)本部分应描述约束 CSCI 设计和实现的那些需求。这些需求可引用适当的标准和规范。

例如,需求包括:

(1) 特殊 CSCI 体系结构的使用或体系结构方面的需求,例如,需要的数据库和其他软件配置项;标准部件、现有的部件的使用;需方提供的资源(设备、信息、软件)的使用。

(2) 特殊设计或实现标准的使用;特殊数据标准的使用;特殊编程语言的使用。

(3) 为支持在技术、风险或任务等方面预期的增长和变更区域,必须提供的灵活性和可扩展性。

3.15 数据

说明本系统的输入、输出数据及数据管理能力方面的要求(处理量、数据量)。

3.16 操作

说明本系统在常规操作、特殊操作以及初始化操作、恢复操作等方面的要求。

3.17 故障处理

说明本系统在发生可能的软硬件故障时,对故障处理的要求。包括:

(1) 说明属于软件系统的问题。

(2) 给出发生错误时的错误信息。

(3) 说明发生错误时可能采取的补救措施。

3.18 算法说明

用于实施系统计算功能的公式和算法的描述。包括:

(1) 每个主要算法的概况。

(2) 用于每个主要算法的详细公式。

3.19 有关人员需求

(若有)本部分应描述与使用或支持 CSCI 的人员有关的需求,包括人员数量、技能等级、责任期、培训需求、其他的信息,如同时存在的用户数量的需求,内在帮助和培训能力的需求,(若有)还应包括强加于 CSCI 的人力行为工程需求,这些需求包括对人员在能力与局限性方面的考虑:在正常和极端条件下可预测的人为错误,人为错误造成严重影响的特定区域,例如,包括错误消息的颜色和持续时间、关键指示器或关键的物理位置以及听觉信号的使用的需求。

3.20 有关培训需求

(若有)本部分应描述有关培训方面的 CSCI 需求,包括在 CSCI 中包含的培训软件。

3.21 有关后勤需求

(若有)本部分应描述有关后勤方面的 CSCI 需求,包括系统维护、软件支持、系统运输方式、供应系统的需求、对现有设施的影响、对现有设备的影响。

3.22 其他需求

(若有)本部分应描述在以上各条中没有涉及的其他CSCI需求。

3.23 包装需求

(若有)本部分应描述需交付的CSCI在包装、加标签和处理方面的需求(如用确定方式标记和包装8磁道磁带的交付)。(若适用)可引用适当的规范和标准。

3.24 需求的优先次序和关键程度

(若适用)本部分应给出本规格说明中需求的、表明其相对重要程度的优先顺序、关键程度或赋予的权值,如标识出那些认为对安全性、保密性或私密性起关键作用的需求,以便进行特殊的处理。如果所有需求具有相同的权值,本部分应如实陈述。

4. 合格性规定

本部分定义一组合格性方法,对于第3章中每个需求,指定所使用的方法,以确保需求得到满足。可以用表格形式表示该信息,也可以在第3章的每个需求中注明要使用的方法。合格性方法包括如下。

(1) 演示:运行依赖于可见的功能操作的CSCI或部分CSCI,不需要使用仪器、专用测试设备或进行事后分析。

(2) 测试:使用仪器或其他专用测试设备运行CSCI或部分CSCI,以便采集数据供事后分析使用。

(3) 分析:对从其他合格性方法中获得的积累数据进行处理,例如,测试结果的归约、解释或推断。

(4) 审查:对CSCI代码、文档等进行可视化检查。

(5) 特殊的合格性方法。任何应用到CSCI特殊合格性方法,如专用工具、技术、过程、设施、验收限制。

5. 需求可追踪性

本部分应包括如下内容。

(1) 从本规格说明中每个CSCI的需求到其所涉及的系统(或子系统)需求的可追踪性(该可追踪性也可以通过对第3部分中的每个需求进行注释的方法加以描述)。

注:每一层次的系统细化可能导致对更高层次的需求不能直接进行追踪。例如,建立多个CSCI的系统体系结构设计可能会产生有关CSCI之间接口的需求,而这些接口需求在系统需求中并没有被覆盖,这样的需求可以被追踪到诸如"系统实现"这样的一般需求,或被追踪到导致它们产生的系统设计决策上。

(2) 从分配到被本规格说明中的CSCI的每个系统(或子系统)需求到涉及它的CSCI需求的可追踪性。分配到CSCI的所有系统(或子系统)需求应加以说明。追踪到IRS中所包含的CSCI需求可引用IRS。

6. 尚未解决的问题

如需要,可说明软件需求中的尚未解决的遗留问题。

7. 注解

本部分应包含有助于理解本文档的一般信息(例如,背景信息、词汇表、原理)。本部分应包含为理解本文档需要的术语和定义,所有缩略语和它们在文档中的含义的字母序列表。

附录

附录可用来提供那些为便于文档维护而单独出版的信息(例如,图表、分类数据)。为便于处理,附录可单独装订成册。附录应按字母顺序(A、B等)编排。

B.2 软件(结构)设计说明(SDD)

说明:

(1)“软件(结构)设计说明(SDD)”描述了计算机软件配置项CSCI的设计。它描述了CSCI级设计决策、CSCI体系结构设计(概要设计)和实现该软件所需的详细设计。SDD可用接口设计说明IDD和数据库(顶层)设计说明DBDD加以补充。

(2)SDD连同相关的IDD和DBDD是实现该软件的基础。向需方提供了设计的可视性,为软件支持提供了所需要的信息。

(3)IDD和DBDD是否单独成册或与SDD合为一份资料视情况繁简而定。

1. 引言

1.1 标识

本部分应包含本文档适用的系统和软件的完整标识。(若适用)包括标识号、标题、缩略词语、版本号、发行号。

1.2 系统概述

本部分应简述本文档适用的系统和软件的用途。它应描述系统与软件的一般性质;概述系统开发、运行和维护的历史;标识项目的投资方、需方、用户、开发方和支持机构;标识当前和计划的运行现场;并列出其他有关文档。

1.3 文档概述

本部分应概述本文档的用途与内容,并描述与其使用有关的保密性或私密性要求。

1.4 基线

说明编写本系统设计说明书所依据的设计基线。

2. 引用文件

本部分应列出本文档引用的所有文档的编号、标题、修订版本和日期。本部分也应标识不能通过正常的供货渠道获得的所有文档的来源。

3. CSCI级设计决策

本部分应根据需要分条给出CSCI级设计决策,即CSCI行为的设计决策(忽略其内部实现,从用户的角度看,它如何满足用户的需求)和其他影响组成该CSCI的软件配置项的选择与设计的决策。

如果所有这些决策在CSCI需求中均是明确的,或者要推迟到CSCI的软件配置项设计时指出,本部分应如实陈述。为响应指定为关键性的需求(如安全性、保密性、私密性需求)而做出的设计决策,应在单独的条中加以描述。如果设计决策依赖于系统状态或方式,则应指出这种依赖性。应给出或引用理解这些设计所需的设计约定。CSCI级设计决策的例子如下。

(1) 关于CSCI应接受的输入和产生的输出的设计决策，包括与其他系统、HWCI、CSCI和用户的接口(本文的4.5.x标识了本说明要考虑的主题)。如果该信息的部分或全部已在接口设计说明(IDD)中给出，此处可引用。

(2) 有关响应每个输入或条件的CSCI行为的设计决策，包括该CSCI要执行的动作、响应时间及其他性能特性、被模式化的物理系统的说明、所选择的方程式/算法/规则和对不允许的输入或条件的处理。

(3) 有关数据库/数据文件如何呈现给用户的设计决策(本文的4.5.x标识了本说明要考虑的主题)。如果该信息的部分或全部已在数据库(顶层)设计说明(DBDD)中给出，此处可引用。

(4) 为满足安全性、保密性、私密性需求而选择的方法。

(5) 对应需求所做的其他CSCI级设计决策，例如，为提供所需的灵活性、可用性和可维护性所选择的方法。

4. CSCI体系结构设计

本部分应分条描述CSCI体系结构设计。如果设计的部分或全部依赖于系统状态或方式，则应指出这种依赖性。如果设计信息在多条中出现，则可只描述一次，而在其他条引用。应给出或引用为理解这些设计所需的设计约定。

4.1 体系结构

4.1.1 程序(模块)划分

用一系列图表列出本CSCI内的每个程序(包括每个模块和子程序)的名称、标识符、功能及其所包含的源标准名。

4.1.2 程序(模块)层次结构关系

用一系列图表列出本CSCI内的每个程序(包括每个模块和子程序)之间的层次结构与调用关系。

4.2 全局数据结构说明

本部分说明本程序系统中使用的全局数据常量、变量和数据结构。

4.2.1 常量

包括数据文件名称及其所在目录、功能说明、具体常量说明等。

4.2.2 变量

包括数据文件名称及其所在目录、功能说明、具体变量说明等。

4.2.3 数据结构

包括数据结构名称、功能说明、具体数据结构说明(定义、注释、取值…)等。

4.3 CSCI部件

本部分应：

(1) 标识构成该CSCI的所有软件配置项。应赋予每个软件配置项一个项目唯一标识符。

注：软件配置项是CSCI设计中的一个元素，如CSCI的一个主要的分支、该分支的一个组成部分、一个类、对象、模块、函数、例程或数据库。软件配置项可以出现在一个层次结构的不同层次上，并且可以由其他软件配置项组成。设计中的软件配置项与实现它

们的代码和数据实体(例程、过程、数据库、数据文件等)或包含这些实体的计算机文件之间,可以有也可以没有一对一的关系。一个数据库可以被处理为一个 CSCI,也可被处理为一个软件配置项。SDD 可以通过与所采用的设计方法学一致的名字来引用软件配置项。

(2) 给出软件配置项的静态关系(如"组成")。根据所选择的软件设计方法学可以给出多种关系(例如,采用面向对象的设计方法时,本部分既可以给出类和对象结构,也可以给出 CSCI 的模块和过程结构)。

(3) 陈述每个软件配置项的用途,并标识分配给它的 CSCI 需求与 CSCI 级设计决策(需求的分配也可在 6 中第(1)条中提供)。

(4) 标识每个软件配置项的开发状态/类型(如新开发的软件配置项、重用已有设计或软件的软件配置项、再工程的已有设计或软件、为重用而开发的软件等)。对于已有设计或软件,本说明应提供标识信息,如名称、版本、文档引用、库等。

(5) 描述 CSCI(若适用,每个软件配置项)计划使用的计算机硬件资源(例如,处理器能力、内存容量、输入输出设备能力、辅存容量和通信/网络设备能力)。这些描述应覆盖该 CSCI 的资源使用需求中提及的、影响该 CSCI 的系统级资源分配中提及的,以及在软件开发计划的资源使用度量计划中提及的所有计算机硬件资源。如果一给定的计算机硬件资源的所有使用数据出现在同一个地方,如在一个 SDD 中,则本部分可以引用它。针对每一计算机硬件资源应包括如下信息。

① 得到满足的 CSCI 需求或系统级资源分配。

② 使用数据所基于的假设和条件(例如,典型用法、最坏情况用法、特定事件的假设)。

③ 影响使用的特殊考虑(例如,虚存的使用、覆盖的使用、多处理器的使用或操作系统开销、库软件或其他的实现开销的影响)。

④ 所使用的度量单位(例如,处理器能力百分比、每秒周期、内存字节数、每秒千字节)。

⑤ 进行评估或度量的级别(例如,软件配置项,CSCI 或可执行程序)。

(6) 指出实现每个软件配置项的软件放置在哪个程序库中。

4.4 执行概念

本部分应描述软件配置项间的执行概念。为表示软件配置项之间的动态关系,即 CSCI 运行期间它们是如何交互的,本条应包含图示和说明,(若适用)包括执行控制流、数据流、动态控制序列、状态转换图、时序图、配置项之间的优先关系、中断处理、时间/序列关系、异常处理、并发执行、动态分配与去分配、对象/进程/任务的动态创建与删除和其他的动态行为。

4.5 接口设计

本部分应分条描述软件配置项的接口特性,既包括软件配置项之间的接口,也包括与外部实体,如系统、配置项及用户之间的接口。如果这些信息的部分或全部已在接口设计说明(IDD)、本文的第 5 章或其他地方说明的话,可在此处引用。

4.5.1 接口标识与接口图

本部分应陈述赋予每个接口的项目唯一标识符,(若适用)并用名字、编号、版本和文档引用等标识接口实体(软件配置项、系统、配置项、用户等)。接口标识应说明哪些实体具有固定接口特性(从而把接口需求强加给接口实体),哪些实体正在开发或修改(因而已把接口需求分配给它们)。(若适用)应该提供一个或多个接口图以描述这些接口。

4.5.x(接口的项目唯一标识符)

本部分(从 4.5.2 开始编号)应用项目唯一标识符标识接口,应简要标识接口实体,并且应根据需要划分为几条描述接口实体的单方或双方的接口特性。如果一给定的接口实体本文没有提到(例如,一个外部系统),但是其接口特性需要在本 SDD 描述的接口实体时提到,则这些特性应以假设、或"当[未提到实体]这样做时,[提到的实体]将…"的形式描述。本部分可引用其他文档(例如,数据字典、协议标准、用户接口标准)代替本部分的描述信息。本设计说明应包括以下内容,(若适用)它们可按适合于要提供的信息的任何次序给出,并且应从接口实体角度指出这些特性之间的区别(例如,数据元素的大小、频率或其他特性的不同期望)。

(1) 由接口实体分配给接口的优先级。

(2) 要实现的接口的类型(例如,实时数据传输、数据的存储与检索等)。

(3) 接口实体将提供、存储、发送、访问、接收的单个数据元素的特性,例如:

① 名称/标识符。

② 数据类型(字母数字、整数等)。

③ 大小与格式(例如,字符串的长度与标点符号)。

④ 计量单位(如米、元、纳秒等)。

⑤ 范围或可能值的枚举(如 0-99)。

⑥ 准确度(正确程度)与精度(有效数位数)。

⑦ 优先级、时序、频率、容量、序列和其他约束,如数据元素是否可被更新,业务规则是否适用。

⑧ 保密性与私密性约束。

⑨ 来源(设置/发送实体)与接收者(使用/接收实体)。

(4) 接口实体将提供、存储、发送、访问、接收的数据元素集合体(记录、消息、文件、数组、显示、报表等)的特性,例如:

① 名称/标识符。

② 数据元素集合体中的数据元素及其结构(编号、次序、分组)。

③ 媒体(如盘)及媒体上数据元素/集合体的结构。

④ 显示和其他输出的视听特性(如颜色、布局、字体、图标及其他显示元素、蜂鸣声、亮度等)。

⑤ 数据集合体之间的关系,如排序/访问特性。

⑥ 优先级、时序、频率、容量、序列和其他约束,如数据集合体是否可被更新,业务规则是否适用。

⑦ 保密性与私密性约束。

⑧ 来源(设置/发送实体)与接收者(使用/接收实体)。

(5) 接口实体为该接口使用通信方法的特性,例如:

① 项目唯一标识符。

② 通信链路/带宽/频率/媒体及其特性。

③ 消息格式化。

④ 流控制(如序列编号与缓冲区分配)。

⑤ 数据传输率、周期或非周期和传送间隔。

⑥ 路由、寻址及命名约定。

⑦ 传输服务,包括优先级与等级。

⑧ 安全性/保密性/私密性考虑,如加密、用户鉴别、隔离、审核等。

(6) 接口实体为该接口使用协议的特性,例如:

① 项目唯一标识符。

② 协议的优先级/层。

③ 分组,包括分段与重组、路由及寻址。

④ 合法性检查、错误控制、恢复过程。

⑤ 同步,包括连接的建立、保持、终止。

⑥ 状态、标识和其他报告特性。

(7) 其他特性,如接口实体的物理兼容性(尺寸、容限、负荷、电压、接插件的兼容性等)。

5. CSCI 详细设计

本部分应分条描述 CSCI 的每个软件配置项。如果设计的部分或全部依赖于系统状态或方式,则应指出这种依赖性。如果该设计信息在多条中出现,则可只描述一次,而在其他条引用。应给出或引用为理解这些设计所需的设计约定。软件配置项的接口特性可在此处描述,也可在第 4 章或接口设计说明(IDD)中描述。数据库软件配置项,或用于操作/访问数据库的软件配置项,可在此处描述,也可在数据库(顶层)设计说明(DBDD)中描述。

5. x(软件配置项的项目唯一标识符或软件配置项组的指定符)

本部分应用项目唯一标识符标识软件配置项并描述它。(若适用)描述应包括以下信息。作为一种变通,本部分也可以指定一组软件配置项,并分条标识和描述它们。包含其他软件配置项的软件配置项可以引用那些软件配置项的说明,而无须在此重复。

(1) (若有)配置项设计决策,诸如(如果以前未选)要使用的算法。

(2) 软件配置项设计中的约束、限制或非常规特征。

(3) 如果要使用的编程语言不同于该 CSCI 所指定的语言,应该指出,并说明使用它的理由。

(4) 如果软件配置项由过程式命令组成或包含过程式命令(如数据库管理系统(DBMS)中用于定义表单与报表的菜单选择、用于数据库访问与操纵的联机 DBMS 查询、用于自动代码生成的图形用户接口(GUI)构造器的输入、操作系统的命令或 shell 脚本),应有过程式命令列表和解释它们的用户手册或其他文档的引用。

(5) 如果软件配置项包含、接收或输出数据,(若适用)应有对其输入、输出和其他数据元素以及数据元素集合体的说明。(若适用)本文的 4.5.x 提供要包含主题的列表。软件配置项的局部数据应与软件配置项的输入或输出数据分开来描述。如果该软件配置项是一个数据库,应引用相应的数据库(顶层)设计说明(DBDD);接口特性可在此处提供,也可引用本文第 4 章或相应接口设计说明。

(6) 如果软件配置项包含逻辑,给出其要使用的逻辑,(若适用)包括如下。

① 该软件配置项执行启动时,其内部起作用的条件。

② 把控制交给其他软件配置项的条件。

③ 对每个输入的响应及响应时间,包括数据转换、重命名和数据传送操作。

④ 该软件配置项运行期间的操作序列和动态控制序列。

⑤ 异常与错误处理。

6. 需求的可追踪性

本部分应包括:

(1) 从本 SDD 中标识的每个软件配置项到分配给它的 CSCI 需求的可追踪性(亦可在 4.1 中提供)。

(2) 从每个 CSCI 需求到它被分配给的软件配置项的可追踪性。

7. 注解

本部分应包含有助于理解本文档的一般信息(例如,背景信息、词汇表、原理)。本部分应包含为理解本文档需要的术语和定义,所有缩略语和它们在文档中的含义的字母序列表。

附录

附录可用来提供那些为便于文档维护而单独出版的信息(例如,图表、分类数据)。为便于处理,附录可单独装订成册。附录应按字母顺序(A、B 等)编排。

参 考 文 献

[1] 陆惠恩. 实用软件工程[M]. 3 版. 北京：清华大学出版社，2015.

[2] 吕云祥. 软件工程实用教程[M]. 北京：清华大学出版社，2015.

[3] 贾铁军，等. 软件工程与实践[M]. 北京：清华大学出版社，2012.

[4] 徐葳，曹锐创. SaaS 软件工程：云计算时代的敏捷开发[M]. 北京：清华大学出版社，2015.

[5] Rajib Mall. 软件工程基础[M]. 3 版. 北京：清华大学出版社，2012.

[6] 田保军，刘利民，张林丰，等. 软件工程实用教程[M]. 北京：清华大学出版社，2015.

[7] 左泽均，万波，周顺平. 阶梯式 GIS 软件工程实践系列教程——网络篇 [M]. 北京：科学出版社，2015.

[8] 赵池龙，程努华. 实用软件工程[M]. 4 版. 北京：电子工业出版社，2015.

[9] 余久久. 软件工程简明教程 [M]. 北京：清华大学出版社，2015.

[10] 胡思康. 软件工程基础[M]. 2 版. 北京：清华大学出版社，2015.

[11] 陈承欢. 软件工程项目驱动式教程 [M]. 北京：清华大学出版社，2015.

[12] 教育部考试中心. 全国计算机等级考试四级教程——软件工程(2013 年版)[M]. 北京：高等教育出版社，2013.

[13] 钟珞，袁景凌. 软件工程[M]. 2 版. 北京：科学出版社，2015.

[14] 杨林，叶亚琴，方芳. 面向对象软件工程与 UML 实践教程[M]. 北京：科学出版社，2015.

[15] 周元哲. 软件工程实用教程 [M]. 北京：机械工业出版社，2015.

[16] 李代平，等 软件工程习题解答[M]. 3 版. 北京：清华大学出版社，2015.

[17] 窦万峰. 软件工程实验教程 [M]. 北京：机械工业出版社，2015.

[18] 韩万江. 软件工程案例教程：软件项目开发实践[M]. 2 版. 北京：机械工业出版社，2015.

[19] 周相兵. 云计算软件工程：云软件自动生成原理及方法[M]. 北京：科学出版社，2014.

[20] 王振武. 软件工程理论与实践[M]. 北京：清华大学出版社，2014.

[21] 肖汉，张玉，郭运宏. 软件工程与项目管理 [M]. 北京：清华大学出版社，2014.

[22] 郑诚. 软件工程课程设计[M]. 北京：机械工业出版社，2014.

[23] 王阿川. 软件工程基础与案例分析[M]. 北京：机械工业出版社，2014.

[24] 王安生. 软件工程化[M]. 北京：清华大学出版社，2014.

[25] 刘冰. 软件工程实践教程[M]. 北京：机械工业出版社，2014.

[26] 贾铁军，等. 数据库原理应用与实践 SQL Server 2014[M]. 2 版. 北京：科学出版社，2015.

[27] 贾铁军，等. 网络安全技术与实践[M]. 北京：高等教育出版社，2014.

[28] 贾铁军，等. 网络安全技术及应用[M]. 2 版. 北京：机械工业出版社，2014.

[29] 雷葆华，饶少阳，张洁，等. 云计算解码[M]. 2 版. 北京：电子工业出版社，2012.

[30] 刘鹏. 云计算[M]. 3 版. 北京：电子工业出版社，2015.

[31] Dean J, Ghemawat S. MapReduce: Simplified Data Processing on Large Clusters [J]. Communications of the ACM, 2008, 51(1): 107-113.

[32] Melnik S, Gubarev A, Long J, et al. Dremel: Interactive Analysis of WebScale Datasets[C]. In Proceedings of the VLDB Endowment, 2010, 3(1-2): 330-339.

[33] Hall A, Bachmann O, Büssow R, et al. Processing a Trillion cells per Mouse Click[C]. In Proceeding of the VLDB Endowment, 2012, 5(11): 1436-1446.

参考文献

[illegible]

[21] [illegible] MapReduce: [illegible] Data Processing on [illegible] Communications of the ACM, [illegible]

[22] [illegible] Proceedings of the VLDB Endowment, [illegible]

[23] [illegible] Proceedings of the VLDB Endowment, [illegible]